软件开发源码 精讲系列

Spring Boot
源码精讲

王 涛 ◎ 著

清华大学出版社
北京

内 容 简 介

本书针对 Spring 生态下的 Spring Boot 框架进行源码分析，具备完善的源码处理分析。

本书内容包括 Spring Boot 框架的启动流程分析、Spring Boot 中的应用上下文相关内容、Spring Boot 自动装配、Spring Boot 中的嵌入式 Servlet、Spring Boot 与 JDBC、Spring Boot 与监控、Spring Boot 与开发工具及 Spring Boot 与测试。本书主要进行的分析目标是在整理、分析 Spring Boot 框架中的核心技术及核心对象。本书可以帮助读者快速掌握 Spring Boot 框架中的核心源码逻辑。

本书适合具有一定 Java 编程基础的读者和对 Spring Boot 框架有基础开发能力的读者。

版权所有，侵权必究。举报：010-62782989，beiqinquan@tup.tsinghua.edu.cn。

图书在版编目 (CIP) 数据

Spring Boot 源码精讲 / 王涛著 . -- 北京：清华大学出版社，2025.2.
(软件开发源码精讲系列). -- ISBN 978-7-302-68366-7

Ⅰ . TP312.8

中国国家版本馆 CIP 数据核字第 2025HG9906 号

责任编辑： 安　妮　薛　阳
封面设计： 刘　键
版式设计： 方加青
责任校对： 王勤勤
责任印制： 丛怀宇

出版发行： 清华大学出版社
　　　　　网　　址： https://www.tup.com.cn，https://www.wqxuetang.com
　　　　　地　　址： 北京清华大学学研大厦 A 座　　　**邮　　编：** 100084
　　　　　社 总 机： 010-83470000　　　　　　　　　　**邮　　购：** 010-62786544
　　　　　投稿与读者服务： 010-62776969，c-service@tup.tsinghua.edu.cn
　　　　　质 量 反 馈： 010-62772015，zhiliang@tup.tsinghua.edu.cn
印 装 者： 三河市铭诚印务有限公司
经　　销： 全国新华书店
开　　本： 185mm×260mm　　　**印　　张：** 25.75　　　**字　　数：** 627 千字
版　　次： 2025 年 3 月第 1 版　　　**印　　次：** 2025 年 3 月第 1 次印刷
印　　数： 1 ～ 1500
定　　价： 129.00 元

产品编号：101526-01

前言

Spring Boot 框架是目前在 Java Web 开发领域中最受欢迎的开发框架之一。目前大量的 Web 项目都会选择 Spring Boot 框架作为底层框架进行相关开发。Spring Boot 最早是基于 Spring Framework 4.x 版本进行的开发设计，继承了 Spring 框架的优秀基因，设计目标是用来简化 Spring 应用的初始化搭建过程及开发过程。

笔者初次听说 Spring Boot 是在 2016 年的一个技术分享会上，那时大部分项目还在使用 Spring 框架进行开发，Spring Boot 框架的出现打破了原有 Spring 框架的开发模式，使配置效率和开发效率都得到了较大的提升。之后随着时间的推移，在各种项目中都使用了 Spring Boot 框架。

1. 本书的组织结构和主要内容

第 1 章对 Spring Boot 框架的源码获取、源码编译及 Spring Boot 框架中的模块进行介绍。

第 2 章对 Spring Boot 框架的启动流程进行分析。

第 3 章对 Spring Boot 框架中的 ApplicationContextFactory 进行分析，主要包含应用上下文的创建分析。

第 4 章对 Spring Boot 框架中的 ApplicationContextInitializer 进行分析，主要包含上下文初始化的流程控制分析。

第 5 章对 Spring Boot 框架中的 PropertySourceLoader 进行分析，主要包含 Spring Boot 框架中对于配置文件的加载分析。

第 6 章对 Spring Boot 框架中的条件注解相关内容进行分析。

第 7 章对 Spring Boot 框架中的 EnableAutoConfiguration 进行分析，主要包含自动装配相关内容的分析。

第 8 章对 Spring Boot 框架中的日志相关内容进行分析。

第 9 章对 Spring Boot 框架中的异常报告相关内容进行分析。

第 10 章对 Spring Boot 框架中的 EnableConfigurationProperties 进行分析。

第 11 章对 Spring Boot 框架中的 Servlet 扫描和注册相关内容进行分析。

第 12 章对 Spring Boot 框架中的 WebServerFactory 进行相关分析，包含 WebServer 的创建流程分析。

第 13 章对 Spring Boot 框架中的 WebServer 进行分析，包含 WebServer 的 4 种实现类以及启动分析。

第 14 章对 Spring Boot 框架中的 servlet 包下的相关内容进行分析，包含 servlet-context、servlet-error 和 servlet-filter。

第 15 章对 Spring Boot 框架中与 JDBC 相关内容进行分析。

第 16 章对 Spring Boot 框架中的监控相关内容进行分析。

第 17 章对 Spring Boot 框架中的 devtools 技术栈中的 factories 相关内容进行分析。

第 18 章对 Spring Boot 框架中的 devtools 技术栈中的文件与类监控进行分析。

第 19 章对 Spring Boot 框架中的 test 模块前置内容 Spring Test 相关技术进行分析。

第 20 章对 Spring Boot 框架中的 test 模块进行相关分析。

2. 本书面向的读者

本书面向具备 Java 编程能力的读者。通过本书读者将学到 Spring Boot 框架中核心技术的相关实现。

本书面向对 Spring Boot 具备使用经验和有兴趣的读者。通过本书读者将学到 Spring Boot 框架的基础实现逻辑。

3. 致谢

在此，非常诚挚地感谢所有 Spring Boot 框架的创建者和开发者，感谢他们所做的工作和对开源项目的热情。没有他们就没有本书的诞生。

由于编者水平有限，书中不当之处在所难免，欢迎广大同行和读者批评指正。

王 涛

2025 年 1 月

目　录

第 1 章　初识 Spring Boot ·· 1
1.1　Spring Boot 源码编译 ·· 1
1.1.1　Spring Boot 源码获取 ·· 1
1.1.2　Spring Boot 源码导入 IDEA ·· 2
1.2　Spring Boot 测试环境的搭建 ·· 5
1.3　Spring Boot 编译后可能遇到的问题 ·· 6
本章小结 ·· 7

第 2 章　Spring Boot 启动流程分析 ·· 8
2.1　SpringApplication.run 方法简述 ·· 8
2.2　SpringApplication 构造方法分析 ·· 9
2.2.1　WebApplicationType.deduceFromClasspath 方法分析 ·· 11
2.2.2　getBootstrapRegistryInitializersFromSpringFactories 方法分析 ·· 11
2.2.3　getSpringFactoriesInstances 方法分析 ·· 12
2.2.4　createSpringFactoriesInstances 方法分析 ·· 12
2.2.5　deduceMainApplicationClass 方法分析 ·· 13
2.3　run 方法分析 ·· 14
2.3.1　createBootstrapContext 方法分析 ·· 16
2.3.2　prepareEnvironment 方法分析 ·· 17
2.3.3　configureIgnoreBeanInfo 方法分析 ·· 21
2.3.4　printBanner 方法分析 ·· 21
2.3.5　prepareContext 方法分析 ·· 22
2.3.6　refreshContext 方法分析 ·· 26
2.3.7　callRunners 方法分析 ·· 27
2.4　SpringApplicationRunListeners 分析 ·· 27
本章小结 ·· 28

第 3 章　ApplicationContextFactory 分析 ·· 29
3.1　ApplicationContextFactory 初识 ·· 29

3.2　AnnotationConfigServletWebServerApplicationContext 分析 ············ 30
　　3.3　AnnotationConfigReactiveWebServerApplicationContext 分析 ··········· 35
　　3.4　引导上下文 ··· 36
　　本章小结 ·· 38

第 4 章　Spring Boot 中的 ApplicationContextInitializer ················ 39

　　4.1　ParentContextApplicationContextInitializer 分析 ································· 39
　　4.2　ConditionEvaluationReportLoggingListener 分析 ································ 41
　　4.3　ServerPortInfoApplicationContextInitializer 分析 ······························· 43
　　4.4　DelegatingApplicationContextInitializer 分析 ···································· 43
　　4.5　ServletContextApplicationContextInitializer 分析 ······························· 45
　　4.6　SharedMetadataReaderFactoryContextInitializer 分析 ·························· 45
　　4.7　RSocketPortInfoApplicationContextInitializer 分析 ····························· 46
　　4.8　RestartScopeInitializer 分析 ·· 47
　　4.9　ConfigurationWarningsApplicationContextInitializer 分析 ···················· 47
　　4.10　ConfigFileApplicationContextInitializer 分析 ··································· 50
　　4.11　ContextIdApplicationContextInitializer 分析 ···································· 51
　　本章小结 ·· 54

第 5 章　应用配置文件加载分析 ··· 55

　　5.1　YamlPropertySourceLoader 分析 ·· 55
　　5.2　PropertiesPropertySourceLoader 分析 ·· 56
　　5.3　ConfigDataLoader 初识 ·· 57
　　　　5.3.1　SubversionConfigDataLoader 分析 ·· 58
　　　　5.3.2　ConfigTreeConfigDataLoader 分析 ······································· 59
　　　　5.3.3　StandardConfigDataLoader 分析 ··· 60
　　5.4　ConfigDataLocationResolver 分析 ·· 62
　　　　5.4.1　SubversionConfigDataLocationResolver 分析 ·························· 62
　　　　5.4.2　StandardConfigDataLocationResolver 分析 ····························· 63
　　　　5.4.3　ConfigTreeConfigDataLocationResolver 分析 ·························· 64
　　5.5　ConfigDataLoaders 分析 ··· 64
　　5.6　ConfigDataLocationResolvers 分析 ··· 66
　　5.7　ConfigDataImporter 分析 ·· 67
　　5.8　ConfigDataEnvironmentContributor 分析 ··· 69
　　5.9　ConfigDataEnvironmentContributors 分析 ·· 70
　　5.10　EnvironmentPostProcessorApplicationListener 分析 ·························· 74
　　5.11　EnvironmentPostProcessor 分析 ·· 76
　　　　5.11.1　CloudFoundryVcapEnvironmentPostProcessor 分析 ················· 77
　　　　5.11.2　ConfigDataEnvironmentPostProcessor 分析 ··························· 78

5.12	ConfigDataEnvironment 分析	79
5.13	application 配置文件加载过程分析	80
本章小结		85

第 6 章 Spring Boot 中条件相关源码分析 … 86

6.1	Spring Boot 中条件注解介绍	86
6.2	SpringBootCondition 分析	87
	6.2.1 getClassOrMethodName 方法分析	87
	6.2.2 logOutcome 方法分析	88
	6.2.3 recordEvaluation 方法分析	88
	6.2.4 ConditionOutcome 分析	89
6.3	ConditionEvaluationReport 分析	89
	6.3.1 ConditionEvaluationReport 获取分析	90
	6.3.2 unconditionalClasses 数据初始化	90
	6.3.3 outcomes 初始化	94
6.4	Spring Boot 中条件接口的实现分析	96
	6.4.1 FilteringSpringBootCondition 分析	96
	6.4.2 OnBeanCondition 分析	97
	6.4.3 OnClassCondition 分析	103
	6.4.4 OnWebApplicationCondition 分析	107
	6.4.5 OnCloudPlatformCondition 分析	109
	6.4.6 OnExpressionCondition 分析	110
	6.4.7 OnJavaCondition 分析	111
	6.4.8 OnJndiCondition 分析	111
	6.4.9 OnPropertyCondition 分析	112
	6.4.10 OnResourceCondition 分析	114
	6.4.11 OnWarDeploymentCondition 分析	115
本章小结		115

第 7 章 EnableAutoConfiguration 相关分析 … 116

7.1	EnableAutoConfiguration 初识	116
7.2	AutoConfigurationImportSelector 分析	117
7.3	ConfigurationClassFilter 分析	120
7.4	AutoConfigurationImportListener 分析	124
7.5	ImportAutoConfigurationImportSelector 分析	125
	7.5.1 determineImports 分析	126
	7.5.2 getCandidateConfigurations 分析	126
	7.5.3 getExclusions 分析	128

7.6 AutoConfigurationPackages 相关分析 ··· 129

    7.6.1 PackageImports 分析 ··· 130

    7.6.2 register 分析 ·· 130

本章小结 ··· 131

第 8 章 Spring Boot 日志系统分析 ·· 132

8.1 LoggingSystemFactory 分析 ··· 132

8.2 DelegatingLoggingSystemFactory 分析 ······································ 133

8.3 LoggingSystem 和 AbstractLoggingSystem 分析 ······························ 133

8.4 JavaLoggingSystem 分析 ·· 135

8.5 LogbackLoggingSystem 分析 ··· 136

8.6 Log4J2LoggingSystem 分析 ·· 137

8.7 LoggingApplicationListener 分析 ·· 138

本章小结 ··· 139

第 9 章 Spring Boot 中异常报告相关分析 ··· 140

9.1 SpringBootExceptionReporter 分析 ·· 140

    9.1.1 FailureAnalyzers 对象分析 ··· 140

    9.1.2 SpringBootExceptionReporter 使用时机 ······························· 143

9.2 FailureAnalysisReporter 分析 ··· 144

9.3 FailureAnalyzer 分析 ··· 145

本章小结 ··· 146

第 10 章 EnableConfigurationProperties 相关分析 ···································· 147

10.1 EnableConfigurationPropertiesRegistrar 分析 ··································· 147

10.2 ConfigurationPropertiesBeanRegistrar 分析 ···································· 149

10.3 ConfigurationPropertiesBinder 分析 ·· 151

    10.3.1 ConfigurationPropertiesBean 分析 ··································· 152

    10.3.2 BindHandler 分析 ··· 157

    10.3.3 Binder 分析 ··· 164

    10.3.4 ConfigurationPropertiesBinder#bind 方法分析 ························· 168

10.4 ConfigurationPropertiesBindingPostProcessor 分析 ······························ 169

10.5 BoundConfigurationProperties 分析 ·· 173

10.6 ConfigurationPropertySource 分析 ··· 173

    10.6.1 AliasedConfigurationPropertySource 分析 ····························· 174

    10.6.2 FilteredConfigurationPropertiesSource 分析 ···························· 175

    10.6.3 SpringConfigurationPropertySource 分析 ······························ 176

10.7 ConfigurationPropertiesScanRegistrar 分析 ···································· 176

本章小结 ··· 179

第 11 章 Spring Boot 中 Servlet 相关扫描与注册分析 ·········· 180

11.1 ServletComponentScan 相关分析 ·········· 180
11.2 ServletComponentHandler 相关分析 ·········· 182
11.3 RegistrationBean 相关分析 ·········· 185
  - 11.3.1 ServletListenerRegistrationBean 分析 ·········· 186
  - 11.3.2 DynamicRegistrationBean 分析 ·········· 186
  - 11.3.3 ServletRegistrationBean 分析 ·········· 187
  - 11.3.4 AbstractFilterRegistrationBean 分析 ·········· 188
11.4 WebListenerRegistrar 和 WebListenerRegistrar 相关分析 ·········· 190
本章小结 ·········· 194

第 12 章 WebServerFactory 分析 ·········· 195

12.1 WebServerFactory 子接口说明 ·········· 195
12.2 JettyServletWebServerFactory 分析 ·········· 197
12.3 JettyReactiveWebServerFactory 分析 ·········· 200
12.4 TomcatServletWebServerFactory 分析 ·········· 201
12.5 TomcatReactiveWebServerFactory 分析 ·········· 207
12.6 UndertowServletWebServerFactory 和 UndertowReactiveWebServerFactory 分析 ·········· 209
12.7 NettyReactiveWebServerFactory 分析 ·········· 212
12.8 HttpHandlerAdapter 相关分析 ·········· 213
  - 12.8.1 ServletHttpHandlerAdapter 分析 ·········· 214
  - 12.8.2 TomcatHttpHandlerAdapter 分析 ·········· 218
  - 12.8.3 JettyHttpHandlerAdapter 分析 ·········· 219
  - 12.8.4 UndertowHttpHandlerAdapter 分析 ·········· 220
  - 12.8.5 ReactorHttpHandlerAdapter 分析 ·········· 221
12.9 HttpHandler 相关分析 ·········· 222
  - 12.9.1 DelayedInitializationHttpHandler 分析 ·········· 222
  - 12.9.2 LazyHttpHandler 分析 ·········· 223
  - 12.9.3 ContextPathCompositeHandler 分析 ·········· 223
  - 12.9.4 HttpWebHandlerAdapter 分析 ·········· 224
本章小结 ·········· 225

第 13 章 WebServer 分析 ·········· 226

13.1 初识 WebServer ·········· 226
13.2 TomcatWebServer 分析 ·········· 227
13.3 JettyWebServer 分析 ·········· 234
13.4 NettyWebServer 分析 ·········· 237
13.5 UndertowWebServer 分析 ·········· 240

13.6　WebServer 启动分析 · 242
本章小结 · 245

第 14 章　ErrorPage 和 Servlet 包相关分析 · 246

14.1　ErrorPageRegistry 分析 · 246
14.2　ErrorPageRegistrar 分析 · 249
14.3　servlet-context 分析 · 251
14.4　servlet-error 分析 · 254
14.5　servlet-filter 分析 · 257
本章小结 · 258

第 15 章　Spring Boot 中 JDBC 相关内容分析 · 259

15.1　DataSourceAutoConfiguration 分析 · 259
15.2　JdbcTemplateAutoConfiguration 和 DataSourceTransactionManagerAutoConfiguration 分析 · 267
本章小结 · 269

第 16 章　Spring Boot Actuator 相关分析 · 270

16.1　Endpoints 介绍 · 270
16.2　ServletWebOperation 分析 · 274
　　16.2.1　ServletWebOperationAdapter 分析 · 275
　　16.2.2　SecureServletWebOperation 分析 · 276
16.3　Operation 相关分析 · 277
16.4　OperationInvoker 相关分析 · 278
16.5　ExposableEndpoint 相关分析 · 280
　　16.5.1　ExposableServletEndpoint 分析 · 280
　　16.5.2　ExposableJmxEndpoint 和 ExposableWebEndpoint 分析 · 282
　　16.5.3　AbstractExposableEndpoint 分析 · 283
　　16.5.4　DiscoveredEndpoint 和 ExposableControllerEndpoint 分析 · 284
16.6　EndpointsSupplier 相关分析 · 285
　　16.6.1　EndpointDiscoverer 分析 · 286
　　16.6.2　DiscoveredOperationsFactory 分析 · 294
　　16.6.3　OperationParameter 分析 · 297
　　16.6.4　ParameterValueMapper 分析 · 298
16.7　Endpoint 自动装配 Web 相关内容分析 · 299
　　16.7.1　WebMvcEndpointHandlerMapping 分析 · 300
　　16.7.2　WebOperationRequestPredicate 分析 · 307
16.8　端点 info 分析 · 308
本章小结 · 310

第 17 章　Spring Boot Devtools factories 相关分析　311

17.1　Devtools 中 spring.factories 概述　311
17.2　Devtools 中 ApplicationContextInitializer 相关分析　312
17.3　Devtools 中 ApplicationListener 相关分析　314
17.4　Devtools 中 EnableAutoConfiguration 相关分析　317
17.4.1　DevToolsDataSourceAutoConfiguration 分析　317
17.4.2　LocalDevToolsAutoConfiguration 分析　321
17.4.3　RemoteDevToolsAutoConfiguration 分析　326
17.5　Devtools 中 EnvironmentPostProcessor 相关分析　328
17.5.1　DevToolsHomePropertiesPostProcessor 分析　328
17.5.2　DevToolsPropertyDefaultsPostProcessor 分析　329
本章小结　330

第 18 章　devtools 中文件与类监控相关分析　331

18.1　FileSystemWatcherFactory 相关分析　331
18.2　FileChangeListener 分析　339
18.3　FailureHandler 相关分析　344
18.4　ClassPathFileSystemWatcher 分析　345
18.5　RestartLauncher 和 RestartClassLoader 分析　346
本章小结　350

第 19 章　Spring Test 相关分析　351

19.1　TestContext 相关分析　351
19.1.1　CacheAwareContextLoaderDelegate 分析　354
19.1.2　ContextCache 分析　356
19.2　ContextLoader 分析　361
19.2.1　AbstractContextLoader 分析　362
19.2.2　AbstractGenericContextLoader 分析　365
19.2.3　AbstractGenericWebContextLoader 分析　368
19.3　TestExecutionListener 分析　371
19.4　TestContextManager 分析　372
19.5　SpringJUnit4ClassRunner 分析　373
19.6　TestContextBootstrapper 分析　375
本章小结　381

第 20 章　Spring Boot Test 分析　382

20.1　Spring Boot Test 中的 factories　382
20.1.1　Spring Boot Test 中的 ContextCustomizerFactory　383

  20.1.2　Spring Boot Test 中的 TestExecutionListener………………………………389
  20.1.3　Spring Boot Test 中的 EnvironmentPostProcessor……………………………392
20.2　Spring Boot Test 中上下文相关分析………………………………………………393
  20.2.1　SpringBootContextLoader 分析…………………………………………………393
  20.2.2　SpringBootTestContextBootstrapper 分析………………………………………396
本章小结……………………………………………………………………………………398

第 1 章

初识 Spring Boot

本章围绕 Spring Boot 项目的源码获取、编译和运行进行说明，简单介绍 Spring Boot 框架中一些模块的含义。

1.1 Spring Boot 源码编译

本节将对 Spring Boot 源码编译的过程进行说明。从零开始搭建 Spring Boot 源码阅读环境，搭建阅读环境需要 git、JDK8 及以上版本（Java 开发环境）、IDEA 编辑器和 Gradle 6.9 及以上版本。

1.1.1 Spring Boot 源码获取

关于 Spring Boot 源码获取需要在 GitHub 上找到 Spring Boot 项目仓库并将代码复制到本地，具体操作命令如下：

```
git clone git@github.com:spring-projects/spring-boot.git
```

当执行上述命令时有可能会出现如下异常信息（下文异常信息截取部分）：

```
error: unable to create file spring-boot-project/spring-boot-test-autoconfigure/src/test/java/org/springframework/boot/test/autoconfigure/jdbc/JdbcTestWithAutoConfigureTestDatabaseReplaceAutoConfiguredWithoutOverrideIntegrationTests.java: Filename too long
```

当出现上述异常信息时表示文件名称太长了，这个现象在 Windows 系统中比较常见，原因是 git 调用的是 Windows 系统提供的旧 API 长度限制是 260，解决该问题只需要执行 git config --global core.longpaths true 代码。

当执行完成上述命令后就可以重新执行复制语句，将 GitHub 上的 Spring Boot 项目工程拉取到本地，拉取后在本地系统中会有如图 1-1 所示的内容。

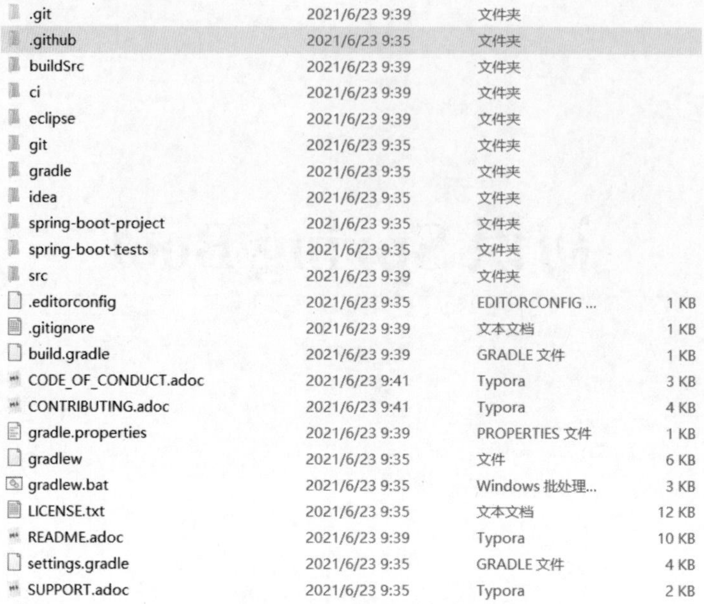

图 1-1 Spring Boot 本地仓库

接下来需要在该文件夹下打开 git bash 命令行工具，在命令行工具中输入如下命令：

```
git branch sh-2.4.6 v2.4.6
```

上述命令表示创建一个分支，该分支的源头是 v2.4.6。执行上述命令后需要执行 git branch 命令来确定是否创建成功。git branch 执行后命令行会输出如下内容：

```
$ git branch
* main
  sh-2.4.6
```

从输出内容中可以发现，sh-2.4.6 分支已经创建成功。接下来需要切换到该分支，具体切换命令如下：

```
git checkout sh-2.4.6
```

最后将这个分支推送到远程仓库，注意该远程仓库是个人远程仓库并非 Spring Boot 的官方仓库，具体推送命令如下：

```
$ git push origin sh-2.4.6
Total 0 (delta 0), reused 0 (delta 0), pack-reused 0
remote:
remote: Create a pull request for 'sh-2.4.6' on GitHub by visiting:
remote:      https://github.com/SourceHot/spring-boot/pull/new/sh-2.4.6
remote:
To github.com:SourceHot/spring-boot.git
 * [new branch]            sh-2.4.6 -> sh-2.4.6
```

1.1.2 Spring Boot 源码导入 IDEA

接下来将介绍如何将 Spring Boot 源码导入 IDEA 中，导入过程十分简单，只需要用 IDEA 将 Spring Boot 源码文件夹用 IDEA 打开即可。打开后界面显示内容如图 1-2 所示。

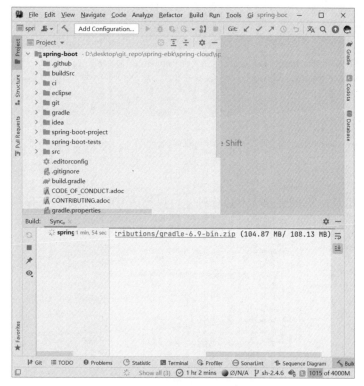

图 1-2　Spring Boot 导入 IDEA

在打开 Spring Boot 源码文件夹后 IDEA 会自动下载 Gradle 工具，当下载 Gradle 工具后还会继续下载 Spring Boot 项目所需要的依赖，此处预计花费一个小时左右的时间。当完成后控制台会输出如下内容：

```
Download https://services.gradle.org/distributions/gradle-6.9-bin.zip finished, took 1 m 55 s 190 ms (108.13 MB)
Starting Gradle Daemon...
Gradle Daemon started in 1 s 381 ms
> Task :buildSrc:compileJava
> Task :buildSrc:compileGroovy NO-SOURCE
> Task :buildSrc:pluginDescriptors
> Task :buildSrc:processResources
> Task :buildSrc:classes
> Task :buildSrc:jar
> Task :buildSrc:generateSourceRoots
> Task :buildSrc:assemble
> Task :buildSrc:checkFormatMain
> Task :buildSrc:checkFormatTest FROM-CACHE
> Task :buildSrc:checkFormat
> Task :buildSrc:checkstyleMain
> Task :buildSrc:compileTestJava FROM-CACHE
> Task :buildSrc:compileTestGroovy NO-SOURCE
> Task :buildSrc:processTestResources
> Task :buildSrc:testClasses
> Task :buildSrc:checkstyleTest
> Task :buildSrc:pluginUnderTestMetadata
> Task :buildSrc:test SKIPPED
> Task :buildSrc:validatePlugins FROM-CACHE
> Task :buildSrc:check SKIPPED
```

```
> Task :buildSrc:build

Deprecated Gradle features were used in this build, making it incompatible with
Gradle 7.0.
Use '--warning-mode all' to show the individual deprecation warnings.
See https://docs.gradle.org/6.9/userguide/command_line_interface.html#sec:
command_line_warnings

BUILD SUCCESSFUL in 32m 7s

A build scan was not published as you have not authenticated with server 'ge.
spring.io'.
```

当看到上述信息后还需要等待十几分钟才可以完成 IDEA 的导入工作，导入后可以看到 IDEA 中的显示内容，如图 1-3 所示。

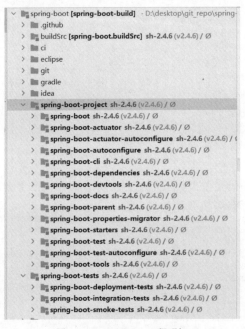

图 1-3　Spring Boot 工程明细

从图 1-3 中可以看到 Spring Boot 工程被分为了两大重要模块：
（1）spring-boot-project 模块主要用于存储 Spring Boot 框架的核心代码；
（2）spring-boot-tests 模块主要用于存储 Spring Boot 框架的测试代码。
在 spring-boot-project 模块中还根据不同的功能创建了多个模块工程，关于这些模块工程的说明如下：
（1）spring-boot：Spring Boot 项目的核心。
（2）spring-boot-actuator：Spring Boot 监控相关的内容。
（3）spring-boot-actuator-autoconfigure：Spring Boot 监控中自动装配相关的内容。
（4）spring-boot-autoconfigure：Spring Boot 自动装配相关的内容。
（5）spring-boot-cli：Spring Boot CLI 命令行工具。
（6）spring-boot-dependencies：Spring Boot 依赖工程。

（7）spring-boot-devtools：Spring Boot 开发工具工程。

（8）spring-boot-docs：Spring Boot 文档工程。

（9）spring-boot-parent：Spring Boot 项目的父工程。

（10）spring-boot-properties-migrator：Spring Boot 迁移工程。

（11）spring-boot-starters：Spring Boot 启动工程。

（12）spring-boot-test：Spring Boot 测试相关工程。

（13）spring-boot-test-autoconfigure：Spring Boot 测试相关的自动装配工程。

（14）spring-boot-tools：Spring Boot 工具工程。

在上述 14 个模块中，本书主要讨论分析的内容包括 spring-boot、spring-boot-actuator、spring-boot-starters 和 spring-boot-autoconfigure。更多关于 Spring Boot 子模块的说明可以查看 https: //docs.spring.io/spring-boot/docs/current/reference/html/using.html#using 进行了解。

1.2　Spring Boot 测试环境的搭建

前文已经通过 git 工具将 Spring Boot 的源码复制到本地操作系统中并且通过了编译，本节将讲述如何搭建 Spring Boot 的测试环境，即启动一个 Spring Boot 工程。在启动一个 Spring Boot 工程时可以采用 spring-boot-test 模块下 spring-boot-smoke-tests 模块中的内容。spring-boot-smoke-tests 模块主要用于进行冒烟测试，正好符合测试环境搭建的需求，在 spring-boot-smoke-tests 模块中含有多个工程，找到 spring-boot-smoke-test-web-static 工程，在该工程中找到 SampleWebStaticApplication 并运行它。运行后控制台会输出如下内容：

```
  .   ____          _            __ _ _
 /\\ / ___'_ __ _ _(_)_ __  __ _ \ \ \ \
( ( )\___ | '_ | '_| | '_ \/ _` | \ \ \ \
 \\/  ___)| |_)| | | | | || (_| |  ) ) ) )
  '  |____| .__|_| |_|_| |_\__, | / / / /
 =========|_|==============|___/=/_/_/_/
 :: Spring Boot ::

    2021-06-23 13: 38: 48.563  INFO 16852 --- [           main] s.w.s.SampleWebStaticApplication         : Starting SampleWebStaticApplication using Java 1.8.0_252 on LAPTOP-D7DF36F6 with PID 16852 (D:\desktop\git_repo\spring-ebk\spring-cloud\spring-boot\spring-boot-tests\spring-boot-smoke-tests\spring-boot-smoke-test-web-static\build\classes\java\main started by admin in D:\desktop\git_repo\spring-ebk\spring-cloud\spring-boot)
    2021-06-23 13: 38: 48.566  INFO 16852 --- [           main] s.w.s.SampleWebStaticApplication         : No active profile set, falling back to default profiles: default
    2021-06-23 13: 38: 49.505  INFO 16852 --- [           main] o.s.b.w.embedded.tomcat.TomcatWebServer  : Tomcat initialized with port(s): 8080 (http)
    2021-06-23 13: 38: 49.516  INFO 16852 --- [           main] o.apache.catalina.core.StandardService   : Starting service [Tomcat]
    2021-06-23 13: 38: 49.516  INFO 16852 --- [           main] org.apache.catalina.core.StandardEngine  : Starting Servlet engine: [Apache Tomcat/9.0.46]
    2021-06-23 13: 38: 49.601  INFO 16852 --- [           main] o.a.c.c.C.[Tomcat].[localhost].[/]       : Initializing Spring embedded WebApplicationContext
    2021-06-23 13: 38: 49.602  INFO 16852 --- [           main] w.s.c.ServletWebServerApplicationContext : Root WebApplicationContext: initialization completed in 981 ms
    2021-06-23 13: 38: 49.865  INFO 16852 --- [           main] o.s.b.a.w.s.WelcomePageHandlerMapping    : Adding welcome page: class path resource [static/index.html]
```

```
2021-06-23 13:38:49.973  INFO 16852 --- [           main] o.s.b.w.embedded.
tomcat.TomcatWebServer   : Tomcat started on port(s): 8080 (http) with context path ''
2021-06-23 13:38:49.983  INFO 16852 --- [           main] s.w.s.SampleWebSta
ticApplication           : Started SampleWebStaticApplication in 2.051 seconds (JVM
running for 3.34)
2021-06-23 13:39:05.236  INFO 16852 --- [nio-8080-exec-1] o.a.c.c.C.[Tomcat].
[localhost].[/]          : Initializing Spring DispatcherServlet 'dispatcherServlet'
2021-06-23 13:39:05.237  INFO 16852 --- [nio-8080-exec-1] o.s.web.servlet.
DispatcherServlet        : Initializing Servlet 'dispatcherServlet'
2021-06-23 13:39:05.237  INFO 16852 --- [nio-8080-exec-1] o.s.web.servlet.
DispatcherServlet        : Completed initialization in 0 ms
```

输出上述内容表示启动成功。接下来需要通过浏览器访问 http：//localhost：8080/，访问后浏览器展示内容如图 1-4 所示。

图 1-4　Spring Boot 测试首页

在 spring-boot-smoke-tests 模块下还有不同技术的测试用例可以作为相应技术的测试环境，本节就不对每个技术模块进行说明了，有兴趣的读者可以自行查看各个技术模块。

1.3　Spring Boot 编译后可能遇到的问题

本节将对 Spring Boot 编译后可能遇到的问题进行说明，并提供相应的解决方法。

在启动 smoketest.propertyvalidation.SamplePropertyValidationApplication 的时候可能会出现启动失败的问题（并非特指 SamplePropertyValidationApplication，其他应用启动类也有可能出现此问题），具体现象是普通启动在 IDEA 编辑器中并未出现问题，当通过 debug 启动时在 IDEA 中出现了报错。关于报错的异常堆栈信息如下：

```
java.lang.NoClassDefFoundError: kotlin/Result
    at kotlinx.coroutines.debug.AgentPremain.<clinit>(AgentPremain.kt: 24)
    at sun.reflect.NativeMethodAccessorImpl.invoke0(Native Method)
    at sun.reflect.NativeMethodAccessorImpl.invoke(NativeMethodAccessorImpl.java:
62)
    at sun.reflect.DelegatingMethodAccessorImpl.invoke(DelegatingMethodAccessorImpl.
java: 43)
    at java.lang.reflect.Method.invoke(Method.java: 498)
    at sun.instrument.InstrumentationImpl.loadClassAndStartAgent(InstrumentationImpl.
java: 386)
    at sun.instrument.InstrumentationImpl.loadClassAndCallPremain(InstrumentationImpl.
java: 401)
Exception in thread "main" FATAL ERROR in native method: processing of -javaagent
failed
```

关于这个问题笔者在 Spring Boot 的 GitHub 仓库提了一个 Issues,具体地址是 https://github.com/spring-projects/spring-boot/issues/27531。在和 Spring Boot 项目成员交流后得出了如下解决方案。在 IDEA 中打开设置界面,依次选择 Build,Execution,Deployment → Debugger → Data Views → Kotlin 选项,进入之后会看到如图 1-5 所示的内容。

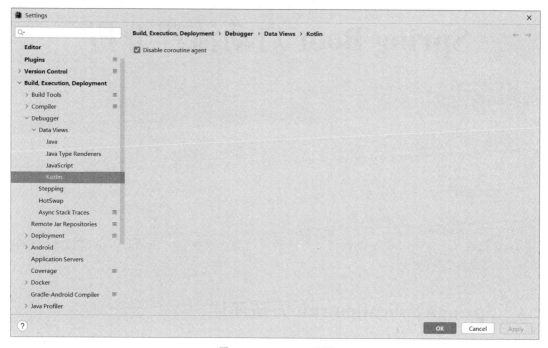

图 1-5　IDEA Kotlin 配置

注意在 IDEA 默认状态下 Disable coroutine agent 是没有选中的,此时需要选中此选项,修改成功后单击 Apply 按钮和 OK 按钮完成配置。通过上述配置处理后再进行 debug 启动就不会遇到本节最开始的问题了。

本章小结

本章中对于 Spring Boot 框架的源码获取和编译做出了详细的说明,在整个搭建过程中最为麻烦的问题有两个,第一个是在 Windows 系统下文件名过长的问题,第二个是获取 Spring Boot 依赖的时间问题。这两个问题解决后 Spring Boot 源码阅读环境的搭建就很容易了。本章基于搭建的源码环境还启动了一个 Spring Boot 应用来证明 Spring Boot 环境的可用性。

第 2 章

Spring Boot 启动流程分析

本章将对 Spring Boot 的启动流程进行分析，这对于理解整个 Spring Boot 项目是比较重要的。

2.1 SpringApplication.run 方法简述

在 spring-boot-smoke-test-web-static 项目中通过阅读启动类可以看到如下代码：

```
@SpringBootApplication
public class SampleWebStaticApplication extends SpringBootServletInitializer {
    protected SpringApplicationBuilder configure(SpringApplicationBuilder application) {
        return application.sources(SampleWebStaticApplication.class);
    }
    public static void main(String[] args) {
        SpringApplication.run(SampleWebStaticApplication.class, args);
    }
}
```

在这段代码中可以看到 main 方法中核心启动代码是 SpringApplication.run，这段代码就是本节需要详细分析的方法。追踪 run 方法会看到下面这段代码：

```
public static ConfigurableApplicationContext run(Class<?> primarySource, String... args) {
    return run(new Class<?>[] { primarySource }, args);
}
```

这段代码需要调用 run 方法，因此进一步追踪源代码，具体执行代码如下：

```
public static ConfigurableApplicationContext run(Class<?>[] primarySources, String[] args) {
    return new SpringApplication(primarySources).run(args);
}
```

在这段代码中我们主要关注以下两个方法参数：

（1）primarySources 表示主要的启动类；
（2）args 表示 Java 程序启动命令参数。

2.2 SpringApplication 构造方法分析

在 run 方法中可以看到它进行了 SpringApplication 的构造，对于 SpringApplication 的构造函数的分析十分重要。本节将对 SpringApplication 构造方法进行分析，具体的构造函数代码如下：

```java
public SpringApplication(Class<?>... primarySources) {
    this(null, primarySources);
}
@SuppressWarnings({"unchecked", "rawtypes"})
public SpringApplication(ResourceLoader resourceLoader, Class<?>... primarySources) {
    // 资源加载器
    this.resourceLoader = resourceLoader;
    Assert.notNull(primarySources, "PrimarySources must not be null");
    // 主要类
    this.primarySources = new LinkedHashSet<>(Arrays.asList(primarySources));
    // Web 应用类型标记
    this.webApplicationType = WebApplicationType.deduceFromClasspath();
    // 获取 BootstrapRegistryInitializer 集合
    this.bootstrapRegistryInitializers = getBootstrapRegistryInitializersFromSpringFactories();
    // 设置 ApplicationContextInitializer 集合
    setInitializers((Collection) getSpringFactoriesInstances(ApplicationContextInitializer.class));
    // 设置 ApplicationListener
    setListeners((Collection) getSpringFactoriesInstances(ApplicationListener.class));
    // 设置应用类
    this.mainApplicationClass = deduceMainApplicationClass();
}
```

在 SpringApplication 的构造方法中主要的处理流程如下：
（1）设置资源加载器；
（2）设置主要启动类；
（3）设置 Web 应用类型标记；
（4）获取 BootstrapRegistryInitializer 集合并设置给成员变量 bootstrapRegistryInitializers；
（5）获取 ApplicationContextInitializer 集合并设置给成员变量 initializers；
（6）获取 ApplicationListener 集合并设置给成员变量 listeners；
（7）设置应用类。

在启动 SampleWebStaticApplication 时通过构造函数创建的 SpringApplication 成员变量的数据信息如图 2-1 所示。

在构造函数中会对成员变量 initializers 进行初始化，在本例中初始化的成员变量 initializers 的具体数据表如图 2-2 所示。

在构造函数中还对成员变量 listeners 进行了初始化，在本例中成员变量 listeners 的数据信息如图 2-3 所示。

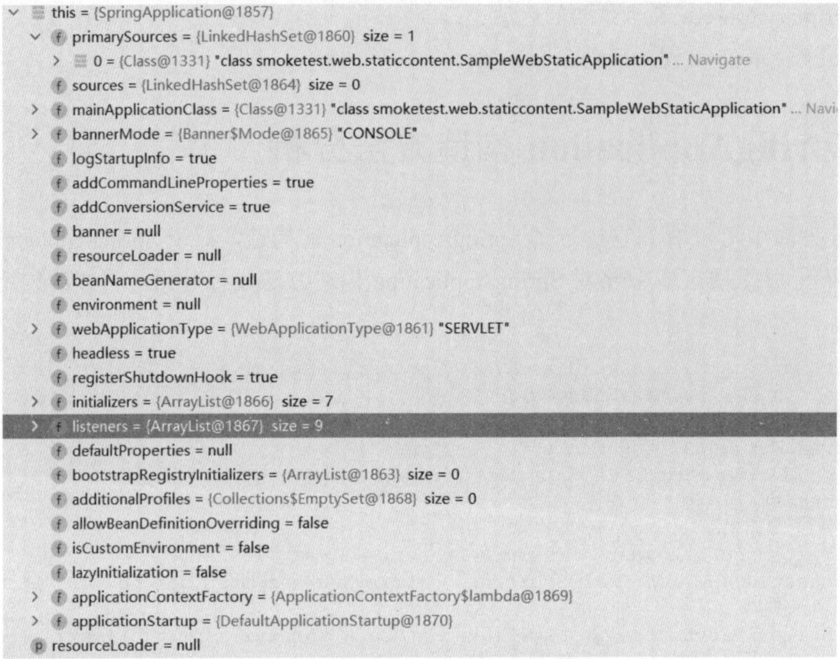

图 2-1　SpringApplication 成员变量的数据信息

图 2-2　initializers 的具体数据表

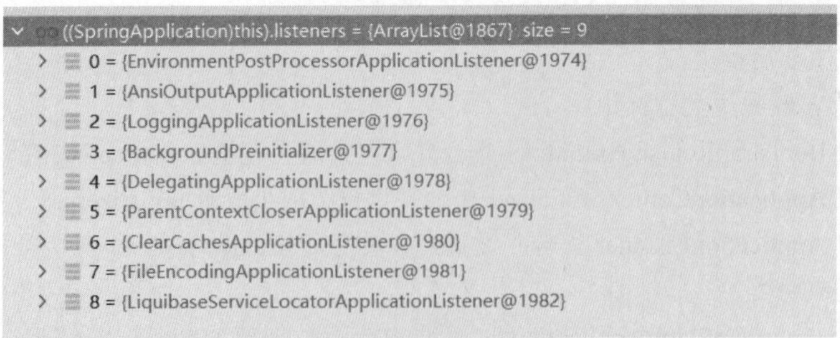

图 2-3　listeners 的数据信息

在 SpringApplication 的构造方法中引用了 4 个方法，接下来对这 4 个方法进行分析：

（1）WebApplicationType.deduceFromClasspath 方法用于确定 Web 应用类型标记；

（2）getBootstrapRegistryInitializersFromSpringFactories 方法用于获取 BootstrapRegistryInitializer 集合；

(3) getSpringFactoriesInstances 方法用于获取 Spring 工厂实例；

(4) deduceMainApplicationClass 方法用于推到核心应用类。

2.2.1　WebApplicationType.deduceFromClasspath 方法分析

本节将对 WebApplicationType.deduceFromClasspath 方法进行分析，具体处理代码如下：

```
static WebApplicationType deduceFromClasspath() {
   if (ClassUtils.isPresent(WEBFLUX_INDICATOR_CLASS, null)
 && !ClassUtils.isPresent(WEBMVC_INDICATOR_CLASS, null)
        && !ClassUtils.isPresent(JERSEY_INDICATOR_CLASS, null)) {
      return WebApplicationType.REACTIVE;
   }
   for (String className : SERVLET_INDICATOR_CLASSES) {
      if (!ClassUtils.isPresent(className, null)) {
         return WebApplicationType.NONE;
      }
   }
   return WebApplicationType.SERVLET;
}
```

在 deduceFromClasspath 方法中会得到 Web 应用的类型，在这个处理过程中包含 3 种类型：

（1）响应式 REACTIVE；

（2）非 Web 应用；

（3）Servlet 应用。

在该方法中主要的判断依据是 ClassUtils.isPresent 方法，isPersent 方法调用还需要依靠以下 4 个成员变量：

（1）WEBFLUX_INDICATOR_CLASS；

（2）WEBMVC_INDICATOR_CLASS；

（3）JERSEY_INDICATOR_CLASS；

（4）SERVLET_INDICATOR_CLASSES。

2.2.2　getBootstrapRegistryInitializersFromSpringFactories 方法分析

本节将对 getBootstrapRegistryInitializersFromSpringFactories 方法进行分析，该方法主要用于获取 Bootstrapper 和 BootstrapRegistryInitializer 相关的工厂接口，具体处理代码如下：

```
@SuppressWarnings("deprecation")
private
List<BootstrapRegistryInitializer> getBootstrapRegistryInitializersFromSpringFactories()
{
    // 结果集合
    ArrayList<BootstrapRegistryInitializer> initializers = new ArrayList<>();

    // 通过 getSpringFactoriesInstances 方法找出 Bootstrapper 类集合
    // 将 Bootstrapper 集合遍历调用 initialize 并将其执行结果放入结果集合中
    getSpringFactoriesInstances(Bootstrapper.class).stream()
            .map((bootstrapper) -> ((BootstrapRegistryInitializer) bootstrapper::
```

```
initialize))      .forEach(initializers::add);
        // 通过getSpringFactoriesInstances方法搜索BootstrapRegistryInitializer类型的工厂
        // 接口，将其放入结果集合中
        initializers.addAll(getSpringFactoriesInstances(BootstrapRegistryInitializer.class));
        // 返回结果集合
        return initializers;
}
```

在 getBootstrapRegistryInitializersFromSpringFactories 方法中的处理流程如下：

（1）通过 getSpringFactoriesInstances 方法将 Bootstrapper 类型对应的工厂检索到；

（2）将检索到的 Bootstrapper 类型的工厂遍历调用 initialize 方法后放入返回集合中；

（3）通过 getSpringFactoriesInstances 方法将 BootstrapRegistryInitializer 类型的工厂寻找出来放入返回集合中；

（4）返回结果集合。

2.2.3 getSpringFactoriesInstances 方法分析

本节将对 getSpringFactoriesInstances 方法进行分析，该方法用于搜索工厂接口，具体处理代码如下：

```
private <T> Collection<T> getSpringFactoriesInstances(Class<T> type) {
    return getSpringFactoriesInstances(type, new Class<?>[] {});
}

private <T> Collection<T> getSpringFactoriesInstances(Class<T> type, Class<?>[] parameterTypes, Object... args) {
    // 获取类加载器
    ClassLoader classLoader = getClassLoader();
    // 获取类型对应的名称集合，寻找 META-INF/spring.factories 文件中 type 对应的名称
    Set<String> names =
new LinkedHashSet<>(SpringFactoriesLoader.loadFactoryNames(type, classLoader));
    // 实例化接口
     List<T> instances = createSpringFactoriesInstances(type, parameterTypes,
classLoader, args, names);
    // 排序后返回
    AnnotationAwareOrderComparator.sort(instances);
    return instances;
}
```

在上述代码中主要的处理流程如下：

（1）获取类加载器；

（2）获取类型对应的名称集合，这部分数据在 META-INF/spring.factories 文件中；

（3）通过名称、类型和参数等进行实例化；

（4）将实例化结果进行排序后返回，排序需要依赖 Order 相关内容。

2.2.4 createSpringFactoriesInstances 方法分析

本节将对 createSpringFactoriesInstances 方法进行分析，具体处理代码如下：

```
@SuppressWarnings("unchecked")
```

```java
    private <T> List<T> createSpringFactoriesInstances(Class<T> type, Class<?>[]
parameterTypes,
            ClassLoader classLoader, Object[] args, Set<String> names) {
        List<T> instances = new ArrayList<>(names.size());
        for (String name : names) {
            try {
                // 获取类
                Class<?> instanceClass = ClassUtils.forName(name, classLoader);
                Assert.isAssignable(type, instanceClass);
                // 获取构造函数
                Constructor<?> constructor =
 instanceClass.getDeclaredConstructor(parameterTypes);
                // 实例化
                T instance = (T) BeanUtils.instantiateClass(constructor, args);
                // 加入集合中
                instances.add(instance);
            }
            catch (Throwable ex) {
                throw new IllegalArgumentException("Cannot instantiate " + type + " : "
+ name, ex);
            }
        }
        return instances;
    }
```

createSpringFactoriesInstances 方法主要目的是将方法参数 names 进行实例化，具体实例化步骤如下：

（1）通过类加载器根据参数 names 中的元素获取类对象；

（2）通过第（1）步中获取的类对象进一步获取构造函数对象；

（3）通过 BeanUtils 进行实例化；

（4）放入数据集合（变量 instances）。

2.2.5　deduceMainApplicationClass 方法分析

本节将对 deduceMainApplicationClass 方法进行分析，该方法用于确认主类，具体处理代码如下：

```java
    private Class<?> deduceMainApplicationClass() {
        try {
            // 提取当前堆栈
            StackTraceElement[] stackTrace = new RuntimeException().getStackTrace();
            for (StackTraceElement stackTraceElement : stackTrace) {
                // 找到 main 函数所在的类
                if ("main".equals(stackTraceElement.getMethodName())) {
                    return Class.forName(stackTraceElement.getClassName());
                }
            }
        }
        catch (ClassNotFoundException ex) {}
        return null;
    }
```

在 deduceMainApplicationClass 方法中主要的处理流程如下：

（1）获取当前调用堆栈；

（2）遍历当前堆栈集合，如果方法名称是 main 则会作为最终返回结果。

至此，对于 SpringApplication 的构造方法分析就告一段落，下一节将开始着重分析 run 方法。

2.3　run 方法分析

本节将对 run 方法进行分析，该方法是 Spring Boot 项目启动的核心方法，具体处理代码如下：

```
public ConfigurableApplicationContext run(String... args) {
    // 秒表
    StopWatch stopWatch = new StopWatch();
    // 秒表开始
    stopWatch.start();
    // 创建默认的引导上下文
    DefaultBootstrapContext bootstrapContext = createBootstrapContext();
    // 应用上下文
    ConfigurableApplicationContext context = null;
    // 配置 java.awt.headless 属性
    configureHeadlessProperty();
    // 获取 SpringApplicationRunListener 集合
    // Spring 应用监听器
    SpringApplicationRunListeners listeners = getRunListeners(args);
    // 监听器启动
    listeners.starting(bootstrapContext, this.mainApplicationClass);
    try {
        // 获取应用启动时的参数对象
        ApplicationArguments applicationArguments =
 new DefaultApplicationArguments(args);
        // 获取环境对象
        ConfigurableEnvironment environment =
 prepareEnvironment(listeners, bootstrapContext, applicationArguments);
        // 配置需要忽略的 Bean
        configureIgnoreBeanInfo(environment);
        // 获取 banner
        Banner printedBanner = printBanner(environment);
        // 创建应用上下文
        context = createApplicationContext();
        // 设置应用阶段
        context.setApplicationStartup(this.applicationStartup);
        // 准备上下文
        prepareContext(bootstrapContext, context, environment, listeners,
 applicationArguments, printedBanner);
        // 刷新上下文
        refreshContext(context);
        // 刷新上下文后的行为
        afterRefresh(context, applicationArguments);
        // 秒表停止
        stopWatch.stop();
        // 日志输出
        if (this.logStartupInfo) {
            new StartupInfoLogger(this.mainApplicationClass).logStarted
(getApplicationLog(), stopWatch);
        }
        // 监听器启动
        listeners.started(context);
```

```
            // 执行 runner 相关接口
            callRunners(context, applicationArguments);
        } catch (Throwable ex) {
            // 异常处理
            handleRunFailure(context, ex, listeners);
            throw new IllegalStateException(ex);
        }

        try {
            // 监听器执行
            listeners.running(context);
        } catch (Throwable ex) {
            // 异常处理
            handleRunFailure(context, ex, null);
            throw new IllegalStateException(ex);
        }
        return context;
}
```

在上述方法中主要的处理流程如下：

（1）创建秒表对象并将秒表开启；

（2）创建默认的引导上下文，具体处理方法是 createBootstrapContext；

（3）设置 Java 的属性值，具体设置的是 java.awt.headless 属性；

（4）获取 SpringApplicationRunListener 集合；

（5）启动第（4）步中获取的监听器；

（6）将参数 args 转换成 ApplicationArguments；

（7）获取环境对象，具体处理方法是 prepareEnvironment；

（8）配置是否需要忽略的 Bean，具体处理方法是 configureIgnoreBeanInfo；

（9）获取 banner 并将 banner 输出；

（10）创建应用上下文，具体处理方法是 createApplicationContext；

（11）设置应用上下文的应用阶段；

（12）准备上下文；

（13）刷新上下文；

（14）进行刷新上下文后的补充操作，具体处理方法是 afterRefresh，注意该方法目前是空方法；

（15）将秒表停止；

（16）进行启动日志输出；

（17）监听器开始执行；

（18）执行 ApplicationRunner 或者 CommandLineRunner 相关接口的实现类，具体处理方法是 callRunners。

在上述处理流程中如果出现异常会进行 handleRunFailure 方法的调度，handleRunFailure 代码详情如下：

```
    private void handleRunFailure(ConfigurableApplicationContext context, Throwable exception,
            SpringApplicationRunListeners listeners) {
        try {
            try {
```

```
            // 处理异常code,会将code进行事件推送
            handleExitCode(context, exception);
            if (listeners != null) {
                listeners.failed(context, exception);
            }
        } finally {
            // 报告异常记录日志
            reportFailure(getExceptionReporters(context), exception);
            if (context != null) {
                context.close();
            }
        }
    } catch (Exception ex) {
        logger.warn("Unable to close ApplicationContext", ex);
    }
    ReflectionUtils.rethrowRuntimeException(exception);
}
```

在 handleRunFailure 方法中主要的处理流程如下:

(1) 异常 code 处理，将异常 code 解析后组成 Spring 的事件并且推送，具体事件类型是 ExitCodeEvent；

(2) 如果监听器列表不为空会进行监听器的 failed 方法调度。

回到 run 方法，在 run 方法中需要着重关注的方法有如下 7 个，本节后续将会对它们进行分析。

(1) createBootstrapContext 方法；

(2) prepareEnvironment 方法；

(3) configureIgnoreBeanInfo 方法；

(4) printBanner 方法；

(5) prepareContext 方法；

(6) refreshContext 方法；

(7) callRunners 方法。

2.3.1 createBootstrapContext 方法分析

本节将对 createBootstrapContext 方法进行分析，具体处理代码如下：

```
private DefaultBootstrapContext createBootstrapContext() {
    // 创建默认的引导上下文
    DefaultBootstrapContext bootstrapContext = new DefaultBootstrapContext();
    // 循环调度 BootstrapRegistryInitializer 的 initialize 方法
    this.bootstrapRegistryInitializers.forEach((initializer) ->
     initializer.initialize(bootstrapContext));
    // 返回默认的引导上下文
    return bootstrapContext;
}
```

createBootstrapContext 方法的主要目的是创建默认的引导上下文，具体执行流程如下：

(1) 创建默认的引导上下文；

(2) 通过成员变量 bootstrapRegistryInitializers 初始化第 (1) 步创建的引导上下文。

2.3.2 prepareEnvironment 方法分析

本节将对 prepareEnvironment 方法进行分析,该方法的主要目标是进行环境对象的准备,具体处理代码如下:

```
private ConfigurableEnvironment prepareEnvironment(SpringApplicationRunListeners
listeners, DefaultBootstrapContext bootstrapContext, ApplicationArguments
applicationArguments) {
    // 获取环境对象
    ConfigurableEnvironment environment = getOrCreateEnvironment();
    // 配置环境信息
    configureEnvironment(environment, applicationArguments.getSourceArgs());
    // 追加或者移除属性
    ConfigurationPropertySources.attach(environment);
    // 环境准备事件
    listeners.environmentPrepared(bootstrapContext, environment);
    // 移动到最后一个索引位
    DefaultPropertiesPropertySource.moveToEnd(environment);
    // 绑定环境
    bindToSpringApplication(environment);
    // 如果不是自定义环境
    if (!this.isCustomEnvironment()) {
        // 创建环境转换器进行转换
        environment = new
EnvironmentConverter(getClassLoader()).convertEnvironmentIfNecessary(environment,
            deduceEnvironmentClass());
    }
    // 追加或者移除属性
    ConfigurationPropertySources.attach(environment);
    return environment;
}
```

在 prepareEnvironment 方法中主要的处理流程如下:

(1) 获取环境对象,关于环境对象的获取提供了两种方式,第一种是通过成员变量获取,第二种是根据应用类型进行创建,创建 StandardServletEnvironment、StandardReactiveWebEnvironment 和 StandardEnvironment 的具体处理方法是 getOrCreateEnvironment;

(2) 配置环境信息,具体处理方法是 configureEnvironment;

(3) 追加或者移除部分属性,具体处理方法是 ConfigurationPropertySources.attach;

(4) 触发环境准备事件,具体处理交给 SpringApplicationRunListeners 进行负责;

(5) 将环境对象中的属性表进行重排序。排序规则:从属性表中移除 defaultProperties 名称的属性,如果该属性不为空则放入最后一个索引位上;

(6) 绑定环境,具体处理方法是 bindToSpringApplication;

(7) 判断是否自定义环境对象,如果是自定义则会进行配置对象转换,并且在转换后再次进行第(3)步的操作流程,操作完成后返回。

1. getOrCreateEnvironment 方法分析

这里将对 getOrCreateEnvironment 方法进行分析,该方法用于获取环境对象,具体处理代码如下:

```
private ConfigurableEnvironment getOrCreateEnvironment() {
    // 成员变量获取
    if (this.environment != null) {
```

```
        return this.environment;
    }
    // 通过 Web 应用类型获取
    switch (this.webApplicationType) {
    case SERVLET:
        return new StandardServletEnvironment();
    case REACTIVE:
        return new StandardReactiveWebEnvironment();
    default:
        return new StandardEnvironment();
    }
}
```

在 getOrCreateEnvironment 方法中主要关注不同的 Web 应用和环境对象的关系，详细信息见表 2-1。

表 2-1　Web 应用与环境对象的关系

Web 应用类型	环 境 对 象
SERVLET	StandardServletEnvironment
REACTIVE	StandardReactiveWebEnvironment
默认	StandardEnvironment

在上述三个 Web 应用类型中比较常用的是 SERVLET。

2. configureEnvironment 方法分析

这里将对 configureEnvironment 方法进行分析，该方法用于配置环境信息，具体处理代码如下：

```
protected void configureEnvironment(ConfigurableEnvironment environment, String[] args) {
    // 是否添加转换服务
    if (this.addConversionService) {
        // 获取应用级别的转换服务
        ConversionService conversionService =
ApplicationConversionService.getSharedInstance();
        // 为环境对象添加转换服务
        environment.setConversionService((ConfigurableConversionService) conversionService);
    }
    // 配置属性源
    configurePropertySources(environment, args);
    // 配置 profiles
    configureProfiles(environment, args);
}
```

在 configureEnvironment 方法中主要的处理流程如下：

（1）判断是否需要添加转换服务，如果需要，则会获取 ApplicationConversionService 对象作为转换服务将其加入环境对象中；

（2）配置属性源，具体处理方法是 configurePropertySources；

（3）配置 profiles 相关内容，具体处理方法是 configureProfiles，目前该方法为空方法未作处理。

接下来将对 configurePropertySources 方法进行分析，具体处理代码如下：

```java
    protected void configurePropertySources(ConfigurableEnvironment environment,
String[] args) {
        // 从环境对象中获取属性表
        MutablePropertySources sources = environment.getPropertySources();
        // 如果成员变量 defaultProperties 不为空会进行属性合并操作
        if (!CollectionUtils.isEmpty(this.defaultProperties)) {
            DefaultPropertiesPropertySource.addOrMerge(this.defaultProperties,
 sources);
        }
        // 判断是否需要添加命令行属性, 并且命令行参数数量大于 0
        if (this.addCommandLineProperties && args.length > 0) {
            // 获取命令行参数属性名称
            String name =
CommandLinePropertySource.COMMAND_LINE_PROPERTY_SOURCE_NAME;
            // 判断是否存在该属性名称
            if (sources.contains(name)) {
                // 存在, 获取 name 对应的属性源
                PropertySource<?> source = sources.get(name);
                // 创建复合属性源
                CompositePropertySource composite = new CompositePropertySource(name);
                // 加入当前 args 对应的属性
                composite.addPropertySource(
                  new SimpleCommandLinePropertySource("springApplicationCommandLineArgs",
 args));
                // 加入环境对象中原有的属性
                composite.addPropertySource(source);
                // 替换原有属性源
                sources.replace(name, composite);
            }
            // 不存在, 直接头部插入
            else {
                sources.addFirst(new SimpleCommandLinePropertySource(args));
            }
        }
    }
```

在 configurePropertySources 方法中具体的处理流程如下：

（1）从环境对象中获取属性表；

（2）判断成员变量 defaultProperties 是否为空，如果不为空会和第（1）步中得到的数据进行合并；

（3）判断是否需要将命令行参数作为属性加入属性表中（默认需要），判断命令行参数数量是否大于 0，如果同时满足这两条会将命令行参数加入第（1）步获取的数据中。

在上述流程中第（3）步的细节如下：

（1）获取命令行参数的键数据，这是一个静态变量，具体变量是 CommandLine-PropertySource.COMMAND_LINE_PROPERTY_SOURCE_NAME。

（2）判断环境变量中的属性源对象是否包含键数据，如果不包含会直接进行头插法加入数据，如果包含会进行历史数据和新数据的合并操作，在合并后将环境对象中的属性源进行替换。

3. ConfigurationPropertySources.attach 方法分析

这里将对 ConfigurationPropertySources.attach 方法进行分析，具体处理代码如下：

```java
public static void attach(Environment environment) {
```

```
        Assert.isInstanceOf(ConfigurableEnvironment.class, environment);
        // 从环境对象中获取属性表
        MutablePropertySources sources = ((ConfigurableEnvironment) environment).
getPropertySources();
        // 获取 configurationProperties 属性
        PropertySource<?> attached = sources.get(ATTACHED_PROPERTY_SOURCE_NAME);
        // 如果 configurationProperties 属性存在并且 configurationProperties 属性的源和环境
        // 变量中的属性表不相同，则删除
        if (attached != null && attached.getSource() != sources) {
            sources.remove(ATTACHED_PROPERTY_SOURCE_NAME);
            attached = null;
        }
        // 如果 configurationProperties 属性不存在，则添加属性
        if (attached == null) {
            sources.addFirst(new ConfigurationPropertySourcesPropertySource(ATTACHED_
PROPERTY_SOURCE_NAME, new SpringConfigurationPropertySources(sources)));
        }
    }
```

在上述代码中主要的处理流程如下：

（1）从环境对象中获取属性表；

（2）获取 configurationProperties 属性，获取后变量名为 attached；

（3）如果变量 attached 不为空并且 attached 中的源对象不等于第（1）步中获取的数据，则会将 configurationProperties 名称的属性移除并且将 attached 置为 null；

（4）如果 attached 变量为空，则将进行头插法加入属性源数据信息。

4. EnvironmentConverter 分析

在前文关于环境对象准备时需要使用一个叫作环境转换的对象，它是 Environment-Converter，这里将对该对象进行分析，有关 EnvironmentConverter 成员变量详细内容见表 2-2。

表 2-2　EnvironmentConverter 成员变量

变 量 名 称	变 量 类 型	变 量 说 明
CONFIGURABLE_WEB_ENVIRONMENT_CLASS	String	用于表示 ConfigurableWebEnvironment 的类全路径
SERVLET_ENVIRONMENT_SOURCE_NAMES	Set<String>	Servlet 环境配置名称，默认设置为 servletContextInitParams、servletConfigInitParams 和 jndiProperties
classLoader	ClassLoader	类加载器

在该对象中主要关注的方法入口是 convertEnvironmentIfNecessary，具体处理代码如下：

```
StandardEnvironment convertEnvironmentIfNecessary(ConfigurableEnvironment 
environment, Class<? extends StandardEnvironment> type) {
    if (type.equals(environment.getClass())) {
        return (StandardEnvironment) environment;
    }
    return convertEnvironment(environment, type);
}
```

在 convertEnvironmentIfNecessary 方法中主要的处理流程如下：

（1）如果传入的两个参数类型相同会直接进行一次强制转换并返回。

（2）如果传入的参数类型不同会进行进一步转换，具体处理方法是 convertEnvironment。

在上述处理流程中最关键的是 convertEnvironment 方法，详细处理代码如下：

```
private StandardEnvironment convertEnvironment(ConfigurableEnvironment 
environment, Class<? extends StandardEnvironment> type) {
    // 通过 type 创建 StandardEnvironment 类型的对象
    StandardEnvironment result = createEnvironment(type);
    // 设置激活的 profile
    result.setActiveProfiles(environment.getActiveProfiles());
    // 设置转换服务
    result.setConversionService(environment.getConversionService());
    // 属性复制
    copyPropertySources(environment, result);
    // 返回结果
    return result;
}
```

在上述代码中主要的处理流程如下：

（1）通过 type 创建 StandardEnvironment 类型的对象，具体创建形式是反射创建；

（2）设置激活的 profile；

（3）设置转换服务；

（4）将环境配置的数据复制给第（1）步中创建的对象。

（5）返回第（1）步中的创建结果。

2.3.3　configureIgnoreBeanInfo 方法分析

本节将对 configureIgnoreBeanInfo 方法进行分析，具体处理代码如下：

```
private void configureIgnoreBeanInfo(ConfigurableEnvironment environment) {
    // 获取系统变量 spring.beaninfo.ignore，如果无法获取则进一步处理
    if (System.getProperty(CachedIntrospectionResults.IGNORE_BEANINFO_PROPERTY_NAME) == null) {
        // 在环境变量中获取 spring.beaninfo.ignore 对应的数据
        Boolean ignore = environment.getProperty("spring.beaninfo.ignore", Boolean.class, Boolean.TRUE);
        // 设置 spring.beaninfo.ignore 属性
        System.setProperty(CachedIntrospectionResults.IGNORE_BEANINFO_PROPERTY_NAME, ignore.toString());
    }
}
```

configureIgnoreBeanInfo 方法主要的目标是设置 spring.beaninfo.ignore 属性到系统变量中，数据来源是环境变量的 spring.beaninfo.ignore 属性。

2.3.4　printBanner 方法分析

本节将对 printBanner 方法进行分析，具体处理代码如下：

```
private Banner printBanner(ConfigurableEnvironment environment) {
    // 是否开启 banner
    if (this.bannerMode == Banner.Mode.OFF) {
        return null;
```

```
          }
       // 获取资源加载接口
       ResourceLoader resourceLoader = (this.resourceLoader != null) ? this.
resourceLoader: new DefaultResourceLoader(null);
       // 通过资源加载器和成员变量 banner 创建 SpringApplicationBannerPrinter
       SpringApplicationBannerPrinter bannerPrinter = new
   SpringApplicationBannerPrinter(resourceLoader, this.banner);
       // 是否打印日志
       if (this.bannerMode == Mode.LOG) {
           // 打印日志
           return bannerPrinter.print(environment, this.mainApplicationClass, logger);
       }
       // sout 输出日志
       return bannerPrinter.print(environment, this.mainApplicationClass, System.
out);
   }
```

在上述代码中主要的处理流程如下：

（1）判断是否开启 banner，如果未开启将返回 null；

（2）获取资源加载接口；

（3）通过资源加载器和成员变量 banner 创建 SpringApplicationBannerPrinter；

（4）判断是否需要输出到日志文件，如果需要则直接进行日志写出，如果不需要将通过 System.out 写出到控制台。

2.3.5　prepareContext 方法分析

本节将对 prepareContext 方法进行分析，该方法用于准备应用上下文，具体处理代码如下：

```
private void prepareContext(DefaultBootstrapContext bootstrapContext,
ConfigurableApplicationContext context,
       ConfigurableEnvironment environment, SpringApplicationRunListeners
listeners,
       ApplicationArguments applicationArguments, Banner printedBanner) {
   // 设置环境对象
   context.setEnvironment(environment);
   // 后置处理应用程序上下文
   postProcessApplicationContext(context);
   // 应用初始化相关内容，配合 ApplicationContextInitializer
   applyInitializers(context);
   // 上下文准备事件
   listeners.contextPrepared(context);
   // 关闭引导上下文
   bootstrapContext.close(context);
   // 日志
   if (this.logStartupInfo) {
       logStartupInfo(context.getParent() == null);
       logStartupProfileInfo(context);
   }
   // 从上下文中获取 Bean 工厂
   ConfigurableListableBeanFactory beanFactory = context.getBeanFactory();
   // 进行单例注册，注册内容是 spring 应用参数
   beanFactory.registerSingleton("springApplicationArguments", applicationArguments);
   // banner 是否不为空
   if (printedBanner != null) {
       // 进行单例注册，注册内容是 springBootBanner
       beanFactory.registerSingleton("springBootBanner", printedBanner);
   }
```

```
        // Bean 工厂类型是否为 DefaultListableBeanFactory
        if (beanFactory instanceof DefaultListableBeanFactory) {
            // 设置允许覆盖 Bean 定义的标记
            ((DefaultListableBeanFactory) beanFactory)
                .setAllowBeanDefinitionOverriding(this.allowBeanDefinitionOverriding);
        }
        // 是否延迟加载
        if (this.lazyInitialization) {
            // 添加 Bean 工厂后置处理器
        context.addBeanFactoryPostProcessor(new LazyInitializationBeanFactoryPostProcessor());
        }
        Set<Object> sources = getAllSources();
        Assert.notEmpty(sources, "Sources must not be empty");
        // 加载 Bean
        load(context, sources.toArray(new Object[0]));
        // 上下文加载事件
        listeners.contextLoaded(context);
    }
```

在 prepareContext 方法中主要的处理流程如下：

（1）为应用上下文设置环境对象；

（2）进行应用上下文的后置处理，具体处理方法是 postProcessApplicationContext；

（3）应用初始化相关内容，主要配合 ApplicationContextInitializer 进行处理，具体处理方法是 applyInitializers；

（4）通过 SpringApplicationRunListeners 触发上下文准备事件；

（5）关闭引导上下文对象；

（6）从上下文中获取 Bean 工厂；

（7）进行单例注册，注册内容是 springApplicationArguments（Spring 应用参数对象）；

（8）在 banner 不为空的情况下进行单例注册，注册内容是 springBootBanner；

（9）判断第（6）步中获取的 Bean 工厂是否是 DefaultListableBeanFactory 类型，如果是将会设置允许覆盖 Bean 定义的标记，设置数据源是成员变量 allowBeanDefinitionOverriding；

（10）判断是否延迟加载，如果是将会向上下文添加 Bean 工厂后置处理器，添加的类型是 LazyInitializationBeanFactoryPostProcessor；

（11）获取所有源，源是指成员变量中的 primarySources 和 sources；

（12）将第（11）步中得到的源进行 Bean 实例加载；

（13）通过 SpringApplicationRunListeners 触发上下文加载实例。

在上述 13 步操作流程中还涉及一些方法的调度，下面将对 postProcessApplicationContext、applyInitializers 和 load 三个方法进行分析。

1. postProcessApplicationContext 方法分析

下面将对 postProcessApplicationContext 方法进行分析，该方法可以通过子类来进行更新，这里主要讨论的是 SpringApplication 中的 postProcessApplicationContext 方法，具体处理代码如下：

```
    protected void postProcessApplicationContext(ConfigurableApplicationContext context) {
        // Bean 名称生成器不为空
        if (this.beanNameGenerator != null) {
            context.getBeanFactory().registerSingleton(AnnotationConfigUtils.
CONFIGURATION_BEAN_NAME_GENERATOR, this.beanNameGenerator);
```

```
        }
        // 资源加载器不为空
        if (this.resourceLoader != null) {
            if (context instanceof GenericApplicationContext) {
                ((GenericApplicationContext) context).setResourceLoader(this.
resourceLoader);
            }
            if (context instanceof DefaultResourceLoader) {
                ((DefaultResourceLoader) context).setClassLoader(this.resourceLoader.
getClassLoader());
            }
        }
        // 是否需要添加转化换能器服务
        if (this.addConversionService) {
            context.getBeanFactory().setConversionService(ApplicationConversion
Service.getSharedInstance());
        }
    }
```

在 postProcessApplicationContext 方法中主要的处理流程如下。

（1）判断 Bean 名称生成器是否为空，如果不为空会进行单例 Bean 的注册操作。

（2）判断资源加载器是否为空，如果不为空会根据上下文类型做出不同的行为。当上下文类型是 GenericApplicationContext 时会设置上下文的资源加载器。当上下文类型是 DefaultResourceLoader 时会设置类加载器。

（3）判断是否需要添加转化换能器服务，如果需要会设置类型转换器，具体类型是 ApplicationConversionService。

2. applyInitializers 方法分析

这里将对 applyInitializers 方法进行分析，该方法主要用于处理 ApplicationContextInitializer 集合，具体处理代码如下：

```
@SuppressWarnings({"rawtypes", "unchecked"})
protected void applyInitializers(ConfigurableApplicationContext context) {
    // 获取 ApplicationContextInitializer 集合，这里获取的集合是排序后的集合
    for (ApplicationContextInitializer initializer : getInitializers()) {
        // 确认实际类型
        Class<?> requiredType =
GenericTypeResolver.resolveTypeArgument(initializer.getClass(),
            ApplicationContextInitializer.class);
        Assert.isInstanceOf(requiredType, context, "Unable to call initializer.");
        initializer.initialize(context);
    }
}
```

在 applyInitializers 方法中主要的处理流程如下：

（1）将成员变量 initializers 进行排序后得到 ApplicationContextInitializer 集合，这里的排序需要使用 Order 注解或者接口进行；

（2）获取 ApplicationContextInitializer 的实际类型，判断是否是 ConfigurableApplication-Context 的子类，如果不是则抛出异常；

（3）调用 ApplicationContextInitializer 所提供的 initialize 方法进行初始化操作。

3. load 方法分析

这里将对 load 方法进行分析，该方法主要用于加载 Bean 实例，具体处理代码如下：

```
protected void load(ApplicationContext context, Object[] sources) {
```

```
        if (logger.isDebugEnabled()) {
            logger.debug("Loading source " +
StringUtils.arrayToCommaDelimitedString(sources));
        }
        // 创建 Bean 定义加载器
        BeanDefinitionLoader loader =
createBeanDefinitionLoader(getBeanDefinitionRegistry(context), sources);
        if (this.beanNameGenerator != null) {
            // 设置 Bean 名称生成器
            loader.setBeanNameGenerator(this.beanNameGenerator);
        }
        if (this.resourceLoader != null) {
            // 设置资源加载器
            loader.setResourceLoader(this.resourceLoader);
        }
        if (this.environment != null) {
            // 设置环境信息
            loader.setEnvironment(this.environment);
        }
        // 加载 Bean
        loader.load();
}
```

在 load 方法中主要的处理流程如下：

（1）从上下文中获取 Bean 定义注册器；

（2）通过第（1）步中获取的 Bean 定义注册器和需要注册的元数据创建 BeanDefinition-Loader（Bean 定义加载器）对象。

（3）如果 Bean 名称生成器不为空将其设置给 Bean 定义加载器；

（4）如果资源加载器不为空将其设置给 Bean 定义加载器；

（5）如果环境信息对象不为空将其设置给 Bean 定义加载器；

（6）通过 Bean 定义加载器将元数据进行加载。

在 load 方法中会涉及 BeanDefinitionLoader 来进行加载 Bean 定义的操作，有关 BeanDefinitionLoader 成员变量的详细内容见表 2-3。

表 2-3　BeanDefinitionLoader 成员变量

变量名称	变量类型	变量说明
XML_ENABLED	boolean	是否启动 xml
sources	Object[]	源数据
annotatedReader	AnnotatedBeanDefinitionReader	注解 Bean 定义读取器
xmlReader	AbstractBeanDefinitionReader	抽象的 Bean 定义读取器，注意这里用于读取 xml 相关的 Bean 定义
groovyReader	BeanDefinitionReader	与 groovy 相关的 Bean 定义读取器，注意这里只是接口，可能的实际类型是 GroovyBeanDefinitionReader
scanner	ClassPathBeanDefinitionScanner	类路径相关的 Bean 定义扫描器
resourceLoader	ResourceLoader	资源加载器

在 BeanDefinitionLoader 中最为重要的是 load 方法族群，顶层入口代码如下：

```
void load() {
```

```
for (Object source : this.sources) {
    load(source);
}
}
```

在上述代码中会循环处理成员变量 sources，该方法最终调用的 load 方法的细节代码如下：

```
private void load(Object source) {
    Assert.notNull(source, "Source must not be null");
    if (source instanceof Class<?>) {
        load((Class<?>) source);
        return;
    }
    if (source instanceof Resource) {
        load((Resource) source);
        return;
    }
    if (source instanceof Package) {
        load((Package) source);
        return;
    }
    if (source instanceof CharSequence) {
        load((CharSequence) source);
        return;
    }
     throw new IllegalArgumentException("Invalid source type " + source.getClass());
}
```

在上述代码中会根据 source 对象的不同数据类型进行不同的 load 操作，在这里所使用的 load 方法本质就是使用成员变量中的不同的 Bean 定义读取器来进行加载操作。

2.3.6　refreshContext 方法分析

本节将对 refreshContext 方法进行分析，该方法主要用于刷新上下文，具体处理代码如下：

```
private void refreshContext(ConfigurableApplicationContext context) {
    // 是否需要注册关闭的钩子
    if (this.registerShutdownHook) {
        try {
            // 上下文注册关闭的钩子
            context.registerShutdownHook();
        } catch (AccessControlException ex) {}
    }
    // 刷新操作
    refresh((ApplicationContext) context);
}
```

在 refreshContext 方法中主要的两个处理步骤如下：
（1）通过上下文注册关闭钩子；
（2）上下文刷新。

在这两个步骤中都需要依赖上下文对象本身来处理，前者需要依赖 registerShutdownHook 方法，后者需要依赖 refresh 方法。这两个方法都属于 Spring Framework 框架不属于 Spring Boot 框架，故本节不做详细分析。

2.3.7　callRunners 方法分析

本节将对 callRunners 方法进行分析，该方法主要用于执行 CommandLineRunner 接口或者 ApplicationRunner 接口，具体处理代码如下：

```
private void callRunners(ApplicationContext context, ApplicationArguments args) {
    // 需要执行的 runner 实例集合
    List<Object> runners = new ArrayList<>();
    // 从容器中提取 ApplicationRunner
    runners.addAll(context.getBeansOfType(ApplicationRunner.class).values());
    // 从容器中提取 CommandLineRunner
    runners.addAll(context.getBeansOfType(CommandLineRunner.class).values());
    // 排序
    AnnotationAwareOrderComparator.sort(runners);
    // 循环 runner 并且执行
    for (Object runner : new LinkedHashSet<>(runners)) {
        if (runner instanceof ApplicationRunner) {
            callRunner((ApplicationRunner) runner, args);
        }
        if (runner instanceof CommandLineRunner) {
            callRunner((CommandLineRunner) runner, args);
        }
    }
}
```

在 callRunners 方法中主要处理流程如下：

（1）创建需要执行的 runner 实例集合；

（2）从容器中分别提取类型是 ApplicationRunner 或者类型是 CommandLineRunner 的 Bean 实例放入 runner 实例集合中；

（3）对 runner 实例集合进行排序；

（4）遍历所有 runner 实例并调用其 run 方法。

2.4　SpringApplicationRunListeners 分析

本节将对 SpringApplicationRunListeners 进行分析，该对象主要的成员变量有以下两个：

（1）成员变量 listeners 用于存储 SpringApplicationRunListener 集合；

（2）applicationStartup。

在 SpringApplicationRunListeners 中提供了多个方法，这些方法都会对应一个事件，关于方法和事件的对应关系见表 2-4。

表 2-4　方法和事件的对应关系

方法名称	Spring 事件	说明	Spring Boot 阶段标记
starting	ApplicationStartingEvent	应用程序启动事件	spring.boot.application.starting
environmentPrepared	ApplicationEnvironmentPreparedEvent	应用程序环境准备事件	spring.boot.application.environment-prepared
contextPrepared	ApplicationContextInitializedEvent	应用程序上下文初始化事件	spring.boot.application.context-prepared

续表

方 法 名 称	Spring 事件	说　　明	Spring Boot 阶段标记
contextLoaded	ApplicationPreparedEvent	应用程序准备事件	spring.boot.application.context-loaded
started	ApplicationStartedEvent	应用程序启动事件	spring.boot.application.started
running	ApplicationReadyEvent	应用程序就绪事件	spring.boot.application.running
failed	ApplicationFailedEvent	应用程序启动失败事件	spring.boot.application.failed

在 SpringApplicationRunListeners 中所提供的方法都依赖于 Spring Event（Spring 事件），关于 Spring Event 的相关内容本节不做分析。

本章小结

本章对 Spring Boot 的启动流程进行了分析，整体启动流程的分析主要围绕 SpringApplication#run 方法进行，在整个分析过程中包含 SpringApplication 的构造函数的分析以及 run 方法的具体细节分析。同时对 Spring Boot 启动阶段涉及的事件进行了列举。

第 3 章

ApplicationContextFactory 分析

本章将对 ApplicationContextFactory 进行分析，该接口主要用于创建应用上下文。

3.1 ApplicationContextFactory 初识

本节将对 ApplicationContextFactory 进行简单说明，在 Spring Boot 中关于该接口的定义代码如下：

```
@FunctionalInterface
public interface ApplicationContextFactory {
    // 默认的应用上下文工厂
    ApplicationContextFactory DEFAULT = (webApplicationType) ->{
        try{
            switch (webApplicationType){
            case SERVLET:
                return new AnnotationConfigServletWebServerApplicationContext();
            case REACTIVE:
                return new AnnotationConfigReactiveWebServerApplicationContext();
            default:
                return new AnnotationConfigApplicationContext();
            }
        }
        catch (Exception ex){
                throw new IllegalStateException("Unable create a default ApplicationContext instance, "
                    + "you may need a custom ApplicationContextFactory", ex);
        }
    };
    // 根据 Web 应用类型创建可配置的应用上下文
    ConfigurableApplicationContext create(WebApplicationType webApplicationType);
    // 根据应用上下文类型获取应用上下文工厂
    static ApplicationContextFactory ofContextClass(Class<? extends ConfigurableApplicationContext> contextClass) {
        return of(() -> BeanUtils.instantiateClass(contextClass));
    }
```

```
        // 根据 Supplier 接口创建应用上下文
        static ApplicationContextFactory of(Supplier<ConfigurableApplicationContext> supplier) {
            return (webApplicationType) -> supplier.get();
        }
    }
```

在 ApplicationContextFactory 定义中有三个方法，关于这三个方法的说明如下：

（1）方法 create 会根据 Web 应用类型创建可配置的应用上下文；

（2）方法 ofContextClass 通过类型配合 BeanUtils 实例化应用上下文；

（3）方法 of 通过 Supplier<ConfigurableApplicationContext> 获取应用上下文。

在 ApplicationContextFactory 中除了上述三个方法外还需要关注一个成员变量 DEFAULT，该成员变量表示默认的应用上下文工厂，会根据不同的 Web 应用类型创建不同的应用上下文。详细的 Web 应用与上下文类型的映射见表 3-1。

表 3-1　Web 应用与上下文类型映射

Web 应用类型	应用上下文类型	说　　明
SERVLET	AnnotationConfigServletWebServerApplicationContext	基于注解配置的 ServletWeb 应用上下文
REACTIVE	AnnotationConfigReactiveWebServerApplicationContext	基于注解配置的响应式 Web 应用上下文
默认	AnnotationConfigApplicationContext	基于注解的非 Web 应用上下文

在表 3-1 中，AnnotationConfigApplicationContext 属于 Spring Framework 框架相关内容，本章不做介绍，在本章后续会对 AnnotationConfigServletWebServerApplicationContext 和 AnnotationConfigReactiveWebServerApplicationContext 做出分析。

3.2　AnnotationConfigServletWebServerApplicationContext 分析

本节将对 AnnotationConfigServletWebServerApplicationContext 进行分析，该对象是 ConfigurableWebServerApplicationContext 接口的实现类，接下来需要关注 ConfigurableWebServerApplicationContext 成员变量，详细见表 3-2。

表 3-2　ConfigurableWebServerApplicationContext 成员变量

变 量 名 称	变 量 类 型	变 量 说 明
reader	AnnotatedBeanDefinitionReader	注解相关的 Bean 定义读取器
scanner	ClassPathBeanDefinitionScanner	类地址相关的 Bean 定义扫描器
annotatedClasses	Set<Class<?>>	注解类集合
basePackages	String[]	基础包扫描位置

在 AnnotationConfigServletWebServerApplicationContext 中，除了成员变量外还需要关注构造方法，具体处理代码如下：

```
public AnnotationConfigServletWebServerApplicationContext(Class<?>... annotatedClasses) {
    this();
    register(annotatedClasses);
    refresh();
}
public AnnotationConfigServletWebServerApplicationContext(String... basePackages) {
    this();
    scan(basePackages);
    refresh();
}
```

在上述代码的两个构造函数中，主要进行成员变量 reader 和 scanner 的初始化，此外还会执行 register 和 scan 方法。接下来对 register 方法进行分析，具体处理代码如下：

```
public final void register(Class<?>... annotatedClasses) {
    Assert.notEmpty(annotatedClasses, "At least one annotated class must be specified");
    this.annotatedClasses.addAll(Arrays.asList(annotatedClasses));
}
```

在 register 方法中会将参数 annotatedClasses 全部加入成员变量 annotatedClasses 中。接下来对 scan 方法进行分析，具体处理代码如下：

```
public final void scan(String... basePackages) {
    Assert.notEmpty(basePackages, "At least one base package must be specified");
    this.basePackages = basePackages;
}
```

在 scan 方法中会将方法参数赋值给成员变量 basePackages。

最后在 AnnotationConfigServletWebServerApplicationContext 中还需要关注 postProcessBeanFactory 方法，该方法用于扫描包或者读取注解类，具体处理代码如下：

```
protected void postProcessBeanFactory(ConfigurableListableBeanFactory beanFactory) {
    super.postProcessBeanFactory(beanFactory);
    if (this.basePackages != null && this.basePackages.length > 0) {
        this.scanner.scan(this.basePackages);
    }
    if (!this.annotatedClasses.isEmpty()) {
        this.reader.register(ClassUtils.toClassArray(this.annotatedClasses));
    }
}
```

在上述代码中主要是通过成员变量 scanner 和成员变量 reader 进行扫描或者读取操作将 Bean 定义进行加载的。

接下来需要对 postProcessBeanFactory 方法的执行时机进行说明，在 SpringApplication 中 refresh 方法涉及刷新操作，具体代码如下：

```
@Deprecated
protected void refresh(ApplicationContext applicationContext) {
    Assert.isInstanceOf(ConfigurableApplicationContext.class, applicationContext);
    refresh((ConfigurableApplicationContext) applicationContext);
}
```

在这段代码中会传入参数应用上下文，本节分析的对象是 AnnotationConfigServletWebServerApplicationContext，它是应用上下文的一个实现类，因此在这里有可能会是 AnnotationConfigServletWebServerApplicationContext 类型。

继续深入分析 refresh 方法可以发现它调用了应用上下文的刷新方法,最终的调用链路如下:

(1) org.springframework.boot.SpringApplication#run(java.lang.String...)。

(2) org.springframework.boot.SpringApplication#refreshContext。

(3) org.springframework.boot.SpringApplication#refresh(org.springframework.context.ApplicationContext)。

(4) org.springframework.boot.SpringApplication#refresh(org.springframework.context.ConfigurableApplicationContext)。

(5) org.springframework.boot.web.servlet.context.ServletWebServerApplicationContext#refresh。

(6) org.springframework.context.support.AbstractApplicationContext#refresh。

(7) org.springframework.boot.web.servlet.context.AnnotationConfigServletWebServerApplicationContext#postProcessBeanFactory。

第(5)步相当于是一个整体的 refresh 的入口,在第(6)步中会进一步调用 postProcessBeanFactory 方法,此时就会对 Spring Boot 中的 Bean 定义进行初始化。需要注意的是,在普通启动时成员变量 basePackages 为 null,成员变量 annotatedClasses 为空,此时不会有实际的加载操作。

接下来将对 ServletWebServerApplicationContext 进行分析,下面关注 ServletWebServerApplicationContext 成员变量,详细内容见表 3-3。

表 3-3　ServletWebServerApplicationContext 成员变量

变 量 名 称	变 量 类 型	变 量 说 明
DISPATCHER_SERVLET_NAME	String	Servlet 名称
webServer	WebServer	Web 服务接口,在 Spring Boot 中有 TomcatWebServer、NettyWebServer 和 JettyWebServer 三种实现类
servletConfig	ServletConfig	Servlet 配置对象
serverNamespace	String	服务命名空间

在了解成员变量后,下面对 postProcessBeanFactory 方法进行分析,它用于进行后置处理 Bean 工厂,在该类中具体处理代码如下:

```
protected void postProcessBeanFactory(ConfigurableListableBeanFactory beanFactory) {
    // 添加 Bean 后置处理器
    beanFactory.addBeanPostProcessor(new WebApplicationContextServletContextAwareProcessor(this));
    // 添加忽略的依赖接口
    beanFactory.ignoreDependencyInterface(ServletContextAware.class);
    // 注册应用作用域
    registerWebApplicationScopes();
}
```

在 postProcessBeanFactory 方法中主要的处理流程如下。

(1) 添加 Bean 后置处理器,具体类型是 WebApplicationContextServletContextAwareProcessor。

(2) 添加需要忽略的依赖接口,具体接口是 ServletContextAware。

(3) 注册应用作用域。

在第(1)步中涉及的 Bean 后置处理器类型是 WebApplicationContextServletContextAware-

Processor，关于它的代码具体如下：

```
public class WebApplicationContextServletContextAwareProcessor extends
ServletContextAwareProcessor {
    private final ConfigurableWebApplicationContext webApplicationContext;
    public WebApplicationContextServletContextAwareProcessor(
ConfigurableWebApplicationContext webApplicationContext) {
        Assert.notNull(webApplicationContext, "WebApplicationContext must not be
null");
        this.webApplicationContext = webApplicationContext;
    }

    protected ServletContext getServletContext() {
        ServletContext servletContext = this.webApplicationContext.
getServletContext();
        return (servletContext != null) ? servletContext : super.
getServletContext();
    }

    protected ServletConfig getServletConfig() {
    ServletConfig servletConfig = this.webApplicationContext.getServletConfig();
    return (servletConfig != null) ? servletConfig : super.getServletConfig();
    }

}
```

WebApplicationContextServletContextAwareProcessor 中主要用于获取 Servlet 上下文和 Servlet 配置对象，这两个对象的获取主要和 ServletContextAware 有关，具体细节需要涉及 Spring MVC 相关内容，下面是具体的处理代码：

```
public class ServletContextAwareProcessor implements BeanPostProcessor {
        public Object postProcessBeforeInitialization(Object bean, String
throws BeansException{
        if (getServletContext() != null && bean instanceof ServletContextAware) {
            ((ServletContextAware) bean).setServletContext(getServletContext());
        }
        if (getServletConfig() != null && bean instanceof ServletConfigAware) {
            ((ServletConfigAware) bean).setServletConfig(getServletConfig());
        }
        return bean;
    }
}
```

在上述代码中可以发现，servletContext 和 servletConfig 被设置给 ServletConfigAware（类型是 ServletConfigAware 的 Bean 实例）。回到 ServletWebServerApplicationContext 的 postProcess-BeanFactory 方法中，最后会进行应用作用域注册，具体处理代码如下：

```
private void registerWebApplicationScopes() {
    ExistingWebApplicationScopes existingScopes = new
ExistingWebApplicationScopes(getBeanFactory());
    WebApplicationContextUtils.registerWebApplicationScopes(getBeanFactory());
    existingScopes.restore();
}
```

在上述代码中会通过 ExistingWebApplicationScopes 对象提供的 restore 方法来完成注册操作。接下来对 refresh 方法进行分析，具体处理代码如下：

```
public final void refresh() throws BeansException, IllegalStateException {
    try {
```

```
        super.refresh();
    }
    catch (RuntimeException ex) {
        WebServer webServer = this.webServer;
        if (webServer != null) {
            webServer.stop();
        }
        throw ex;
    }
}
```

在 refresh 方法中主要关注异常的处理,当出现异常时,会将成员变量 webServer 进行关闭。接下来对 onRefresh 方法进行分析,具体处理代码如下:

```
protected void onRefresh() {
    super.onRefresh();
    try {
        createWebServer();
    }
    catch (Throwable ex) {
        throw new ApplicationContextException("Unable to start web server", ex);
    }
}
```

在这段代码中主要是 createWebServer 方法的执行,详细代码如下:

```
private void createWebServer() {
    // 获取 Web 服务接口
    WebServer webServer = this.webServer;
    // 获取 Servlet 上下文
    ServletContext servletContext = getServletContext();
    // Web 服务为空并且 servelet 上下文为空
    if (webServer == null && servletContext == null) {
        // 步骤记录器,标记为创建阶段
        StartupStep createWebServer =
this.getApplicationStartup().start("spring.boot.webserver.create");
        // Servlet Web 服务工厂
        ServletWebServerFactory factory = getWebServerFactory();
        // 标记工厂数据
        createWebServer.tag("factory", factory.getClass().toString());
        // 通过 Servlet Web 服务工厂创建 Web 服务
        this.webServer = factory.getWebServer(getSelfInitializer());
        // 创建结束标记
        createWebServer.end();
        // Bean 工厂注册单例对象
        getBeanFactory().registerSingleton("webServerGracefulShutdown",
                new WebServerGracefulShutdownLifecycle(this.webServer));
        getBeanFactory().registerSingleton("webServerStartStop",
                new WebServerStartStopLifecycle(this, this.webServer));
    }
    // 如果 Servlet 上下文不为空
    else if (servletContext != null) {
        try {
            // ServletContextInitializer 进行初始化
            getSelfInitializer().onStartup(servletContext);
        } catch (ServletException ex) {
                throw new ApplicationContextException("Cannot initialize servlet context", ex);
        }
    }
    // 初始化属性源
```

```
    initPropertySources();
}
```

在 createWebServer 方法中主要的处理流程如下：

（1）获取 Web 服务接口。

（2）获取 Servlet 上下文。

（3）如果 Web 服务和 Servlet 上下文为空则会进行如下操作：

①创建步骤标记器，将标记设置为创建阶段；

②获取 servletWeb 服务工厂；

③标记工厂数据；

④通过 servletWeb 服务工厂创建（获取）Web 服务对象；

⑤标记结束状态；

⑥向 Bean 工厂注册单例对象。

（4）如果 Servlet 上下文不为空则通过 ServletContextInitializer 进行初始化。

（5）初始化属性源。

在上述处理流程中关于 Web 服务工厂的获取主要依赖于 Bean 名称和类型，具体处理代码如下：

```
protected ServletWebServerFactory getWebServerFactory() {
    String[] beanNames =
getBeanFactory().getBeanNamesForType(ServletWebServerFactory.class);
    if (beanNames.length == 0) {
        throw new ApplicationContextException("Unable to start
ServletWebServerApplicationContext due to missing "
            + "ServletWebServerFactory bean.");
    }
    if (beanNames.length > 1) {
        throw new ApplicationContextException("Unable to start
ServletWebServerApplicationContext due to multiple "
            + "ServletWebServerFactory beans : " +
StringUtils.arrayToCommaDelimitedString(beanNames));
    }
    return getBeanFactory().getBean(beanNames[0], ServletWebServerFactory.class);
}
```

在上述代码中主要处理流程是通过类型（ServletWebServerFactory）在容器中搜索所有的 Bean 名称，如果获取数量为 0 或者大于 1 就抛出异常，反之则取第一个元素作为 Bean 名称在容器中搜索并返回。

3.3　AnnotationConfigReactiveWebServerApplicationContext 分析

本节将对 AnnotationConfigReactiveWebServerApplicationContext 进行分析，它会在响应式的 Web 应用中初始化，即 Web 应用类型为 org.springframework.boot.WebApplicationType#REACTIVE 时，该对象的成员变量和 AnnotationConfigServletWebServerApplicationContext 的成员变量一样。在 AnnotationConfigReactiveWebServerApplicationContext 中出现的几个方法和 AnnotationConfigServletWebServerApplicationContext 中的方法也相似，本节不做详细分析。

接下来将对 ReactiveWebServerApplicationContext 进行分析，在 ReactiveWebServerApplicationContext 中主要关注的方法是 createWebServer，其他的代码处理流程比较简单，本节不做分析。关于 createWebServer 方法的代码如下：

```java
private void createWebServer() {
    // 获取 Web 服务管理器
    WebServerManager serverManager = this.serverManager;
    // Web 服务管理器为空
    if (serverManager == null) {
        // 步骤记录器
        StartupStep createWebServer =
this.getApplicationStartup().start("spring.boot.webserver.create");
        // 获取 Web 服务工厂的 Bean 名称
        String webServerFactoryBeanName = getWebServerFactoryBeanName();
        // 获取响应式 Web 服务工厂
        ReactiveWebServerFactory webServerFactory =
getWebServerFactory(webServerFactoryBeanName);
        // 标记工厂信息
        createWebServer.tag("factory", webServerFactory.getClass().toString());
        // 获取是否是懒加载的标记
        boolean lazyInit =
getBeanFactory().getBeanDefinition(webServerFactoryBeanName).isLazyInit();
        // 创建 Web 服务管理器
        this.serverManager = new WebServerManager(this, webServerFactory,
this::getHttpHandler, lazyInit);
        // 注册单例 Bean
        getBeanFactory().registerSingleton("webServerGracefulShutdown",
            new WebServerGracefulShutdownLifecycle(this.serverManager));
        getBeanFactory().registerSingleton("webServerStartStop",
            new WebServerStartStopLifecycle(this.serverManager));
        // 标记为结束
        createWebServer.end();
    }
    // 初始化属性源
    initPropertySources();
}
```

在 createWebServer 方法中主要的处理流程如下。

（1）获取 Web 服务管理器。

（2）如果 Web 服务管理器为空则进行如下操作：

①创建步骤记录器，并标记为创建状态；

②获取 Web 服务工厂的 Bean 名称；

③获取响应式 Web 服务工厂；

④标记工厂信息；

⑤获取是否是懒加载的标记；

⑥创建 Web 服务管理器；

⑦向 Bean 工厂注册单例对象；

⑧标记结束状态。

（3）初始化属性源。

3.4　引导上下文

在 Spring Boot 中除了 ApplicationContextFactory 生成的上下文以外还有一个特殊的上

下文,它是引导上下文,引导上下文接口是 BootstrapContext,引导上下文的默认实现是 DefaultBootstrapContext,本节将对引导上下文做出分析。接下来对 DefaultBootstrapContext 成员变量进行说明,详细内容见表 3-4。

表 3-4 DefaultBootstrapContext 成员变量

变 量 名 称	变 量 类 型	变 量 说 明
instanceSuppliers	Map<Class<?>, InstanceSupplier<?>>	类和实例供应商映射表,key 表示类,value 表示实例提供商
instances	Map<Class<?>, Object>	类和实例映射表,key 表示类,value 表示实例对象
events	ApplicationEventMulticaster	事件广播器

在上述成员变量中引出了实例提供商接口,关于该接口的定义代码如下:

```
@FunctionalInterface
interface InstanceSupplier<T> {

   T get(BootstrapContext context);

   default Scope getScope() {
      return Scope.SINGLETON;
   }

   default InstanceSupplier<T> withScope(Scope scope) {
      Assert.notNull(scope, "Scope must not be null");
      InstanceSupplier<T> parent = this;
      return new InstanceSupplier<T>() {
                public T get(BootstrapContext context) {
            return parent.get(context);
         }

                public Scope getScope() {
            return scope;
         }

      };
   }

   static <T> InstanceSupplier<T> of(T instance) {
      return (registry) -> instance;
   }

   static <T> InstanceSupplier<T> from(Supplier<T> supplier) {
      return (registry) -> (supplier != null) ? supplier.get() : null;
   }

}
```

在 InstanceSupplier 中有两个核心方法:
(1) 获取实例,对应方法 get;
(2) 获取作用域,对应方法是 getScope。
上述提到的作用域有两个,一个是单例(SINGLETON),另一个是原型(PROTOTYPE)。下面开始对接口的实现进行说明,在 BootstrapRegistry 中的注册方法:

```
public <T> void register(Class<T> type, InstanceSupplier<T> instanceSupplier) {
```

```
            register(type, instanceSupplier, true);
    }
    public <T> void registerIfAbsent(Class<T> type, InstanceSupplier<T> instanceSupplier) {
        register(type, instanceSupplier, false);
    }
    private <T> void register(Class<T> type, InstanceSupplier<T> instanceSupplier, boolean
replaceExisting) {
        Assert.notNull(type, "Type must not be null");
        Assert.notNull(instanceSupplier, "InstanceSupplier must not be null");
        synchronized (this.instanceSuppliers) {
            // 判断是否已经存在
            boolean alreadyRegistered = this.instanceSuppliers.containsKey(type);
            // 允许替换，或者不存在
            if (replaceExisting || !alreadyRegistered) {
                Assert.state(!this.instances.containsKey(type), () -> type.getName()
+ " has already been created");
                this.instanceSuppliers.put(type, instanceSupplier);
            }
        }
    }
```

在上述代码中提供了 InstanceSupplier 相关的注册方法，其核心实现流程是判断是否允许替换或者容器中不存在，如果判断通过会将其放入容器中。

了解注册后下面来对获取实例进行分析，具体分析目标是 **getOrElseSupply** 方法，核心处理代码如下：

```
    public <T> T getOrElseSupply(Class<T> type, Supplier<T> other) {
        synchronized (this.instanceSuppliers) {
            InstanceSupplier<?> instanceSupplier = this.instanceSuppliers.get(type);
             return (instanceSupplier != null) ? getInstance(type, instanceSupplier) :
other.get();
        }
    }
    private <T> T getInstance(Class<T> type, InstanceSupplier<?> instanceSupplier) {
        T instance = (T) this.instances.get(type);
        if (instance == null) {
            instance = (T) instanceSupplier.get(this);
            if (instanceSupplier.getScope() == Scope.SINGLETON) {
                this.instances.put(type, instance);
            }
        }
        return instance;
    }
```

在获取实例时需要依赖成员变量 instanceSuppliers，先从实例提供商容器中获取实例提供商对象，再通过实例提供商的 get 方法获取数据，如果获取成功会将其置入实例容器中。

本章小结

本章对 ApplicationContextFactory 进行了分析，首先介绍了 ApplicationContextFactory 的基础细节，然后对接口中提到的 Web 应用上下文进行了分析，主要包括 AnnotationConfigServletWebServerApplicationContext 和 AnnotationConfigReactiveWebServerApplicationContext。对于这两个类，主要是成员变量的介绍和父类处理方法的分析。

第 4 章

Spring Boot 中的 ApplicationContextInitializer

在 Spring Boot 的启动流程分析时，在 SpringApplication 的构造方法中可以看到它会去获取 ApplicationContextInitializer 相关的内容并且在 applyInitializers 方法中调度 ApplicationContextInitializer 的 initialize 方法，本章将对 Spring Boot 中出现的 ApplicationContextInitializer 实现类进行相关分析。

4.1 ParentContextApplicationContextInitializer 分析

本节将对 ParentContextApplicationContextInitializer 进行分析，该类主要用于设置父上下文。下面对 ParentContextApplicationContextInitializer 成员变量进行说明，详细内容见表 4-1。

表 4-1 ParentContextApplicationContextInitializer 成员变量

变量名称	变量类型	变量说明
order	int	排序号，默认是最大
parent	ApplicationContext	父应用上下文

在了解成员变量后，我们来关注该对象的基础定义代码：

```
public class ParentContextApplicationContextInitializer
        Implements ApplicationContextInitializer<ConfigurableApplicationContext>,
Ordered {}
```

在基础定义中可以发现它实现了 ApplicationContextInitializer，关于该接口的实现方法代码如下：

```
public void initialize(ConfigurableApplicationContext applicationContext) {
    if (applicationContext != this.parent) {
        applicationContext.setParent(this.parent);
        applicationContext.addApplicationListener(EventPublisher.INSTANCE);
```

}
}

在这段代码中会判断传入的参数应用上下文是否等于成员变量父上下文,如果不相等会将当前成员变量父上下文设置给参数应用上下文,设置完成后会添加一个应用监听器,应用监听器的具体类型是 EventPublisher,关于该应用监听器的代码如下:

```
private static class EventPublisher implements ApplicationListener<ContextRefreshedEvent>, Ordered {

    private static final EventPublisher INSTANCE = new EventPublisher();

    public int getOrder() {
    return Ordered.HIGHEST_PRECEDENCE;
    }

    public void onApplicationEvent(ContextRefreshedEvent event) {
    ApplicationContext context = event.getApplicationContext();
    if (context instanceof ConfigurableApplicationContext && context == event.getSource()) {
        // 发送 ParentContextAvailableEvent 事件
        context.publishEvent(new ParentContextAvailableEvent((ConfigurableApplicationContext) context));
    }
    }
}
```

在这个应用监听器中会推送一个事件,事件类型是 ParentContextAvailableEvent。在 Spring Boot 中关于 ParentContextAvailableEvent 事件有一个对应的事件处理器,它是 ParentContextCloserApplicationListener,接下来将对其进行分析。关于该对象的基础定义代码如下:

```
public class ParentContextCloserApplicationListener
implements ApplicationListener<ParentContextAvailableEvent>,
ApplicationContextAware, Ordered {}
```

通过前文的分析知道它是一个应用监听器,因此本节主要关注 onApplicationEvent 方法,详细代码如下:

```
public void onApplicationEvent(ParentContextAvailableEvent event) {
    // 向父类添加应用监听器
    maybeInstallListenerInParent(event.getApplicationContext());
}
private void maybeInstallListenerInParent(ConfigurableApplicationContext child) {
    if (child == this.context && child.getParent() instanceof ConfigurableApplicationContext) {
        ConfigurableApplicationContext parent = (ConfigurableApplicationContext) child.getParent();
        parent.addApplicationListener(createContextCloserListener(child));
    }
}
```

在这段代码中可以发现,当满足下面条件时会向父应用上下文添加一个应用监听器,条件信息如下:

(1)方法参数 child 和成员变量应用上下文相同;

(2)方法参数 child 的父上下文类型是 ConfigurableApplicationContext。

在上述操作过程中所涉及的应用监听器(事件监听器)是 ContextCloserListener,与之对应的事件是 ContextClosedEvent,关于时间的处理代码如下:

```java
public void onApplicationEvent(ContextClosedEvent event) {
    ConfigurableApplicationContext context = this.childContext.get();
     if ((context != null) && (event.getApplicationContext() == context.getParent()) && context.isActive()) {
        context.close();
    }
}
```

在这个事件处理方法中，主要行为是将应用上下文关闭。至此，对于 ParentContextApplicationContextInitializer 的分析就告一段落，接下来将进入 ConditionEvaluationReportLoggingListener 的分析中。

4.2 ConditionEvaluationReportLoggingListener 分析

本节将对 ConditionEvaluationReportLoggingListener 进行分析，关于该对象的基础定义代码如下：

```java
public class ConditionEvaluationReportLoggingListener
        implements ApplicationContextInitializer<ConfigurableApplicationContext> {}
```

从该对象的基础定义可以发现它并未有其他的接口实现，因此直接对它的成员变量进行说明，有关 ConditionEvaluationReportLoggingListener 成员变量的内容详见表 4-2。

表 4-2　ConditionEvaluationReportLoggingListener 成员变量

变量名称	变量类型	变量说明
logLevelForReport	LogLevel	日志级别，在 Spring Boot 中日志级别包括 TRACE、DEBUG、INFO、WARN、ERROR、FATAL 和 OFF
applicationContext	ConfigurableApplicationContext	应用上下文
Report	ConditionEvaluationReport	报告对象

在上述三个变量中引出了报告对象，关于 ConditionEvaluationReport 成员变量，详见表 4-3。

表 4-3　ConditionEvaluationReport 成员变量

变量名称	变量类型	变量说明
BEAN_NAME	String	Bean 名称
ANCESTOR_CONDITION	AncestorsMatchedCondition	条件接口实现类，目前该对象进行条件接口相关调用会抛出异常
outcomes	SortedMap<String, ConditionAndOutcomes>	key 是类名，value 是条件和条件处理结果集合
exclusions	List<String>	排除类名集合
unconditionalClasses	Set<String>	需要评估的类
addedAncestorOutcomes	boolean	是否添加上级结果
parent	ConditionEvaluationReport	父评价结果

当前阶段，对于 ConditionEvaluationReport 的了解，我们仅仅需要知道成员变量即可，关于 Spring Boot 中条件相关内容会在后续章节中单独分析。回到 ConditionEvaluationReportLoggingListener 中查看 ApplicationContextInitializer 的 initialize 方法，详细代码如下：

```
public void initialize(ConfigurableApplicationContext applicationContext) {
    // 设置成员变量应用上下文
    this.applicationContext = applicationContext;
    // 添加应用监听器
    applicationContext.addApplicationListener(new ConditionEvaluationReportListener());
    // 应用上下文类型是 GenericApplicationContext
    if (applicationContext instanceof GenericApplicationContext) {
        // 获取报告对象设置到成员变量中
        this.report =
ConditionEvaluationReport.get(this.applicationContext.getBeanFactory());
    }
}
```

在 initialize 方法中主要的处理流程如下：

（1）将参数应用上下文设置给成员变量应用上下文；

（2）添加应用监听器，具体类型是 ConditionEvaluationReportListener；

（3）如果应用上下文类型是 GenericApplicationContext，从上下文中获取 Bean 工厂，再从 Bean 工厂中获取 ConditionEvaluationReport。

在前文提到了 ConditionEvaluationReportListener 的创建，该对象的基础定义代码如下：

```
private class ConditionEvaluationReportListener implements GenericApplicationListener {}
```

从 ConditionEvaluationReportListener 的基础定义可以发现它是一个应用监听器，主要关注的方法是 onApplicationEvent，详细代码如下：

```
public void onApplicationEvent(ApplicationEvent event) {
    ConditionEvaluationReportLoggingListener.this.onApplicationEvent(event);
}
```

这段代码会继续调用 ConditionEvaluationReportLoggingListener 提供的 onApplicationEvent 方法，详细调用代码如下：

```
protected void onApplicationEvent(ApplicationEvent event) {
    // 获取应用上下文
    ConfigurableApplicationContext initializerApplicationContext = this.applicationContext;
    // 事件类型是 ContextRefreshedEvent 的处理
    if (event instanceof ContextRefreshedEvent) {
        if (((ApplicationContextEvent) event).getApplicationContext() ==
initializerApplicationContext) {
            // 组装条件报告结果
            logAutoConfigurationReport();
        }
    }
    // 事件类型是 ApplicationFailedEvent 的处理
    else if (event instanceof ApplicationFailedEvent
        && ((ApplicationFailedEvent) event).getApplicationContext() ==
initializerApplicationContext) {
        // 组装条件报告结果
        logAutoConfigurationReport(true);
    }
}
```

在 onApplicationEvent 方法中会根据不同的事件类型做出不同处理，此处的核心调度是 logAutoConfigurationReport 方法。至此，对于 ConditionEvaluationReportLoggingListener 的分析就告一段落，接下来将进入 ServerPortInfoApplicationContextInitializer 的分析中。

4.3　ServerPortInfoApplicationContextInitializer 分析

本节将对 ServerPortInfoApplicationContextInitializer 进行分析，关于该对象的基础定义代码如下：

```java
public class ServerPortInfoApplicationContextInitializer implements
    ApplicationContextInitializer<ConfigurableApplicationContext>, ApplicationListener
<WebServerInitializedEvent>{}
```

从基础定义上可以发现该对象是 ApplicationListener 的实现类，下面关注 ApplicationContextInitializer 的实现代码，具体方法如下：

```java
public void initialize(ConfigurableApplicationContext applicationContext) {
    applicationContext.addApplicationListener(this);
}
```

在这段代码中会给应用上下文添加应用监听器，这里添加的对象是自身。关于应用监听器相关的实现代码如下：

```java
public void onApplicationEvent(WebServerInitializedEvent event) {
    String propertyName = "local." + getName(event.getApplicationContext()) +
".port";
    setPortProperty(event.getApplicationContext(), propertyName,
    event.getWebServer().getPort());
}
```

在上述代码中主要的处理流程如下：

（1）获取属性名称；

（2）设置属性。

上述流程中关于属性设置主要是和环境接口进行交互处理，具体处理代码如下：

```java
@SuppressWarnings("unchecked")
private void setPortProperty(ConfigurableEnvironment environment, String
propertyName, int port) {
    MutablePropertySources sources = environment.getPropertySources();
    PropertySource<?> source = sources.get("server.ports");
    if (source == null) {
        source = new MapPropertySource("server.ports", new HashMap<>());
        sources.addFirst(source);
    }
    ((Map<String, Object>) source.getSource()).put(propertyName, port);
}
```

4.4　DelegatingApplicationContextInitializer 分析

本节将对 DelegatingApplicationContextInitializer 进行分析，关于该对象的基础定义代码如下：

```java
public class DelegatingApplicationContextInitializer
        implements ApplicationContextInitializer<ConfigurableApplicationContext>,
Ordered {}
```

从 DelegatingApplicationContextInitializer 的基础定义可以发现并未实现特殊接口，可以直接对 ApplicationContextInitialize 的实现方法进行分析，具体处理代码如下：

```java
public void initialize(ConfigurableApplicationContext context) {
    // 获取环境对象
    ConfigurableEnvironment environment = context.getEnvironment();
    // 获取类
    List<Class<?>> initializerClasses = getInitializerClasses(environment);
    if (!initializerClasses.isEmpty()) {
        // 应用类
        applyInitializerClasses(context, initializerClasses);
    }
}
```

在上述代码中主要关注以下两个操作细节：

（1）获取类，具体处理方法是 getInitializerClasses；

（2）应用类，具体处理方法是 applyInitializerClasses。

下面对 getInitializerClasses 方法进行分析，具体处理代码如下：

```java
private List<Class<?>> getInitializerClasses(ConfigurableEnvironment env) {
    // 从环境对象中获取类名集合
    String classNames = env.getProperty(PROPERTY_NAME);
    // 返回结果集合
    List<Class<?>> classes = new ArrayList<>();
    // 类名集合不为空的情况下会进行拆分
    if (StringUtils.hasLength(classNames)) {
        for (String className : StringUtils.tokenizeToStringArray(classNames,
",")) {
            // 当类型是 ApplicationContextInitializer 时会加入返回结果集合
            classes.add(getInitializerClass(className));
        }
    }
    return classes;
}
```

在 getInitializerClasses 方法中主要的处理流程如下：

（1）从环境对象中获取类名集合；

（2）创建返回结果集合；

（3）当类名集合不为空时会进行拆分，迭代每个类名，当类型是 ApplicationContext-Initializer 时将放入返回结果集合中。

完成 getInitializerClasses 分析后接下来对 applyInitializerClasses 方法进行分析，该方法用于执行 ApplicationContextInitializer 的 initialize 方法，详细代码如下：

```java
private void applyInitializerClasses(ConfigurableApplicationContext context,
List<Class<?>> initializerClasses) {
    // 获取上下文的类型
    Class<?> contextClass = context.getClass();
    // 创建 ApplicationContextInitializer 集合
    List<ApplicationContextInitializer<?>> initializers = new ArrayList<>();
    // 遍历 initializerClasses，将其中元素实例化加入 ApplicationContextInitializer 集合
    for (Class<?> initializerClass : initializerClasses) {
        initializers.add(instantiateInitializer(contextClass, initializerClass));
    }
    // 执行 ApplicationContextInitializer 的方法
    applyInitializers(context, initializers);
}
```

在 applyInitializerClasses 方法中主要的处理流程如下：

（1）创建 ApplicationContextInitializer 集合；

（2）遍历方法参数 initializerClasses，将其中的元素进行实例化，实例化后放入 ApplicationContextInitializer 集合中；

（3）执行 ApplicationContextInitializer 集合的 initialize 方法。

4.5 ServletContextApplicationContextInitializer 分析

本节将对 ServletContextApplicationContextInitializer 进行分析，关于该对象的基础定义代码如下：

```
public class ServletContextApplicationContextInitializer
        implements ApplicationContextInitializer<ConfigurableWebApplicationContext>,
Ordered {}
```

从上述基础定义代码中可以发现 ServletContextApplicationContextInitializer 并未实现其他接口，下面对 ServletContextApplicationContextInitializer 成员变量进行说明，详细内容见表 4-4。

表 4-4　ServletContextApplicationContextInitializer 成员变量

变 量 名 称	变 量 类 型	变 量 说 明
order	int	排序号
servletContext	ServletContext	Servlet 上下文
addApplicationContextAttribute	boolean	是否添加应用属性

下面对 ApplicationContextInitializer 的实现方法进行分析，具体处理代码如下：

```
public void initialize(ConfigurableWebApplicationContext applicationContext) {
    // 为 Web 应用上下文设置 Servlet 上下文
    applicationContext.setServletContext(this.servletContext);
    // 判断是否需要添加属性
    if (this.addApplicationContextAttribute) {
        // 添加根 Web 应用上下文
this.servletContext.setAttribute(WebApplicationContext.ROOT_WEB_APPLICATION_CONTEXT_ATTRIBUTE, applicationContext);
    }
}
```

在上述代码中主要的处理流程有两个：

（1）为 Web 应用上下文对象设置 Servlet 上下文；

（2）判断是否添加应用属性，如果需要会给 Servlet 上下文设置根 Web 应用上下文这个属性。

4.6 SharedMetadataReaderFactoryContextInitializer 分析

本节将对 SharedMetadataReaderFactoryContextInitializer 进行分析，关于该对象的基础定义代码如下：

```
class SharedMetadataReaderFactoryContextInitializer
        implements ApplicationContextInitializer<ConfigurableApplicationContext>,
```

Ordered {}

从对象的基础定义中可以发现并未实现其他接口，下面对 ApplicationContextInitializer 的实现方法进行说明，详细代码如下：

```
public void initialize(ConfigurableApplicationContext applicationContext) {
    // 创建 Bean 工厂后置处理器
    BeanFactoryPostProcessor postProcessor = new
CachingMetadataReaderFactoryPostProcessor(applicationContext);
    // 添加 Bean 工厂后置处理器
    applicationContext.addBeanFactoryPostProcessor(postProcessor);
}
```

在 initialize 方法中主要执行目标是创建 Bean 工厂后置处理器，类型是 CachingMetadataReaderFactoryPostProcessor，创建后将其加入应用上下文中。在 initialize 方法中最关键的对象是 CachingMetadataReaderFactoryPostProcessor，接下来将对该对象进行分析。关于该对象的基础定义代码如下：

```
static class CachingMetadataReaderFactoryPostProcessor
        implements BeanDefinitionRegistryPostProcessor, PriorityOrdered {}
```

从上述基础定义中可以发现它实现了 BeanDefinitionRegistryPostProcessor，关于该接口，对于 CachingMetadataReaderFactoryPostProcessor 而言，主要关注 postProcessBeanDefinitionRegistry 方法即可，详细代码如下：

```
public void postProcessBeanDefinitionRegistry(BeanDefinitionRegistry registry)
throws BeansException {
    register(registry);
    configureConfigurationClassPostProcessor(registry);
}
```

在 postProcessBeanDefinitionRegistry 方法中进行了以下两个操作：

（1）注册 Bean 定义，具体注册的 Bean 类型是 SharedMetadataReaderFactoryBean；
（2）配置类后置处理器。

关于配置类后置处理器的实际操作如下：

（1）Bean 定义类型是 AbstractBeanDefinition 时将添加 Supplier 接口的实现类，具体类型是 ConfigurationClassPostProcessorCustomizingSupplier；
（2）为 Bean 定义属性表添加 metadataReaderFactory 属性。

4.7 RSocketPortInfoApplicationContextInitializer 分析

本节将对 RSocketPortInfoApplicationContextInitializer 进行分析，关于该对象的基础定义代码如下：

```
public class RSocketPortInfoApplicationContextInitializer
        implements ApplicationContextInitializer<ConfigurableApplicationContext> {}
```

从对象的基础定义中可以发现并未实现其他接口，下面对 ApplicationContextInitializer 的实现方法进行说明，详细代码如下：

```
public void initialize(ConfigurableApplicationContext applicationContext) {
    applicationContext.addApplicationListener(new Listener(applicationContext));
```

}
```

在 initialize 方法中为应用上下文添加了一个应用监听器，应用监听器类型是 Listener，关于该监听器的基础定义代码如下：

```
private static class Listener implements ApplicationListener<RSocketServerInitializedEvent> {}
```

在该应用监听器中与之对应的处理事件是 RSocketServerInitializedEvent，事件处理代码如下：

```
public void onApplicationEvent(RSocketServerInitializedEvent event) {
    if (event.getServer().address() != null) {
        // 设置服务地址的端口
        setPortProperty(this.applicationContext, event.getServer().address().getPort());
    }
}
```

在处理 RSocketServerInitializedEvent 事件时会判断事件对象的服务地址是否为空，在不为空的情况下会设置属性。设置的属性是服务地址的端口。

4.8 RestartScopeInitializer 分析

本节将对 RestartScopeInitializer 进行分析，关于该对象的基础定义代码如下：

```
public class RestartScopeInitializer implements ApplicationContextInitializer<ConfigurableApplicationContext> {}
```

从对象的基础定义中可以发现并未实现其他接口，下面对 ApplicationContextInitializer 的实现方法进行说明，详细代码如下：

```
public void initialize(ConfigurableApplicationContext applicationContext) {
    applicationContext.getBeanFactory().registerScope("restart", new RestartScope());
}
```

在这段代码中进行了 scope 接口的注册，具体注册的对象是 RestartScope。

4.9 ConfigurationWarningsApplicationContextInitializer 分析

本节将对 ConfigurationWarningsApplicationContextInitializer 进行分析，关于该对象的基础定义代码如下：

```
public class ConfigurationWarningsApplicationContextInitializer
        implements ApplicationContextInitializer<ConfigurableApplicationContext> {}
```

从对象的基础定义中可以发现并未实现其他接口，下面对 ApplicationContextInitializer 的实现方法进行说明，详细代码如下：

```
public void initialize(ConfigurableApplicationContext context) {
    context.addBeanFactoryPostProcessor(new ConfigurationWarningsPostProcessor(
```
```

```
getChecks()));
    }
```

在这段代码中添加了 Bean 工厂后置处理器,具体的类型是 ConfigurationWarningsPostProcessor。关于 ConfigurationWarningsPostProcessor 的分析主要关注 postProcessBeanDefinitionRegistry 方法,具体处理代码如下:

```
public void postProcessBeanDefinitionRegistry(BeanDefinitionRegistry registry)
throws BeansException {
    for (Check check : this.checks) {
        // 获取检查结果
        String message = check.getWarning(registry);
        if (StringUtils.hasLength(message)) {
            warn(message);
        }
    }
}
```

在上述代码中会通过成员变量 checks 中的元素来检查数据,当检查结果存在时会输出一次 warn 级别的日志。

在前文对 ConfigurationWarningsPostProcessor 分析时提到了 Check,本节将对该接口的实现类进行分析,关于 Check 的定义代码如下:

```
@FunctionalInterface
protected interface Check {
    String getWarning(BeanDefinitionRegistry registry);
}
```

在 Check 中提供了 getWarning 方法需要进行实现,该方法用于获取警告信息,具体在 Spring Boot 中它的实现类是 ComponentScanPackageCheck,实现方法代码如下:

```
public String getWarning(BeanDefinitionRegistry registry) {
    // 获取需要扫描的包路径
    Set<String> scannedPackages = getComponentScanningPackages(registry);
    // 有问题的包扫描路径
    List<String> problematicPackages = getProblematicPackages(scannedPackages);
    if (problematicPackages.isEmpty()) {
        return null;
    }
    // 返回消息
    return "Your ApplicationContext is unlikely to start due to a @ComponentScan of "
            + StringUtils.collectionToDelimitedString(problematicPackages, ", ") + ".";
}
```

在 getWarning 方法中主要的处理流程如下:

(1)获取组件所在的包路径;

(2)获取有问题的包路径;

(3)如果存在有问题的包路径,将信息组装后返回。

在上述处理过程中主要有两个方法来负责,第一个方法是 getComponentScanningPackages,具体处理代码如下:

```
protected Set<String> getComponentScanningPackages(BeanDefinitionRegistry
registry) {
    Set<String> packages = new LinkedHashSet<>();
    // 获取注册的 Bean 定义名称
    String[] names = registry.getBeanDefinitionNames();
```

```
    for (String name : names) {
        // 获取 Bean 定义对象
        BeanDefinition definition = registry.getBeanDefinition(name);
        // 类型是 AnnotatedBeanDefinition
        if (definition instanceof AnnotatedBeanDefinition) {
            AnnotatedBeanDefinition annotatedDefinition = (AnnotatedBeanDefinition) definition;
            // 将注解 Bean 定义所在的包路径加入结果集合中
            addComponentScanningPackages(packages, annotatedDefinition.getMetadata());
        }
    }
    return packages;
}
```

在 getComponentScanningPackages 方法中主要的处理流程如下：

（1）创建存储集合。

（2）从 Bean 注册接口中获取所有的 Bean 定义名称。

（3）将获取的 Bean 名称逐一处理，处理细节如下：

①从 Bean 注册接口中获取 Bean 的定义对象；

②判断 Bean 定义对象是否是 AnnotatedBeanDefinition 类型，如果是会进行 Bean 所在包路径的确定，确定后加入返回结果中。

在上述处理流程中最关键的处理方法是 addComponentScanningPackages，该方法用于获取注解 ComponentScan 的数据，将数据结果放入包路径集合中，具体处理代码如下：

```
private void addComponentScanningPackages(Set<String> packages, AnnotationMetadata metadata) {
    AnnotationAttributes attributes = AnnotationAttributes
            .fromMap(metadata.getAnnotationAttributes(ComponentScan.class.getName(), true));
    if (attributes != null) {
        addPackages(packages, attributes.getStringArray("value"));
        addPackages(packages, attributes.getStringArray("basePackages"));
        addClasses(packages, attributes.getStringArray("basePackageClasses"));
        if (packages.isEmpty()) {
            packages.add(ClassUtils.getPackageName(metadata.getClassName()));
        }
    }
}
```

在 addComponentScanningPackages 方法中，会提取注解元数据中关于 ComponentScan 注解的数据信息，将 value、basePackages 和 basePackageClasses 三个数据信息加入集合中。在扫描完成所有的包路径后会进行 getProblematicPackages 方法的调度，该方法用于获取有问题的包路径，具体处理代码如下：

```
private List<String> getProblematicPackages(Set<String> scannedPackages) {
    List<String> problematicPackages = new ArrayList<>();
    for (String scannedPackage : scannedPackages) {
        // 判断是否出现问题
        if (isProblematicPackage(scannedPackage)) {
            problematicPackages.add(getDisplayName(scannedPackage));
        }
    }
    return problematicPackages;
}
```

在 getProblematicPackages 方法中主要关注 isProblematicPackage 方法，该方法用于判断是否出现问题，具体判断代码如下：

```
private boolean isProblematicPackage(String scannedPackage) {
    if (scannedPackage == null || scannedPackage.isEmpty()) {
        return true;
    }
    return PROBLEM_PACKAGES.contains(scannedPackage);
}
```

在这段代码中判断出现问题的依据有以下两个：
（1）满足包路径为 null 或者包路径元素不存在；
（2）包路径包含关键字 org 或者 org.springframework。

4.10　ConfigFileApplicationContextInitializer 分析

本节将对 ConfigFileApplicationContextInitializer 进行分析，关于该对象的基础定义代码如下：

```
@Deprecated
public class ConfigFileApplicationContextInitializer
        implements ApplicationContextInitializer<ConfigurableApplicationContext> {}
```

从 ConfigFileApplicationContextInitializer 的基础定义可以发现这是一个会被废弃的对象，虽然该对象会被废弃但是本节还会对它进行分析。该对象只实现了 ApplicationContext-Initializer，具体的处理方法如下：

```
public void initialize(ConfigurableApplicationContext applicationContext) {
    new org.springframework.boot.context.config.ConfigFileApplicationListener() {
        public void apply() {
            addPropertySources(applicationContext.getEnvironment(), applicationContext);
            addPostProcessors(applicationContext);
        }
    }.apply();
}
```

在这段代码中主要是为了执行 ConfigFileApplicationListener 的 apply 方法，具体处理流程如下：
（1）添加属性源，本处添加的属性源从应用上下文中获取环境变量；
（2）添加后置处理器，本处所添加的后置处理器具体类型是 PropertySourceOrderingPostProcessor。

在 PropertySourceOrderingPostProcessor 中关于后置处理器的处理代码如下：

```
public void postProcessBeanFactory(ConfigurableListableBeanFactory beanFactory)
throws BeansException {
    reorderSources(this.context.getEnvironment());
}
private void reorderSources(ConfigurableEnvironment environment) {
    DefaultPropertiesPropertySource.moveToEnd(environment);
}
```

在这段处理代码中将指定的环境对象移到了最后一个元素位。

4.11　ContextIdApplicationContextInitializer 分析

本节将对 ContextIdApplicationContextInitializer 进行分析，关于该对象的基础定义代码如下：

```
public class ContextIdApplicationContextInitializer
        implements ApplicationContextInitializer<ConfigurableApplicationContext>,
Ordered {}
```

从对象的基础定义中可以发现并未实现其他接口，下面对 ApplicationContextInitializer 的实现方法进行说明，详细代码如下：

```
public void initialize(ConfigurableApplicationContext applicationContext) {
    // 获取上下文 ID
    ContextId contextId = getContextId(applicationContext);
    // 设置应用上下文 ID
    applicationContext.setId(contextId.getId());
    // 注册上下文 ID
    applicationContext.getBeanFactory().registerSingleton(ContextId.class.getName(), contextId);
}
```

在 initialize 方法中主要的处理流程如下：

（1）获取上下文 ID；

（2）为应用上下文设置上下文 ID；

（3）向 Bean 工厂中注册上下文 ID。

下面将对 ConfigDataApplicationContextInitializer 进行分析，关于该对象的基础定义代码如下：

```
public class ConfigDataApplicationContextInitializer
        implements ApplicationContextInitializer<ConfigurableApplicationContext> {}
```

从对象的基础定义中可以发现并未实现其他接口，下面对 ApplicationContextInitializer 的实现方法进行说明，详细代码如下：

```
public void initialize(ConfigurableApplicationContext applicationContext) {
    // 获取环境对象
    ConfigurableEnvironment environment = applicationContext.getEnvironment();
    // 添加环境对象
    RandomValuePropertySource.addToEnvironment(environment);
    // 创建默认的引导上下文
    DefaultBootstrapContext bootstrapContext = new DefaultBootstrapContext();
    // 应用配置
    ConfigDataEnvironmentPostProcessor.applyTo(environment, applicationContext,
bootstrapContext);
    // 关闭引导上下文
    bootstrapContext.close(applicationContext);
    // 移动到最后
    DefaultPropertiesPropertySource.moveToEnd(environment);
}
```

在 initialize 方法中主要的处理流程如下：

（1）获取环境对象；

（2）添加环境对象；

（3）创建默认的引导上下文；
（4）应用环境配置；
（5）关闭引导上下文，触发 BootstrapContextClosedEvent 事件；
（6）将环境对象移动到最后索引位。

在上述处理流程中最关键的方法是 ConfigDataEnvironmentPostProcessor.applyTo，详细代码如下：

```
public static void applyTo(ConfigurableEnvironment environment, ResourceLoader
resourceLoader, ConfigurableBootstrapContext bootstrapContext, String...
additionalProfiles) {
    applyTo(environment, resourceLoader, bootstrapContext,
Arrays.asList(additionalProfiles));
}
public static void applyTo(ConfigurableEnvironment environment, ResourceLoader
resourceLoader, ConfigurableBootstrapContext bootstrapContext,
Collection<String> additionalProfiles) {
    DeferredLogFactory logFactory = Supplier::get;
    bootstrapContext = (bootstrapContext != null) ? bootstrapContext : new
DefaultBootstrapContext();
    ConfigDataEnvironmentPostProcessor postProcessor = new
ConfigDataEnvironmentPostProcessor(logFactory, bootstrapContext);
    postProcessor.postProcessEnvironment(environment, resourceLoader,
additionalProfiles);
}
```

在上述代码中主要目标是创建 ConfigDataEnvironmentPostProcessor 来完成后置的环境对象处理，具体处理代码如下：

```
void postProcessEnvironment(ConfigurableEnvironment environment, ResourceLoader
resourceLoader,
        Collection<String> additionalProfiles) {
    try {
        // 日志
        this.logger.trace("Post-processing environment to add config data");
        // 获取资源加载器
        resourceLoader = (resourceLoader != null) ? resourceLoader : new
DefaultResourceLoader();
        // 获取 ConfigDataEnvironment 并处理应用
        getConfigDataEnvironment(environment, resourceLoader,
additionalProfiles).processAndApply();
    }
    catch (UseLegacyConfigProcessingException ex) {
        this.logger.debug(LogMessage.format("Switching to legacy config file
processing [%s]",
            ex.getConfigurationProperty()));
        // 配置 profile 相关内容
        configureAdditionalProfiles(environment, additionalProfiles);
        // 配置监听器
        postProcessUsingLegacyApplicationListener(environment, resourceLoader);
    }
}
```

在 postProcessEnvironment 方法中主要目标是创建 ConfigDataEnvironment 并且调用 processAndApply 方法，processAndApply 的详细代码如下：

```
void processAndApply() {
    // 创建 ConfigDataImporter
```

```
        ConfigDataImporter importer = new ConfigDataImporter(this.logFactory,
    this.notFoundAction, this.resolvers, this.loaders);
        registerBootstrapBinder(this.contributors, null, DENY_INACTIVE_BINDING);
        ConfigDataEnvironmentContributors contributors = processInitial(this.
contributors, importer);
        ConfigDataActivationContext activationContext = createActivationContext(
                contributors.getBinder(null, BinderOption.FAIL_ON_BIND_TO_INACTIVE_
SOURCE));
        // 处理profile相关内容
        contributors = processWithoutProfiles(contributors, importer,
    activationContext);
        activationContext = withProfiles(contributors, activationContext);
        contributors = processWithProfiles(contributors, importer, activationContext);
        // 应用到环境
        applyToEnvironment(contributors, activationContext, importer.
getLoadedLocations(), importer.getOptionalLocations());
    }
```

在上述代码中会创建 ConfigDataImporter、ConfigDataEnvironmentContributors 和 ConfigData-ActivationContext，这三个对象属于环境配置信息存储对象，最终它们三个对象都会进行 profile 的应用，当应用完成后会进行环境对象的应用，具体处理方法是 applyToEnvironment，详细代码如下：

```
    private void applyToEnvironment(ConfigDataEnvironmentContributors contributors,
            ConfigDataActivationContext activationContext, Set<ConfigDataLocation>
    loadedLocations,
            Set<ConfigDataLocation> optionalLocations) {
        // 检查无效属性
        checkForInvalidProperties(contributors);
        // 检查强制属性
        checkMandatoryLocations(contributors, activationContext, loadedLocations,
    optionalLocations);
        // 获取环境对象中的属性源对象
        MutablePropertySources propertySources = this.environment.
getPropertySources();
        this.logger.trace("Applying config data environment contributions");
        // 处理ConfigDataEnvironmentContributor，主要目标是将其中的数据加入属性源对象中
        for (ConfigDataEnvironmentContributor contributor : contributors) {
            PropertySource<?> propertySource = contributor.getPropertySource();
            if (contributor.getKind() ==
    ConfigDataEnvironmentContributor.Kind.BOUND_IMPORT && propertySource != null) {
                // 不激活的情况下输出日志
                if (!contributor.isActive(activationContext)) {
                    this.logger.trace(LogMessage.format("Skipping inactive property
source '%s'", propertySource.getName()));
                }
                // 激活的情况下加入数据源
                else {
                    this.logger.trace(LogMessage.format("Adding imported property source
'%s'", propertySource.getName()));
                    propertySources.addLast(propertySource);
                    this.environmentUpdateListener.onPropertySourceAdded(propertySource,
contributor.getLocation(),contributor.getResource());
                }
            }
        }
        // 移动到最后一个元素
        DefaultPropertiesPropertySource.moveToEnd(propertySources);
        // 获取profile
```

```
        Profiles profiles = activationContext.getProfiles();
        this.logger.trace(LogMessage.format("Setting default profiles: %s",
            profiles.getDefault()));
        // 设置默认的 profile 数据值
        this.environment.setDefaultProfiles(StringUtils.toStringArray(profiles.
getDefault()));
        this.logger.trace(LogMessage.format("Setting active profiles: %s", profiles.
getActive()));
        // 设置激活的 profile
        this.environment.setActiveProfiles(StringUtils.toStringArray(profiles.
getActive()));
        // 设置 profile 集合
        this.environmentUpdateListener.onSetProfiles(profiles);
    }
```

在 applyToEnvironment 方法中主要的处理流程如下。

（1）检查 contributors 对象中的无效数据，检查过程中会抛出异常。

（2）从环境对象中获取属性源对象。

（3）处理 contributors 中的各个元素，处理细节是将合法元素加入第（2）步获取的属性源对象中，并且触发 onPropertySourceAdded 方法，onPropertySourceAdded 方法是环境配置（属性）变化后的一个事件。

（4）移动属性源对象到最后一个元素位置。

（5）获取 profiles，将其设置到环境变量中。

本章小结

本章对 Spring Boot 中关于 ApplicationContextInitializer 的实现类进行了说明，通过阅读本章的内容可以发现，在 ApplicationContextInitializer 的实现过程中大量地使用了 Spring Event（Spring 事件）相关的技术点。在本章中对于所涉及的事件及其事件处理器也都做出了详尽分析。

第 5 章

应用配置文件加载分析

本章将对 Spring Boot 中的 PropertySourceLoader 进行分析，该接口主要用于读取配置文件中的数据信息，在 Spring Boot 中 PropertySourceLoader 有两个实现类，分别是 YamlPropertySourceLoader 和 PropertiesPropertySourceLoader，本章将对这两个对象进行分析。除此之外，本章还会对 Spring Boot 中与配置相关的接口及其实现类进行分析。

5.1 YamlPropertySourceLoader 分析

本节将对 YamlPropertySourceLoader 进行分析，该对象主要用于读取 yml（yaml）文件中的数据，关于该对象的完整代码如下：

```
public class YamlPropertySourceLoader implements PropertySourceLoader {
    public String[] getFileExtensions() {
        return new String[] { "yml", "yaml" };
    }

    public List<PropertySource<?>> load(String name, Resource resource) throws IOException {
        // 判断是否存在 org.yaml.snakeyaml.Yaml
        if (!ClassUtils.isPresent("org.yaml.snakeyaml.Yaml", null)) {
            throw new IllegalStateException(
                    "Attempted to load " + name + " but snakeyaml was not found on the classpath");
        }
        // 读取资源
        List<Map<String, Object>> loaded = new OriginTrackedYamlLoader(resource).load();
        if (loaded.isEmpty()) {
            return Collections.emptyList();
        }
        // 将 loaded 数据转换成 PropertySource
        List<PropertySource<?>> propertySources = new ArrayList<>(loaded.size());
```

```java
    for (int i = 0; i < loaded.size(); i++) {
        String documentNumber = (loaded.size() != 1) ? " (document #" + i + ")" : "";
        propertySources.add(new OriginTrackedMapPropertySource(name +
documentNumber, Collections.unmodifiableMap(loaded.get(i)), true));
    }
    return propertySources;
}
```

在上述代码中主要关注 load 方法，该方法会将 Resource 转换成 PropertySource 集合。具体转换过程是创建 OriginTrackedYamlLoader，将 yml 文件中的数据进行读取，在读取完成后遍历所有元素将其转换为 OriginTrackedMapPropertySource 放入 PropertySource 集合中，从而完成整体处理。

5.2　PropertiesPropertySourceLoader 分析

本节将对 PropertiesPropertySourceLoader 进行分析，该对象主要用于读取 properties 或者 xml 文件中的数据，关于该对象的完整代码如下：

```java
public class PropertiesPropertySourceLoader implements PropertySourceLoader {
    private static final String XML_FILE_EXTENSION = ".xml";
    public String[] getFileExtensions() {
        return new String[] {"properties", "xml"};
    }

    public List<PropertySource<?>> load(String name, Resource resource) throws IOException {
        // 读取 Resource
        List<Map<String, ?>> properties = loadProperties(resource);
        if (properties.isEmpty()) {
            return Collections.emptyList();
        }
        // 创建结果集合
        List<PropertySource<?>> propertySources = new ArrayList<>(properties.size());
        for (int i = 0; i < properties.size(); i++) {
            String documentNumber = (properties.size() != 1) ? " (document #" + i + ")" : "";
            // 转换成 OriginTrackedMapPropertySource
            propertySources.add(new OriginTrackedMapPropertySource(name +
documentNumber, Collections.unmodifiableMap(properties.get(i)), true));
        }
        return propertySources;
    }
}
```

在 load 方法中会通过 loadProperties 方法将 Resource 进行数据读取，这里读取的文件支持 properties 和 xml，读取资源文件后会进行迭代处理，将每个元素转换成 OriginTrackedMapPropertySource 并放入数据结果中。

5.3　ConfigDataLoader 初识

在前文提到了 Spring Boot 中支持的配置文件类型包括 yml（yaml）、properties 和 xml，对于这三种配置文件的读取还需要依赖 ConfigDataLoader 来进行整体处理，本节将对 ConfigDataLoader 做简单介绍，该接口的详细代码如下：

```
public interface ConfigDataLoader<R extends ConfigDataResource> {
    // 判断是否可以加载
    default boolean isLoadable(ConfigDataLoaderContext context, R resource) {
        return true;
    }
    // 加载资源
    ConfigData load(ConfigDataLoaderContext context, R resource)
            throws IOException, ConfigDataResourceNotFoundException;
}
```

在 ConfigDataLoader 中定义了以下两个方法：

（1）方法 isLoadable 用于判断是否可以进行加载，默认允许加载；

（2）方法 load 用于进行资源加载。

在接口定义中还标记了资源对象的基础类型是 ConfigDataResource，关于 ConfigDataResource 的定义如下：

```
public abstract class ConfigDataResource {
    // 是否可选
    private final boolean optional;
}
```

这里需要对 ConfigDataResource 抽象类的实现类进行说明，这些实现类会和 ConfigDataLoader 的实现类做出配合处理。在 Spring Boot 中 ConfigDataResource 的子类有如下三个：

（1）对象 SubversionConfigDataResource 用于存储服务证书；

（2）对象 ConfigTreeConfigDataResource 用于存储文件地址；

（3）对象 StandardConfigDataResource 用于存储标准配置。

下面对上述三个对象进行说明，关于 SubversionConfigDataResource 的定义代码如下：

```
class SubversionConfigDataResource extends ConfigDataResource {

    // 地址
    private final String location;
    // 服务证书
    private final SubversionServerCertificate serverCertificate;
}
```

在 SubversionConfigDataResource 中有两个成员变量：

（1）成员变量 location 用于存储文件地址；

（2）成员变量 serverCertificate 是一个 String 变量，用于存储证书内容。

下面对 ConfigTreeConfigDataResource 进行说明，该对象的详细代码如下：

```
public class ConfigTreeConfigDataResource extends ConfigDataResource {
    // 文件地址
    private final Path path;
}
```

在 ConfigTreeConfigDataResource 中只有一个成员变量 path，用于存储文件地址。最后对 StandardConfigDataResource 进行说明，该对象的详细代码如下：

```java
public class StandardConfigDataResource extends ConfigDataResource {
    // 标准配置数据
    private final StandardConfigDataReference reference;
    // 资源对象
    private final Resource resource;
    // 是否为空目录
    private final boolean emptyDirectory;
}
```

在 StandardConfigDataResource 中有以下三个成员变量：

（1）成员变量 reference 表示标准配置数据；

（2）成员变量 resource 表示资源对象；

（3）成员变量 emptyDirectory 表示是否为空目录。

在上述三个成员变量中最关键的是 reference，它的类型是 StandardConfigDataReference，关于 StandardConfigDataReference 的代码定义如下：

```java
class StandardConfigDataReference {
    // 数据地址对象
    private final ConfigDataLocation configDataLocation;
    // 资源地址
    private final String resourceLocation;
    // 目录
    private final String directory;
    // profile 标志
    private final String profile;
    // 属性源加载器
    private final PropertySourceLoader propertySourceLoader;
}
```

在 StandardConfigDataReference 中有以下 5 个成员变量：

（1）成员变量 configDataLocation 表示数据地址对象；

（2）成员变量 resourceLocation 表示资源地址路径；

（3）成员变量 directory 表示目录名称；

（4）成员变量 profile 表示 profile 标志；

（5）成员变量 propertySourceLoader 表示属性源加载器。

至此，对于抽象类 ConfigDataResource 的相关内容已经介绍完毕，下面将开始对 ConfigDataLoader 相关的实现类进行分析。

5.3.1 SubversionConfigDataLoader 分析

本节将对 SubversionConfigDataLoader 进行说明，与 SubversionConfigDataLoader 匹配的资源对象（ConfigDataResource）是 SubversionConfigDataResource，也就是证书相关的一些内容。对于 SubversionConfigDataLoader 的分析主要从 load 方法出发，详细的处理代码如下：

```java
public ConfigData load(ConfigDataLoaderContext context, SubversionConfigDataResource resource)
        throws IOException, ConfigDataLocationNotFoundException {
```

```
        // 获取引导上下文并从中注册证书数据
        context.getBootstrapContext().registerIfAbsent(SubversionServerCertificate.
class, InstanceSupplier.of(resource.getServerCertificate()));
        // 从引导上下文中获取 SubversionClient
        SubversionClient client = context.getBootstrapContext().get(SubversionClient.
class);
        // 通过 SubversionClient 将资源地址中的数据进行读取
        String loaded = client.load(resource.getLocation());
        // 将读取到的数据转换成 MapPropertySource
        PropertySource<?> propertySource = new MapPropertySource("svn",
    Collections.singletonMap("svn", loaded));
        // 将转换成 PropertySource 类型的数据再转换成 ConfigData 类型
        return new ConfigData(Collections.singleton(propertySource));
    }
```

在 load 方法中主要的处理流程如下：

（1）获取引导上下文并从中注册证书数据；

（2）通过引导上下文获取 SubversionClient；

（3）通过 SubversionClient 将资源对象（SubversionConfigDataResource）中的路径进行读取；

（4）将读取的数据先转换成 MapPropertySource 类型，再将其转换成 ConfigData 类型并返回。

在 load 方法中可以发现，需要从引导上下文中获取，关于该对象的设置流程也是一个值得研究的问题。SubversionClient 的设置是由 SubversionConfigDataLoader 的构造方法进行的，具体处理代码如下：

```
SubversionConfigDataLoader(BootstrapRegistry bootstrapRegistry) {
        // 注册 SubversionClient 实例
        bootstrapRegistry.registerIfAbsent(SubversionClient.class, this::
createSubversionClient);
        // 添加关闭监听器
        bootstrapRegistry.addCloseListener(closeListener);
    }
```

在上述代码中主要处理以下两件事：

（1）通过引导注册接口注册 SubversionClient 实例；

（2）为引导注册器添加关闭监听器。

这里关于引导注册器中的关闭监听器对应的处理方法如下：

```
private static void onBootstrapContextClosed(BootstrapContextClosedEvent event) {
        event.getApplicationContext().getBeanFactory().registerSingleton("subversionClient",
event.getBootstrapContext().get(SubversionClient.class));
    }
```

在关闭引导注册器上下文时会将 SubversionClient 实例放入应用上下文中。

5.3.2　ConfigTreeConfigDataLoader 分析

本节将对 ConfigTreeConfigDataLoader 进行分析，关于 ConfigTreeConfigDataLoader 的代码信息如下：

```
public class ConfigTreeConfigDataLoader implements
```

```
ConfigDataLoader<ConfigTreeConfigDataResource> {

    public ConfigData load(ConfigDataLoaderContext context,
ConfigTreeConfigDataResource resource)
        throws IOException, ConfigDataResourceNotFoundException {
        // 获取资源对象中的 path 对象
        Path path = resource.getPath();
        // 检查资源是否存在，如果资源不存在则抛出异常
        ConfigDataResourceNotFoundException.throwIfDoesNotExist(resource, path);
        // 组装资源名称
        String name = "Config tree '" + path + "'";
        // 转换成 ConfigTreePropertySource
        ConfigTreePropertySource source = new ConfigTreePropertySource(name, path,
Option.AUTO_TRIM_TRAILING_NEW_LINE);
        // 转换成 ConfigData
        return new ConfigData(Collections.singletonList(source));
    }

}
```

在上述代码中关于 load 的处理操作流程如下：

（1）获取资源对象中的 path 对象；

（2）检查资源是否存在，如果资源不存在则抛出异常；

（3）创建 ConfigTreePropertySource 用于存储 path 对象，创建成功后将其转换为 ConfigData 对象。

在 ConfigTreeConfigDataLoader 中关于资源的加载操作不是很复杂，主要思想是进行资源对象的获取和多次类型转换，从而达到 ConfigData 对象的创建。

5.3.3 StandardConfigDataLoader 分析

本节将对 StandardConfigDataLoader 进行分析，关于 StandardConfigDataLoader 的代码信息如下：

```
public class StandardConfigDataLoader implements
ConfigDataLoader<StandardConfigDataResource> {
    // 特定配置文件
    private static final PropertySourceOptions PROFILE_SPECIFIC =
PropertySourceOptions.always(Option.PROFILE_SPECIFIC);
    // 非特定配置文件
    private static final PropertySourceOptions NON_PROFILE_SPECIFIC =
PropertySourceOptions.ALWAYS_NONE;

    public ConfigData load(ConfigDataLoaderContext context,
StandardConfigDataResource resource)
        throws IOException, ConfigDataNotFoundException {
        // 判断资源是否是一个空目录，如果是则返回空结果
        if (resource.isEmptyDirectory()) {
            return ConfigData.EMPTY;
        }
        // 判断资源对象是否为空，如果为空则抛出异常
        ConfigDataResourceNotFoundException.throwIfDoesNotExist(resource, resource.
getResource());
        // 获取标准配置数据
        StandardConfigDataReference reference = resource.getReference();
```

```
            // 将标准配置数据中存储的资源地址转换成实际的资源对象
            Resource originTrackedResource =
    OriginTrackedResource.of(resource.getResource(),
                Origin.from(reference.getConfigDataLocation()));
            // 资源名称
            String name = String.format("Config resource '%s' via location '%s'",
    resource, reference.getConfigDataLocation());
            // 通过标准配置数据对象中的属性源加载器对资源进行加载
            List<PropertySource<?>> propertySources =
    reference.getPropertySourceLoader().load(name, originTrackedResource);
            // 根据资源的 profile 来判断 PropertySourceOptions
            PropertySourceOptions options = (resource.getProfile() != null) ?
    PROFILE_SPECIFIC : NON_PROFILE_SPECIFIC;
            // 将读取到的资源进行转换，转换成 ConfigData 对象
            return new ConfigData(propertySources, options);
        }

}
```

在上述代码中关于 load 的处理操作流程如下：

（1）判断资源是否是一个空目录，如果是则返回空结果；

（2）判断资源对象是否为空，如果为空则抛出异常；

（3）从资源对象中获取标准配置数据对象（StandardConfigDataReference）；

（4）将标准配置数据中存储的资源地址转换成实际的资源对象；

（5）通过标准配置对象中的属性源加载器将资源进行解析得到属性源集合；

（6）将属性源集合转换成 ConfigData 对象返回。

在 Spring Boot 中关于 application.yml（yaml）或者 application.properties 的解析操作都将由该方法进行核心处理。下面将采用 spring-boot-smoke-test-web-ui 项目中的 application.properties 进行说明，具体代码如下：

```
spring.thymeleaf.cache: false
server.tomcat.access_log_enabled: true
server.tomcat.basedir: target/tomcat
```

接下来查看 resource 数据信息，详细如图 5-1 所示。

```
∨ ∞ resource = {StandardConfigDataResource@2891} "class path resource [application.properties]"
  ∨ f reference = {StandardConfigDataReference@2892} "classpath:/application.properties"
    > f configDataLocation = {ConfigDataLocation@3124} "optional:classpath:/"
    > f resourceLocation = "classpath:/application.properties"
    > f directory = "classpath:/"
      f profile = null
    > f propertySourceLoader = {PropertiesPropertySourceLoader@3126}
  > f resource = {ClassPathResource@3120} "class path resource [application.properties]"
    f emptyDirectory = false
    f optional = false
```

图 5-1 resource 数据信息

在 Resource 中存储了 application.properties 的路径信息。通过 reference.getPropertySource-Loader（）.load（name，originTrackedResource）代码执行后处理结果如图 5-2 所示。

从图 5-2 中可以发现，在 application.properties 文件中的数据已经被成功读取，至此对于 StandardConfigDataLoader 的分析告一段落。

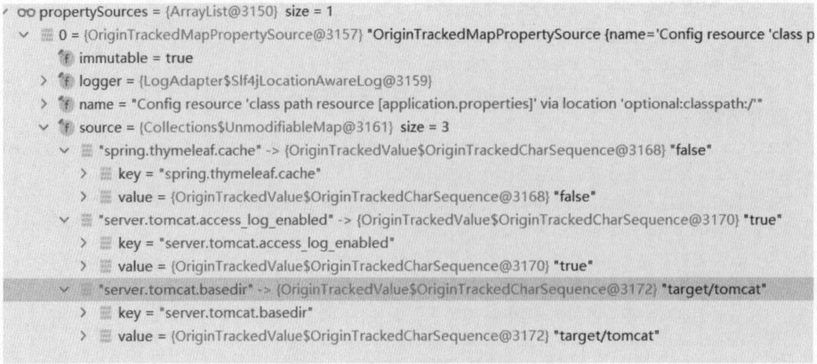

图 5-2　load 方法执行结果

5.4　ConfigDataLocationResolver 分析

本节将对 ConfigDataLocationResolver 进行分析，该接口主要用于解析 ConfigDataLocation 对象，将其转换成配置资源对象（ConfigDataResource），关于 ConfigDataLocationResolver 的定义代码如下：

```
public interface ConfigDataLocationResolver<R extends ConfigDataResource> {
    // 判断是否可以处理
    boolean isResolvable(ConfigDataLocationResolverContext context,
ConfigDataLocation location);
    // 解析资源
    List<R> resolve(ConfigDataLocationResolverContext context, ConfigDataLocation
location) throws ConfigDataLocationNotFoundException,
ConfigDataResourceNotFoundException;
    // 解析资源
    default List<R> resolveProfileSpecific(ConfigDataLocationResolverContext context,
ConfigDataLocation location,
        Profiles profiles) throws ConfigDataLocationNotFoundException {
        return Collections.emptyList();
    }
}
```

在 ConfigDataLocationResolver 中定义了以下三个方法：

（1）方法 isResolvable 用于判断是否可以处理；

（2）方法 resolve 用于解析资源；

（3）方法 resolveProfileSpecific 用于解析资源。

在 Spring Boot 中关于 ConfigDataLocationResolver 有三个实现类，分别是 SubversionConfigDataLocationResolver、StandardConfigDataLocationResolver 和 ConfigTreeConfigDataLocationResolver，本节后续将对这三个类进行分析。

5.4.1　SubversionConfigDataLocationResolver 分析

本节将对 SubversionConfigDataLocationResolver 进行分析，详细代码如下：

```
class SubversionConfigDataLocationResolver implements
```

```
ConfigDataLocationResolver<SubversionConfigDataResource> {

    private static final String PREFIX = "svn:";

    public boolean isResolvable(ConfigDataLocationResolverContext context,
ConfigDataLocation location) {
        return location.hasPrefix(PREFIX);
    }

    public List<SubversionConfigDataResource>
resolve(ConfigDataLocationResolverContext context,
            ConfigDataLocation location)
            throws ConfigDataLocationNotFoundException,
ConfigDataResourceNotFoundException {
        // 获取绑定对象进行绑定
        String serverCertificate = context.getBinder().bind("spring.svn.server.
certificate", String.class).orElse(null);
        // 创建 SubversionConfigDataResource 将其转换成 Collections
        return Collections.singletonList(
            new SubversionConfigDataResource(location.getNonPrefixedValue(PREFIX),
serverCertificate));
    }
}
```

在 isResolvable 方法中会判断是否是 "svn:" 开头，如果是则可以处理，否则不能处理。在 resolve 方法中会获取 spring.svn.server.certificate 的数据类型，具体数据类型是 String，绑定完成后会创建 SubversionConfigDataResource 再将其转换成 Collections。

5.4.2 StandardConfigDataLocationResolver 分析

本节将对 StandardConfigDataLocationResolver 进行分析，在该对象中主要关注 StandardConfigDataLocationResolver 成员变量，详细说明见表 5-1。

表 5-1 StandardConfigDataLocationResolver 成员变量

变量名称	变量类型	变量说明
PREFIX	String	前缀
CONFIG_NAME_PROPERTY	String	配置属性名称
DEFAULT_CONFIG_NAMES	String[]	默认配置名称
URL_PREFIX	Pattern	URL 正则
EXTENSION_HINT_PATTERN	Pattern	拓展名正则
NO_PROFILE	String	空的 Profile
propertySourceLoaders	List<PropertySourceLoader>	属性源加载器
configNames	String[]	配置名称
resourceLoader	LocationResourceLoader	地址资源加载器

在 StandardConfigDataLocationResolver 中主要关注 resolve 方法，具体处理代码如下：

```
public List<StandardConfigDataResource> resolve(ConfigDataLocationResolverContext
context, ConfigDataLocation location) throws ConfigDataNotFoundException {
    // 1. 获取 StandardConfigDataResource 集合
    // 2. 解析
    return resolve(getReferences(context, location));
}
```

}
```

在上述方法中主要的处理流程有两个：

（1）获取 StandardConfigDataResource 集合；

（2）将获取的 StandardConfigDataResource 集合进一步解析。

上述处理流程主要关注第（2）个处理，在这个操作过程中会依赖成员变量 resourceLoader 来进一步解析。上述流程可以理解为递归获取文件夹下的所有内容。

### 5.4.3　ConfigTreeConfigDataLocationResolver 分析

本节将对 ConfigTreeConfigDataLocationResolver 进行分析，在该对象中最重要的方法是 resolve，详细处理代码如下：

```
private List<ConfigTreeConfigDataResource> resolve(ConfigDataLocationResolverContext context, String location)
        throws IOException {
    Assert.isTrue(location.endsWith("/"),
            () -> String.format("Config tree location '%s' must end with '/'", location));
    // 判断是否匹配，不匹配直接创建 ConfigTreeConfigDataResource 并将其转换成 Collections 返回
    if (!this.resourceLoader.isPattern(location)) {
        return Collections.singletonList(new ConfigTreeConfigDataResource(location));
    }
    // 获取 location 中出现的资源对象
    Resource[] resources = this.resourceLoader.getResources(location, ResourceType.DIRECTORY);
    List<ConfigTreeConfigDataResource> resolved = new ArrayList<>(resources.length);
    for (Resource resource : resources) {
        // 获取资源对象的文件路径，转换成 ConfigTreeConfigDataResource
        resolved.add(new ConfigTreeConfigDataResource(resource.getFile().toPath()));
    }
    return resolved;
}
```

在 resolve 方法中主要的处理操作流程如下：

（1）判断是否匹配，不匹配直接创建 ConfigTreeConfigDataResource 并将其转换成 Collections 返回；

（2）获取 location 中出现的资源对象，将获取的资源对象集合进行转换，转换成 Config-TreeConfigDataResource 类型。

5.5　ConfigDataLoaders 分析

本节将对 ConfigDataLoaders 进行分析，在该对象中存储了 ConfigDataLoader 的集合，ConfigDataLoaders 的具体定义代码如下：

```
class ConfigDataLoaders {
    private final Log logger;
    // 配置数据加载器集合
    private final List<ConfigDataLoader<?>> loaders;
    // 资源类型集合
```
```

```
        private final List<Class<?>> resourceTypes;
}
```

在这个对象中还需要关注成员变量 loaders 和 resourceTypes 的初始化，详细代码如下：

```
ConfigDataLoaders(DeferredLogFactory logFactory, ConfigurableBootstrapContext
bootstrapContext,
        List<String> names) {
    this.logger = logFactory.getLog(getClass());
    Instantiator<ConfigDataLoader<?>> instantiator = new
Instantiator<>(ConfigDataLoader.class,
            (availableParameters) -> {
                availableParameters.add(Log.class, logFactory::getLog);
                availableParameters.add(DeferredLogFactory.class, logFactory);
                availableParameters.add(ConfigurableBootstrapContext.class,
bootstrapContext);
                availableParameters.add(BootstrapContext.class, bootstrapContext);
                availableParameters.add(BootstrapRegistry.class, bootstrapContext);
            });
    this.loaders = instantiator.instantiate(names);
    this.resourceTypes = getResourceTypes(this.loaders);
}
```

通过上述代码可以发现成员变量 loaders 和 resourceTypes 都需要依赖参数 names，这里需要向外搜索外部调用时 names 的传参，对外调用方法只有一处，具体代码如下：

```
ConfigDataLoaders(DeferredLogFactory logFactory, ConfigurableBootstrapContext
bootstrapContext) {
    this(logFactory, bootstrapContext,
SpringFactoriesLoader.loadFactoryNames(ConfigDataLoader.class, null));
}
```

在这段代码中，可以发现 ConfigDataLoaders 会获取 spring.factories 文件中键为 org.springframework.boot.context.config.ConfigDataLoader 的数据，在 Spring Boot 中该对象的数据信息如下：

```
org.springframework.boot.context.config.ConfigDataLocationResolver=\
org.springframework.boot.context.config.ConfigTreeConfigDataLocationResolver,\
org.springframework.boot.context.config.StandardConfigDataLocationResolver
```

上述代码中的 ConfigTreeConfigDataLocationResolver 和 StandardConfigDataLocationResolver 就是 names 的数据信息，确定了 names 的数据信息后查看 Instantiator 中提供的实例化方法，详细代码如下：

```
public List<T> instantiate(Collection<String> names) {
    List<T> instances = new ArrayList<>(names.size());
    for (String name : names) {
        instances.add(instantiate(name));
    }
    AnnotationAwareOrderComparator.sort(instances);
    return Collections.unmodifiableList(instances);
}
private T instantiate(String name) {
    try {
        Class<?> type = ClassUtils.forName(name, null);
        Assert.isAssignable(this.type, type);
        return instantiate(type);
    }
    catch (Throwable ex) {
```

```
                throw new IllegalArgumentException("Unable to instantiate " + this.type.
getName() + " [" + name + "]", ex);
        }
    }
    @SuppressWarnings("unchecked")
    private T instantiate(Class<?> type) throws Exception {
        Constructor<?>[] constructors = type.getDeclaredConstructors();
        Arrays.sort(constructors, CONSTRUCTOR_COMPARATOR);
        for (Constructor<?> constructor : constructors) {
            Object[] args = getArgs(constructor.getParameterTypes());
            if (args != null) {
                ReflectionUtils.makeAccessible(constructor);
                return (T) constructor.newInstance(args);
            }
        }
        throw new IllegalAccessException("Unable to find suitable constructor");
    }
```

在上述代码中关于 names 元素的实例化操作具体操作如下：

（1）获取构造函数；

（2）获取构造函数的参数值列表，当参数值不为空的情况下通过构造函数对象的 newInstance 方法将其实例化。

注意，在完成 names 中元素的实例化后会进行排序操作。在 ConfigDataLoaders 中除了关注成员变量和构造函数以外还需要关注 load 方法，详细处理代码如下：

```
    <R extends ConfigDataResource> ConfigData load(ConfigDataLoaderContext context, R
resource) throws IOException {
        ConfigDataLoader<R> loader = getLoader(context, resource);
        this.logger.trace(LogMessage.of(() -> "Loading " + resource + " using loader "
+ loader.getClass().getName()));
        return loader.load(context, resource);
    }
```

在该方法中会根据不同的资源对象找到不同的配置数据记载器，再通过配置数据记载器将资源进行解析。

5.6 ConfigDataLocationResolvers 分析

本节将对 ConfigDataLocationResolvers 进行分析，该对象的处理措施和 ConfigDataLoaders 有异曲同工之意，在该对象中存储了 ConfigDataLocationResolver 的集合。对象 ConfigDataLocationResolvers 的具体定义代码如下：

```
    class ConfigDataLocationResolvers {
        // 配置数据位置解析器
        private final List<ConfigDataLocationResolver<?>> resolvers;
    }
```

关于该对象的构造函数代码如下：

```
    ConfigDataLocationResolvers(DeferredLogFactory logFactory,
    ConfigurableBootstrapContext bootstrapContext,
            Binder binder, ResourceLoader resourceLoader) {
        this(logFactory, bootstrapContext, binder, resourceLoader, SpringFactoriesLoader
                .loadFactoryNames(ConfigDataLocationResolver.class,
ConfigDataLocationResolver.class.getClassLoader()));
    }
```

```
ConfigDataLocationResolvers(DeferredLogFactory logFactory,
ConfigurableBootstrapContext bootstrapContext,
        Binder binder, ResourceLoader resourceLoader, List<String> names) {
    Instantiator<ConfigDataLocationResolver<?>> instantiator = new
Instantiator<>(ConfigDataLocationResolver.class,
            (availableParameters) ->{
                availableParameters.add(Log.class, logFactory::getLog);
                availableParameters.add(DeferredLogFactory.class, logFactory);
                availableParameters.add(Binder.class, binder);
                availableParameters.add(ResourceLoader.class, resourceLoader);
                availableParameters.add(ConfigurableBootstrapContext.class,
bootstrapContext);
                availableParameters.add(BootstrapContext.class, bootstrap Context);
                availableParameters.add(BootstrapRegistry.class, bootstrap Context);
            });
    this.resolvers = reorder(instantiator.instantiate(names));
}
```

在上述代码中接下来需要关注 names 的数据值，在 Spring Boot 中找到 spring.factories 文件，根据 org.springframework.boot.context.config.ConfigDataLocationResolver 作为键搜索，搜索结果如下：

```
org.springframework.boot.context.config.ConfigDataLocationResolver=\
org.springframework.boot.context.config.ConfigTreeConfigDataLocationResolver,\
org.springframework.boot.context.config.StandardConfigDataLocationResolver
```

在得到 ConfigTreeConfigDataLocationResolver 和 StandardConfigDataLocationResolver 后会进行实例化，将实例化结果赋值给成员变量 resolvers 从而完成操作。

5.7 ConfigDataImporter 分析

本节将对 ConfigDataImporter 进行分析，该对象主要负责配置数据导入，它的实现离不开 ConfigDataLoader 和 ConfigDataLocationResolver，下面对 ConfigDataImporter 成员变量进行说明，详见表 5-2。

表 5-2 ConfigDataImporter 成员变量

变量名称	变量类型	变量说明
resolvers	ConfigDataLocationResolvers	配置数据位置解析器集合
loaders	ConfigDataLoaders	配置数据加载器集合
notFoundAction	ConfigDataNotFoundAction	配置数据未找到行为
loaded	Set<ConfigDataResource>	配置数据资源集合
loadedLocations	Set<ConfigDataLocation>	配置数据位置集合，存储已加载的
optionalLocations	Set<ConfigDataLocation>	配置数据位置集合，存储可选的

在 ConfigDataImporter 对象中主要关注 resolveAndLoad 方法，该方法可以理解为一个大方法，它提供了解析和加载两个操作，具体处理代码如下：

```
Map<ConfigDataResolutionResult, ConfigData>
resolveAndLoad(ConfigDataActivationContext activationContext,
        ConfigDataLocationResolverContext locationResolverContext,
ConfigDataLoaderContext loaderContext,
```

```java
        List<ConfigDataLocation> locations) {
    try {
        // 获取 profile
        Profiles profiles = (activationContext != null) ? activationContext.
getProfiles() : null;
        // 解析
        List<ConfigDataResolutionResult> resolved = resolve(locationResolverContext,
profiles, locations);
        // 加载
        return load(loaderContext, resolved);
    }
    catch (IOException ex) {
        throw new IllegalStateException("IO error on loading imports from " +
locations, ex);
    }
}
```

在上述代码中可以发现解析操作由 resolve 方法负责, 加载操作由 load 方法负责, 当出现异常时会抛出异常。下面对解析方法 resolve 进行分析, 具体处理代码如下：

```java
// 解析配置数据地址
private List<ConfigDataResolutionResult> resolve(ConfigDataLocationResolverContext
locationResolverContext,
        Profiles profiles, List<ConfigDataLocation> locations) {
    // 创建返回值集合
    List<ConfigDataResolutionResult> resolved = new ArrayList<>(locations.size());
    // 循环处理配置数据地址
    for (ConfigDataLocation location : locations) {
        // 进行实际解析, 解析后放入返回结果集合
        resolved.addAll(resolve(locationResolverContext, profiles, location));
    }
    return Collections.unmodifiableList(resolved);
}

private List<ConfigDataResolutionResult> resolve(ConfigDataLocationResolverContext
locationResolverContext,
        Profiles profiles, ConfigDataLocation location) {
    try {
        // 交给成员变量 resolvers 进行解析
        return this.resolvers.resolve(locationResolverContext, location, profiles);
    }
    catch (ConfigDataNotFoundException ex) {
        handle(ex, location, null);
        return Collections.emptyList();
    }
}
```

在解析方法中会将参数 locations 进行遍历, 对其中的每个元素进行一次处理, 处理方式是通过成员变量 resolvers 进行。在成员变量 resolvers 处理过程中实际操作的是 ConfigDataLocationResolver。最后对数据加载操作方法 load 进行分析, 具体处理代码如下：

```java
private Map<ConfigDataResolutionResult, ConfigData> load(ConfigDataLoaderContext
loaderContext,
        List<ConfigDataResolutionResult> candidates) throws IOException {
    // 创建结果集合
    Map<ConfigDataResolutionResult, ConfigData> result = new LinkedHashMap<>();
    // 循环处理方法参数 candidates
    for (int i = candidates.size() - 1; i >= 0; i--) {
        ConfigDataResolutionResult candidate = candidates.get(i);
```

```java
        // 获取资源地址
        ConfigDataLocation location = candidate.getLocation();
        // 获取资源对象
        ConfigDataResource resource = candidate.getResource();
        // 判断是否是可选的资源，如果是将其加入 optionalLocations 集合中
        if (resource.isOptional()) {
            this.optionalLocations.add(location);
        }
        // loaded 中是否存在当前资源，如果存在将其加入 loadedLocations 集合中
        if (this.loaded.contains(resource)) {
            this.loadedLocations.add(location);
        }
        else {
            try {
                // 实际加载配置数据
                ConfigData loaded = this.loaders.load(loaderContext, resource);
                // 如果数据集不为空，加入各个数据容器中
                if (loaded != null) {
                    this.loaded.add(resource);
                    this.loadedLocations.add(location);
                    result.put(candidate, loaded);
                }
            }
            catch (ConfigDataNotFoundException ex) {
                handle(ex, location, resource);
            }
        }
    }
    return Collections.unmodifiableMap(result);
}
```

在 load 方法中主要的处理流程如下。

（1）创建结果集合。

（2）循环处理方法参数 candidates，单个元素的处理细节如下：

①获取资源地址；

②获取资源对象；

③判断资源对象是否是可选的，如果是将其加入 optionalLocations 集合中；

④判断资源是否在 loaded 中已经存在，如果存在将其加入到 loadedLocations 集合中；

⑤如果资源在 loaded 中不存在会通过 loaders 将数据进行加载，加载后会放入 loaded、loadedLocations 和结果集合中。

5.8　ConfigDataEnvironmentContributor 分析

本节将对 ConfigDataEnvironmentContributor 进行分析，该对象是环境配置数据提供者，关于该对象的基础定义如下：

```java
class ConfigDataEnvironmentContributor implements
        Iterable<ConfigDataEnvironmentContributor> {}
```

在基础定义中可以发现它是一个迭代器对象，在 Spring Boot 中对它使用时会用到迭代器相关内容。接下来将对 ConfigDataEnvironmentContributor 成员变量进行说明，详见表 5-3。

表 5-3 ConfigDataEnvironmentContributor 成员变量

变量名称	变量类型	变量说明
location	ConfigDataLocation	配置数据地址
resource	ConfigDataResource	配置数据资源对象
fromProfileSpecificImport	boolean	是否从配置文件特定导入
propertySource	PropertySource<?>	属性源
configurationPropertySource	ConfigurationPropertySource	配置属性源
properties	ConfigDataProperties	配置数据属性
configDataOptions	ConfigData.Options	配置数据选项标记
children	Map<ImportPhase, List<ConfigDataEnvironmentContributor>>	数据存储对象，key 表示导入阶段，value 表示环境配置数据提供者
kind	Kind	种类

在上述成员变量需要关注导入阶段对象（ImportPhase），在 Spring Boot 中导入阶段有以下两个：

（1）BEFORE_PROFILE_ACTIVATION 表示配置文件被激活之前的阶段；

（2）AFTER_PROFILE_ACTIVATION 表示配置文件激活后的阶段。

除了导入阶段外还需要关注种类（Kind），在 Spring Boot 中的种类有以下几种：

（1）ROOT 表示根贡献者，它是最高级别的贡献者，包含所有贡献者数据；

（2）INITIAL_IMPORT 表示需要处理的初始导入；

（3）EXISTING 表示提供属性但没有导入的现有属性源；

（4）UNBOUND_IMPORT 表示从另一个贡献者导入但尚未绑定的 ConfigData 贡献者；

（5）BOUND_IMPORT 表示从另一个贡献者导入；

（6）EMPTY_LOCATION 表示一个没有加载任何数据的贡献者。

在 ConfigDataEnvironmentContributor 中主要的内容都已经分析完成，更多的使用需要关注 ConfigDataEnvironmentContributors，接下来将对 ConfigDataEnvironmentContributors 进行分析。

5.9 ConfigDataEnvironmentContributors 分析

本节将对 ConfigDataEnvironmentContributors 进行分析，该对象的基础定义具体代码如下：

```
class ConfigDataEnvironmentContributors implements
Iterable<ConfigDataEnvironmentContributor> {
    private final ConfigDataEnvironmentContributor root;
    private final ConfigurableBootstrapContext bootstrapContext;
}
```

在这段基础定义代码中可以发现 ConfigDataEnvironmentContributors 也是一个迭代器接口的实现类，在 ConfigDataEnvironmentContributors 中有以下两个成员变量：

（1）成员变量 root 表示环境配置数据提供者；

（2）成员变量 bootstrapContext 表示引导上下文。

在 ConfigDataEnvironmentContributors 中上述两个成员变量都需要通过构造函数进行设置，

ConfigDataEnvironmentContributors 的构造函数有两个,具体代码如下:

```
ConfigDataEnvironmentContributors(DeferredLogFactory logFactory,
ConfigurableBootstrapContext bootstrapContext,
    List<ConfigDataEnvironmentContributor> contributors) {
    this.logger = logFactory.getLog(getClass());
    this.bootstrapContext = bootstrapContext;
    this.root = ConfigDataEnvironmentContributor.of(contributors);
}

private ConfigDataEnvironmentContributors(Log logger, ConfigurableBootstrapContext
bootstrapContext,
    ConfigDataEnvironmentContributor root) {
    this.logger = logger;
    this.bootstrapContext = bootstrapContext;
    this.root = root;
}
```

了解构造函数和成员变量后下面将对核心方法 withProcessedImports 进行分析,具体处理代码如下:

```
ConfigDataEnvironmentContributors withProcessedImports(ConfigDataImporter importer,
    ConfigDataActivationContext activationContext) {
    // 确定导入阶段
    ImportPhase importPhase = ImportPhase.get(activationContext);
    this.logger.trace(LogMessage.format("Processing imports for phase %s. %s",
importPhase,
        (activationContext != null) ? activationContext : "no activation
context"));
    // 结果集合
    ConfigDataEnvironmentContributors result = this;
    // 处理标记
    int processed = 0;

    while (true) {
        // 获取一个需要处理的环境配置提供者
        ConfigDataEnvironmentContributor contributor = getNextToProcess(result,
activationContext, importPhase);
        // 提供者为空直接返回 result,处理到没有了就结束
        if (contributor == null) {
            this.logger.trace(LogMessage.format("Processed imports for of %d
contributors", processed));
            return result;
        }

        // 当数据类型是 UNBOUND_IMPORT 时
        if (contributor.getKind() == Kind.UNBOUND_IMPORT) {
            // 从 contributor 中获取属性源集合
            Iterable<ConfigurationPropertySource> sources = Collections
                .singleton(contributor.getConfigurationPropertySource());
            // 创建占位符解析器
            PlaceholdersResolver placeholdersResolver = new
    ConfigDataEnvironmentContributorPlaceholdersResolver(
                result, activationContext, true);
            // 创建绑定对象
            Binder binder = new Binder(sources, placeholdersResolver, null, null,
null);
            // 通过 contributor 创建 ConfigDataEnvironmentContributor
            ConfigDataEnvironmentContributor bound =
    contributor.withBoundProperties(binder);
```

```
            // 创建 ConfigDataEnvironmentContributors，设置为 result
            result = new ConfigDataEnvironmentContributors(this.logger,
this.bootstrapContext,
                    result.getRoot().withReplacement(contributor, bound));
            continue;
        }
        // 创建配置数据解析上下文
        ConfigDataLocationResolverContext locationResolverContext = new
ContributorConfigDataLocationResolverContext(
                result, contributor, activationContext);
        // 创建配置数据加载上下文
        ConfigDataLoaderContext loaderContext = new ContributorDataLoaderContext(
this);
        // 获取需要导入的配置数据地址
        List<ConfigDataLocation> imports = contributor.getImports();
        this.logger.trace(LogMessage.format("Processing imports %s", imports));
        // 解析数据
        Map<ConfigDataResolutionResult, ConfigData> imported =
importer.resolveAndLoad(activationContext,
                locationResolverContext, loaderContext, imports);
            this.logger.trace(LogMessage.of(() -> getImportedMessage(imported.
keySet())));
        // 创建当前贡献者和它的子贡献者，子贡献者是 imported 中的数据
        ConfigDataEnvironmentContributor contributorAndChildren =
contributor.withChildren(importPhase,
                asContributors(imported));
        // 设置 result 数据值
        result = new ConfigDataEnvironmentContributors(this.logger, this.
bootstrapContext,
                result.getRoot().withReplacement(contributor, contributorAndChildren));
        // 处理标记 +1
        processed++;
    }
}
```

在 withProcessedImports 方法中主要的处理流程如下：

（1）确定导入阶段（ImportPhase）。

（2）定义结果集合。

（3）获取一个需要处理的环境配置提供者（ConfigDataEnvironmentContributor），下文简称提供者。

（4）如果提供者对象为空将返回对象本身作为处理结果。

（5）当提供者的类型是 UNBOUND_IMPORT 时进行如下操作：

①从提供者中获取属性源集合对象；

②创建占位符解析器，创建绑定对象，绑定对象是属性源和占位符解析器之间的关系；

③通过提供者对象提供的 withBoundProperties 方法将绑定对象中的数据解析成 ConfigDataEnvironmentContributor；

④将 ConfigDataEnvironmentContributor 转换成 ConfigDataEnvironmentContributors，并赋值给结果集合。

（6）创建配置数据解析上下文（ContributorConfigDataLocationResolverContext），创建配置数据加载上下文（ConfigDataLoaderContext）。

（7）从提供者中获取配置数据地址集合。

（8）通过 ConfigDataImporter 将数据地址集合中的数据进行解析，这里处理核心需要使用

到 ConfigDataLoader 和 ConfigDataLocationResolver。

（9）创建当前贡献者和它的子贡献者的组合对象，类型是 ConfigDataEnvironmentContributor，在这个对象中子贡献者是 imported 中的数据。

（10）创建 ConfigDataEnvironmentContributors 并将其赋值给结果集合对象。

在上述处理流程中提及了两个接口，第一个是 ConfigDataLoaderContext，第二个是 ConfigDataLocationResolverContext，这两个接口的实现类是在 ConfigDataEnvironmentContributors 中通过内部类进行实现的。下面将对 ConfigDataLoaderContext 的实现类 ContributorDataLoaderContext 进行分析，关于该对象的详细代码如下：

```
private static class ContributorDataLoaderContext implements ConfigDataLoaderContext {
   private final ConfigDataEnvironmentContributors contributors;
   ContributorDataLoaderContext(ConfigDataEnvironmentContributors contributors) {
      this.contributors = contributors;
   }
   public ConfigurableBootstrapContext getBootstrapContext() {
      return this.contributors.getBootstrapContext();
   }
}
```

在 ContributorDataLoaderContext 中关于 ConfigDataLoaderContext 的实现是从提供者中获取引导上下文将其作为返回值，整体处理十分清晰。下面将对 ConfigDataLocationResolverContext 的实现类 ContributorConfigDataLocationResolverContext 进行分析，有关 ContributorConfigDataLocationResolverContext 成员变量可查看表 5-4。

表 5-4　ContributorConfigDataLocationResolverContext 成员变量

变量名称	变量类型	变量说明
contributors	ConfigDataEnvironmentContributors	环境配置数据提供者集合
contributor	ConfigDataEnvironmentContributor	环境配置数据提供者
activationContext	ConfigDataActivationContext	配置数据激活上下文
binder	Binder	绑定对象

上述成员变量中除了 binder 以外都会通过构造函数进行初始化，关于 binder 的数据操作由 getBinder 方法提供，具体处理代码如下：

```
public Binder getBinder() {
   Binder binder = this.binder;
   if (binder == null) {
      binder = this.contributors.getBinder(this.activationContext);
      this.binder = binder;
   }
   return binder;
}
```

在 withProcessedImports 方法中其他的处理流程复杂度不是很高，在 withProcessedImports 的处理过程中更多用到的操作实际上是对象的转换，这里进行对象的转换并非 Spring 中的 Converter 接口，而是多个方法之间的组合调度从而达到对象转换。

5.10 EnvironmentPostProcessorApplicationListener 分析

本节将对 EnvironmentPostProcessorApplicationListener 进行分析，该对象属于应用监听器（ApplicationListener）的实现类，下面对 EnvironmentPostProcessorApplicationListener 成员变量进行说明，详细内容见表 5-5。

表 5-5 EnvironmentPostProcessorApplicationListener 成员变量

变量名称	变量类型	变量说明
DEFAULT_ORDER	int	默认排序号
deferredLogs	DeferredLogs	延迟日志
order	int	排序号，默认设置和默认排序号相同
postProcessorsFactory	EnvironmentPostProcessorsFactory	环境后处理工厂

对象 EnvironmentPostProcessorApplicationListener 是应用监听器接口的实现类，它能够处理不同的应用事件，在该对象中只允许处理以下三个事件：

（1）ApplicationEnvironmentPreparedEvent 表示应用程序环境准备事件；

（2）ApplicationPreparedEvent 表示应用程序准备事件；

（3）ApplicationFailedEvent 表示应用程序失败事件。

关于上述三个事件的处理代码如下：

```
public void onApplicationEvent(ApplicationEvent event) {
   if (event instanceof ApplicationEnvironmentPreparedEvent) {
      // 应用程序环境准备事件
        onApplicationEnvironmentPreparedEvent((ApplicationEnvironmentPreparedEvent) event);
   }
   if (event instanceof ApplicationPreparedEvent) {
      // 应用程序准备事件
      onApplicationPreparedEvent((ApplicationPreparedEvent) event);
   }
   if (event instanceof ApplicationFailedEvent) {
      // 应用程序失败事件
      onApplicationFailedEvent((ApplicationFailedEvent) event);
   }
}
```

在 onApplicationEvent 方法中会根据事件类型做出不同的处理，其中 onApplicationPreparedEvent 方法和 onApplicationFailedEvent 方法的底层调度都是 finish 方法，finish 方法的详细代码如下：

```
private void finish() {
   // 输出日志
   this.deferredLogs.switchOverAll();
}
```

对于 finish 方法可以简单理解为日志的输出，这里会输出到指定的目的地。下面对 onApplicationEnvironmentPreparedEvent 方法进行分析，具体处理代码如下：

```
private void
onApplicationEnvironmentPreparedEvent(ApplicationEnvironmentPreparedEvent
```

```
event) {
    // 从事件中获取环境配置对象
    ConfigurableEnvironment environment = event.getEnvironment();
    // 获取 spring 应用对象
    SpringApplication application = event.getSpringApplication();
    // 获取环境后置处理器
    for (EnvironmentPostProcessor postProcessor :
        getEnvironmentPostProcessors(event.getBootstrapContext())) {
        // 后置处理器进行处理
        postProcessor.postProcessEnvironment(environment, application);
    }
}
```

在 onApplicationEnvironmentPreparedEvent 方法中主要的处理流程如下：

（1）从事件对象中获取环境配置对象；

（2）获取 Spring 应用对象；

（3）获取环境后置处理器集合，调用每个后置处理器的 postProcessEnvironment 方法。

在上述处理流程中关键点是获取环境后置处理器，具体处理代码如下：

```
List<EnvironmentPostProcessor> getEnvironmentPostProcessors(ConfigurableBootstrap
Context bootstrapContext) {
    return this.postProcessorsFactory.getEnvironmentPostProcessors(this.
deferredLogs, bootstrapContext);
}
public List<EnvironmentPostProcessor> getEnvironmentPostProcessors(DeferredLogFactory
logFactory,
        ConfigurableBootstrapContext bootstrapContext) {
    Instantiator<EnvironmentPostProcessor> instantiator = new
    Instantiator<>(EnvironmentPostProcessor.class,
            (parameters) ->{
                parameters.add(DeferredLogFactory.class, logFactory);
                parameters.add(Log.class, logFactory::getLog);
                parameters.add(ConfigurableBootstrapContext.class, bootstrap Context);
                parameters.add(BootstrapContext.class, bootstrapContext);
                parameters.add(BootstrapRegistry.class, bootstrapContext);
            });
    return instantiator.instantiate(this.classNames);
}
```

在 getEnvironmentPostProcessors 方法中会通过 Instantiator 对象将 classNames 中的 Environment-PostProcessor 数据进行实例化。其中，关于 classNames 的数据来源需要通过下面代码来进行初始化：

```
public interface EnvironmentPostProcessorsFactory {
    static EnvironmentPostProcessorsFactory fromSpringFactories(ClassLoader
classLoader){
        return new ReflectionEnvironmentPostProcessorsFactory(
            SpringFactoriesLoader.loadFactoryNames(EnvironmentPostProcessor.class,
classLoader));
    }
}
```

这段代码会在 spring.factories 文件中寻找 org.springframework.boot.env.EnvironmentPost-Processor 键的数据，详细数据如下：

```
org.springframework.boot.env.EnvironmentPostProcessor=\
org.springframework.boot.cloud.CloudFoundryVcapEnvironmentPostProcessor,\
org.springframework.boot.context.config.ConfigDataEnvironmentPostProcessor,\
```

```
org.springframework.boot.env.RandomValuePropertySourceEnvironmentPostProcessor,\
org.springframework.boot.env.SpringApplicationJsonEnvironmentPostProcessor,\
org.springframework.boot.env.SystemEnvironmentPropertySourceEnvironmentPostProcessor,\
org.springframework.boot.reactor.DebugAgentEnvironmentPostProcessor
```

经过 getEnvironmentPostProcessors 方法就可以将上述环境后置处理器从类转换成 Java 对象，getEnvironmentPostProcessors 执行结果如图 5-3 所示。

图 5-3 getEnvironmentPostProcessors 执行结果

5.11 EnvironmentPostProcessor 分析

在前文对 EnvironmentPostProcessorApplicationListener 进行分析时发现，在处理应用程序环境准备事件（ApplicationEnvironmentPreparedEvent）时需要使用环境后置处理器来进行处理，在前文已经知道 Spring Boot 中的默认 6 个环境后置处理器分别是：

（1）CloudFoundryVcapEnvironmentPostProcessor；

（2）ConfigDataEnvironmentPostProcessor；

（3）RandomValuePropertySourceEnvironmentPostProcessor；

（4）SpringApplicationJsonEnvironmentPostProcessor；

（5）SystemEnvironmentPropertySourceEnvironmentPostProcessor；

（6）DebugAgentEnvironmentPostProcessor。

在整个 Spring Boot 中关于 EnvironmentPostProcessor 的实现类共有 12 个，EnvironmentPostProcessor 实现类如图 5-4 所示。

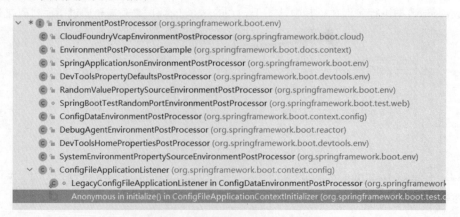

图 5-4 EnvironmentPostProcessor 实现类

5.11.1 CloudFoundryVcapEnvironmentPostProcessor 分析

本节将对 CloudFoundryVcapEnvironmentPostProcessor 进行分析，该对象主要处理 VCAP（Cloud Foundry）相关的数据。在该对象中主要关注的方法是 postProcessEnvironment，具体处理代码如下：

```java
public void postProcessEnvironment(ConfigurableEnvironment environment,
SpringApplication application) {
    // 判断 CLOUD_FOUNDRY 是否处于活跃状态
    if (CloudPlatform.CLOUD_FOUNDRY.isActive(environment)) {
        // 属性存储对象
        Properties properties = new Properties();
        // json 解析器
        JsonParser jsonParser = JsonParserFactory.getJsonParser();
        // 获取 VCAP_APPLICATION 对应的数据，将解析结果加入属性表中，属性表的前缀是 vcap.
        // application
        addWithPrefix(properties, getPropertiesFromApplication(environment, jsonParser), "vcap.application.");
        // 获取 VCAP_SERVICES 对应的数据，将解析结果加入属性表中，属性表的前缀是 vcap.
        // services
        addWithPrefix(properties, getPropertiesFromServices(environment, jsonParser), "vcap.services.");
        // 从环境对象中获取属性源对象
        MutablePropertySources propertySources = environment.getPropertySources();
        // 如果属性源对象中包含 commandLineArgs 键对应的数据则将数据插入最后
        if (propertySources.contains(CommandLinePropertySource.COMMAND_LINE_PROPERTY_SOURCE_NAME)) {
            propertySources.addAfter(CommandLinePropertySource.COMMAND_LINE_PROPERTY_SOURCE_NAME, new PropertiesPropertySource("vcap", properties));
        }
        // 插入第一个
        else {
            propertySources.addFirst(new PropertiesPropertySource("vcap", properties));
        }
    }
}
```

上述代码的主要处理流程如下：

（1）创建属性存储对象，从 json 解析器工厂中获取 json 解析器；

（2）获取 VCAP_APPLICATION 对应的数据，将解析结果加入属性表中，属性表的前缀是 vcap.application；

（3）获取 VCAP_SERVICES 对应的数据，将解析结果加入属性表中，属性表的前缀是 vcap.services；

（4）从环境对象中获取属性源对象；

（5）判断属性源对象中是否包含 commandLineArgs 相关的键值数据，如果存在将数据放入最后，如果不存在则放入第一个。

在第（2）步和第（3）步中数据获取是从环境配置对象中获取，并且设置默认值为 "{}"。如果需要使用该对象的技术涉及 spring-cloud-cloudfoundry-connector 和 spring-cloud-spring-service-connector 的依赖，本节不对技术使用进行说明。

5.11.2 ConfigDataEnvironmentPostProcessor 分析

本节将对 ConfigDataEnvironmentPostProcessor 进行分析，对于该对象主要分析 postProcessEnvironment 方法，详细处理代码如下：

```
public void postProcessEnvironment(ConfigurableEnvironment environment,
SpringApplication application) {
    postProcessEnvironment(environment, application.getResourceLoader(),
application.getAdditionalProfiles());
}

void postProcessEnvironment(ConfigurableEnvironment environment, ResourceLoader resourceLoader,
        Collection<String> additionalProfiles) {
    try {
        // 日志
        this.logger.trace("Post-processing environment to add config data");
        // 获取资源加载器
        resourceLoader = (resourceLoader != null) ? resourceLoader : new DefaultResourceLoader();
        // 获取 ConfigDataEnvironment 并处理应用
        getConfigDataEnvironment(environment, resourceLoader,
additionalProfiles).processAndApply();
    }
    catch (UseLegacyConfigProcessingException ex) {
        this.logger.debug(LogMessage.format("Switching to legacy config file processing [%s]",
            ex.getConfigurationProperty()));
        // 配置 profile 相关内容
        configureAdditionalProfiles(environment, additionalProfiles);
        // 配置监听器
        postProcessUsingLegacyApplicationListener(environment, resourceLoader);
    }
}
```

在上述代码中主要的处理流程如下：

（1）获取资源加载器；

（2）获取 ConfigDataEnvironment 并处理应用。

在上述处理流程中主要关注 ConfigDataEnvironment 的创建过程，关于该对象的其他内容将在下一节进行分析，详细创建代码如下：

```
ConfigDataEnvironment getConfigDataEnvironment(ConfigurableEnvironment environment,
ResourceLoader resourceLoader,
        Collection<String> additionalProfiles) {
    return new ConfigDataEnvironment(this.logFactory, this.bootstrapContext,
environment, resourceLoader,
        additionalProfiles, this.environmentUpdateListener);
}
```

如果在上述处理中出现异常会进行如下处理：

（1）配置 profile 相关内容；

（2）后处理。

关于第（1）步操作配置 profile 相关内容，其本质是将方法参数 additionalProfiles 加入环境变量的激活 profile 属性中。关于后处理具体处理代码如下：

```
private void postProcessUsingLegacyApplicationListener(ConfigurableEnvironment
environment, ResourceLoader resourceLoader) {
    getLegacyListener().addPropertySources(environment, resourceLoader);
}
```

在这段代码中创建了 LegacyConfigFileApplicationListener 并添加了属性。

5.12　ConfigDataEnvironment 分析

本节将对 ConfigDataEnvironment 进行分析，该对象围绕可导入的配置数据进行处理，主要将外部配置信息进行读取。下面对 ConfigDataEnvironment 成员变量进行介绍，详见表 5-6。

表 5-6　ConfigDataEnvironment 成员变量

变 量 名 称	变 量 类 型	变 量 说 明
logFactory	DeferredLogFactory	延迟日志工厂
notFoundAction	ConfigDataNotFoundAction	配置数据未找到的行为
bootstrapContext	ConfigurableBootstrapContext	引导上下文
environment	ConfigurableEnvironment	环境对象
resolvers	ConfigDataLocationResolvers	配置数据位置解析器集合
additionalProfiles	Collection\<String\>	附加的 profile
environmentUpdateListener	ConfigDataEnvironmentUpdateListener	环境更新监听器
loaders	ConfigDataLoaders	配置数据加载集合
contributors	ConfigDataEnvironmentContributors	环境配置数据提供者

在 ConfigDataEnvironment 中还有三个静态变量，它们分别是：

（1）LOCATION_PROPERTY；

（2）ADDITIONAL_LOCATION_PROPERTY；

（3）IMPORT_PROPERTY。

这三个静态变量都有可能从命令行提供，提供后会转换成环境对象提供者（ConfigDataEnvironmentContributor），关于这三个变量的转换过程具体代码如下：

```
private List<ConfigDataEnvironmentContributor> getInitialImportContributors(Binder
binder) {
    List<ConfigDataEnvironmentContributor> initialContributors = new ArrayList<>();
    addInitialImportContributors(initialContributors, bindLocations(binder,
IMPORT_PROPERTY, EMPTY_LOCATIONS));
    addInitialImportContributors(initialContributors,
        bindLocations(binder, ADDITIONAL_LOCATION_PROPERTY,
EMPTY_LOCATIONS));
    addInitialImportContributors(initialContributors,
        bindLocations(binder, LOCATION_PROPERTY,
DEFAULT_SEARCH_LOCATIONS));
    return initialContributors;
}
```

在 ConfigDataEnvironment 中最关键的对外提供的方法是 processAndApply，该方法将处理所有环境数据贡献者，将数据导入环境对象（Environment）中。该方法的详细代码如下：

```
void processAndApply() {
    // 创建 ConfigDataImporter
    ConfigDataImporter importer = new ConfigDataImporter(this.logFactory,
this.notFoundAction, this.resolvers,
        this.loaders);
    // 引导上下文注册绑定关系
    registerBootstrapBinder(this.contributors, null, DENY_INACTIVE_BINDING);
    // 获取环境配置提供者
     ConfigDataEnvironmentContributors contributors = processInitial(this.
contributors, importer);
    // 创建激活的配置上下文
    ConfigDataActivationContext activationContext = createActivationContext(
            contributors.getBinder(null, BinderOption.FAIL_ON_BIND_TO_INACTIVE_
SOURCE));
    // 处理 profile 相关内容
     contributors = processWithoutProfiles(contributors, importer, activation
Context);
    activationContext = withProfiles(contributors, activationContext);
    contributors = processWithProfiles(contributors, importer, activationContext);
    // 应用环境
    applyToEnvironment(contributors, activationContext, importer.getLoadedLocations(),
        importer.getOptionalLocations());
}
```

5.13　application 配置文件加载过程分析

在前文对 Spring Boot 中各类关于配置相关的内容都做出了相关分析，本节将对 Spring Boot 中关于配置加载的整体过程进行分析。本节主要讨论 application.yml（yaml）和 application.properties 的加载流程。当 Spring Boot 项目启动时，第一个入口是 org.springframework.boot.SpringApplication#run（java.lang.Class<?>，java.lang.String...）方法，再继续向下深入会进入 org.springframework.boot.SpringApplication#prepareEnvironment 方法，该方法就是核心入口方法。在 prepareEnvironment 方法中会执行如下代码：

listeners.environmentPrepared（bootstrapContext，environment）

在这段代码中会触发环境准备事件（ApplicationEnvironmentPreparedEvent），实际调用代码如下：

```
public void environmentPrepared(ConfigurableBootstrapContext bootstrapContext,
        ConfigurableEnvironment environment) {
    this.initialMulticaster.multicastEvent(
            new ApplicationEnvironmentPreparedEvent(bootstrapContext, this.
application, this.args, environment));
}
```

在上述代码中发布了 ApplicationEnvironmentPreparedEvent 事件，在 Spring 中处理事件还需要对应的事件处理器，关于事件处理器的寻找会通过 getApplicationListeners（event，type）代码进行，getApplicationListeners 方法执行结果如图 5-5 所示。

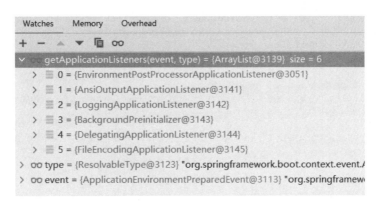

图 5-5　getApplicationListeners 方法执行结果

在图 5-5 中可以发现，ApplicationEnvironmentPreparedEvent 事件对应的事件处理器有 6 个：

（1）EnvironmentPostProcessorApplicationListener；

（2）AnsiOutputApplicationListener；

（3）LoggingApplicationListener；

（4）BackgroundPreinitializer；

（5）DelegatingApplicationListener；

（6）FileEncodingApplicationListener。

在上述 6 个事件处理器中，主要关注的是第（1）个事件处理器，关于事件的处理代码如下：

```
public void onApplicationEvent(ApplicationEvent event) {
    if (event instanceof ApplicationEnvironmentPreparedEvent) {
        // 应用程序环境准备事件
        onApplicationEnvironmentPreparedEvent((ApplicationEnvironmentPreparedEvent)
event);
    }
    if (event instanceof ApplicationPreparedEvent) {
        // 应用程序准备事件
        onApplicationPreparedEvent((ApplicationPreparedEvent) event);
    }
    if (event instanceof ApplicationFailedEvent) {
        // 应用程序失败事件
        onApplicationFailedEvent((ApplicationFailedEvent) event);
    }
}
```

此时的事件类型是 ApplicationEnvironmentPreparedEvent，会调用 onApplicationEnvironment-PreparedEvent 方法，在 onApplicationEnvironmentPreparedEvent 方法中会寻找 EnvironmentPost-Processor 集合并且遍历所有元素调用 postProcessEnvironment 方法。在整个处理过程中主要对 ConfigDataEnvironmentPostProcessor 进行关注，在该对象的处理过程中会进行如下方法调度：

```
getConfigDataEnvironment(environment, resourceLoader, additionalProfiles).
processAndApply
```

跟随上述方法继续向下追踪，会追踪到 resolveAndLoad 方法（org.springframework.boot.context.config.ConfigDataImporter#resolveAndLoad），具体方法如下：

```
Map<ConfigDataResolutionResult, ConfigData>
```

```
resolveAndLoad(ConfigDataActivationContext activationContext,
        ConfigDataLocationResolverContext locationResolverContext,
ConfigDataLoaderContext loaderContext,
        List<ConfigDataLocation> locations) {
    try {
        // 获取 profile
        Profiles profiles = (activationContext != null) ? activationContext.
getProfiles() : null;
        // 解析
        List<ConfigDataResolutionResult> resolved = resolve(locationResolverContext,
profiles, locations);
        // 加载
        return load(loaderContext, resolved);
    }
    catch (IOException ex) {
        throw new IllegalStateException("IO error on loading imports from " +
locations, ex);
    }
}
```

在这段代码中需要关注 resolved 变量，resolved 变量信息如图 5-6 所示。

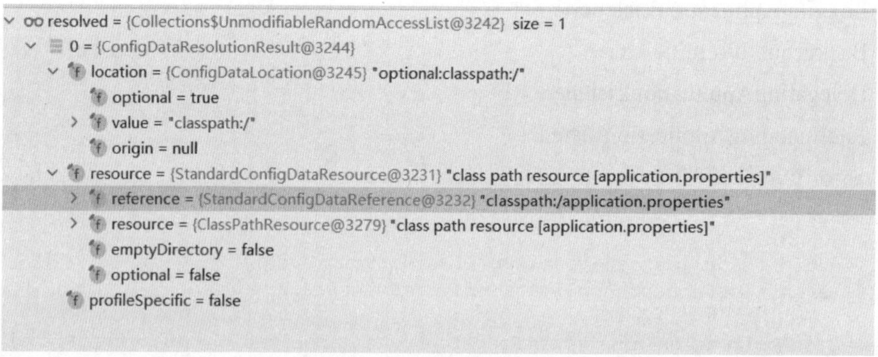

图 5-6　resolved 变量信息

通过图 5-6 可以发现配置文件已经被解析成功，并且资源对象成功获取。在完成资源对象后需要进行 load 操作，进入 load 方法 (org.springframework.boot.context.config.Config-DataImporter#load)。在 load 方法中主要关注的是下面的代码：

```
try {
    // 实际加载配置数据
    ConfigData loaded = this.loaders.load(loaderContext, resource);
    // 如果数据集不为空，则加入各个数据容器中
    if (loaded != null) {
        this.loaded.add(resource);
        this.loadedLocations.add(location);
        result.put(candidate, loaded);
    }
}
catch (ConfigDataNotFoundException ex) {
    handle(ex, location, resource);
}
```

在上述代码中会通过 ConfigData loaded = this.loaders.load（loaderContext，resource）方法获取配置文件中的数据。本例中 loaded 数据信息如图 5-7 所示。

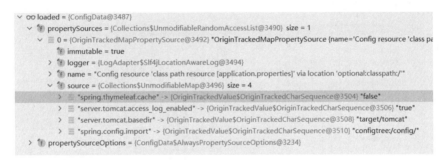

图 5-7　loaded 数据信息

此时数据已经从配置文件中获取，下面需要关注如何放入环境对象中。接下来解析数据的过程是在 org.springframework.boot.context.config.ConfigDataEnvironmentContributors#withProcessedImports 方法中进行的，在 withProcessedImports 方法中具体解析代码如下：

```
// 解析数据
Map<ConfigDataResolutionResult, ConfigData> imported =
importer.resolveAndLoad(activationContext,locationResolverContext, loaderContext,
imports);
    this.logger.trace(LogMessage.of(() -> getImportedMessage(imported.keySet())));
    // 创建当前贡献者和它的子贡献者，子贡献者是 imported 中的数据
    ConfigDataEnvironmentContributor contributorAndChildren =
    contributor.withChildren(importPhase, asContributors(imported));
    // 设置 result 数据值
    result = new ConfigDataEnvironmentContributors(this.logger, this.bootstrapContext,
result.getRoot().withReplacement(contributor, contributorAndChildren));
    // 处理标记 +1
    processed++;
```

上述代码中关于配置文件解析的结果存储在 imported 变量中，imported 数据信息如图 5-8 所示。

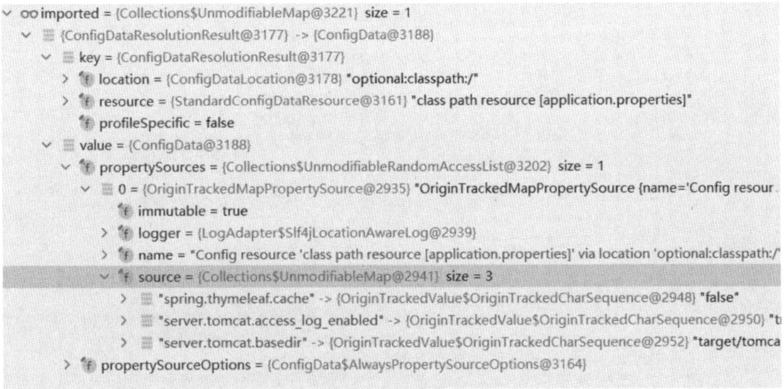

图 5-8　imported 数据信息

得到 imported 对象后还需要将其转换成 ConfigDataEnvironmentContributor，此时数据结构会发生变化，主要是将数据平铺到各个字段中处理，平铺后的数据信息如图 5-9 所示。

在转换过程中 imported 数据会放置到 ConfigDataEnvironmentContributor 变量中。最后得到 contributorAndChildren 对象后还需要再进行一次转换，转换成 ConfigDataEnvironmentContributors 信息，ConfigDataEnvironmentContributors 数据信息如图 5-10 所示。

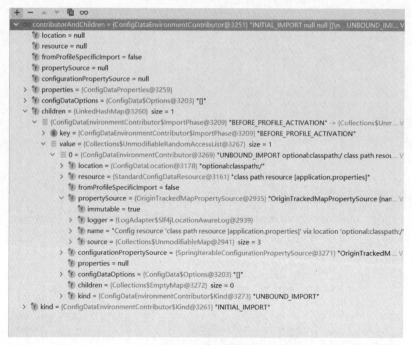

图 5-9　平铺后的数据信息

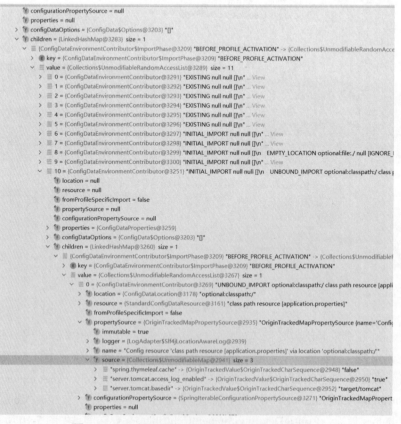

图 5-10　ConfigDataEnvironmentContributors 数据信息

在得到上述对象后还会再做一些转换，具体分析在这里就不做展开了。得到环境配置提供者后回到 processAndApply（org.springframework.boot.context.config.ConfigDataEnvironment#processAndApply）方法，在 processAndApply 方法最后会进行 applyToEnvironment 方法的调度，当该方法调度结束后 application 配置文件中的数据就会被加入环境对象中，环境对象中的配置信息如图 5-11 所示。

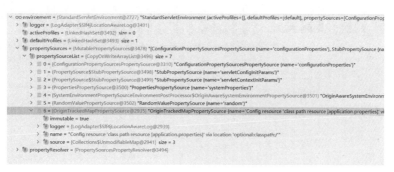

图 5-11　环境对象中的配置信息

本章小结

在本章开始介绍了 PropertySourceLoader 的两个实现类，明确了这两个实现类可以用于读取应用配置文件中的数据。在明确读取功能后开始向外拓展，拓展到配置数据加载（ConfigDataLoader）、配置数据解析（ConfigDataLocationResolver）和它们的集合模式。在更外层对环境配置提供者进行了介绍。在介绍了所有底层基础对象后，本章对整体的配置加载流程进行了分析，并对整个配置加载过程中的几个方法和变量做出了数据截图。

第 6 章

Spring Boot 中条件相关源码分析

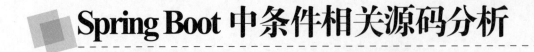

本章将对 Spring Boot 中关于条件（Condition）接口相关的内容进行源码分析。

6.1　Spring Boot 中条件注解介绍

在 Spring Boot 中关于条件注解的拓展都基于 Spring Framework 中的 Conditional 注解进行了拓展，关于 Spring Boot 条件注解说明见表 6-1。

表 6-1　Spring Boot 条件注解说明

条件注解	处理类	说　　明
ConditionalOnBean	OnBeanCondition	在当前容器中存在指定 Bean 的情况下
ConditionalOnClass	OnClassCondition	当前类路径下有指定的类，类路径指 classpath
ConditionalOnCloudPlatform	OnCloudPlatformCondition	当指定的云平台处于活动状态时匹配
ConditionalOnExpression	OnExpressionCondition	基于 SpringEL 表达式作为条件判断
ConditionalOnJava	OnJavaCondition	基于 JVM 版本号作为条件判断
ConditionalOnJndi	OnJndiCondition	在 JNDI 中搜索，将其搜索结果作为条件
ConditionalOnMissingBean	OnBeanCondition	在当前容器中没有对应 Bean 的情况下
ConditionalOnMissingClass	OnBeanCondition	在当前容器中没有对应类的情况下
ConditionalOnNotWebApplication	OnWebApplicationCondition	当前应用不是 Web 应用生效
ConditionalOnProperty	OnPropertyCondition	应用环境中的属性满足条件生效
ConditionalOnResource	OnResourceCondition	存在指定的资源文件生效
ConditionalOnSingleCandidate	OnBeanCondition	在当前容器中只有一个 Bean 实例的情况下
ConditionalOnWarDeployment	OnWarDeploymentCondition	当前应用是 war 的情况下
ConditionalOnWebApplication	OnWebApplicationCondition	当前项目是 Web 项目的条件下

6.2 SpringBootCondition 分析

在 Spring Boot 中关于条件接口最核心的类是 SpringBootCondition，整个 Spring Boot 中只要与条件接口有一定关系的处理都离不开它，本节将对这个类进行分析。SpringBootCondition 实现了 Condition，有关 SpringBootCondition 的分析需要以 matches 作为切入点，具体处理代码如下：

```java
public final boolean matches(ConditionContext context, AnnotatedTypeMetadata metadata) {
    // 获取类名或者方法名
    String classOrMethodName = getClassOrMethodName(metadata);
    try {
        // 获取条件解析结果
        ConditionOutcome outcome = getMatchOutcome(context, metadata);
        // 日志输出
        logOutcome(classOrMethodName, outcome);
        // 记录条件结果
        recordEvaluation(context, classOrMethodName, outcome);
        // 获取匹配结果
        return outcome.isMatch();
    }
    catch (NoClassDefFoundError ex) {
        throw new IllegalStateException("Could not evaluate condition on " + classOrMethodName + " due to "
                + ex.getMessage() + " not found. Make sure your own configuration does not rely on "
                + "that class. This can also happen if you are "
                + "@ComponentScanning a springframework package (e.g. if you "
                + "put a @ComponentScan in the default package by mistake)", ex);
    }
    catch (RuntimeException ex) {
        throw new IllegalStateException("Error processing condition on " + getName(metadata), ex);
    }
}
```

在 matches 方法中主要的处理流程如下：

（1）通过 getClassOrMethodName 方法获取类名或者方法名；

（2）通过 getMatchOutcome 方法获取条件解析结果；

（3）通过 logOutcome 方法输出日志；

（4）通过 recordEvaluation 方法记录条件结果；

（5）通过条件解析结果获取方法返回值。

在上述处理流程中，getMatchOutcome 方法是一个抽象方法，在 Spring Boot 中大量的条件处理都需要重写该方法，对于该方法的一些细节处理将在遇到的时候进行说明，接下来将对其他处理方法进行说明。

6.2.1　getClassOrMethodName 方法分析

本节将对 getClassOrMethodName 方法进行分析，该方法用于获取类名或者方法名称，具体处理代码如下：

```java
private static String getClassOrMethodName(AnnotatedTypeMetadata metadata) {
    // 判断类型是否是 ClassMetadata
    if (metadata instanceof ClassMetadata) {
        ClassMetadata classMetadata = (ClassMetadata) metadata;
        return classMetadata.getClassName();
    }
    // 类型强制转换成 MethodMetadata
    MethodMetadata methodMetadata = (MethodMetadata) metadata;
    // 字符串组装
    return methodMetadata.getDeclaringClassName() + "#" +
methodMetadata.getMethodName();
}
```

在 getClassOrMethodName 方法中主要的处理流程如下：

（1）判断 metadata 类型是否是 ClassMetadata，如果是将直接提取类名返回；

（2）如果 metadata 类型不是 ClassMetadata 会将 metadata 转换为 MethodMetadata 类型，从 MethodMetadata 类型中提取类名和方法名通过井号（#）组合后返回。

6.2.2 logOutcome 方法分析

本节将对 logOutcome 方法进行分析，该方法用于输出条件解析结果，具体处理代码如下：

```java
protected final void logOutcome(String classOrMethodName, ConditionOutcome outcome) {
    if (this.logger.isTraceEnabled()) {
        this.logger.trace(getLogMessage(classOrMethodName, outcome));
    }
}

private StringBuilder getLogMessage(String classOrMethodName, ConditionOutcome outcome) {
    StringBuilder message = new StringBuilder();
    message.append("Condition ");
    message.append(ClassUtils.getShortName(getClass()));
    message.append(" on ");
    message.append(classOrMethodName);
    message.append(outcome.isMatch() ? " matched" : " did not match");
    if (StringUtils.hasLength(outcome.getMessage())) {
        message.append(" due to ");
        message.append(outcome.getMessage());
    }
    return message;
}
```

在 logOutcome 方法中会进行日志输出，但是需要注意日志的输出级别是 trace，通常情况下是看不到这个日志级别的日志输出的。日志输出本质上是一个字符串组合的过程，组合内容包含类名、方法名、条件文本和条件验证结果。

6.2.3 recordEvaluation 方法分析

本节将对 recordEvaluation 方法进行分析，该方法用于记录条件处理结果，具体处理代码如下：

```
private void recordEvaluation(ConditionContext context, String classOrMethodName,
    ConditionOutcome outcome) {
    if (context.getBeanFactory() != null) {
        ConditionEvaluationReport.get(context.getBeanFactory())
.recordConditionEvaluation(classOrMethodName, this,outcome);
    }
}
```

在 recordEvaluation 方法中主要的处理流程如下：

（1）通过 ConditionEvaluationReport 提供的 get 方法创建 ConditionEvaluationReport；

（2）通过 ConditionEvaluationReport 进行报告记录。

6.2.4　ConditionOutcome 分析

本节将对 ConditionOutcome 进行分析，该对象在 SpringBootCondition#matches 方法中承担了比较重要的职责：存储条件处理结果和条件数据，关于该对象的基础定义代码如下：

```
public class ConditionOutcome {
    // 条件处理结果
    private final boolean match;
    // 条件信息
    private final ConditionMessage message;
}
```

在成员变量中还需要继续向下追踪 ConditionMessage 对象，该对象中只有一个变量 message 用于存储条件信息。

6.3　ConditionEvaluationReport 分析

本节将对 ConditionEvaluationReport 进行分析，该对象用于记录报告和记录条件评估详细信息。下面对 ConditionEvaluationReport 成员变量进行介绍，详细内容见表 6-2。

表 6-2　ConditionEvaluationReport 成员变量

变量名称	变量类型	变量说明
BEAN_NAME	String	Bean 名称 autoConfigurationReport，这是一个常量
ANCESTOR_CONDITION	AncestorsMatchedCondition	条件接口实现类，目前该对象进行匹配会抛出异常
outcomes	SortedMap<String, ConditionAndOutcomes>	条件和条件处理结果
exclusions	List<String>	排除的类名集合
unconditionalClasses	Set<String>	需要评估的类集合，可以简单理解为带有 Conditionalxxx 注解的类
addedAncestorOutcomes	boolean	是否添加上级结果
parent	ConditionEvaluationReport	父评价结果

6.3.1 ConditionEvaluationReport 获取分析

本节将对 ConditionEvaluationReport 的初始化（获取）进行分析，关于 ConditionEvaluation-Report 的初始化（获取）提供了两个方法，详细代码如下：

```java
public static ConditionEvaluationReport find(BeanFactory beanFactory) {
    if (beanFactory != null && beanFactory instanceof ConfigurableBeanFactory) {
        return ConditionEvaluationReport.get((ConfigurableListableBeanFactory) beanFactory);
    }
    return null;
}

public static ConditionEvaluationReport get(ConfigurableListableBeanFactory beanFactory) {
    synchronized (beanFactory) {
        // 返回对象
        ConditionEvaluationReport report;
        // 判断 Bean 工厂中是否已经存在
        if (beanFactory.containsSingleton(BEAN_NAME)) {
            // 存在获取
            report = beanFactory.getBean(BEAN_NAME, ConditionEvaluationReport.class);
        }
        else {
            // 不存在创建并且放入 Bean 工厂
            report = new ConditionEvaluationReport();
            beanFactory.registerSingleton(BEAN_NAME, report);
        }
        // 父报告处理
        locateParent(beanFactory.getParentBeanFactory(), report);
        return report;
    }
}
```

通过上述代码可以发现核心初始化（获取）方法是 get，具体处理流程如下：

（1）判断 Bean 工厂中是否存在 autoConfigurationReport 名称对应的实例，如果存在将获取后备用，如果不存在则通过关键字 new 进行创建并将其放入 Bean 工厂中；

（2）处理父报告对象，处理方式是从 Bean 工厂中获取 Bean 名称为 autoConfiguration-Report 的实例，将其赋值给成员变量 parent。

6.3.2 unconditionalClasses 数据初始化

本节将对成员变量 unconditionalClasses 的初始化进行分析，该成员变量的数据初始化一般依靠 recordEvaluationCandidates 方法，具体处理代码如下：

```java
public void recordEvaluationCandidates(List<String> evaluationCandidates) {
    Assert.notNull(evaluationCandidates, "evaluationCandidates must not be null");
    this.unconditionalClasses.addAll(evaluationCandidates);
}
```

在这段代码中可以发现，处理十分简单，本节主要将对外部数据的设置过程进行分析。在 Spring Boot 中关于条件注解相关的处理一般伴随着自动装配这项技术同时出现，下面将对数据初始化过程进行分析。

（1）org.springframework.context.annotation.ConfigurationClassPostProcessor#processConfigBeanDefinitions，用于处理 bean 配置类。一般而言，最开始的处理对象是 Spring Boot 启动类。

```
public void parse(Set<BeanDefinitionHolder> configCandidates) {
    for (BeanDefinitionHolder holder : configCandidates) {
        BeanDefinition bd = holder.getBeanDefinition();
        try {
            if (bd instanceof AnnotatedBeanDefinition) {
                parse(((AnnotatedBeanDefinition) bd).getMetadata(),
holder.getBeanName());
            }
            else if (bd instanceof AbstractBeanDefinition &&
((AbstractBeanDefinition) bd).hasBeanClass()) {
                parse(((AbstractBeanDefinition) bd).getBeanClass(),
holder.getBeanName());
            }
            else {
                parse(bd.getBeanClassName(), holder.getBeanName());
            }
        }
        catch (BeanDefinitionStoreException ex) {
            throw ex;
        }
        catch (Throwable ex) {
            throw new BeanDefinitionStoreException(
                "Failed to parse configuration class [" + bd.getBeanClassName() +
"]", ex);
        }
    }

    this.deferredImportSelectorHandler.process();
}
```

（2）根据第（1）步中找到的方法进一步调度 org.springframework.context.annotation.ConfigurationClassParser.DeferredImportSelectorHandler#process 方法，该方法处理代码如下：

```
public void process() {
    List<DeferredImportSelectorHolder> deferredImports = this.
deferredImportSelectors;
    this.deferredImportSelectors = null;
    try {
        if (deferredImports != null) {
            DeferredImportSelectorGroupingHandler handler = new
    DeferredImportSelectorGroupingHandler();
            deferredImports.sort(DEFERRED_IMPORT_COMPARATOR);
            deferredImports.forEach(handler::register);
            handler.processGroupImports();
        }
    }
    finally {
        this.deferredImportSelectors = new ArrayList<>();
    }
}
```

（3）根据第（2）步中找到的方法进一步调用 org.springframework.context.annotation.ConfigurationClassParser.DeferredImportSelectorGroupingHandler#processGroupImports 方法，详细处理代码如下：

```java
public void processGroupImports() {
    for (DeferredImportSelectorGrouping grouping : this.groupings.values()) {
        Predicate<String> exclusionFilter = grouping.getCandidateFilter();
        grouping.getImports().forEach(entry -> {
            ConfigurationClass configurationClass =
                    this.configurationClasses.get(entry.getMetadata());
            try {
                processImports(configurationClass, asSourceClass(configurationClass, exclusionFilter),
                                            Collections.singleton(asSourceClass(entry.getImportClassName(), exclusionFilter)),
                                    exclusionFilter, false);
            }
            catch (BeanDefinitionStoreException ex) {
                throw ex;
            }
            catch (Throwable ex) {
                throw new BeanDefinitionStoreException(
                        "Failed to process import candidates for configuration class [" +
                                configurationClass.getMetadata().getClassName() + "]", ex);
            }
        });
    }
}
```

在上述代码中最关键的是 getImports 方法的处理，详细处理代码如下：

```java
public Iterable<Group.Entry> getImports() {
    for (DeferredImportSelectorHolder deferredImport : this.deferredImports) {
        this.group.process(deferredImport.getConfigurationClass().getMetadata(),
                deferredImport.getImportSelector());
    }
    return this.group.selectImports();
}
```

在这段代码中会通过 group 的 process 方法和 selectImports 进行处理，关于 unconditionalClasses 数据的初始化主要依赖 process 方法。变量 group 是一个接口，具体类型是 DeferredImportSelector.Group，在 Spring Boot 中关于它的实现类是 AutoConfigurationGroup。关于 process 的处理代码如下：

```java
public void process(AnnotationMetadata annotationMetadata, DeferredImportSelector deferredImportSelector) {
    Assert.state(deferredImportSelector instanceof AutoConfigurationImportSelector,
            () -> String.format("Only %s implementations are supported, got %s",
                    AutoConfigurationImportSelector.class.getSimpleName(),
                    deferredImportSelector.getClass().getName()));
    // 获取自动装配条目
    AutoConfigurationEntry autoConfigurationEntry = ((AutoConfigurationImportSelector) deferredImportSelector)
            .getAutoConfigurationEntry(annotationMetadata);
    // 添加到自动装配元素集合
    this.autoConfigurationEntries.add(autoConfigurationEntry);
    for (String importClassName : autoConfigurationEntry.getConfigurations()) {
        this.entries.putIfAbsent(importClassName, annotationMetadata);
    }
}
```

在上述代码中需要关注 getAutoConfigurationEntry 方法的细节，详细代码如下：

```
protected AutoConfigurationEntry getAutoConfigurationEntry(AnnotationMetadata
annotationMetadata) {
    if (!isEnabled(annotationMetadata)) {
        return EMPTY_ENTRY;
    }
    // 注解属性表
    AnnotationAttributes attributes = getAttributes(annotationMetadata);
    // 获取配置类
    List<String> configurations = getCandidateConfigurations(annotationMetadata,
attributes);
    // 过滤重复项
    configurations = removeDuplicates(configurations);
    // 获取排除的类
    Set<String> exclusions = getExclusions(annotationMetadata, attributes);
    // 检查排除的类
    checkExcludedClasses(configurations, exclusions);
    // 配置类中移除排除的类
    configurations.removeAll(exclusions);
    // 过滤
    configurations = getConfigurationClassFilter().filter(configurations);
    // 触发导入自动装配事件
    fireAutoConfigurationImportEvents(configurations, exclusions);
    // 组装对象
    return new AutoConfigurationEntry(configurations, exclusions);
}
```

在上述代码中需要关注 fireAutoConfigurationImportEvents 方法，详细处理代码如下：

```
private void fireAutoConfigurationImportEvents(List<String> configurations,
Set<String> exclusions) {
    List<AutoConfigurationImportListener> listeners =
getAutoConfigurationImportListeners();
    if (!listeners.isEmpty()) {
        AutoConfigurationImportEvent event = new AutoConfigurationImportEvent(this,
configurations, exclusions);
        for (AutoConfigurationImportListener listener : listeners) {
            invokeAwareMethods(listener);
            listener.onAutoConfigurationImportEvent(event);
        }
    }
}
```

在上述代码中会触发一个事件，事件类型是 AutoConfigurationImportEvent，在 Spring Boot 中负责处理该事件的事件监听器是 ConditionEvaluationReportAutoConfigurationImportListener，关于事件的处理代码如下：

```
public void onAutoConfigurationImportEvent(AutoConfigurationImportEvent event) {
    if (this.beanFactory != null) {
        ConditionEvaluationReport report = ConditionEvaluationReport.get(this.
beanFactory);
        report.recordEvaluationCandidates(event.getCandidateConfigurations());
        report.recordExclusions(event.getExclusions());
    }
}
```

在上述代码中可以发现它将数据进行了初始化，初始化的 unconditionalClasses 和 exclusions 的详细信息如图 6-1 所示。

在图 6-1 中可以发现 unconditionalClasses、exclusions 和 outcomes 的数据都已经初始化了，关于 outcomes 成员变量的初始化将在下一节进行分析。

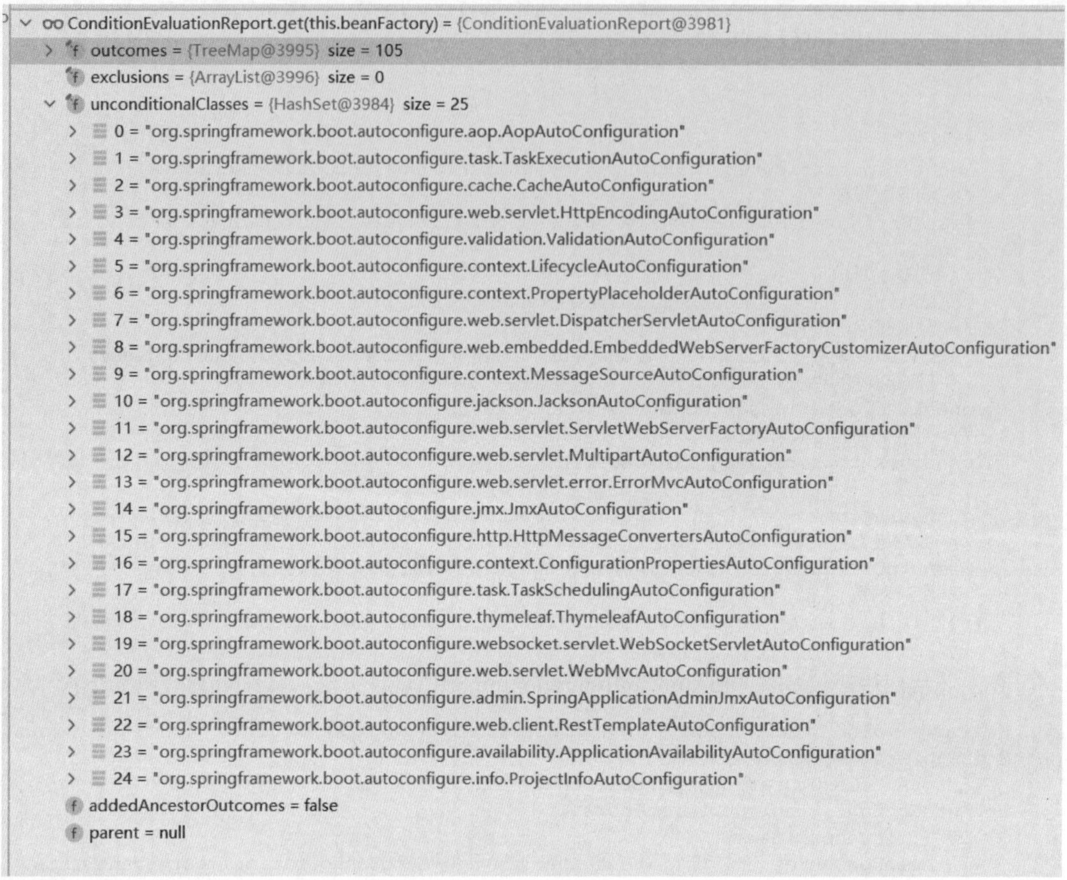

![图 6-1 数据截图]

图 6-1 unconditionalClasses 和 exclusions 的数据信息

6.3.3 outcomes 初始化

本节将对成员变量 outcomes 的初始化进行分析，关于 outcomes 初始化的入口方法是 org.springframework.boot.autoconfigure.AutoConfigurationImportSelector#getAutoConfigurationEntry，在该方法中具体的触发代码如下：

```
configurations = getConfigurationClassFilter().filter(configurations);
```

上述代码的详细执行代码如下：

```
List<String> filter(List<String> configurations) {
   long startTime = System.nanoTime();
   // 将配置类转换成数组
   String[] candidates = StringUtils.toStringArray(configurations);
   boolean skipped = false;
   for (AutoConfigurationImportFilter filter : this.filters) {
      boolean[] match = filter.match(candidates, this.autoConfigurationMetadata);
      for (int i = 0; i < match.length; i++) {
         if (!match[i]) {
            candidates[i] = null;
            skipped = true;
```

```java
            }
        }
    }
    if (!skipped) {
        return configurations;
    }
    List<String> result = new ArrayList<>(candidates.length);
    for (String candidate : candidates) {
        if (candidate != null) {
            result.add(candidate);
        }
    }
    if (logger.isTraceEnabled()) {
        int numberFiltered = configurations.size() - result.size();
        logger.trace("Filtered " + numberFiltered + " auto configuration class in "
                + TimeUnit.NANOSECONDS.toMillis(System.nanoTime() - startTime) + " ms");
    }
    return result;
}
```

在上述代码中需要关注 boolean[] match = filter.match（candidates，this.autoConfiguration-Metadata）；方法的执行，该方法会调用 org.springframework.boot.autoconfigure.condition.FilteringSpringBootCondition#match 方法来完成处理操作，在 FilteringSpringBootCondition 中关于 match 的处理流程如下：

```java
public boolean[] match(String[] autoConfigurationClasses, AutoConfigurationMetadata
autoConfigurationMetadata) {
    // 获取报告对象
    ConditionEvaluationReport report = ConditionEvaluationReport.find(this.beanFactory);
    // 获取条件匹配的结果对象
    ConditionOutcome[] outcomes = getOutcomes(autoConfigurationClasses,
autoConfigurationMetadata);
    boolean[] match = new boolean[outcomes.length];
    for (int i = 0; i < outcomes.length; i++) {
        match[i] = (outcomes[i] == null || outcomes[i].isMatch());
        if (!match[i] && outcomes[i] != null) {
            logOutcome(autoConfigurationClasses[i], outcomes[i]);
            if (report != null) {
                // 记录报告结果
                report.recordConditionEvaluation(autoConfigurationClasses[i], this,
outcomes[i]);
            }
        }
    }
    return match;
}
```

在 FilteringSpringBootCondition#match 方法中主要的处理流程如下：

（1）获取报告对象；

（2）获取条件匹配结果，注意这是一个抽象方法；

（3）创建条件结果集合；

（4）循环处理第（2）步中获取的匹配结果，将结果放入第（3）步中的结果集合中，如果报告对象不为空将进行报告记录。

经过上述处理就会将报告对象中的成员变量 outcomes 进行初始化。

6.4 Spring Boot 中条件接口的实现分析

在 Spring Boot 中出现的条件注解需要配合 Conditional 注解进行使用，在 Spring Boot 中涉及的条件接口实现类有 10 个，它们分别是：

（1）OnBeanCondition；

（2）OnClassCondition；

（3）OnCloudPlatformCondition；

（4）OnExpressionCondition；

（5）OnJavaCondition；

（6）OnJndiCondition；

（7）OnWebApplicationCondition；

（8）OnPropertyCondition；

（9）OnResourceCondition；

（10）OnWarDeploymentCondition。

6.4.1 FilteringSpringBootCondition 分析

本节将对 FilteringSpringBootCondition 进行分析，在 Spring Boot 中关于该对象的基础定义代码如下：

```
abstract class FilteringSpringBootCondition extends SpringBootCondition
        implements AutoConfigurationImportFilter, BeanFactoryAware,
BeanClassLoaderAware {}
```

在 FilteringSpringBootCondition 中主要关注两个方法：第一个是 match，第二个是 filter。match 方法在分析 ConditionEvaluationReport 的成员变量 outcomes 初始化时做过分析，本节主要对 filter 方法进行分析，filter 具体处理代码如下：

```
protected final List<String> filter(Collection<String> classNames, ClassNameFilter
    classNameFilter, ClassLoader classLoader) {
    // 类名集合为空返回空集合
    if (CollectionUtils.isEmpty(classNames)) {
        return Collections.emptyList();
    }
    // 匹配的结果集合
    List<String> matches = new ArrayList<>(classNames.size());
    // 循环处理类名
    for (String candidate : classNames) {
        // 通过类名过滤器来判断是否符合，如果符合则加入结果集合中
        if (classNameFilter.matches(candidate, classLoader)) {
            matches.add(candidate);
        }
    }
    return matches;
}
```

在 filter 方法中主要的处理流程如下：

（1）如果类名集合为空将返回空集合；

（2）遍历类名集合，如果类名集合中的数据可以通过 ClassNameFilter 的验证将加入返回集合中。

在上述处理过程中出现了 ClassNameFilter，该对象的本质是类名过滤器，关于 ClassNameFilter 的定义代码如下：

```java
protected enum ClassNameFilter {
    PRESENT {
        public boolean matches(String className, ClassLoader classLoader) {
            return isPresent(className, classLoader);
        }
    },
    MISSING {
        public boolean matches(String className, ClassLoader classLoader) {
            return !isPresent(className, classLoader);
        }
    };

    abstract boolean matches(String className, ClassLoader classLoader);

    static boolean isPresent(String className, ClassLoader classLoader) {
        if (classLoader == null) {
            classLoader = ClassUtils.getDefaultClassLoader();
        }
        try {
            resolve(className, classLoader);
            return true;
        }
        catch (Throwable ex) {
            return false;
        }
    }
}
protected static Class<?> resolve(String className, ClassLoader classLoader) throws ClassNotFoundException {
    if (classLoader != null) {
        return Class.forName(className, false, classLoader);
    }
    return Class.forName(className);
}
```

在 ClassNameFilter 中核心方法是 isPresent，主要判断类名是否可以通过类加载器加载。如果可以则对应的枚举是 PRESENT，否则对应的枚举是 MISSING。

6.4.2　OnBeanCondition 分析

本节将对 OnBeanCondition 进行分析，在 Spring Boot 中关于该对象的定义代码如下：

```java
@Order(Ordered.LOWEST_PRECEDENCE)
class OnBeanCondition extends FilteringSpringBootCondition implements ConfigurationCondition {}
```

在基础定义代码中可以发现 OnBeanCondition 实现了 ConfigurationCondition，关于 ConfigurationCondition 的 getConfigurationPhase 方法返回值是 ConfigurationPhase.REGISTER_BEAN，它表示注册 Bean 阶段。在基础定义代码中还表示它是 FilteringSpringBootCondition 的子类，在 FilteringSpringBootCondition 中需要子类实现的方法是 getOutcomes，具体处理代码如下：

```java
    protected final ConditionOutcome[] getOutcomes(String[] autoConfigurationClasses,
            AutoConfigurationMetadata autoConfigurationMetadata) {
        // 条件匹配的结果集合
        ConditionOutcome[] outcomes = new ConditionOutcome[autoConfigurationClasses.length];
        // 处理自动注入类
        for (int i = 0; i < outcomes.length; i++) {
            // 提取类名
            String autoConfigurationClass = autoConfigurationClasses[i];
            // 类名不为空
            if (autoConfigurationClass != null) {
                // 从自动配置元数据中提取 ConditionalOnBean 数据
                Set<String> onBeanTypes =
autoConfigurationMetadata.getSet(autoConfigurationClass, "ConditionalOnBean");
                // 获取条件匹配的结果并设置
                outcomes[i] = getOutcome(onBeanTypes, ConditionalOnBean.class);
                // 条件匹配的结果为空
                if (outcomes[i] == null) {
                    // 从自动配置元数据中提取 ConditionalOnSingleCandidate 数据
                    Set<String> onSingleCandidateTypes =
autoConfigurationMetadata.getSet(autoConfigurationClass,
                            "ConditionalOnSingleCandidate");
                    // 获取条件匹配的结果并设置
                    outcomes[i] = getOutcome(onSingleCandidateTypes,
ConditionalOnSingleCandidate.class);
                }
            }
        }
        return outcomes;
    }
```

在 getOutcomes 方法中核心的处理流程如下：

（1）创建条件匹配结果集合。

（2）处理自动注入的类集合，单个类的处理流程如下：

①提取类名，判断类名是否为空，类名为空将不做处理；

②从自动配置元数据（AutoConfigurationMetadata）中获取 OnBeanCondition 对应的数据；

③通过 getOutcome 方法设置具体的条件解析结果；

④如果在第③步中处理结果为空，将进一步从自动配置元数据中获取 ConditionalOnSingleCandidate 对应的数据，再通过 getOutcome 方法设置具体的条件解析结果。

在上述处理流程中最关键的方法是 getOutcome，对于自动装配元数据目前可以简单认为它是一个数据集。关于 getOutcome 方法的处理代码如下：

```java
    private ConditionOutcome getOutcome(Set<String> requiredBeanTypes, Class<? extends Annotation> annotation) {
        // 调用父类的 filter 方法过滤类
        List<String> missing = filter(requiredBeanTypes, ClassNameFilter.MISSING, getBeanClassLoader());
        // 如果类不为空
        if (!missing.isEmpty()) {
            // 提取条件消息
            ConditionMessage message = ConditionMessage.forCondition(annotation)
                    .didNotFind("required type", "required types").items(Style.QUOTE, missing);
            // 创建不匹配结果
            return ConditionOutcome.noMatch(message);
```

```
    }
    return null;
}
```

在 getOutcome 方法中详细的处理流程如下：

（1）调用父类的 filter 方法过滤类，如果得到的数据结果为空将返回 null；

（2）从 annotation 中提取条件信息，并且将其创建为不匹配的条件解析结果。

现在对于父类 FilteringSpringBootCondition 中需要子类实现的 getOutcomes 方法已经分析完成，在 Spring Boot 中 FilteringSpringBootCondition 是 SpringBootCondition 的子类，需要实现 getMatchOutcome 方法，该方法的实现在 FilteringSpringBootCondition 中并未处理，因此在 OnBeanCondition 中需要进行处理，详细处理代码如下：

```
public ConditionOutcome getMatchOutcome(ConditionContext context,
AnnotatedTypeMetadata metadata) {
    // 创建空的条件信息
    ConditionMessage matchMessage = ConditionMessage.empty();
    // 获取注解数据
    MergedAnnotations annotations = metadata.getAnnotations();
    // 判断注解是否存在 ConditionalOnBean 类
    if (annotations.isPresent(ConditionalOnBean.class)) {
        // 创建搜索器
        Spec<ConditionalOnBean> spec = new Spec<>(context, metadata, annotations,
ConditionalOnBean.class);
        // 获取匹配的 Bean 对象集合
        MatchResult matchResult = getMatchingBeans(context, spec);
        // 不是全部匹配的情况下
        if (!matchResult.isAllMatched()) {
            // 创建原因文本
            String reason = createOnBeanNoMatchReason(matchResult);
            // 创建不匹配结果返回对象
            return ConditionOutcome.noMatch(spec.message().because(reason));
        }
        // 全部匹配情况下创建匹配的条件消息
        matchMessage = spec.message(matchMessage).found("bean",
"beans").items(Style.QUOTE,
            matchResult.getNamesOfAllMatches());
    }
    // 如果注解元数据有 ConditionalOnSingleCandidate 注解
    if (metadata.isAnnotated(ConditionalOnSingleCandidate.class.getName())) {
        // 创建搜索器
        Spec<ConditionalOnSingleCandidate> spec = new SingleCandidateSpec(context,
metadata, annotations);
        // 获取匹配的 Bean 对象集合
        MatchResult matchResult = getMatchingBeans(context, spec);
        // 不是全部匹配的情况下
        if (!matchResult.isAllMatched()) {
            // 创建不匹配结果返回对象
            return ConditionOutcome.noMatch(spec.message().didNotFind("any
beans").atAll());
        }
        // 不存在一个候选的情况下
        else if (!hasSingleAutowireCandidate(context.getBeanFactory(),
matchResult.getNamesOfAllMatches(),
                spec.getStrategy() == SearchStrategy.ALL)) {
            // 创建不匹配结果返回对象
            return ConditionOutcome.noMatch(spec.message().didNotFind("a primary bean
from beans")
                    .items(Style.QUOTE, matchResult.getNamesOfAllMatches()));
```

```
        }
        // 全部匹配情况下创建匹配的条件消息
        matchMessage = spec.message(matchMessage).found("a primary bean from
beans").items(Style.QUOTE,
                matchResult.getNamesOfAllMatches());
    }
    // 如果注解元数据有 ConditionalOnMissingBean 注解
    if (metadata.isAnnotated(ConditionalOnMissingBean.class.getName())) {
        // 创建搜索器
        Spec<ConditionalOnMissingBean> spec = new Spec<>(context, metadata,
annotations,
                ConditionalOnMissingBean.class);
        // 获取匹配的 Bean 对象集合
        MatchResult matchResult = getMatchingBeans(context, spec);
        // 全部匹配的情况下
        if (matchResult.isAnyMatched()) {
            // 创建原因文本
            String reason = createOnMissingBeanNoMatchReason(matchResult);
            // 创建不匹配结果返回对象
            return ConditionOutcome.noMatch(spec.message().because(reason));
        }
        // 全部匹配情况下创建匹配的条件消息
        matchMessage = spec.message(matchMessage).didNotFind("any beans").atAll();
    }
    // 返回匹配的条件解析结果
    return ConditionOutcome.match(matchMessage);
}
```

在 getMatchOutcome 方法中可以发现它支持三种条件注解的处理 ConditionalOnBean、ConditionalOnSingleCandidate 和 ConditionalOnMissingBean。关于 ConditionalOnBean 注解的处理流程如下。

（1）判断注解元数据是否存在 ConditionalOnBean 注解，如果不存在跳过处理。

（2）创建搜索器，这里的搜索器可以理解为搜索 ConditionalOnBean 注解。

（3）通过 getMatchingBeans 方法在容器中根据搜索器搜索匹配的 Bean 集合。

（4）如果在第（3）步中得到的对象不是全部匹配的将创建一个异常文本，并且创建一个条件匹配的结果对象，注意这个创建的匹配标志是 false，表示匹配失败。如果是全部匹配则将设置匹配的条件数据文本。

关于 ConditionalOnSingleCandidate 注解的处理流程如下：

（1）判断注解元数据中是否包含 ConditionalOnSingleCandidate 注解，如果不包含则结束处理；

（2）创建搜索器；

（3）通过 getMatchingBeans 方法在容器中根据搜索器搜索匹配的 Bean 集合；

（4）如果在第（3）步中得到的结果对象不是完全匹配的将创建不匹配的条件匹配结果对象；

（5）如果在 Bean 工厂中出现多个候选 Bean 对象将创建不匹配的条件匹配结果对象；

（6）在第（4）步和第（3）步都检测失败的情况下将创建消息对象。

关于 ConditionalOnMissingBean 注解的处理流程如下：

（1）判断注解元数据中是否包含 ConditionalOnMissingBean 注解，如果不包含则结束处理；

（2）创建搜索器；

（3）通过 getMatchingBeans 方法在容器中根据搜索器搜索匹配的 Bean 集合；

（4）如果在第（3）步中得到的结果对象不是完全匹配的将创建不匹配的结果对象，否则创建消息对象。

在上述不同注解的处理过程中都使用到了 getMatchingBeans 方法，接下来将对该方法进行分析，详细处理代码如下。

```java
protected final MatchResult getMatchingBeans(ConditionContext context, Spec<?> spec) {
    // 获取类加载器
    ClassLoader classLoader = context.getClassLoader();
    // 从上下文中获取 Bean 工厂
    ConfigurableListableBeanFactory beanFactory = context.getBeanFactory();
    // 是否需要考虑层次结构
    boolean considerHierarchy = spec.getStrategy() != SearchStrategy.CURRENT;
    // 获取参数类型
    Set<Class<?>> parameterizedContainers = spec.getParameterizedContainers();
    // 扫描父容器不扫描当前容器的情况下修改 Bean 工厂
    if (spec.getStrategy() == SearchStrategy.ANCESTORS) {
        BeanFactory parent = beanFactory.getParentBeanFactory();
        Assert.isInstanceOf(ConfigurableListableBeanFactory.class, parent,
            "Unable to use SearchStrategy.ANCESTORS");
        beanFactory = (ConfigurableListableBeanFactory) parent;
    }
    // 匹配结果
    MatchResult result = new MatchResult();
    // 按照类型获取需要过滤的 Bean 名称集合
     Set<String> beansIgnoredByType = getNamesOfBeansIgnoredByType(classLoader, beanFactory, considerHierarchy,
            spec.getIgnoredTypes(), parameterizedContainers);
    // 从搜索器中获取类型集合
    for (String type : spec.getTypes()) {
        // 根据类型获取 Bean 名称集合
         Collection<String> typeMatches = getBeanNamesForType(classLoader, considerHierarchy, beanFactory, type,
                parameterizedContainers);
        Iterator<String> iterator = typeMatches.iterator();
        // 处理 Bean 名称集合，满足以下两个条件之一就会从中移除
        // 1. 忽略的 Bean 名称集合中存在当前 Bean 名称
        // 2. Bean 名称以 scopedTarget. 开头
        while (iterator.hasNext()) {
            String match = iterator.next();
              if (beansIgnoredByType.contains(match) || ScopedProxyUtils.isScopedTarget(match)) {
                iterator.remove();
            }
        }
        if (typeMatches.isEmpty()) {
            // 记录不匹配类型
            result.recordUnmatchedType(type);
        }
        else {
            // 记录匹配类型
            result.recordMatchedType(type, typeMatches);
        }
    }
```

```java
        // 提取注解集合
        for (String annotation : spec.getAnnotations()) {
            // 根据注解获取 Bean 名称集合
            Set<String> annotationMatches = getBeanNamesForAnnotation(classLoader,
beanFactory, annotation, considerHierarchy);
            // 在 Bean 名称集合中移除所有忽略的 Bean 名称
            annotationMatches.removeAll(beansIgnoredByType);
            if (annotationMatches.isEmpty()) {
                // 记录不匹配的注释
                result.recordUnmatchedAnnotation(annotation);
            }
            else {
                // 记录匹配的注释
                result.recordMatchedAnnotation(annotation, annotationMatches);
            }
        }
        // 提取 Bean 名称集合
        for (String beanName : spec.getNames()) {
            // 匹配条件
            // 1. 忽略的 Bean 名称集合中不存在
            // 2. Bean 工厂中当前 Bean 名称
            if (!beansIgnoredByType.contains(beanName) && containsBean(beanFactory,
beanName, considerHierarchy)) {
                // 记录匹配类型
                result.recordMatchedName
(beanName);
            }
            else {
                // 记录不匹配类型
                result.recordUnmatchedName
(beanName);
            }
        }
        return result;
    }
```

在 getMatchingBeans 方法中主要的处理流程如下。

（1）从条件上下文中获取类加载和 Bean 工厂。

（2）从搜索器中获取参数类型集合。

（3）判断搜索器（Spec）的扫描类型是否是 ANCESTORS，如果是将替换 Bean 工厂为当前 Bean 工厂的父工厂。

（4）创建匹配结果。

（5）根据类型获取需要过滤的 Bean 名称集合，这里所用到的类型数据来自搜索器的 ignoredTypes 变量，集合名称为 beansIgnoredByType。

（6）循环处理搜索器中的类型数据，单个数据的处理流程如下。

①根据类型在 Bean 工厂中获取 Bean 名称集合。

②在 Bean 名称集合中进行数据过滤，过滤条件有两个，满足一个就会移除：

· 忽略的Bean名称集合中存在；

· Bean名称以"scopedTarget."开头。

③经过第②步的处理后如果 Bean 名称集合为空将记录到不匹配的类型中，反之则加入到匹配的类型中。

（7）循环处理搜索器中的注解集合，单个数据的处理流程如下：

①根据注解在 Bean 工厂中获取 Bean 名称集合；
②从第①步获取的 Bean 名称集合中移除 beansIgnoredByType 集合中的数据；
③经过第②步的处理后如果 Bean 名称集合为空将记录到不匹配的注解中，反之则加入到匹配的注解中。

（8）循环处理搜索器中的 Bean 名称集合，单个数据的处理流程如下。

当同时满足下面两个条件时将记录到匹配类型集合中，反之记录到不匹配类型集合中，具体条件如下：

①集合 beansIgnoredByType 中不存在当前 Bean 名称；
②当前 Bean 工厂中存在当前 Bean 名称。

在上述处理流程中负责存储结果集合的对象是 MatchResult，下面将对 MatchResult 成员变量进行说明，详见表 6-3。

表 6-3　MatchResult 成员变量

变量名称	变量类型	变量说明
matchedAnnotations	Map<String, Collection<String>>	匹配的注解集合
matchedNames	List<String>	匹配的名称集合
matchedTypes	Map<String, Collection<String>>	匹配的类型集合
unmatchedAnnotations	List<String>	不匹配的注解集合
unmatchedNames	List<String>	不匹配的名称集合
unmatchedTypes	List<String>	不匹配的类型集合
namesOfAllMatches	Set<String>	所有参与运算的数据集合

至此，对于 OnBeanCondition 的分析就告一段落，接下来进行 OnClassCondition 的分析。

6.4.3　OnClassCondition 分析

本节将对 OnClassCondition 进行分析，在 Spring Boot 中关于该对象的定义代码如下：

```
@Order(Ordered.HIGHEST_PRECEDENCE)
class OnClassCondition extends FilteringSpringBootCondition {}
```

从 OnClassCondition 的定义代码中可以发现它是 FilteringSpringBootCondition 的子类，FilteringSpringBootCondition 需要子类对 getOutcomes 方法进行重写，在 OnClassCondition 中具体处理代码如下：

```
protected final ConditionOutcome[] getOutcomes(String[] autoConfigurationClasses,
        AutoConfigurationMetadata autoConfigurationMetadata) {
    // 配置类数量大于 1 并且可用处理器数量大于 1
    if (autoConfigurationClasses.length > 1 &&
Runtime.getRuntime().availableProcessors() > 1) {
        // 新建线程处理
        return resolveOutcomesThreaded(autoConfigurationClasses,
autoConfigurationMetadata);
    }
    else {
        // 在原有线程中处理
        OutcomesResolver outcomesResolver = new
```

```
            StandardOutcomesResolver(autoConfigurationClasses, 0,
                    autoConfigurationClasses.length, autoConfigurationMetadata,
getBeanClassLoader());
        return outcomesResolver.resolveOutcomes();
    }
}
```

在 getOutcomes 方法中关于 ConditionOutcome 集合的数据结果处理提出了两种处理方式，第一种是新建线程处理，第二种是不新建线程，区别这两种处理方式的依据是同时满足下面两个条件：

（1）配置类数量大于 1；

（2）可用处理器数量大于 1。

在 getOutcomes 方法中负责实际处理的是 OutcomesResolver，在 OnClassCondition 类中关于 OutcomesResolver 有两个实现类，它们分别是 ThreadedOutcomesResolver 和 StandardOutcomesResolver。下面将对这两个实现类进行分析。

1. ThreadedOutcomesResolver 分析

下面将对 ThreadedOutcomesResolver 进行分析，在 Spring Boot 中 ThreadedOutcomesResolver 的完整代码如下：

```
private static final class ThreadedOutcomesResolver implements OutcomesResolver {

    // 线程
    private final Thread thread;
    // 处理结果
    private volatile ConditionOutcome[] outcomes;

    private ThreadedOutcomesResolver(OutcomesResolver outcomesResolver) {
        this.thread = new Thread(() -> this.outcomes =
outcomesResolver.resolveOutcomes());
        this.thread.start();
    }
     public ConditionOutcome[] resolveOutcomes() {
        try {
            this.thread.join();
        }
        catch (InterruptedException ex) {
            Thread.currentThread().interrupt();
        }
        return this.outcomes;
    }
}
```

在 ThreadedOutcomesResolver 中有以下两个成员变量：

（1）成员变量 thread，这是一个线程对象，用于新建线程处理数据；

（2）成员变量 outcomes，该变量用于存储处理结果。

在 ThreadedOutcomesResolver 构造函数中会传入 OutcomesResolver 对象的实现类，传入后会新建线程对象并赋值给成员变量 thread，赋值成功后将会开启线程处理。在线程处理中会调度 OutcomesResolver 提供的 resolveOutcomes 方法将结果赋值给成员变量 outcomes。在 ThreadedOutcomesResolver 中关于接口 OutcomesResolver 的实现方法会等待成员变量 thread 处理完成后将成员变量 outcomes 数据返回。

2. StandardOutcomesResolver 分析

下面将对 StandardOutcomesResolver 进行分析，StandardOutcomesResolver 成员变量详细内容见表 6-4。

表 6-4　StandardOutcomesResolver 成员变量

变　量　名　称	变　量　类　型	变　量　说　明
autoConfigurationClasses	String[]	自动装配类名称
start	int	开始索引标记
end	int	结束索引标记
autoConfigurationMetadata	AutoConfigurationMetadata	自动装配元数据
beanClassLoader	ClassLoader	类加载器

在 StandardOutcomesResolver 中关于 OutcomesResolver 的实现方法代码如下：

```
public ConditionOutcome[] resolveOutcomes() {
   return getOutcomes(this.autoConfigurationClasses, this.start, this.end,
this.autoConfigurationMetadata);
}

private ConditionOutcome[] getOutcomes(String[] autoConfigurationClasses, int
start, int end, AutoConfigurationMetadata autoConfigurationMetadata) {
    // 创建返回值集合
    ConditionOutcome[] outcomes = new ConditionOutcome[end - start];
    // 循环处理自动装配类
    for (int i = start; i < end; i++) {
        // 获取自动装配类
        String autoConfigurationClass = autoConfigurationClasses[i];
        if (autoConfigurationClass != null) {
            // 从自动装配元数据中获取 ConditionalOnClass 对应的数据
            String candidates = autoConfigurationMetadata.get(autoConfigurationClass,
"ConditionalOnClass");
            if (candidates != null) {
                // 获取 ConditionOutcome 数据结果
                outcomes[i - start] = getOutcome(candidates);
            }
        }
    }
    return outcomes;
}
```

在 resolveOutcomes 方法中需要依赖 getOutcomes 方法进行处理，关于 getOutcomes 方法的处理流程如下：

（1）创建返回值集合。

（2）循环处理自动装配类，这里的处理区间位于 start 和 end 之间，单个自动装配类的处理流程如下：

①获取自动装配类；

②从自动装配类元数据中获取自动装配类中 ConditionalOnClass 对应的数据；

③通过第②步得到的数据经过 getOutcome 方法得到 ConditionOutcome。

至此，对于 OnClassCondition 中的 getOutcomes 方法中依赖的 OutcomesResolver 分析告一段落，回到 OnClassCondition 还有一个需要关注的方法是 getMatchOutcome，下面将对该方法进行分析。

3. getMatchOutcome 方法分析

这里将对 getMatchOutcome 方法进行分析，具体处理代码如下。

```
public ConditionOutcome getMatchOutcome(ConditionContext context,
AnnotatedTypeMetadata metadata) {
    // 获取类加载器
    ClassLoader classLoader = context.getClassLoader();
    // 创建条件信息对象
    ConditionMessage matchMessage = ConditionMessage.empty();
    // 注解元数据中获取 ConditionalOnClass 的数据
    List<String> onClasses = getCandidates(metadata, ConditionalOnClass.class);
    // 类集合不为空
    if (onClasses != null) {
        // 过滤类数据
        List<String> missing = filter(onClasses, ClassNameFilter.MISSING, classLoader);
        // 如果过滤后的类名称不为空将返回不匹配的结果
        if (!missing.isEmpty()) {
            return ConditionOutcome.noMatch(ConditionMessage.forCondition(ConditionalOnClass.class)
                    .didNotFind("required class", "required classes").items(Style.QUOTE, missing));
        }
        // 创建匹配的条件消息
        matchMessage = matchMessage.andCondition(ConditionalOnClass.class)
                .found("required class", "required classes")
                .items(Style.QUOTE, filter(onClasses, ClassNameFilter.PRESENT, classLoader));
    }
    // 从注解元数据中获取 ConditionalOnMissingClass 的数据
    List<String> onMissingClasses = getCandidates(metadata, ConditionalOnMissingClass.class);
    // 集合不为空
    if (onMissingClasses != null) {
        // 过滤类数据
        List<String> present = filter(onMissingClasses, ClassNameFilter.PRESENT, classLoader);
        // 如果过滤后的类名称不为空将返回不匹配的结果
        if (!present.isEmpty()) {
            return ConditionOutcome.noMatch(ConditionMessage.forCondition(ConditionalOnMissingClass.class)
                    .found("unwanted class", "unwanted classes").items(Style.QUOTE, present));
        }
        // 创建匹配的条件消息
        matchMessage = matchMessage.andCondition(ConditionalOnMissingClass.class)
                .didNotFind("unwanted class", "unwanted classes")
                .items(Style.QUOTE, filter(onMissingClasses, ClassNameFilter.MISSING, classLoader));
    }
    // 返回匹配结果
    return ConditionOutcome.match(matchMessage);
}
```

在 getMatchOutcome 方法中支持 ConditionalOnClass 注解和 ConditionalOnMissingClass 注解的处理，具体处理流程如下。

（1）从条件上下文中获取类加载器。

（2）创建条件信息对象。

（3）从注解元数据中获取 ConditionalOnClass 注解的 value 和 name 属性值。注解 ConditionalOnClass 的 value 和 name 属性值不为空的情况下进行类名过滤操作，如果过滤结果不为空将返回匹配失败的条件结果对象，否则将设置条件消息对象。

（4）从注解元数据中提取 ConditionalOnMissingClass 注解的 value 和 name 属性值，注解 ConditionalOnMissingClass 的 value 和 name 属性值不为空的情况下会进行类名过滤操作，过滤结果如果不为空将返回匹配失败的条件结果对象，否则将设置条件消息对象。

（5）返回匹配结果对象。

至此，对于 OnClassCondition 的分析就告一段落，接下来进行 OnWebApplicationCondition 的分析。

6.4.4 OnWebApplicationCondition 分析

本节将对 OnWebApplicationCondition 进行分析，在 Spring Boot 中 OnWebApplicationCondition 的基础定义代码如下：

```
@Order(Ordered.HIGHEST_PRECEDENCE + 20)
class OnWebApplicationCondition extends FilteringSpringBootCondition {}
```

从 OnWebApplicationCondition 的定义代码中可以发现它是 FilteringSpringBootCondition 的子类，FilteringSpringBootCondition 需要子类对 getOutcomes 方法进行重写，在 OnWebApplicationCondition 中具体处理代码如下：

```
protected ConditionOutcome[] getOutcomes(String[] autoConfigurationClasses,
        AutoConfigurationMetadata autoConfigurationMetadata) {
    // 创建返回集合
    ConditionOutcome[] outcomes = new
ConditionOutcome[autoConfigurationClasses.length];
    for (int i = 0; i < outcomes.length; i++) {
        // 获取自动装配的类名
        String autoConfigurationClass = autoConfigurationClasses[i];
        if (autoConfigurationClass != null) {
            // 获取条件结果
            outcomes[i] = getOutcome(
                    autoConfigurationMetadata.get(autoConfigurationClass,
"ConditionalOnWebApplication"));
        }
    }
    return outcomes;
}
```

在 getOutcomes 方法中主要的处理流程如下。

（1）创建条件结果集合。

（2）循环处理自动装配类，单个自动装配类的处理流程如下：

①获取自动装配类名；

②从自动装配元数据中获取 ConditionalOnWebApplication 对应的数据，将其放入 getOutcome 方法中获取处理结果。

在上述处理流程中最关键的获取条件匹配结果的方法是 getOutcome，具体处理代码如下：

```java
    private ConditionOutcome getOutcome(String type) {
        if (type == null) {
            return null;
        }
        // 创建条件消息构建器
        ConditionMessage.Builder message =
ConditionMessage.forCondition(ConditionalOnWebApplication.class);
        // 类型是 SERVLET 时
        if (ConditionalOnWebApplication.Type.SERVLET.name().equals(type)) {
            if (!ClassNameFilter.isPresent(SERVLET_WEB_APPLICATION_CLASS,
getBeanClassLoader())) {
                return ConditionOutcome.noMatch(message.didNotFind("servlet web
application classes").atAll());
            }
        }
        // 类型是 REACTIVE 时
        if (ConditionalOnWebApplication.Type.REACTIVE.name().equals(type)) {
            if (!ClassNameFilter.isPresent(REACTIVE_WEB_APPLICATION_CLASS,
getBeanClassLoader())) {
                return ConditionOutcome.noMatch(message.didNotFind("reactive web
application classes").atAll());
            }
        }
        // 不包含 org.springframework.web.context.support.GenericWebApplicationContext
        // 并且不包含 org.springframework.web.reactive.HandlerResult
        if (!ClassNameFilter.isPresent(SERVLET_WEB_APPLICATION_CLASS,
getBeanClassLoader())
                && !ClassUtils.isPresent(REACTIVE_WEB_APPLICATION_CLASS,
getBeanClassLoader())) {
            return ConditionOutcome.noMatch(message.didNotFind("reactive or servlet
web application classes").atAll());
        }
        return null;
    }
```

在 getOutcome 方法中主要的处理流程如下：

（1）判断传入的参数是否是 SERVLET，如果是进一步判断类加载器中是否存在 org.springframework.web.context.support.GenericWebApplicationContext，如果不存在将返回匹配失败的条件结果对象；

（2）判断传入参数是否是 REACTIVE，如果是进一步判断类加载器中是否存在 org.springframework.web.reactive.HandlerResult，如果不存在将返回匹配失败的条件结果对象；

（3）判断类加载器中是否同时不存在 org.springframework.web.context.support.GenericWebApplicationContext 和 org.springframework.web.reactive.HandlerResult，如果是则返回匹配失败的条件结果对象。

在 OnWebApplicationCondition 中还需要实现 SpringBootCondition 的 getMatchOutcome 方法，具体处理代码如下：

```java
    public ConditionOutcome getMatchOutcome(ConditionContext context,
AnnotatedTypeMetadata metadata) {
        // 确定注解元数据中是否包含 ConditionalOnWebApplication 注解
        boolean required =
metadata.isAnnotated(ConditionalOnWebApplication.class.getName());
        // 判断是否是 Web 应用
        ConditionOutcome outcome = isWebApplication(context, metadata, required);
        // 存在 ConditionalOnWebApplication 注解并且不匹配，返回匹配失败的结果对象
```

```
    if (required && !outcome.isMatch()) {
       return ConditionOutcome.noMatch(outcome.getConditionMessage());
    }
    // 不存在 ConditionalOnWebApplication 注解并且匹配，返回匹配失败的结果对象
    if (!required && outcome.isMatch()) {
       return ConditionOutcome.noMatch(outcome.getConditionMessage());
    }
    // 返回匹配成功的结果对象
    return ConditionOutcome.match(outcome.getConditionMessage());
}
```

在 getMatchOutcome 方法中主要的处理流程如下：

（1）判断是否是 Web 应用；

（2）如果存在 ConditionalOnWebApplication 注解并且不匹配，返回匹配失败的结果对象；

（3）如果不存在 ConditionalOnWebApplication 注解并且匹配，返回匹配失败的结果对象；

（4）经过第（2）步和第（3）步的判断没有结束方法调度将返回匹配成功的结果对象。

至此，对于 OnWebApplicationCondition 的分析就告一段落，接下来进行 OnCloudPlatform-Condition 的分析。

6.4.5　OnCloudPlatformCondition 分析

本节将对 OnCloudPlatformCondition 进行分析，关于该对象在 Spring Boot 中的基础定义代码如下：

```
class OnCloudPlatformCondition extends SpringBootCondition {}
```

从 OnCloudPlatformCondition 的基础定义中可以发现它只继承了 SpringBootCondition，这样分析目标很明确地定位到 getMatchOutcome 方法，详细处理代码如下：

```
public ConditionOutcome getMatchOutcome(ConditionContext context,
AnnotatedTypeMetadata metadata) {
    // 从注解元数据中获取 ConditionalOnCloudPlatform 对应的数据表
    Map<String, Object> attributes =
metadata.getAnnotationAttributes(ConditionalOnCloudPlatform.class.getName());
    // 获取 value 数据并强制转换
    CloudPlatform cloudPlatform = (CloudPlatform) attributes.get("value");
    // 获取条件匹配的结果
    return getMatchOutcome(context.getEnvironment(), cloudPlatform);
}

private ConditionOutcome getMatchOutcome(Environment environment, CloudPlatform
cloudPlatform) {
    // 获取云平台名称
    String name = cloudPlatform.name();
    // 消息构造器
    ConditionMessage.Builder message =
ConditionMessage.forCondition(ConditionalOnCloudPlatform.class);
    // 判断云平台是否激活，如果激活返回匹配成功的结果
    if (cloudPlatform.isActive(environment)) {
       return ConditionOutcome.match(message.foundExactly(name));
    }
    // 不激活返回匹配失败的结果
    return ConditionOutcome.noMatch(message.didNotFind(name).atAll());
}
```

在 getMatchOutcome 方法中主要的处理流程如下。

（1）从注解元数据中获取 ConditionalOnCloudPlatform 对应的数据表。

（2）从属性表中获取 value 数据并强制转换为 CloudPlatform 类型。

（3）通过 getMatchOutcome 方法获取结果，具体获取细节如下：判断云平台是否处于激活状态，判断方式是从环境变量中获取 spring.main.cloud-platform 对应的数据，如果处于激活状态将返回匹配成功的结果，反之则返回匹配失败的结果。

至此，对于 OnCloudPlatformCondition 的分析就告一段落，接下来进行 OnExpressionCondition 的分析。

6.4.6　OnExpressionCondition 分析

本节将对 OnExpressionCondition 进行分析，该对象继承 SpringBootCondition，重点关注 getMatchOutcome 方法的处理，具体代码如下：

```java
public ConditionOutcome getMatchOutcome(ConditionContext context,
AnnotatedTypeMetadata metadata) {
    // 从注解元数据中获取 ConditionalOnExpression 中的 value 数据，数据是 el 表达式
    String expression = (String)
metadata.getAnnotationAttributes(ConditionalOnExpression.class.getName())
        .get("value");
    // 表达式包装
    expression = wrapIfNecessary(expression);
    // 消息构建器
    ConditionMessage.Builder messageBuilder =
ConditionMessage.forCondition(ConditionalOnExpression.class,
        "(" + expression + ")");
    // 通过条件上下文获取占位符解析器对 el 表达式进行解析
    expression = context.getEnvironment().resolvePlaceholders(expression);
    // 通过条件上下文获取 Bean 工厂
    ConfigurableListableBeanFactory beanFactory = context.getBeanFactory();
    if (beanFactory != null) {
        // el 表达式执行
        boolean result = evaluateExpression(beanFactory, expression);
        // 创建条件匹配的结果
        return new ConditionOutcome(result, messageBuilder.resultedIn(result));
    }
    // 返回不匹配结果对象
    return ConditionOutcome.noMatch(messageBuilder.because("no BeanFactory
available."));
}
```

在 getMatchOutcome 方法中主要的处理流程如下。

（1）从注解元数据中获取 ConditionalOnExpression 中的 value 数据，数据是 el 表达式。

（2）如果有必要进行表达式包装，包装的前提是表达式不是 "#{" 开头，包装是添加 "#{" 和 "}" 在表达式两侧。

（3）通过条件上下文获取占位符解析器对 el 表达式进行解析。

（4）通过条件上下文获取 Bean 工厂，如果 Bean 工厂为空将返回不匹配结果对象。如果 Bean 工厂不为空将进行 el 表达式执行，执行成功后将创建条件匹配结果对象，条件匹配结果对象的 match 变量是 el 表达式的执行结果。

至此，对于 OnExpressionCondition 的分析就告一段落，接下来进行 OnJavaCondition 的分析。

6.4.7　OnJavaCondition 分析

本节将对 OnJavaCondition 进行分析，该对象继承 SpringBootCondition，重点关注 getMatchOutcome 方法的处理，具体代码如下：

```
public ConditionOutcome getMatchOutcome(ConditionContext context,
AnnotatedTypeMetadata metadata) {
    // 从注解元数据中获取 ConditionalOnJava 对应的属性表
    Map<String, Object> attributes =
 metadata.getAnnotationAttributes(ConditionalOnJava.class.getName());
    // 获取 range 对象
    Range range = (Range) attributes.get("range");
    // 获取 Java 的版本
    JavaVersion version = (JavaVersion) attributes.get("value");
    // 获取条件匹配的结果
    return getMatchOutcome(range, JVM_VERSION, version);
}
```

在 getMatchOutcome 方法中主要的处理流程如下。

（1）从注解元数据中获取 ConditionalOnJava 对应的属性表，提取 Range 对象和 Java 版本对象。

（2）通过 JavaVersion.getJavaVersion()方法确定当前环境下的 Java 版本，再与第（1）步中得到的 Java 版本对象进行比较，将比较结果创建为条件匹配结果对象返回。

至此，对于 OnJavaCondition 的分析就告一段落，接下来进行 OnJndiCondition 的分析。

6.4.8　OnJndiCondition 分析

本节将对 OnJavaCondition 进行分析，该对象继承 SpringBootCondition，重点关注 getMatchOutcome 方法的处理，具体代码如下：

```
public ConditionOutcome getMatchOutcome(ConditionContext context,
AnnotatedTypeMetadata metadata) {
    // 从注解元数据中获取 ConditionalOnJndi 注解对应的数据
    AnnotationAttributes annotationAttributes = AnnotationAttributes
            .fromMap(metadata.getAnnotationAttributes(ConditionalOnJndi.class.getName()));
    // 从属性表中获取 value 数据值
    String[] locations = annotationAttributes.getStringArray("value");
    try {
        // 获取条件处理结果
        return getMatchOutcome(locations);
    }
    catch (NoClassDefFoundError ex) {
        return ConditionOutcome
                .noMatch(ConditionMessage.forCondition(ConditionalOnJndi.class).
because("JNDI class not found"));
    }
}
private ConditionOutcome getMatchOutcome(String[] locations) {
```

```
        // JNDI 是否可用，如果不可用将返回匹配失败结果对象
        if (!isJndiAvailable()) {
            return ConditionOutcome
                    .noMatch(ConditionMessage.forCondition(ConditionalOnJndi.class).
notAvailable("JNDI environment"));
        }
        // 如果 locations 数据量为 0 将返回匹配成功结果
        if (locations.length == 0) {
            return ConditionOutcome
                    .match(ConditionMessage.forCondition(ConditionalOnJndi.class).
available("JNDI environment"));
        }
        // 获取 jndi 加载器
        JndiLocator locator = getJndiLocator(locations);
        // 在 jndi 中寻找地址
        String location = locator.lookupFirstLocation();
        // 创建描述对象
        String details = "(" + StringUtils.arrayToCommaDelimitedString(locations) + ")";
        // jndi 中的地址搜索对象不为空返回匹配成功结果
        if (location != null) {
              return ConditionOutcome.match(ConditionMessage.forCondition
(ConditionalOnJndi.class, details)
                .foundExactly("\"" + location + "\""));
        }
        // jndi 中的地址搜索对象为空返回匹配失败结果对象
          return ConditionOutcome.noMatch(ConditionMessage.forCondition
(ConditionalOnJndi.class, details)
                .didNotFind("any matching JNDI location").atAll());
    }
```

在 getMatchOutcome 方法中主要的处理流程如下。

（1）从注解元数据中获取 ConditionalOnJndi 注解对应的数据。

（2）从属性表中获取 value 数据值，通过 getMatchOutcome 方法获取条件处理结果，具体处理流程如下：

①判断 JNDI 是否可用，如果不可用将返回匹配失败结果对象；

②如果 locations 数据量为 0 将返回匹配成功结果；

③通过 JNDI 加载器搜索地址，如果搜索成功将返回匹配成功对象，反之则返回匹配失败对象。

至此，对于 OnJndiCondition 的分析就告一段落，接下来进行 OnPropertyCondition 的分析。

6.4.9　OnPropertyCondition 分析

本节将对 OnPropertyCondition 进行分析，该对象继承 SpringBootCondition，重点关注 getMatchOutcome 方法的处理，具体代码如下：

```
public ConditionOutcome getMatchOutcome(ConditionContext context,
AnnotatedTypeMetadata metadata) {
        // 从注解元数据中获取 ConditionalOnProperty 注解对应的数据
        List<AnnotationAttributes> allAnnotationAttributes =
annotationAttributesFromMultiValueMap(
                metadata.getAllAnnotationAttributes(ConditionalOnProperty.class.
getName()));
        // 不匹配的条件消息集合
```

```
        List<ConditionMessage> noMatch = new ArrayList<>();
        // 匹配的条件消息集合
        List<ConditionMessage> match = new ArrayList<>();
        // 循环处理注解属性
        for (AnnotationAttributes annotationAttributes : allAnnotationAttributes) {
            // 确认条件解析结果
            ConditionOutcome outcome = determineOutcome(annotationAttributes,
    context.getEnvironment());
            // 放入不同的条件结果组中
            (outcome.isMatch() ? match : noMatch).add(outcome.getConditionMessage());
        }
        if (!noMatch.isEmpty()) {
            // 返回匹配失败对象
            return ConditionOutcome.noMatch(ConditionMessage.of(noMatch));
        }
        // 返回匹配成功对象
        return ConditionOutcome.match(ConditionMessage.of(match));
    }
```

在 getMatchOutcome 方法中主要的处理流程如下：

（1）从注解元数据中提取 ConditionalOnProperty 对应的数据；

（2）创建不匹配的条件消息集合和匹配的条件消息集合；

（3）循环处理第（1）步中得到的注解属性，通过 determineOutcome 方法获取条件解析结果，根据条件解析结果的 match 变量放入不同的条件消息集合中；

（4）如果不匹配的消息集合中存在数据将返回匹配失败对象，反之则返回匹配成功对象。

在上述处理过程中关键方法是 determineOutcome，具体处理代码如下：

```
    private ConditionOutcome determineOutcome(AnnotationAttributes annotationAttributes,
PropertyResolver resolver) {
        // 创建搜索器
        Spec spec = new Spec(annotationAttributes);
        // 缺少的属性值
        List<String> missingProperties = new ArrayList<>();
        // 不匹配的属性值
        List<String> nonMatchingProperties = new ArrayList<>();
        // 置入属性值
        spec.collectProperties(resolver, missingProperties, nonMatchingProperties);
        // 缺少的属性值不为空，返回匹配失败对象
        if (!missingProperties.isEmpty()) {
            return ConditionOutcome.noMatch(ConditionMessage.forCondition
(ConditionalOnProperty.class, spec)
                    .didNotFind("property", "properties").items(Style.QUOTE,
    missingProperties));
        }
        // 不匹配的属性值不为空，返回匹配失败对象
        if (!nonMatchingProperties.isEmpty()) {
            return ConditionOutcome.noMatch(ConditionMessage.forCondition
(ConditionalOnProperty.class, spec)
                    .found("different value in property", "different value in properties")
                    .items(Style.QUOTE, nonMatchingProperties));
        }
        // 返回匹配成功对象
        return ConditionOutcome
                .match(ConditionMessage.forCondition(ConditionalOnProperty.class,
spec).because("matched"));
    }
```

在 determineOutcome 方法中主要的处理流程如下：

（1）创建搜索器、缺少属性值集合列表和不匹配的属性表；

（2）通过搜索器置入属性值，置入属性值需要通过 PropertyResolver 处理，不同处理结果会放入不同的集合列表中；

（3）经过第（2）步数据设置后如果缺少的属性值集合对象不为空会返回匹配失败对象，如果不匹配的属性值集合不为空会返回匹配失败对象，经过前两个判断都没有返回对象将返回匹配成功对象。

至此，对于 OnPropertyCondition 的分析就告一段落，接下来进行 OnResourceCondition 的分析。

6.4.10　OnResourceCondition 分析

本节将对 OnResourceCondition 进行分析，该对象继承 SpringBootCondition，重点关注 getMatchOutcome 方法的处理，具体代码如下：

```java
public ConditionOutcome getMatchOutcome(ConditionContext context,
AnnotatedTypeMetadata metadata) {
    // 从注解元数据中获取 ConditionalOnResource 注解对应的数据表
    MultiValueMap<String, Object> attributes = metadata
            .getAllAnnotationAttributes(ConditionalOnResource.class.getName(),
true);
    // 获取资源加载器
    ResourceLoader loader = context.getResourceLoader();
    // 资源地址集合
    List<String> locations = new ArrayList<>();
    // 设置资源地址集合
    collectValues(locations, attributes.get("resources"));
    Assert.isTrue(!locations.isEmpty(),
            "@ConditionalOnResource annotations must specify at least one resource location");
    // 丢失的资源地址集合
    List<String> missing = new ArrayList<>();
    for (String location : locations) {
        // 对资源地址中存在的占位符进行处理
        String resource = context.getEnvironment().resolvePlaceholders(location);
        // 通过资源加载器获取资源判断是否存在，如果不存在将加入丢失的资源地址集合中
        if (!loader.getResource(resource).exists()) {
            missing.add(location);
        }
    }
    // 丢失的资源地址集合不为空的情况下返回匹配失败对象
    if (!missing.isEmpty()) {
        return ConditionOutcome.noMatch(ConditionMessage.forCondition
(ConditionalOnResource.class)
                .didNotFind("resource", "resources").items(Style.QUOTE, missing));
    }
    // 返回匹配成功对象
    return ConditionOutcome.match(ConditionMessage.forCondition
(ConditionalOnResource.class)
            .found("location", "locations").items(locations));
}
```

在 getMatchOutcome 方法中主要的处理流程如下。

（1）从注解元数据中获取 ConditionalOnResource 注解对应的数据表。

（2）获取资源加载器。

（3）创建资源地址集合，从第（1）步中得到的数据表中将 resources 数据放入资源地址集合中。

（4）循环处理资源地址集合中的数据，单个资源地址的处理流程如下：

①通过条件上下文中的环境对象获取占位符解析器，对资源地址进行占位符处理；

②通过资源加载器获取资源判断是否存在，如果不存在将加入丢失的资源地址集合中。

（5）丢失的资源地址集合不为空的情况下返回匹配失败对象，反之会返回匹配成功对象。

至此，对于 OnResourceCondition 的分析就告一段落，接下来进行 OnWarDeploymentCondition 的分析。

6.4.11　OnWarDeploymentCondition 分析

本节将对 OnWarDeploymentCondition 进行分析，该对象继承 SpringBootCondition，重点关注 getMatchOutcome 方法的处理，具体代码如下：

```
public ConditionOutcome getMatchOutcome(ConditionContext context,
AnnotatedTypeMetadata metadata) {
    // 获取资源加载器
    ResourceLoader resourceLoader = context.getResourceLoader();
    // 资源加载器类型是否是 WebApplicationContext
    if (resourceLoader instanceof WebApplicationContext) {
        WebApplicationContext applicationContext = (WebApplicationContext) resourceLoader;
        // 获取 Servlet 上下文
        ServletContext servletContext = applicationContext.getServletContext();
        // Servlet 上下文不为空则返回匹配成功对象
        if (servletContext != null) {
            return ConditionOutcome.match("Application is deployed as a WAR file.");
        }
    }
    return ConditionOutcome.noMatch(ConditionMessage.forCondition
(ConditionalOnWarDeployment.class).because("the application is not deployed as a WAR file."));
}
```

在 getMatchOutcome 方法中主要的处理流程是获取资源加载器。判断资源加载器是否是 WebApplicationContext 类型，如果不是则返回匹配失败对象，如果是 WebApplicationContext 类型则获取 Servlet 上下文，如果 Servlet 上下文存在则返回匹配成功对象。

本章小结

本章主要围绕 Spring Boot 中的条件注解相关内容进行分析，介绍了 Spring Boot 中提供的条件注解和这些条件注解对应的核心处理对象。除此之外还对条件报告对象进行了分析，分析了成员变量 unconditionalClasses 和 outcomes 的初始化过程。

第 7 章

EnableAutoConfiguration 相关分析

本章将以 EnableAutoConfiguration 作为入口对其相关技术进行分析。

7.1　EnableAutoConfiguration 初识

本节将对 EnableAutoConfiguration 做一个简单介绍，在 Spring Boot 中关于 EnableAutoConfiguration 的定义代码如下：

```
@Target(ElementType.TYPE)
@Retention(RetentionPolicy.RUNTIME)
@Documented
@Inherited
@AutoConfigurationPackage
@Import(AutoConfigurationImportSelector.class)
public @interface EnableAutoConfiguration {
   String ENABLED_OVERRIDE_PROPERTY = "spring.boot.enableautoconfiguration";
   Class<?>[] exclude() default {};
   String[] excludeName() default {};
}
```

在 EnableAutoConfiguration 中有以下两个属性：

（1）属性 exclude 表示需要排除的类对象；

（2）属性 excludeName 表示需要排除类的名称。

除了上述两个属性外，还在注解类上标注了 @AutoConfigurationPackage 和 @Import（AutoConfigurationImportSelector.class），从这两个注解标记上可以先提取后者 Import 中的 AutoConfigurationImportSelector，AutoConfigurationImportSelector 将是分析 EnableAutoConfiguration 的重点。此外还需要关注 AutoConfigurationPackage 注解的定义，详细代码如下：

```
@Target(ElementType.TYPE)
@Retention(RetentionPolicy.RUNTIME)
@Documented
@Inherited
```

```
@Import(AutoConfigurationPackages.Registrar.class)
public @interface AutoConfigurationPackage
    String[] basePackages() default {};
    Class<?>[] basePackageClasses() default {};
}
```

在 AutoConfigurationPackage 注解中有以下两个属性：

（1）属性 basePackages 表示包扫描路径集合；

（2）属性 basePackageClasses 表示包扫描类集合。

从 AutoConfigurationPackage 注解的基础定义可以发现它也使用了 Import，Import 包裹的类也将是分析的重点。现在确认了两个分析重点：AutoConfigurationPackages.Registrar 和 AutoConfigurationImportSelector，下面对 AutoConfigurationImportSelector 进行分析。

7.2　AutoConfigurationImportSelector 分析

本节将对 AutoConfigurationImportSelector 进行分析，接下来需要关注该对象的基础定义，详细代码如下：

```
public class AutoConfigurationImportSelector implements DeferredImportSelector,
    BeanClassLoaderAware, ResourceLoaderAware, BeanFactoryAware, EnvironmentAware,
Ordered {}
```

在 AutoConfigurationImportSelector 的基础定义中主要关注的是 DeferredImportSelector 接口的实现方法，下面对 AutoConfigurationImportSelector 成员变量进行说明，详细内容见表 7-1。

表 7-1　AutoConfigurationImportSelector 成员变量

变量名称	变量类型	变量说明
beanFactory	ConfigurableListableBeanFactory	Bean 工厂
environment	Environment	环境对象
beanClassLoader	ClassLoader	类加载器
resourceLoader	ResourceLoader	资源加载器
configurationClassFilter	ConfigurationClassFilter	配置类过滤器

了解了成员变量后下面对 DeferredImportSelector 接口相关的方法进行分析，主要对 getImportGroup 方法进行分析，具体处理代码如下：

```
public Class<? extends Group> getImportGroup() {
    return AutoConfigurationGroup.class;
}
```

在 getImportGroup 方法中返回了 AutoConfigurationGroup。接下来对 AutoConfigurationGroup 成员变量进行说明，详细内容见表 7-2。

表 7-2　AutoConfigurationGroup 成员变量

变量名称	变量类型	变量说明
entries	Map<String, AnnotationMetadata>	配置类和注解元数据映射表，key 表示配置类，value 表示注解元数据

续表

变量名称	变量类型	变量说明
autoConfigurationEntries	List<AutoConfigurationEntry>	自动装配条目集合
beanClassLoader	ClassLoader	类加载器
beanFactory	BeanFactory	Bean 工厂
resourceLoader	ResourceLoader	资源加载器
autoConfigurationMetadata	AutoConfigurationMetadata	自动配置元数据

类 AutoConfigurationGroup 是 DeferredImportSelector.Group 的实现类，对于 DeferredImportSelector.Group 需要关注 process 方法和 selectImports 方法的实现，下面对 process 方法进行分析，完整代码如下：

```java
public void process(AnnotationMetadata annotationMetadata, DeferredImportSelector
    deferredImportSelector) {
    Assert.state(deferredImportSelector instanceof AutoConfigurationImportSelector,
        () -> String.format("Only %s implementations are supported, got %s",
            AutoConfigurationImportSelector.class.getSimpleName(),
            deferredImportSelector.getClass().getName()));
    // 获取自动装配条目
    AutoConfigurationEntry autoConfigurationEntry = ((AutoConfigurationImportSelector)
deferredImportSelector)
            .getAutoConfigurationEntry(annotationMetadata);
    // 添加到自动装配元素集合
    this.autoConfigurationEntries.add(autoConfigurationEntry);
    // 循环处理配置类
    for (String importClassName : autoConfigurationEntry.getConfigurations()) {
        // 加入到配置类和注解元数据映射表
        this.entries.putIfAbsent(importClassName, annotationMetadata);
    }
}
```

在 process 方法中主要的处理流程如下：

（1）获取自动装配条目；

（2）将第（1）步中获取的自动装配条目放入 autoConfigurationEntries 变量中；

（3）循环处理第（1）步中得到的自动装配条目对象，将类名和 process 方法的 annotationMetadata 参数放入成员变量 entries 中。

在上述处理过程中第（1）步的处理方法是 getAutoConfigurationEntry，详细处理代码如下：

```java
protected AutoConfigurationEntry getAutoConfigurationEntry(AnnotationMetadata
    annotationMetadata) {
    if (!isEnabled(annotationMetadata)) {
        return EMPTY_ENTRY;
    }
    // 获取 EnableAutoConfiguration 对应的属性表
    AnnotationAttributes attributes = getAttributes(annotationMetadata);
    // 从 spring.factories 文件中获取 EnableAutoConfiguration 对应的数值
    List<String> configurations = getCandidateConfigurations(annotationMetadata,
attributes);
    // 过滤重复项
    configurations = removeDuplicates(configurations);
    // 获取排除的类
    Set<String> exclusions = getExclusions(annotationMetadata, attributes);
    // 检查排除的类
```

```
        checkExcludedClasses(configurations, exclusions);
        // 配置类中移除排除的类
        configurations.removeAll(exclusions);
        // 过滤
        configurations = getConfigurationClassFilter().filter(configurations);
        // 触发导入自动装配事件
        fireAutoConfigurationImportEvents(configurations, exclusions);
        // 组装对象
        return new AutoConfigurationEntry(configurations, exclusions);
    }
```

在 getAutoConfigurationEntry 方法中主要的处理流程如下：

（1）通过 getAttributes 方法从注解元数据中获取 EnableAutoConfiguration 对应的属性表；

（2）通过 getCandidateConfigurations 方法确定候选配置类，候选数据存储在 spring.factories 文件中，具体取值是 EnableAutoConfiguration 对应的数据；

（3）过滤候选配置类中的重复项；

（4）通过 getExclusions 方法从注解元数据中获取需要排除的类；

（5）通过 checkExcludedClasses 方法检查需要排除的类；

（6）候选配置类集合中移除排除的类；

（7）获取类过滤器进行过滤，过滤方法提供者是 ConfigurationClassFilter；

（8）触发自动装配事件，事件处理接口是 AutoConfigurationImportListener。

下面回到 process 方法中，通过 getAutoConfigurationEntry 方法获取了自动装配条目后将从中获取配置类信息并且配合方法的注解元数据放入到 entries 对象中。在 AutoConfiguration-Group 中还需要关注 selectImports 方法，具体处理代码如下：

```
    public Iterable<Entry> selectImports() {
        // 自动装配条目集合为空
        if (this.autoConfigurationEntries.isEmpty()) {
            return Collections.emptyList();
        }
        // 获取排除的类
        Set<String> allExclusions = this.autoConfigurationEntries.stream()
                .map(AutoConfigurationEntry::getExclusions).flatMap(Collection::stream).
collect(Collectors.toSet());
        // 获取配置类集合
        Set<String> processedConfigurations = this.autoConfigurationEntries.stream()
                .map(AutoConfigurationEntry::getConfigurations).flatMap(Collection::
                stream)
                .collect(Collectors.toCollection(LinkedHashSet::new));
        // 配置类集合中移除排除的类
        processedConfigurations.removeAll(allExclusions);

        // 排序后转换数据为 Entry 对象
        return sortAutoConfigurations(processedConfigurations,
getAutoConfigurationMetadata()).stream()
                .map((importClassName) -> new Entry(this.entries.get(importClassName),
importClassName))
                .collect(Collectors.toList());
    }
```

在 selectImports 方法中主要的处理流程如下：

（1）判断自动装配条目集合是否为空，如果为空则返回空集合；

（2）从自动装配条目集合中获取所有的排除类和配置类集合；

（3）在配置类集合中移除在排除类中出现的数据；

（4）将排除过后的配置类集合进行排序后转换成 Entry 对象作为方法返回结果。

至此对于 AutoConfigurationGroup 的分析就完成了，接下来将回到 DeferredImportSelector 中对 selectImports 方法进行分析，具体处理代码如下：

```
public String[] selectImports(AnnotationMetadata annotationMetadata) {
    // 未启用的情况下返回空数组
    if (!isEnabled(annotationMetadata)) {
        return NO_IMPORTS;
    }
    // 获取自动配置条目
    AutoConfigurationEntry autoConfigurationEntry =
getAutoConfigurationEntry(annotationMetadata);
    // 配置条目中的配置类转换成数组
    return StringUtils.toStringArray(autoConfigurationEntry.getConfigurations());
}
```

在 selectImports 方法中主要的处理流程如下：

（1）判断 spring.boot.enableautoconfiguration 属性是否为 false，如果是则返回空数组；

（2）当 spring.boot.enableautoconfiguration 属性为 true 时将从注解元数据中获取自动配置条目；

（3）从配置条目中获取配置类将其转换成数组返回。

7.3 ConfigurationClassFilter 分析

在 getAutoConfigurationEntry 方法中进行类过滤时通过 getConfigurationClassFilter（）.filter（configurations）方法进行，在该方法中获取了 ConfigurationClassFilter 来进行过滤操作，本节将对 ConfigurationClassFilter 进行分析，分析目标是 filter 方法，具体处理代码如下：

```
List<String> filter(List<String> configurations) {
    long startTime = System.nanoTime();
    // 将配置类转换成数组
    String[] candidates = StringUtils.toStringArray(configurations);
    boolean skipped = false;
    // 获取所有的 AutoConfigurationImportFilter
    // 1. OnClassCondition
    // 2. OnWebApplicationCondition
    // 3. OnBeanCondition
    for (AutoConfigurationImportFilter filter : this.filters) {
        // 过滤器进行匹配计算
        boolean[] match = filter.match(candidates, this.autoConfigurationMetadata);
        for (int i = 0; i < match.length; i++) {
            // 在不匹配的情况下进行 candidates 和 skipped 数据的设置
            if (!match[i]) {
                candidates[i] = null;
                skipped = true;
            }
        }
    }
    if (!skipped) {
        return configurations;
    }
    // 创建结果集合
    List<String> result = new ArrayList<>(candidates.length);
```

```
        // 从候选集合将数据放入结果集合中
        for (String candidate : candidates) {
            if (candidate != null) {
                result.add(candidate);
            }
        }
        if (logger.isTraceEnabled()) {
            int numberFiltered = configurations.size() - result.size();
            logger.trace("Filtered " + numberFiltered + " auto configuration class in "
                    + TimeUnit.NANOSECONDS.toMillis(System.nanoTime() - startTime) + " ms");
        }
        return result;
    }
```

在 filter 中主要的处理流程如下。

（1）将参数 configurations 转换成数组 candidates。

（2）创建跳过标记（skipped）为 false。

（3）通过成员变量 filters 进行处理，成员变量 filters 是自动配置过滤器，通过 match 方法来过滤数据。得到过滤结果后将进行后续操作。在不匹配的情况下将修正 candidates 的元素为 null 并且将跳过标记设置为 true。

（4）判断跳过标记是否为 false，如果是将返回方法参数 configurations。

（5）如果第（4）步中的跳过标记为 true 将遍历 candidates 集合中的元素将非空元素放入结果集合中并返回。

在上述处理流程中需要使用到成员变量 filters，关于它的定义代码如下：

```
private final List<AutoConfigurationImportFilter> filters;
```

在上述代码中可以发现这个集合存储的是 AutoConfigurationImportFilter 类型的数据，在 Spring Boot 中关于 AutoConfigurationImportFilter 的实现有以下 4 个：

（1）FilteringSpringBootCondition；

（2）OnClassCondition；

（3）OnWebApplicationCondition；

（4）OnBeanCondition。

在 ConfigurationClassFilter 的成员变量中有一个变量类型是 AutoConfigurationMetadata，它是自动配置元数据对象，关于 AutoConfigurationMetadata 的数据初始化是一个值得分析的点，本节将对其进行分析。ConfigurationClassFilter 的构造方法如下：

```
ConfigurationClassFilter(ClassLoader classLoader, List<AutoConfigurationImportFilter> filters) {
    // 读取自动装配元数据
    this.autoConfigurationMetadata =
AutoConfigurationMetadataLoader.loadMetadata(classLoader);
    this.filters = filters;
}
```

在 ConfigurationClassFilter 的构造方法中可以发现自动配置元数据是通过 AutoConfiguration-MetadataLoader.loadMetadata 方法获取的，具体处理代码如下：

```
static AutoConfigurationMetadata loadMetadata(ClassLoader classLoader) {
    return loadMetadata(classLoader, PATH);
```

```
    }
    static AutoConfigurationMetadata loadMetadata(ClassLoader classLoader, String path) {
        try {
            Enumeration<URL> urls = (classLoader != null) ? classLoader.getResources(path)
                : ClassLoader.getSystemResources(path);
            Properties properties = new Properties();
            while (urls.hasMoreElements()) {
                properties.putAll(PropertiesLoaderUtils.loadProperties(new UrlResource(urls.nextElement())));
            }
            return loadMetadata(properties);
        }
        catch (IOException ex) {
            throw new IllegalArgumentException("Unable to load @ConditionalOnClass location [" + path + "]", ex);
        }
    }
    static AutoConfigurationMetadata loadMetadata(Properties properties) {
        return new PropertiesAutoConfigurationMetadata(properties);
    }
```

在 loadMetadata 方法中会搜索 PATH（META-INF/spring-autoconfigure-metadata.properties）对应的 URL 对象集合，搜索对象集合后将通过 PropertiesLoaderUtils 类读取其中的数据将其加入数据集合中，读取完所有对象后将通过 loadMetadata 方法创建 PropertiesAutoConfigurationMetadata。在 AutoConfigurationMetadataLoader 中关于数据的读取过程是一个简单的处理过程，在这里相对复杂的问题是 META-INF/spring-autoconfigure-metadata.properties 文件是不存在的一个文件。

在 Spring Boot 项目中负责输出该文件的是 AutoConfigureAnnotationProcessor，它位于 spring-boot-autoconfigure-processor 工程中，它是 Spring Boot Tools 工程中的一员，在 spring-boot-autoconfigure-processor 工程中主要使用到的技术是 javax.annotation.processing。下面将对 AutoConfigureAnnotationProcessor 进行分析，有关 AutoConfigureAnnotationProcessor 成员变量的详细内容见表 7-3。

表 7-3　AutoConfigureAnnotationProcessor 成员变量

变量名称	变量类型	变量说明
PROPERTIES_PATH	String	属性地址，静态变量数据值为 META-INF/spring-autoconfigure-metadata.properties
annotations	Map<String, String>	注解集合
valueExtractors	Map<String, ValueExtractor>	数据提取器映射表
properties	Map<String, String>	属性表

在上述成员变量中 annotations 变量和 valueExtractors 变量中的数据是恒定数据，关于 annotations 数据信息如下：

```
protected void addAnnotations(Map<String, String> annotations) {
    annotations.put("ConditionalOnClass", "org.springframework.boot.autoconfigure.condition.ConditionalOnClass");
    annotations.put("ConditionalOnBean", "org.springframework.boot.autoconfigure.condition.ConditionalOnBean");
    annotations.put("ConditionalOnSingleCandidate",
```

```
                "org.springframework.boot.autoconfigure.condition.ConditionalOnSingle
Candidate");
        annotations.put("ConditionalOnWebApplication",
                "org.springframework.boot.autoconfigure.condition.ConditionalOnWeb
Application");
        annotations.put("AutoConfigureBefore", "org.springframework.boot.autoconfigure.
AutoConfigureBefore");
        annotations.put("AutoConfigureAfter", "org.springframework.boot.autoconfigure.
AutoConfigureAfter");
        annotations.put("AutoConfigureOrder", "org.springframework.boot.autoconfigure.
AutoConfigureOrder");
    }
```

关于 valueExtractors 数据信息如下:

```
private void addValueExtractors(Map<String, ValueExtractor> attributes) {
    attributes.put("ConditionalOnClass", new OnClassConditionValueExtractor());
    attributes.put("ConditionalOnBean", new OnBeanConditionValueExtractor());
    attributes.put("ConditionalOnSingleCandidate", new OnBeanConditionValueExtractor());
    attributes.put("ConditionalOnWebApplication", ValueExtractor.allFrom("type"));
    attributes.put("AutoConfigureBefore", ValueExtractor.allFrom("value", "name"));
    attributes.put("AutoConfigureAfter", ValueExtractor.allFrom("value", "name"));
    attributes.put("AutoConfigureOrder", ValueExtractor.allFrom("value"));
}
```

在 AutoConfigureAnnotationProcessor 中核心入口是 process 方法,详细处理代码如下:

```
public boolean process(Set<? extends TypeElement> annotations, RoundEnvironment
roundEnv) {
    for (Map.Entry<String, String> entry : this.annotations.entrySet()) {
        // 处理数据
        process(roundEnv, entry.getKey(), entry.getValue());
    }
    if (roundEnv.processingOver()) {
        try {
            // 写出文件
            writeProperties();
        }
        catch (Exception ex) {
            throw new IllegalStateException("Failed to write metadata", ex);
        }
    }
    return false;
}
```

在上述代码中处理流程分为以下两个阶段:

(1) 处理数据;

(2) 写出数据。

在上述流程中关于数据处理的具体代码如下:

```
private void process(RoundEnvironment roundEnv, String propertyKey, String
annotationName) {
    TypeElement annotationType =
this.processingEnv.getElementUtils().getTypeElement(annotationName);
    if (annotationType != null) {
        // 在环境中获取带有 annotationType 的元素
        for(Element element : roundEnv.getElementsAnnotatedWith(annotationType))
{
            // 单个数据的处理流程
            processElement(element, propertyKey, annotationName);
        }
```

        }
    }

在上述代码中主要的处理流程如下：

（1）提取当前正在处理的注解类型，并且在环境中寻找具备该注解的元素，这里对于元素可以简单理解为带有特定注解的类；

（2）对寻找到的元素进行单独处理。

在上述流程中关于单独处理的方法是 processElement，详细处理代码如下：

```
private void processElement(Element element, String propertyKey, String annotationName)
{
    try {
        // 确认限定名称，可以理解为类名
        String qualifiedName = Elements.getQualifiedName(element);
        // 获取注解对象
        AnnotationMirror annotation = getAnnotation(element, annotationName);
        // 限定名和注解对象都不为空的情况下
        if (qualifiedName != null && annotation != null) {
            // 获取数据值，获取需要依靠值提取器
            List<Object> values = getValues(propertyKey, annotation);
            // 置入数据对象集合
            this.properties.put(qualifiedName + "." + propertyKey,
toCommaDelimitedString(values));
            this.properties.put(qualifiedName, "");
        }
    }
    catch (Exception ex) {
        throw new IllegalStateException("Error processing configuration meta-data on " + element, ex);
    }
}
```

在 processElement 方法中主要的处理流程如下：

（1）获取元素的限定名，一般限定名是类全名；

（2）从类上获取注解对象；

（3）当限定名和注解对象都不为空的情况下进行数据提取，提取后将数据放入成员变量 properties 中。

当 annotations 变量中的所有注解都处理完成后就会得到一个完整的 properties 数据集合，最后通过 writeProperties 方法将数据写出。如果需要进行 AutoConfigureAnnotationProcessor 方法的调试，可以通过 IDEA 找到 Gradle 选项卡中的 jar 进行调试。

7.4　AutoConfigurationImportListener 分析

本节将对 AutoConfigurationImportListener 进行分析，在 getAutoConfigurationEntry 方法中触发自动装配事件所使用的方法是 fireAutoConfigurationImportEvents，具体处理代码如下：

```
private void fireAutoConfigurationImportEvents(List<String> configurations,
Set<String> exclusions) {
    // 获取自动装配监听事件
    List<AutoConfigurationImportListener> listeners = getAutoConfigurationImportListeners();
    // 自动装配监听事件集合不为空的情况下
```

```
        if (!listeners.isEmpty()) {
            // 创建自动装配事件
            AutoConfigurationImportEvent event = new AutoConfigurationImportEvent(this,
configurations, exclusions);
            // 循环处理
            for (AutoConfigurationImportListener listener : listeners) {
                // 处理 aware 相关内容
                invokeAwareMethods(listener);
                // 处理事件
                listener.onAutoConfigurationImportEvent(event);
            }
        }
    }
```

在 fireAutoConfigurationImportEvents 方法中主要的处理流程如下。

（1）获取自动装配事件监听器，数据来源是 spring.factories 文件。

（2）在自动装配监听事件集合不为空的情况下进行如下处理。

①创建自动装配事件。

②循环处理自动装配监听器集合，单个自动装配监听器的处理流程如下：

- 处理Aware相关接口；
- 触发事件。

在第（1）步中提到 spring..factories 文件中 AutoConfigurationImportListener 的数据内容如下：

```
org.springframework.boot.autoconfigure.AutoConfigurationImportListener=\
org.springframework.boot.autoconfigure.condition.
ConditionEvaluationReportAutoConfigurationImportListener
```

在处理 Aware 接口时会处理 BeanClassLoaderAware、BeanFactoryAware、EnvironmentAware 和 ResourceLoaderAware，具体处理细节不做详细说明，最后触发事件目前在 Spring Boot 中处理类是 ConditionEvaluationReportAutoConfigurationImportListener，接下来将对 ConditionEvaluationReportAutoConfigurationImportListener 进行分析，在该对象中可以发现 ConditionEvaluationReportAutoConfigurationImportListener 实现了 AutoConfigurationImportListener 和 BeanFactoryAware，通过 fireAutoConfigurationImportEvents 方法中的 invokeAwareMethods 方法调度会进行 BeanFactoryAware 的处理，处理目的是将 Bean 工厂进行设置，在设置完成后会进行 onAutoConfigurationImportEvent 方法的调度，该方法调度流程如下：

（1）判断 Bean 工厂是否为空，如果为空将不做处理；

（2）获取条件评估对象；

（3）通过条件评估对象记录评估配置类和排除的类。

7.5 ImportAutoConfigurationImportSelector 分析

在 Spring Boot 中 AutoConfigurationImportSelector 有一个子类是 ImportAutoConfigurationImportSelector，本节将对 ImportAutoConfigurationImportSelector 进行分析，主要分析以下三个方法。

（1）方法 determineImports 用于确认导入类名称；

(2) 方法 getCandidateConfigurations 用于确认候选配置类;

(3) 方法 getExclusions 用于获取排除的类名称集合。

7.5.1　determineImports 分析

本节将对 determineImports 方法进行分析,该方法用于确认导入类名称,详细处理代码如下:

```
public Set<Object> determineImports(AnnotationMetadata metadata) {
    // 候选配置类集合
     List<String> candidateConfigurations = getCandidateConfigurations(metadata, null);
    // 去重配置类集合
    Set<String> result = new LinkedHashSet<>(candidateConfigurations);
    // 移除需要排除的类
    result.removeAll(getExclusions(metadata, null));
    return Collections.unmodifiableSet(result);
}
```

在 determineImports 方法中主要的处理流程如下:

(1) 通过 getCandidateConfigurations 方法确认候选配置类集合;

(2) 将候选配置类集合进行去重;

(3) 将去重的候选配置类集合中去除通过 getExclusions 方法获取的需要排除的类。

7.5.2　getCandidateConfigurations 分析

本节将对 getCandidateConfigurations 方法进行分析,该方法用于确认候选配置类,具体处理代码如下:

```
protected List<String> getCandidateConfigurations(AnnotationMetadata metadata,
    AnnotationAttributes attributes) {
    List<String> candidates = new ArrayList<>();
    // 获取类和注解集合之间的映射
    Map<Class<?>, List<Annotation>> annotations = getAnnotations(metadata);
    // 通过 collectCandidateConfigurations 方法采集候选类
    annotations.forEach(
            (source, sourceAnnotations) -> collectCandidateConfigurations(source,
    sourceAnnotations, candidates));
    return candidates;
}
```

在 getCandidateConfigurations 方法中处理的流程如下:

(1) 获取类和注解集合之间的映射;

(2) 通过 collectCandidateConfigurations 方法采集候选类。

在 getCandidateConfigurations 方法中我们主要理解 getAnnotations 方法和 collectCandidate-Configurations 方法,下面对 getAnnotations 方法进行说明,详细代码如下:

```
protected final Map<Class<?>, List<Annotation>> getAnnotations(AnnotationMetadata
    metadata) {
    // 创建返回值集合
    MultiValueMap<Class<?>, Annotation> annotations = new LinkedMultiValueMap<>();
```

```
        // 获取注解类
        Class<?> source = ClassUtils.resolveClassName(metadata.getClassName(), null);
        // 采集注解相关数据
        collectAnnotations(source, annotations, new HashSet<>());
        return Collections.unmodifiableMap(annotations);
    }
```

在 getAnnotations 方法中可以发现数据会通过 collectAnnotations 方法完成初始化，关于 collectAnnotations 方法的处理代码如下：

```
    private void collectAnnotations(Class<?> source, MultiValueMap<Class<?>,
Annotation> annotations, HashSet<Class<?>> seen) {
        if (source != null && seen.add(source)) {
            // 循环处理 source 的注解列表
            for (Annotation annotation : source.getDeclaredAnnotations()) {
                // 不是 java.lang.annotation 的处理
                if (!AnnotationUtils.isInJavaLangAnnotationPackage(annotation)) {
                    // 在 ANNOTATION_NAMES 中存在则放入结果集合中
                    if (ANNOTATION_NAMES.contains(annotation.annotationType().
getName())) {
                        annotations.add(source, annotation);
                    }
                    collectAnnotations(annotation.annotationType(), annotations, seen);
                }
            }
            collectAnnotations(source.getSuperclass(), annotations, seen);
        }
    }
```

在 collectAnnotations 方法中会出现递归操作，关于递归操作的核心流程如下：

（1）获取当前处理类的注解集合；

（2）判断当前注解是否是 java.lang.annotation 包下的，如果是将跳过处理，如果不是将判断注解名称（注解的类名）是否位于 ANNOTATION_NAMES 中，如果是，则加入结果集合中。

至此对于 getAnnotations 方法的分析就完成了。下面将对采集方法 collectCandidate-Configurations 进行分析，具体处理代码如下：

```
    private void collectCandidateConfigurations(Class<?> source, List<Annotation> 
annotations,
            List<String> candidates) {
        // 循环处理注解
        for (Annotation annotation : annotations) {
            // 通过 getConfigurationsForAnnotation 方法获取候选值
            candidates.addAll(getConfigurationsForAnnotation(source, annotation));
        }
    }
```

在上述代码中，主要流程是循环处理参数注解集合，通过 getConfigurationsForAnnotation 方法来获取配置类集合。在 collectCandidateConfigurations 方法中核心处理是 getConfigurations-ForAnnotation 方法，详细代码如下：

```
    private Collection<String> getConfigurationsForAnnotation(Class<?> source, 
Annotation annotation) {
        // 获取注解的 classes 数据
        String[] classes = (String[]) AnnotationUtils.getAnnotationAttributes(annotation, 
true).get("classes");
        if (classes.length > 0) {
            return Arrays.asList(classes);
```

```
        // 在 spring.factories 中寻找
        return loadFactoryNames(source);
}
```

在 getConfigurationsForAnnotation 方法中具体的处理流程如下。

（1）获取注解中的 classes 数据值；

（2）如果 classes 数据值大于 0 将直接返回 classes 数据，否则会在 spring.factories 文件中寻找方法参数 source 对应的数据作为返回结果。

7.5.3　getExclusions 分析

本节将对 getExclusions 方法进行分析，该方法用于获取排除的类名称集合，具体处理代码如下：

```
protected Set<String> getExclusions(AnnotationMetadata metadata, AnnotationAttributes attributes) {
    // 创建排除类集合
    Set<String> exclusions = new LinkedHashSet<>();
    // 获取注解类
    Class<?> source = ClassUtils.resolveClassName(metadata.getClassName(), null);
    // 循环注解名称集合
    for (String annotationName : ANNOTATION_NAMES) {
        // 合并注解的数据
        AnnotationAttributes merged =
    AnnotatedElementUtils.getMergedAnnotationAttributes(source, annotationName);
        // 获取合并注解后的排除类
        Class<?>[] exclude = (merged != null) ? merged.getClassArray("exclude") : null;
        if (exclude != null) {
            for (Class<?> excludeClass : exclude) {
                exclusions.add(excludeClass.getName());
            }
        }
    }
    // 循环处理注解元数据中的注解列表
    for (List<Annotation> annotations : getAnnotations(metadata).values()) {
        for (Annotation annotation : annotations) {
            // 获取注解中的排除类集合
            String[] exclude = (String[]) AnnotationUtils.getAnnotationAttributes(
    annotation, true).get("exclude");
            if (!ObjectUtils.isEmpty(exclude)) {
                exclusions.addAll(Arrays.asList(exclude));
            }
        }
    }
    // 通过 getExcludeAutoConfigurationsProperty 方法获取排除类加入排除类集合中
    exclusions.addAll(getExcludeAutoConfigurationsProperty());
    return exclusions;
}
```

在 getExclusions 方法中主要的处理流程如下。

（1）创建排除类集合。

（2）获取注解类。

（3）循环处理 ANNOTATION_NAMES 集合中的数据，单个处理流程如下：

①将第（2）步的注解类和当前元素注解类进行合并；
②从合并后的注解属性表中获取 exclude 对应的数据，将其放入排除类集合中。

（4）循环处理注解元数据中的注解列表，单个处理流程：获取注解的 exclude 数据集合将其放入排除类集合中。

（5）通过父类的 getExcludeAutoConfigurationsProperty 方法获取排除的类，将其放入排除类集合中。

在上述处理流程中关于父类方法 getExcludeAutoConfigurationsProperty 的具体处理代码如下：

```
protected List<String> getExcludeAutoConfigurationsProperty() {
    // 获取环境配置
    Environment environment = getEnvironment();
    if (environment == null) {
        return Collections.emptyList();
    }
    if (environment instanceof ConfigurableEnvironment) {
        // 获取绑定对象
        Binder binder = Binder.get(environment);
        // 从绑定对象中获取 spring.autoconfigure.exclude 数据
        return binder.bind(PROPERTY_NAME_AUTOCONFIGURE_EXCLUDE,
                String[].class).map(Arrays::asList)
                .orElse(Collections.emptyList());
    }
    // 从环境对象中获取 spring.autoconfigure.exclude 数据
    String[] excludes = 
environment.getProperty(PROPERTY_NAME_AUTOCONFIGURE_EXCLUDE, String[].class);
    return (excludes != null) ? Arrays.asList(excludes) : Collections.emptyList();
}
```

在父类的 getExcludeAutoConfigurationsProperty 方法中提供了两种方式获取排除的类：
（1）通过绑定对象获取 spring.autoconfigure.exclude 对应的数据；
（2）通过环境配置对象获取 spring.autoconfigure.exclude 对应的数据。

7.6 AutoConfigurationPackages 相关分析

本节将对 AutoConfigurationPackages 进行分析，该对象出现的地方是在 AutoConfiguration-Package 注解中，在 AutoConfigurationPackage 注解中出现的是 AutoConfigurationPackages.Registrar，下面将对 Registrar 进行分析，完整代码如下：

```
static class Registrar implements ImportBeanDefinitionRegistrar, DeterminableImports {
        public void registerBeanDefinitions(AnnotationMetadata metadata,
BeanDefinitionRegistry registry) {
            register(registry, new PackageImports(metadata).getPackageNames().toArray(new String[0]));
    }

        public Set<Object> determineImports(AnnotationMetadata metadata) {
            return Collections.singleton(new PackageImports(metadata));
    }

    }
```

在 Registrar 中有以下两个方法:
（1）方法 registerBeanDefinitions 用于进行 Bean 定义注册；
（2）方法 determineImports 用于确认需要导入的类。

在 registerBeanDefinitions 方法和 determineImports 方法中都出现了 PackageImports，下一节将对 PackageImports 进行分析。

7.6.1 PackageImports 分析

本节将对 PackageImports 进行分析，在 Spring Boot 中关于该对象的定义代码如下：

```
private static final class PackageImports {

    // 包名集合
    private final List<String> packageNames;

    PackageImports(AnnotationMetadata metadata) {
        // 从注解元数据中获取 AutoConfigurationPackage 注解对应的属性表
        AnnotationAttributes attributes = AnnotationAttributes
                .fromMap(metadata.getAnnotationAttributes(AutoConfigurationPackage.class.getName(), false));
        // 获取 basePackages 数据
        List<String> packageNames = new ArrayList<>(Arrays.asList(attributes.getStringArray("basePackages")));
        for (Class<?> basePackageClass : attributes.getClassArray("basePackageClasses")) {
            packageNames.add(basePackageClass.getPackage().getName());
        }
        if (packageNames.isEmpty()) {
            packageNames.add(ClassUtils.getPackageName(metadata.getClassName()));
        }
        this.packageNames = Collections.unmodifiableList(packageNames);
    }
}
```

在 PackageImports 中有一个成员变量是 packageNames，该成员变量用于存储 AutoConfigurationPackage 注解 basePackages 数据和 basePackageClasses 解析过后的数据。关于成员变量 packageNames 的数据初始化，在构造函数中有具体代码，详细处理流程如下：

（1）从注解元数据中获取 AutoConfigurationPackage 注解对应的属性表；
（2）从属性表中获取 basePackages 数据；
（3）从属性表中获取 basePackageClasses 数据，循环获取 basePackageClass 中的包名加入步骤（2）的数据集合中；
（4）如果经过步骤（2）和步骤（3）得到的包名集合为空将获取注解所在的包路径放入步骤（2）中的数据集合中；
（5）赋值成员变量 packageNames。

7.6.2 register 分析

本节将对 AutoConfigurationPackages.Registrar 中 registerBeanDefinitions 方法涉及的 register

方法进行分析，详细处理代码如下：

```
public static void register(BeanDefinitionRegistry registry, String... packageNames) {
    // Bean 注册器中是否存在指定的 Bean 定义
    if (registry.containsBeanDefinition(BEAN)) {
        // 获取 Bean 定义
        BasePackagesBeanDefinition beanDefinition = (BasePackagesBeanDefinition)
registry.getBeanDefinition(BEAN);
        // 向 Bean 定义中添加包名集合
        beanDefinition.addBasePackages(packageNames);
    }
    else {
        // 注册 Bean 定义
        registry.registerBeanDefinition(BEAN, new BasePackagesBeanDefinition(
packageNames));
    }
}
```

在 register 方法中主要处理流程是判断 Bean 注册器中是否存在 BasePackagesBeanDefinition 实例，如果存在则获取并添加 packageNames 数据，如果不存在则创建 BasePackagesBeanDefinition 实例并添加 packageNames 数据。

本章小结

本章从 EnableAutoConfiguration 出发对其中所涉及的 AutoConfigurationImportSelector、ConfigurationClassFilter、AutoConfigurationImportListener、ImportAutoConfigurationImportSelector 和 AutoConfigurationPackages 做出了分析。在这几个对象中相对关键的是 AutoConfigurationImportSelector，它承担了整体的处理流程，本章中其他对象的分析主要是为理解 AutoConfigurationImportSelector 的处理而展开的。在 AutoConfigurationImportSelector 中通过 selectImports 方法获取到需要导入的 Bean 名称之后会使用 Spring Framework 中关于 Import 的相关技术完成 Bean 的实例化。

第 8 章

Spring Boot 日志系统分析

日志系统不论在什么类型的项目中都会承担记录、排查问题等作用，本章将对 Spring Boot 中的日志系统进行分析。

8.1 LoggingSystemFactory 分析

本节将对 LoggingSystemFactory 进行分析，在 Spring Boot 中关于 LoggingSystemFactory 的完整代码如下：

```
public interface LoggingSystemFactory {
    // 获取日志系统对象
    LoggingSystem getLoggingSystem(ClassLoader classLoader);

    // 获取日志系统工厂
    static LoggingSystemFactory fromSpringFactories() {
        return new DelegatingLoggingSystemFactory(
                (classLoader) ->
 SpringFactoriesLoader.loadFactories(LoggingSystemFactory.class, classLoader));
    }

}
```

在 LoggingSystemFactory 中提供了以下两个方法：

（1）方法 getLoggingSystem 用于获取日志系统；

（2）方法 fromSpringFactories 从 spring.factories 文件中获取 LoggingSystemFactory 数据组装成 DelegatingLoggingSystemFactory。

通过对 LoggingSystemFactory 的简单查看可以发现这里出现了两个要素：一是 DelegatingLoggingSystemFactory，二是 LoggingSystem。下一节将对 DelegatingLoggingSystemFactory 进行分析。

8.2 DelegatingLoggingSystemFactory 分析

本节将对 DelegatingLoggingSystemFactory 进行分析，关于 DelegatingLoggingSystemFactory 需要先从构造函数说起，详细处理代码如下：

```
DelegatingLoggingSystemFactory(Function<ClassLoader, List<LoggingSystemFactory>> delegates) {
    this.delegates = delegates;
}
```

在这段代码中传入的是一个函数对象，这里函数对象传递的参数是类加载器，返回值是 LoggingSystemFactory 集合。这里需要注意返回值是提前准备好的，数据来源是 spring.factories，具体涉及的数据信息如下：

```
org.springframework.boot.logging.LoggingSystemFactory=\
org.springframework.boot.logging.logback.LogbackLoggingSystem.Factory,\
org.springframework.boot.logging.log4j2.Log4J2LoggingSystem.Factory,\
org.springframework.boot.logging.java.JavaLoggingSystem.Factory
```

了解了 delegates 中可能的数据集合后，下面对 getLoggingSystem 方法进行说明，在 getLoggingSystem 方法中会通过成员变量 delegates 获取所有可能的 LoggingSystemFactory，再遍历 LoggingSystemFactory 集合获取日志系统对象。这里主要有 LogbackLoggingSystem、Log4J2LoggingSystem 和 JavaLoggingSystem 的相关内容，关于它们的分析将在本章后续篇幅中进行。

8.3 LoggingSystem 和 AbstractLoggingSystem 分析

本节将对 LoggingSystem 和 AbstractLoggingSystem 进行分析，主要围绕方法进行说明，LoggingSystem 是 AbstractLoggingSystem 的父类，下面对 LoggingSystem 进行分析，主要介绍 LoggingSystem 方法明细，详细内容见表 8-1。

表 8-1 LoggingSystem 方法明细

方法名称	方法作用
getSystemProperties	获取日志系统配置
beforeInitialize	日志初始化之前执行的方法
initialize	实例化方法
cleanUp	清理日志系统
getShutdownHandler	获取关闭处理程序
getSupportedLogLevels	获取支持的日志级别
setLogLevel	设置日志级别
getLoggerConfigurations	获取日志配置集合
getLoggerConfiguration	获取日志配置
get	获取日志系统

在上述方法中对 get 方法进行分析，具体处理代码如下：

```java
public static LoggingSystem get(ClassLoader classLoader) {
    // 获取系统变量中的日志系统类名
    String loggingSystemClassName = System.getProperty(SYSTEM_PROPERTY);
    if (StringUtils.hasLength(loggingSystemClassName)) {
        // 日志系统类名存在并且和 none 同名将返回没有任何操作的日志系统对象
        if (NONE.equals(loggingSystemClassName)) {
            return new NoOpLoggingSystem();
        }
        // 进一步获取
        return get(classLoader, loggingSystemClassName);
    }
    // 通过委托对象获取日志系统对象
    LoggingSystem loggingSystem = SYSTEM_FACTORY.getLoggingSystem(classLoader);
    Assert.state(loggingSystem != null, "No suitable logging system located");
    return loggingSystem;
}
```

在上述代码中主要的处理流程如下。

（1）从系统变量中获取日志系统的名称，如果日志系统名称存在并且是 none 将返回没有操作的日志系统对象。如果日志系统名称不是 none 将进一步获取，具体获取是反射方式创建对象。

（2）通过委托对象获取日志系统对象。

接下来将对 AbstractLoggingSystem 进行分析，在 AbstractLoggingSystem 中需要关注的是父类需要子类实现的方法，在此主要关注 initialize 方法，详细处理代码如下：

```java
public void initialize(LoggingInitializationContext initializationContext,
        String configLocation, LogFile logFile) {
    // 判断配置文件地址是否存在
    if (StringUtils.hasLength(configLocation)) {
        // 使用配置文件进行初始化
        initializeWithSpecificConfig(initializationContext, configLocation, logFile);
        return;
    }
    // 约定的初始化，默认初始化策略
    initializeWithConventions(initializationContext, logFile);
}
```

在上述代码中根据配置文件地址是否存在做出了两种日志系统初始化的操作。第一种需要依赖 initializeWithSpecificConfig 方法处理，第二种需要依赖 initializeWithConventions 方法处理。下面对 initializeWithSpecificConfig 方法进行分析，详细处理代码如下：

```java
private void initializeWithSpecificConfig(LoggingInitializationContext
initializationContext, String configLocation, LogFile logFile) {
    // 解析配置地址
    configLocation = SystemPropertyUtils.resolvePlaceholders(configLocation);
    // 加载配置文件
    loadConfiguration(initializationContext, configLocation, logFile);
}
```

在 initializeWithSpecificConfig 方法中主要的处理流程如下：

（1）解析配置地址；

（2）加载配置文件完成日志系统初始化。

在上述处理流程中的第二个操作流程 loadConfiguration 是一个抽象方法需要子类进行具体实现，下面回到 initialize 方法中对第二种初始化策略进行说明，详细处理代码如下：

```java
private void initializeWithConventions(LoggingInitializationContext
initializationContext, LogFile logFile) {
    // 获取默认的初始化配置地址
    String config = getSelfInitializationConfig();
    if (config != null && logFile == null) {
        // 重新初始化
        reinitialize(initializationContext);
        return;
    }
    if (config == null) {
        // 获取 spring 中的日志文件
        config = getSpringInitializationConfig();
    }
    if (config != null) {
        // 加载配置文件
        loadConfiguration(initializationContext, config, logFile);
        return;
    }
    // 加载默认配置文件
    loadDefaults(initializationContext, logFile);
}
```

在 initializeWithConventions 方法中提供了以下三种初始化方法：

（1）方法 reinitialize 通过 LoggingInitializationContext 进行初始化；

（2）方法 loadConfiguration 进行加载；

（3）方法 loadDefaults 进行加载。

方法 loadConfiguration 和方法 loadDefaults 的差异是后者不需要依赖配置文件前者需要依赖配置文件，上述提到的三个方法都需要子类进行实现，下一节开始将对子类进行分析。

8.4　JavaLoggingSystem 分析

本节将对 JavaLoggingSystem 进行分析，在 JavaLoggingSystem 中关于配置地址的代码如下：

```java
protected String[] getStandardConfigLocations() {
    return new String[] { "logging.properties" };
}
```

在 Spring Boot 中关于 logging.properties 文件的具体存储路径是 resources/org/springframework/boot/logging/java/logging.properties，详细数据内容如下：

```
handlers =java.util.logging.ConsoleHandler
.level = INFO

java.util.logging.ConsoleHandler.formatter = org.springframework.boot.logging.java.SimpleFormatter
java.util.logging.ConsoleHandler.level = ALL

org.hibernate.validator.internal.util.Version.level = WARNING
org.apache.coyote.http11.Http11NioProtocol.level = WARNING
org.apache.tomcat.util.net.NioSelectorPool.level = WARNING
org.apache.catalina.startup.DigesterFactory.level = SEVERE
org.apache.catalina.util.LifecycleBase.level = SEVERE
org.eclipse.jetty.util.component.AbstractLifeCycle.level = SEVERE
```

除了 logging.properties 文件以外，Spring Boot 中还有 logging-file.properties 文件中存储了关于日志配置的内容，具体存储数据如下：

```
handlers =java.util.logging.FileHandler,java.util.logging.ConsoleHandler
.level = INFO

# File Logging
java.util.logging.FileHandler.pattern = ${LOG_FILE}
java.util.logging.FileHandler.formatter =
org.springframework.boot.logging.java.SimpleFormatter
java.util.logging.FileHandler.level = ALL
java.util.logging.FileHandler.limit = 10485760
java.util.logging.FileHandler.count = 10

java.util.logging.ConsoleHandler.formatter =
org.springframework.boot.logging.java.SimpleFormatter
java.util.logging.ConsoleHandler.level = ALL

org.hibernate.validator.internal.util.Version.level = WARNING
org.apache.coyote.http11.Http11NioProtocol.level = WARNING
org.apache.tomcat.util.net.NioSelectorPool.level = WARNING
org.apache.catalina.startup.DigesterFactory.level = SEVERE
org.apache.catalina.util.LifecycleBase.level = SEVERE
org.eclipse.jetty.util.component.AbstractLifeCycle.level = SEVERE
```

了解了日志相关的配置文件后，下面将对加载相关操作进行说明，在 loadDefaults 方法中会判断 logFile 是否存在来决定加载什么配置，如果存在则加载 logging-file.properties 文件中的配置，否则会加载 logging.properties 中的配置。关于日志配置相关的加载操作其本质是对于 Java 中的 Logger 对象进行操作，具体操作细节这里不做介绍了。最后关于 JavaLoggingSystem 中有关 LoggingSystemFactory 的实现，具体处理代码如下：

```
@Order(Ordered.LOWEST_PRECEDENCE)
public static class Factory implements LoggingSystemFactory {
    private static final boolean PRESENT =
            ClassUtils.isPresent("java.util.logging.LogManager",
            Factory.class.getClassLoader());

    public LoggingSystem getLoggingSystem(ClassLoader classLoader) {
        if (PRESENT) {
            return new JavaLoggingSystem(classLoader);
        }
        return null;
    }
}
```

在上述代码中会判断类加载器中是否存在 java.util.logging.LogManager，如果存在则创建 JavaLoggingSystem，否则返回 null。

8.5 LogbackLoggingSystem 分析

本节将对 LogbackLoggingSystem 进行分析，接下来需要明确配置，在 LogbackLoggingSystem 中关于配置地址的代码如下：

```
protected String[] getStandardConfigLocations() {
```

```
        return new String[] { "logback-test.groovy", "logback-test.xml", "logback.
groovy", "logback.xml" };
}
```

在这段代码中指出了 Spring Boot 中对于 logback 的默认配置，具体文件存储在 resources/org/springframework/boot/logging/logback 中。在该对象中主要的操作对象是 ch.qos.logback.classic.Logger 和 ch.qos.logback.classic.LoggerContext，在该对象中有关于 LoggingSystemFactory 的实现，具体处理代码如下：

```
@Order(Ordered.LOWEST_PRECEDENCE)
public static class Factory implements LoggingSystemFactory {

    private static final boolean PRESENT =
            ClassUtils.isPresent("ch.qos.logback.core.Appender",
                    Factory.class.getClassLoader());

        public LoggingSystem getLoggingSystem(ClassLoader classLoader) {
        if (PRESENT) {
            return new LogbackLoggingSystem(classLoader);
        }
        return null;
    }
}
```

在上述代码中会判断类加载器中是否存在 ch.qos.logback.core.Appender，如果存在则会创建 LogbackLoggingSystem，反之则会返回 null。

8.6　Log4J2LoggingSystem 分析

本节将对 Log4J2LoggingSystem 进行分析，在 Log4J2LoggingSystem 中关于配置地址的代码如下：

```
protected void loadDefaults(LoggingInitializationContext initializationContext,
 LogFile logFile) {
    if (logFile != null) {
        loadConfiguration(getPackagedConfigFile("log4j2-file.xml"), logFile);
    }
    else {
        loadConfiguration(getPackagedConfigFile("log4j2.xml"), logFile);
    }
}
```

在这段代码中指出了 Spring Boot 中对于 log4j2 的默认配置，详细地址在 resources/org/springframework/boot/logging/log4j2 目录下。除了上述两个默认的配置文件外 Spring Boot 支持自定义配置文件，在 Log4J2LoggingSystem 中负责处理这些自定义配置的处理代码如下：

```
protected String[] getStandardConfigLocations() {
    return getCurrentlySupportedConfigLocations();
}

private String[] getCurrentlySupportedConfigLocations() {
    List<String> supportedConfigLocations = new ArrayList<>();
    addTestFiles(supportedConfigLocations);
    supportedConfigLocations.add("log4j2.properties");
    if (isClassAvailable("com.fasterxml.jackson.dataformat.yaml.YAMLParser")) {
```

```
            Collections.addAll(supportedConfigLocations, "log4j2.yaml", "log4j2.yml");
        }
        if (isClassAvailable("com.fasterxml.jackson.databind.ObjectMapper")) {
            Collections.addAll(supportedConfigLocations, "log4j2.json", "log4j2.jsn");
        }
        supportedConfigLocations.add("log4j2.xml");
        return StringUtils.toStringArray(supportedConfigLocations);
    }

    private void addTestFiles(List<String> supportedConfigLocations) {
        supportedConfigLocations.add("log4j2-test.properties");
        if (isClassAvailable("com.fasterxml.jackson.dataformat.yaml.YAMLParser")) {
            Collections.addAll(supportedConfigLocations, "log4j2-test.yaml", "log4j2-test.yml");
        }
        if (isClassAvailable("com.fasterxml.jackson.databind.ObjectMapper")) {
            Collections.addAll(supportedConfigLocations, "log4j2-test.json", "log4j2-test.jsn");
        }
        supportedConfigLocations.add("log4j2-test.xml");
    }
```

在该对象中有关于 LoggingSystemFactory 的实现，具体处理代码如下：

```
@Order(Ordered.LOWEST_PRECEDENCE)
public static class Factory implements LoggingSystemFactory {

    private static final boolean PRESENT = ClassUtils
            .isPresent("org.apache.logging.log4j.core.impl.Log4jContextFactory",
    Factory.class.getClassLoader());

        public LoggingSystem getLoggingSystem(ClassLoader classLoader) {
            if (PRESENT) {
                return new Log4J2LoggingSystem(classLoader);
            }
            return null;
        }
}
```

在上述代码中会判断类加载器中是否存在 org.apache.logging.log4j.core.impl.Log4jContextFactory 类，如果存在则创建 Log4J2LoggingSystem，否则返回 null。

8.7　LoggingApplicationListener 分析

在前文中介绍了 Spring Boot 项目中关于日志系统的内容，在本节将会对日志系统的使用进行说明，日志系统的使用入口是 LoggingApplicationListener，LoggingApplicationListener 是一个应用监听器，主要关注 onApplicationEvent 方法，详细处理代码如下：

```
public void onApplicationEvent(ApplicationEvent event) {
    if (event instanceof ApplicationStartingEvent) {
        onApplicationStartingEvent((ApplicationStartingEvent) event);
    }
    else if (event instanceof ApplicationEnvironmentPreparedEvent) {
        onApplicationEnvironmentPreparedEvent((ApplicationEnvironmentPreparedEvent) event);
    }
    else if (event instanceof ApplicationPreparedEvent) {
```

```
            onApplicationPreparedEvent((ApplicationPreparedEvent) event);
        }
        else if (event instanceof ContextClosedEvent
                && ((ContextClosedEvent) event).getApplicationContext().getParent() ==
null) {
            onContextClosedEvent();
        }
        else if (event instanceof ApplicationFailedEvent) {
            onApplicationFailedEvent();
        }
    }
```

在上述代码中涉及的 5 个事件分别是：

（1）应用程序启动事件 ApplicationStartingEvent。在该事件发生时会进行日志系统的获取和日志系统的前置初始化。

（2）应用程序环境准备事件 ApplicationEnvironmentPreparedEvent。在该事件发生时会进行日志文件的初始化、日志分组的初始化、日志系统的初始化、日志级别的初始化和 JVM 关闭时的钩子函数的创建。

（3）应用程序准备事件 ApplicationPreparedEvent。在该事件发生时会进行 Bean 的注册，注册日志系统、日志文件和日志分组。

（4）上下文关闭事件 ContextClosedEvent。在该事件发生时会进行日志系统的清理。

（5）应用程序失败事件 ApplicationFailedEvent。在该事件发生时会进行日志系统的清理。

本章小结

本章对 Spring Boot 中关于日志系统相关内容进行分析，从 LoggingSystemFactory 开始对 Spring Boot 中的相关实现进行了说明，主要包括基于 Java 的日志实现、基于 logback 的日志实现和 log4j2 的日志实现。对于日志本身的说明本章并未涉及，本章对于各日志的实现过程主要关注于日志配置文件的存储。

第 9 章 Spring Boot 中异常报告相关分析

本章将对 Spring Boot 中与异常报告、异常分析相关内容进行分析,异常分析包括如下三个接口。

(1) SpringBootExceptionReporter: Spring Boot 异常报告器。
(2) FailureAnalysisReporter: 异常报告器。
(3) FailureAnalyzer: 故障分析器。

9.1 SpringBootExceptionReporter 分析

本章将对 SpringBootExceptionReporter 进行分析,需要了解 SpringBootExceptionReporter 的定义,完整代码如下:

```
@FunctionalInterface
public interface SpringBootExceptionReporter {
    boolean reportException(Throwable failure);
}
```

在 SpringBootExceptionReporter 中有一个方法 reportException,该方法用于判断是否需要向用户报告异常。

在 Spring Boot 中,关于 SpringBootExceptionReporter 的实现只有 FailureAnalyzers,下面将对该对象进行分析。

9.1.1 FailureAnalyzers 对象分析

本节将对 FailureAnalyzers 进行分析,FailureAnalyzers 的成员变量见表 9-1。

第 9 章 Spring Boot 中异常报告相关分析

表 9-1 FailureAnalyzers 的成员变量

变 量 名 称	变 量 类 型	变 量 说 明
classLoader	ClassLoader	类加载器
analyzers	List<FailureAnalyzer>	异常分析器集合

在上述成员变量中关键的是它们的初始化过程，具体初始化过程在构造函数中，处理代码如下：

```
FailureAnalyzers(ConfigurableApplicationContext context, ClassLoader classLoader) {
    this.classLoader = (classLoader != null) ? classLoader : getClassLoader(context);
    this.analyzers = loadFailureAnalyzers(context, this.classLoader);
}
private ClassLoader getClassLoader(ConfigurableApplicationContext context) {
    return (context != null) ? context.getClassLoader() : null;
}
private List<FailureAnalyzer> loadFailureAnalyzers(ConfigurableApplicationContext context, ClassLoader classLoader) {
    List<String> classNames = SpringFactoriesLoader.loadFactoryNames(FailureAnalyzer.class, classLoader);
    List<FailureAnalyzer> analyzers = new ArrayList<>();
    for (String className : classNames) {
        try {
            FailureAnalyzer analyzer = createAnalyzer(context, className);
            if (analyzer != null) {
                analyzers.add(analyzer);
            }
        }
        catch (Throwable ex) {
            logger.trace(LogMessage.format("Failed to load %s", className), ex);
        }
    }
    AnnotationAwareOrderComparator.sort(analyzers);
    return analyzers;
}
```

在上述代码中类加载可以从方法参数中获取或者从应用上下文中获取。关于异常分析器集合数据可以在 cognitivespring.factories 文件中获取，相关数据如下：

```
org.springframework.boot.diagnostics.FailureAnalyzer=\
org.springframework.boot.context.config.ConfigDataNotFoundFailureAnalyzer,\
org.springframework.boot.context.properties.IncompatibleConfigurationFailureAnalyzer,\
org.springframework.boot.context.properties.NotConstructorBoundInjectionFailureAnalyzer,\
org.springframework.boot.diagnostics.analyzer.BeanCurrentlyInCreationFailureAnalyzer,\
org.springframework.boot.diagnostics.analyzer.BeanDefinitionOverrideFailureAnalyzer,\
org.springframework.boot.diagnostics.analyzer.BeanNotOfRequiredTypeFailureAnalyzer,\
org.springframework.boot.diagnostics.analyzer.BindFailureAnalyzer,\
org.springframework.boot.diagnostics.analyzer.BindValidationFailureAnalyzer,\
org.springframework.boot.diagnostics.analyzer.UnboundConfigurationPropertyFailureAnalyzer,\
org.springframework.boot.diagnostics.analyzer.ConnectorStartFailureAnalyzer,\
org.springframework.boot.diagnostics.analyzer.NoSuchMethodFailureAnalyzer,\
org.springframework.boot.diagnostics.analyzer.NoUniqueBeanDefinitionFailureAnalyzer,\
org.springframework.boot.diagnostics.analyzer.PortInUseFailureAnalyzer,\
org.springframework.boot.diagnostics.analyzer.
```

```
ValidationExceptionFailureAnalyzer,\
    org.springframework.boot.diagnostics.analyzer.
InvalidConfigurationPropertyNameFailureAnalyzer,\
    org.springframework.boot.diagnostics.analyzer.
InvalidConfigurationPropertyValueFailureAnalyzer,\
    org.springframework.boot.diagnostics.analyzer.PatternParseFailureAnalyzer,\
    org.springframework.boot.liquibase.LiquibaseChangelogMissingFailureAnalyzer
```

在 loadFailureAnalyzers 方法中会读取上述内容,并将其通过 createAnalyzer 方法创建实例,然后会进行排序操作,排序完成后就会返回异常分析器集合。接下来查看 SpringBootExceptionReporter 的相关实现,具体代码如下:

```
public boolean reportException(Throwable failure) {
    // 进行异常分析
    FailureAnalysis analysis = analyze(failure, this.analyzers);
    // 进行报告
    return report(analysis, this.classLoader);
}
```

在 reportException 方法中主要的处理流程如下:

(1) 通过成员变量 analyzers 进行异常分析;

(2) 通过 report 方法判断是否需要告知用户。

下面分析方法 analyze,详细处理代码如下:

```
private FailureAnalysis analyze(Throwable failure, List<FailureAnalyzer> analyzers) {
    for (FailureAnalyzer analyzer : analyzers) {
        try {
            // 分析获取报告结果
            FailureAnalysis analysis = analyzer.analyze(failure);
            if (analysis != null) {
                return analysis;
            }
        }
        catch (Throwable ex) {
            logger.trace(LogMessage.format("FailureAnalyzer %s failed", analyzer), ex);
        }
    }
    return null;
}
```

在上述代码中会遍历成员变量 analyzers 对每一个元素进行分析,具体分析需要依靠 FailureAnalyzer 进行处理,如果分析结果不为空,将返回这个对象。该对象的基础定义代码如下:

```
public class FailureAnalysis {
    private final String description;
    private final String action;
    private final Throwable cause;
}
```

在 FailureAnalysis 中没有什么复杂处理,比较简单。

下面分析 report 方法,详细处理代码如下:

```
private boolean report(FailureAnalysis analysis, ClassLoader classLoader) {
    // 从 spring.factories 文件获取 FailureAnalysisReporter 对应的数据
    List<FailureAnalysisReporter> reporters =
SpringFactoriesLoader.loadFactories(FailureAnalysisReporter.class,
```

```
      classLoader);
   if (analysis == null || reporters.isEmpty()) {
      return false;
   }
   // 遍历报告对象进行报告操作
   for (FailureAnalysisReporter reporter : reporters) {
      reporter.report(analysis);
   }
   return true;
}
```

在上述代码中会进行如下操作：

（1）在 spring.factories 文件中搜索 FailureAnalysisReporter 对应的数据；

（2）遍历 spring.factories 文件中的 FailureAnalysisReporter 数据集合进行报告。

在上述处理流程中需要使用到 spring.factories 文件中的内容，FailureAnalysisReporter 对应的数据信息如下：

```
org.springframework.boot.diagnostics.FailureAnalysisReporter=\
org.springframework.boot.diagnostics.LoggingFailureAnalysisReporter
```

在 FailureAnalyzers 中执行 reportException 方法会需要使用到 FailureAnalyzer 和 FailureAnalysisReporter。

9.1.2 SpringBootExceptionReporter 使用时机

本节将对 SpringBootExceptionReporter 的使用时机进行说明，在 SpringApplication 中有如下代码：

```
private void reportFailure(Collection<SpringBootExceptionReporter> exceptionReporters, Throwable failure) {
   try {
      for (SpringBootExceptionReporter reporter : exceptionReporters) {
         // 判断是否需要报告异常
         if (reporter.reportException(failure)) {
            // 注册异常
            registerLoggedException(failure);
            return;
         }
      }
   } catch (Throwable ex) {
   }
   if (logger.isErrorEnabled()) {
      logger.error("Application run failed", failure);
      registerLoggedException(failure);
   }
}
```

在上述代码中直接调用了 SpringBootExceptionReporter 的 reportException 方法，再往外层搜索使用的方法是 org.springframework.boot.SpringApplication#handleRunFailure，继续向外搜索可以发现最外层是 org.springframework.boot.SpringApplication#run 方法，查看 run 方法的代码，具体如下所示：

```
public ConfigurableApplicationContext run(String... args) {
   try {
```

```java
        } catch (Throwable ex) {
            // 异常处理
            handleRunFailure(context, ex, listeners);
            throw new IllegalStateException(ex);
        }

        try {
            // 监听器执行
            listeners.running(context);
        } catch (Throwable ex) {
            // 异常处理
            handleRunFailure(context, ex, null);
            throw new IllegalStateException(ex);
        }
        return context;
}
```

可以看到如果出现了异常会进行 handleRunFailure 方法的调度，在 handleRunFailure 方法中会进一步调度 reportFailure 方法来对不同的异常进行报告。

9.2　FailureAnalysisReporter 分析

本节将对 FailureAnalysisReporter 进行分析，接下来关注该对象的基础定义，具体代码如下：

```java
@FunctionalInterface
public interface FailureAnalysisReporter {

    void report(FailureAnalysis analysis);

}
```

在 FailureAnalysisReporter 中定义了 report 方法用于输出报告，详细处理代码如下：

```java
public final class LoggingFailureAnalysisReporter implements FailureAnalysisReporter {

    private static final Log logger =
LogFactory.getLog(LoggingFailureAnalysisReporter.class);

    public void report(FailureAnalysis failureAnalysis) {
        if (logger.isDebugEnabled()) {
            logger.debug("Application failed to start due to an exception",
failureAnalysis.getCause());
        }
        if (logger.isErrorEnabled()) {
            logger.error(buildMessage(failureAnalysis));
        }
    }

    private String buildMessage(FailureAnalysis failureAnalysis) {
        StringBuilder builder = new StringBuilder();
        builder.append(String.format("%n%n"));
        builder.append(String.format("***************************%n"));
        builder.append(String.format("APPLICATION FAILED TO START%n"));
        builder.append(String.format("***************************%n%n"));
        builder.append(String.format("Description:%n%n"));
        builder.append(String.format("%s%n", failureAnalysis.getDescription()));
        if (StringUtils.hasText(failureAnalysis.getAction())) {
            builder.append(String.format("%nAction:%n%n"));
            builder.append(String.format("%s%n", failureAnalysis.getAction()));
```

```
        }
        return builder.toString();
    }
}
```

在上述代码中根据日志级别的不同做出了不同的异常报告方式，针对 debug 级别的日志会进行异常堆栈的完整输出，对于 error 级别的日志会输出异常消息。

9.3 FailureAnalyzer 分析

本节将对 FailureAnalyzer 进行分析，接下来关注该接口的基础定义，具体代码如下：

```
@FunctionalInterface
public interface FailureAnalyzer {
    FailureAnalysis analyze(Throwable failure);
}
```

在 FailureAnalyzer 中定义了 analyze 方法，该方法用于将异常对象转换为 FailureAnalysis。在 Spring Boot 中关于 FailureAnalyzer 的实现类有很多，本节主要关注 spring.factories 文件中的内容，具体如下。

（1）ConfigDataNotFoundFailureAnalyzer：配置数据搜索失败的异常分析。

（2）IncompatibleConfigurationFailureAnalyzer：兼容性相关的异常分析。

（3）NotConstructorBoundInjectionFailureAnalyzer：非构造函数注入失败的分析器。

（4）BeanCurrentlyInCreationFailureAnalyzer：Bean 创建失败分析器。

（5）BeanDefinitionOverrideFailureAnalyzer：Bean 定义覆盖分析器。

（6）BeanNotOfRequiredTypeFailureAnalyzer：Bean 类型不唯一分析器。

（7）BindFailureAnalyzer：绑定失败分析器。

（8）BindValidationFailureAnalyzer：绑定验证失败分析器。

（9）UnboundConfigurationPropertyFailureAnalyzer：未绑定属性故障分析器。

（10）ConnectorStartFailureAnalyzer：连接启动失败分析器，主要和 Tomcat 相关。

（11）NoSuchMethodFailureAnalyzer：不具备方法的异常分析器。

（12）NoUniqueBeanDefinitionFailureAnalyzer：Bean 定义不唯一分析器。

（13）PortInUseFailureAnalyzer：端口故障分析器。

（14）ValidationExceptionFailureAnalyzer：验证异常失败分析器。

（15）InvalidConfigurationPropertyNameFailureAnalyzer：无效的配置属性名称故障分析器。

（16）InvalidConfigurationPropertyValueFailureAnalyzer：无效的配置属性数据故障分析器。

（17）PatternParseFailureAnalyzer：路径匹配模式异常分析器，主要对 Spring MVC 中的路径匹配策略进行处理。

（18）LiquibaseChangelogMissingFailureAnalyzer：与 liquibase 中 ChangeLogParseException 异常相关的分析器。

本章不对上述 18 个对象的具体异常分析做详细分析，下面将以 PortInUseFailureAnalyzer 类作为分析目标来讲述整体的设计。

在 PortInUseFailureAnalyzer 的代码中，可以发现它继承了 AbstractFailureAnalyzer，重

写了 analyze 方法，在 analyze 方法中会创建 FailureAnalysis。下面进入父类 AbstractFailure-
Analyzer 分析，详细代码如下：

```
public abstract class AbstractFailureAnalyzer<T extends Throwable> implements
    FailureAnalyzer {
    public FailureAnalysis analyze(Throwable failure) {
        // 寻找异常对象
        T cause = findCause(failure, getCauseType());
        // 异常存在则进行分析，得到 FailureAnalysis
        if (cause != null) {
            return analyze(failure, cause);
        }
        return null;
    }

    protected abstract FailureAnalysis analyze(Throwable rootFailure, T cause);

    @SuppressWarnings("unchecked")
    protected Class<? extends T> getCauseType() {
        // 通过泛型获取具体异常类
        return (Class<? extends T>) ResolvableType.forClass(AbstractFailureAnalyzer.
class, getClass()).resolveGeneric();
    }

    @SuppressWarnings("unchecked")
    protected final <E extends Throwable> E findCause(Throwable failure, Class<E>
type) {
        while (failure != null) {
            if (type.isInstance(failure)) {
                return (E) failure;
            }
            failure = failure.getCause();
        }
        return null;
    }
}
```

在 AbstractFailureAnalyzer 中 analyze 方法是统一对外调度的方法，具体处理流程如下：

（1）通过 findCause 方法寻找异常对象；

（2）如果第（1）步中寻找到的异常对象不为空，则进行分析。

在上述处理流程中分析方法是抽象方法，需要子类实现，关于 findCause 方法，处理需要如下两步操作：

（1）通过 getCauseType 方法获取类上的异常泛型的实际类型；

（2）通过 findCause 方法遍历 Throwable，从中找到异常类型匹配的对象将其返回。

本章小结

本章对 Spring Boot 中与异常报告、异常分析相关内容进行分析。对于异常报告，本章着重介绍 FailureAnalyzers 类的处理流程，在 FailureAnalyzers 分析时发现需要使用异常报告器和故障分析器。

第 10 章

EnableConfigurationProperties 相关分析

本章将对 EnableConfigurationProperties 进行分析，在 Spring Boot 中该对象主要用于注册进行配置注入。最为常见的配置注入就是从应用配置文件 application.yml（yaml）或者 application.properties 读取数据将其转换成 Spring Bean。

10.1　EnableConfigurationPropertiesRegistrar 分析

本节将对 EnableConfigurationPropertiesRegistrar 进行分析，对于它的分析需要从 EnableConfigurationProperties 入手，关于 EnableConfigurationProperties 的详细代码如下：

```
@Target(ElementType.TYPE)
@Retention(RetentionPolicy.RUNTIME)
@Documented
@Import(EnableConfigurationPropertiesRegistrar.class)
public @interface EnableConfigurationProperties {
   String VALIDATOR_BEAN_NAME = "configurationPropertiesValidator";
   Class<?>[] value() default {}
}
```

在 EnableConfigurationProperties 中发现它使用了 Import 来进行了一些行为操作，而这些行为操作就是本节的分析目标，在 EnableConfigurationPropertiesRegistrar 中最主要的方法是 registerBeanDefinitions，主要处理流程如下：

（1）注册 Bean 实例，这里可以简单认为 Bean 实例类型分别是 ConfigurationPropertiesBindingPostProcessor、BoundConfigurationProperties 和 MethodValidationExcludeFilter；

（2）创建 ConfigurationPropertiesBeanRegistrar；

（3）获取注解元数据中的 value 数据值，这里对应的注解是 EnableConfigurationProperties；

（4）将第（3）步中获取的 value 值通过 ConfigurationPropertiesBeanRegistrar 进行注册。

下面对注册实例进行细节分析，接下来是 ConfigurationPropertiesBindingPostProcessor 的注册，具体注册由 ConfigurationPropertiesBindingPostProcessor.register 方法进行，详细代码如下：

```java
public static void register(BeanDefinitionRegistry registry) {
    Assert.notNull(registry, "Registry must not be null");
    // 注册器中不包含 ConfigurationPropertiesBindingPostProcessor 定义
    if (!registry.containsBeanDefinition(BEAN_NAME)) {
        // 创建 ConfigurationPropertiesBindingPostProcessor 的 Bean 定义对象
        BeanDefinition definition = BeanDefinitionBuilder
                .genericBeanDefinition(ConfigurationPropertiesBindingPostProcessor.class,
                        ConfigurationPropertiesBindingPostProcessor::new)
                .getBeanDefinition();
        // 设置 role
        definition.setRole(BeanDefinition.ROLE_INFRASTRUCTURE);
        // 注册 Bean 定义
        registry.registerBeanDefinition(BEAN_NAME, definition);
    }
    // 属性绑定器注册
    ConfigurationPropertiesBinder.register(registry);
}
```

在上述代码中主要的处理流程如下：

（1）判断注册器中是否包含 ConfigurationPropertiesBindingPostProcessor 的 Bean 定义，如果不包含会通过 BeanDefinitionBuilder 创建 ConfigurationPropertiesBindingPostProcessor 的 Bean 定义对象并设置 role 数据，完成 Bean 定义对象创建后会进行注册操作；

（2）属性绑定器中的注册。

在上述处理流程中第（2）步还会进行额外的 Bean 注册，具体处理代码如下：

```java
static void register(BeanDefinitionRegistry registry) {
    // 不存在 org.springframework.boot.context.internalConfigurationPropertiesBinderFactory
    // 的定义
    if (!registry.containsBeanDefinition(FACTORY_BEAN_NAME)) {
        AbstractBeanDefinition definition = BeanDefinitionBuilder
                .genericBeanDefinition(ConfigurationPropertiesBinder.Factory.class,
                        ConfigurationPropertiesBinder.Factory::new)
                .getBeanDefinition();
        definition.setRole(BeanDefinition.ROLE_INFRASTRUCTURE);
        registry.registerBeanDefinition(ConfigurationPropertiesBinder.FACTORY_BEAN_NAME, definition);
    }
    // 不存在 org.springframework.boot.context.internalConfigurationPropertiesBinder 对
    // 应的定义
    if (!registry.containsBeanDefinition(BEAN_NAME)) {
        AbstractBeanDefinition definition = BeanDefinitionBuilder
                .genericBeanDefinition(ConfigurationPropertiesBinder.class,
                        () -> ((BeanFactory) registry)
                                .getBean(FACTORY_BEAN_NAME, ConfigurationPropertiesBinder.Factory.class).create())
                .getBeanDefinition();
        definition.setRole(BeanDefinition.ROLE_INFRASTRUCTURE);
        registry.registerBeanDefinition(ConfigurationPropertiesBinder.BEAN_NAME, definition);
    }
}
```

在上述代码中会进行两个 Bean 的实例化，第一个是负责生成的工厂，具体类型是 ConfigurationPropertiesBinder.Factory，第二个是 Bean 本身，具体类型是 ConfigurationProperties-

Binder。至此我们对于 ConfigurationPropertiesBindingPostProcessor.register（registry）方法的细节就完成了，下面对 BoundConfigurationProperties.register（registry）方法进行分析，具体处理代码如下：

```java
static void register(BeanDefinitionRegistry registry) {
    Assert.notNull(registry, "Registry must not be null");
    // 注册器中不包含 BoundConfigurationProperties 定义
    if (!registry.containsBeanDefinition(BEAN_NAME)) {
        BeanDefinition definition = BeanDefinitionBuilder
                    .genericBeanDefinition(BoundConfigurationProperties.class,
BoundConfigurationProperties::new)
                .getBeanDefinition();
        definition.setRole(BeanDefinition.ROLE_INFRASTRUCTURE);
        registry.registerBeanDefinition(BEAN_NAME, definition);
    }
}
```

在上述代码中会判断注册器中是否包含 BoundConfigurationProperties 类名对应的 Bean 定义，如果不存在则进行 Bean 定义的创建并将其注册到注册器中。继续向下分析 registerMethodValidationExcludeFilter 方法，具体处理代码如下：

```java
static void registerMethodValidationExcludeFilter(BeanDefinitionRegistry registry) {
    if (!registry.containsBeanDefinition(METHOD_VALIDATION_EXCLUDE_FILTER_BEAN_NAME)) {
        BeanDefinition definition = BeanDefinitionBuilder
                .genericBeanDefinition(MethodValidationExcludeFilter.class,
                        () ->
MethodValidationExcludeFilter.byAnnotation(ConfigurationProperties.class))
                .setRole(BeanDefinition.ROLE_INFRASTRUCTURE).getBeanDefinition();
        registry.registerBeanDefinition(METHOD_VALIDATION_EXCLUDE_FILTER_BEAN_NAME,
definition);
    }
}
```

在 registerMethodValidationExcludeFilter 方法中具体处理流程是判断注册器中是否存在 MethodValidationExcludeFilter 的 Bean 定义，如果不存在则进行 Bean 定义创建并将其放入注册器中。在 registerBeanDefinitions 方法中主要目的是进行了几个 Bean 定义的注册，其他方法都是简单地调用，本节不做分析。

10.2 ConfigurationPropertiesBeanRegistrar 分析

本节将对 ConfigurationPropertiesBeanRegistrar 进行分析，下面对 ConfigurationPropertiesBeanRegistrar 成员变量进行说明，详见表 10-1。

表 10-1 ConfigurationPropertiesBeanRegistrar 成员变量

变 量 名 称	变 量 类 型	变 量 说 明
Registry	BeanDefinitionRegistry	Bean 定义注册器
beanFactory	BeanFactory	Bean 注册器

从成员变量表中可以推断出该对象就是一个用于注册 Bean 定义和 Bean 的对象。在该对象中主要对 register 相关方法进行分析，通过对 EnableConfigurationPropertiesRegistrar 的

registerBeanDefinitions 方法分析可以找到分析的主要入口，具体代码如下：

```
void register(Class<?> type) {
    MergedAnnotation<ConfigurationProperties> annotation = MergedAnnotations
            .from(type, SearchStrategy.TYPE_HIERARCHY).get(ConfigurationProperties.class);
    register(type, annotation);
}
```

在上述代码中主要的处理流程有两步：

（1）获取合并后的注解对象，在这里合并采取的是全层级搜索，搜索目标是 Configuration-Properties；

（2）注册当前类和合并后注解之间的关系。

关于上述流程中第（2）步的处理详情代码如下：

```
void register(Class<?> type, MergedAnnotation<ConfigurationProperties> annotation) {
    // 获取名称
    String name = getName(type, annotation);
    // 判断 name 是否存在 Bean 定义，不存在则进行注册
    if (!containsBeanDefinition(name)) {
        // 注册
        registerBeanDefinition(name, type, annotation);
    }
}
```

在这段代码中主要的处理流程如下。

（1）获取 Bean 名称。获取方式是从合并后的注解对象中获取 prefix 数据，如果获取为空将获取对象类名，如果不为空则进行 prefix 数据值和类名的组合，组合符号是"-"。

（2）判断注册器中是否包含第（1）步中 Bean 名称对应的 Bean 定义，如果不包含将进行注册操作。判断操作需要依赖 ListableBeanFactory 和 HierarchicalBeanFactory 处理。

下面以 ServerProperties 为例对 ConfigurationPropertiesBeanRegistrar 中的注册细节进行说明，第（1）步获取合并后的注解信息具体数据如图 10-1 所示。

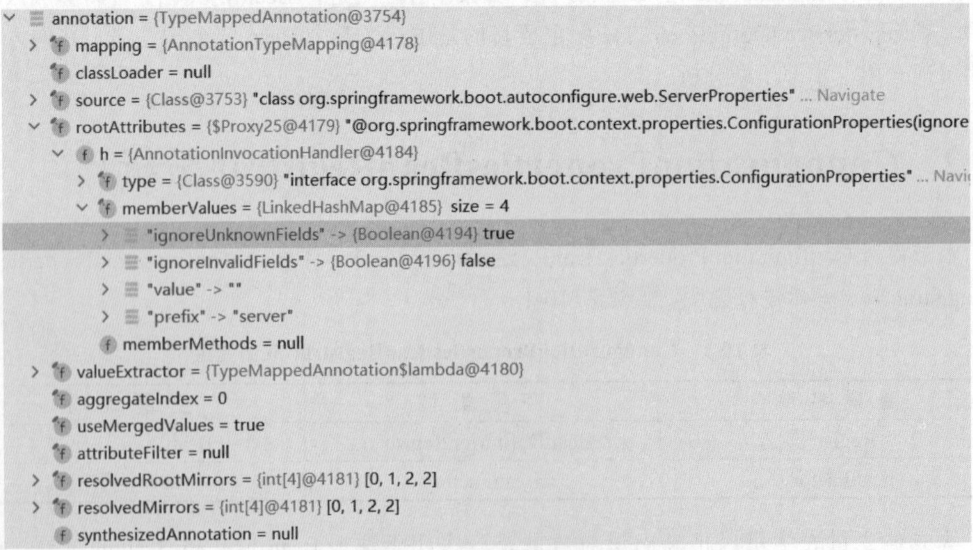

图 10-1　合并后的注解信息

在图 10-1 中可以发现 prefix 的数据是 server，这个数据在注册 Bean 定义时对于 Bean 名称会有印象。下面查看最终的 Bean 名称，具体信息如图 10-2 所示。

> name = "server-org.springframework.boot.autoconfigure.web.ServerProperties"

图 10-2　最终的 Bean 名称信息

在得到 Bean 名称后需要判断容器中是否存在，显然第一次进行注册 Bean 名称对应的 Bean 定义是不存在的，因此可以直接关注 Bean 定义本身，关于最终的 Bean 定义信息的详细信息如图 10-3 所示。

图 10-3　最终的 Bean 定义信息

10.3　ConfigurationPropertiesBinder 分析

本节将对 ConfigurationPropertiesBinder 进行分析，该对象的主要职责是进行数据绑定，下面对 ConfigurationPropertiesBinder 成员变量进行说明，详细见表 10-2。

表 10-2　ConfigurationPropertiesBinder 成员变量

变 量 名 称	变 量 类 型	变 量 说 明
applicationContext	ApplicationContext	应用上下文
propertySources	PropertySources	属性源
configurationPropertiesValidator	Validator	验证器

续表

变量名称	变量类型	变量说明
jsr303Present	boolean	是否开启 jsr303 验证
jsr303Validator	Validator	验证器
binder	Binder	绑定器

在上述成员变量中，关于 jsr303Present 的数据将会依赖 ConfigurationPropertiesJsr303Validator. isJsr303Present 方法，该方法是用于判断类加载器中是否存在 javax.validation.Validator、javax. validation.ValidatorFactory 或者 javax.validation.bootstrap.GenericBootstrap。在 Configuration-PropertiesBinder 中需要重点关注的有两个方法，它们分别是 bind 和 bindOrCreate，详细代码如下：

```
BindResult<?> bind(ConfigurationPropertiesBean propertiesBean) {
    // 获取绑定目标
    Bindable<?> target = propertiesBean.asBindTarget();
    // 获取 ConfigurationProperties
    ConfigurationProperties annotation = propertiesBean.getAnnotation();
    // 获取绑定处理器
    BindHandler bindHandler = getBindHandler(target, annotation);
    // 获取绑定对象进行绑定
    return getBinder().bind(annotation.prefix(), target, bindHandler);
}
Object bindOrCreate(ConfigurationPropertiesBean propertiesBean) {
    Bindable<?> target = propertiesBean.asBindTarget();
    ConfigurationProperties annotation = propertiesBean.getAnnotation();
    BindHandler bindHandler = getBindHandler(target, annotation);
    return getBinder().bindOrCreate(annotation.prefix(), target, bindHandler);
}
```

在上述代码中可以发现它们的整体处理流程有很多相似的步骤，最大的差异是返回值，相同的处理流程如下：

（1）从 ConfigurationPropertiesBean 中获取绑定目标；

（2）从 ConfigurationPropertiesBean 中获取 ConfigurationProperties；

（3）获取绑定处理器；

（4）获取绑定对象。

在得到绑定对象后会分别进行处理，如果是 bind 方法会进行绑定操作，如果是 bindOr-Create 会进行绑定操作并且创建对象。

10.3.1 ConfigurationPropertiesBean 分析

bind 方法和 bindOrCreate 方法都需要依赖 ConfigurationPropertiesBean，下面将对该对象进行分析，下面对 ConfigurationPropertiesBean 成员变量进行说明，详细内容见表 10-3。

表 10-3 ConfigurationPropertiesBean 成员变量

变量名称	变量类型	变量说明
name	String	名称
instance	Object	实例对象

续表

变量名称	变量类型	变量说明
annotation	ConfigurationProperties	注解数据
bindTarget	Bindable<?>	绑定目标
bindMethod	BindMethod	绑定方法

关于 ConfigurationPropertiesBean 的方法分析需要从 ConfigurationPropertiesBindingPostProcessor #postProcessBeforeInitialization 方法找到入口，入口完整代码如下：

```
public static ConfigurationPropertiesBean get(ApplicationContext applicationContext,
Object bean, String beanName) {
    Method factoryMethod = findFactoryMethod(applicationContext, beanName);
    return create(beanName, bean, bean.getClass(), factoryMethod);
}
```

在上述代码中会进行如下两个操作：

（1）寻找方法；

（2）创建 ConfigurationPropertiesBean。

在这个处理过程中需要理解 factoryMethod 是什么，从表面上看可以知道它是一个方法（函数、Method），通过调试可以发现 factoryMethod 的可能性有很多，下面对 findFactoryMethod 方法进行分析，通过分析确认可能的情况，findFactoryMethod 的具体处理代码如下：

```
private static Method findFactoryMethod(ApplicationContext applicationContext,
String beanName) {
    // 应用上下文是 ConfigurableApplicationContext 类型才处理
    if (applicationContext instanceof ConfigurableApplicationContext) {
        return findFactoryMethod((ConfigurableApplicationContext) applicationContext,
beanName);
    }
    return null;
}

private static Method findFactoryMethod(ConfigurableApplicationContext
applicationContext, String beanName) {
    return findFactoryMethod(applicationContext.getBeanFactory(), beanName);
}

private static Method findFactoryMethod(ConfigurableListableBeanFactory
beanFactory, String beanName) {
    // 判断是否存在 Bean 名称对应的 Bean 定义对象
    if (beanFactory.containsBeanDefinition(beanName)) {
        // 存在搜索 Bean 定义
        BeanDefinition beanDefinition = beanFactory.getMergedBeanDefinition(beanName);
        // Bean 定义类型是 RootBeanDefinition
        if (beanDefinition instanceof RootBeanDefinition) {
            // 获取工厂方法
            Method resolvedFactoryMethod = ((RootBeanDefinition)
beanDefinition).getResolvedFactoryMethod();
            if (resolvedFactoryMethod != null) {
                return resolvedFactoryMethod;
            }
        }
        // 类型不是 RootBeanDefinition 的情况处理
        return findFactoryMethodUsingReflection(beanFactory, beanDefinition);
```

```
        }
        return null;
    }

    private static Method findFactoryMethodUsingReflection(ConfigurableListableBeanFactory
beanFactory, BeanDefinition beanDefinition) {
        // 获取工厂方法名称
        String factoryMethodName = beanDefinition.getFactoryMethodName();
        // 获取工厂 Bean 名称
        String factoryBeanName = beanDefinition.getFactoryBeanName();
        // 工厂 Bean 名称为空或者工厂方法
        if (factoryMethodName == null || factoryBeanName == null) {
            return null;
        }
        // 从容器中获取工厂 Bean 名称对应的类型
        Class<?> factoryType = beanFactory.getType(factoryBeanName);
        // 判断是否是 CGLIB 代理，如果是 CGLIB 代理则获取父类
        if (factoryType.getName().contains(ClassUtils.CGLIB_CLASS_SEPARATOR)) {
            factoryType = factoryType.getSuperclass();
        }
        // 创建存储容器
        AtomicReference<Method> factoryMethod = new AtomicReference<>();
        ReflectionUtils.doWithMethods(factoryType, (method) -> {
            // 方法名称相同设置
            if (method.getName().equals(factoryMethodName)) {
                factoryMethod.set(method);
            }
        });
        return factoryMethod.get();
    }
```

通过阅读上述代码可以确认这里寻找的方法是工厂方法，数据的来源位于工厂 Bean，具体的处理流程如下。

（1）判断应用上下文是 ConfigurableApplicationContext 类型，如果不是将返回 null。

（2）在容器中确认当前处理的 Bean 名称是否有对应的 Bean 定义，如果存在会判断 Bean 定义的类型是否是 RootBeanDefinition，如果是则直接从 RootBeanDefinition 中获取 factoryMethodToIntrospect 属性作为方法返回值。如果 Bean 定义类型不是 RootBeanDefinition 则进行如下操作：

①从 Bean 定义中获取工厂方法名称和工厂 Bean 名称，如果工厂方法名称和工厂 Bean 名称为空将不做处理返回 null。

②从容器中找到工厂 Bean 名称对应的 Bean 类型，如果 Bean 类型存在 CGLIB 代理的特征（"$$"），则获取父类。

③创建存储容器，通过类获取方法集合再进一步判断方法是否匹配，如果匹配则放入存储容器中。

通过上述分析可以说 Method 是一个可以创建 Bean 实例的方法。下面对 ValidationAutoConfiguration#methodValidationPostProcessor 方法进行分析，具体处理代码如下：

```
@Bean
@ConditionalOnMissingBean
public static MethodValidationPostProcessor methodValidationPostProcessor(Environment
environment, @Lazy Validator validator, ObjectProvider<MethodValidationExcludeFilter>
excludeFilters) {
    FilteredMethodValidationPostProcessor processor = new
```

```
FilteredMethodValidationPostProcessor(
        excludeFilters.orderedStream());
    boolean proxyTargetClass = environment.getProperty("spring.aop.proxy-target-class", Boolean.class, true);
    processor.setProxyTargetClass(proxyTargetClass);
    processor.setValidator(validator);
    return processor;
}
```

在这段代码中可以发现，这里采用的是注解模式的 Bean 创建方式，可以明确地知道该方法可以用于创建 Bean 实例，因此它会是寻找的方法，上述方法中存在 Bean 定义对象的具体信息，如图 10-4 所示。

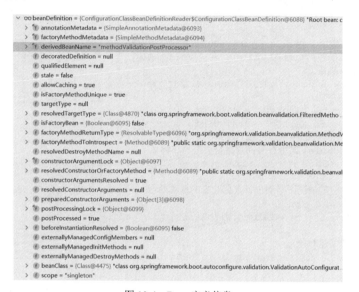

图 10-4　Bean 定义信息

在图 10-4 中可以发现成员变量 factoryMethodToIntrospect 数据不为 null，因此将直接获取该数据进行返回，此时的 factoryMethod 对象信息如图 10-5 所示。

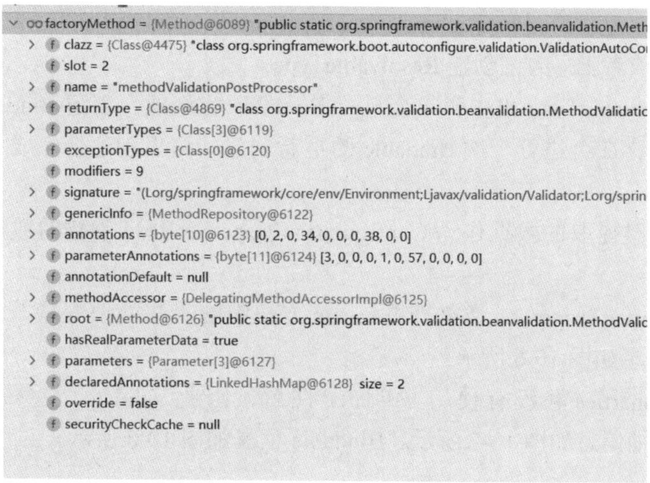

图 10-5　factoryMethod 对象信息

对于 findFactoryMethod 方法的分析就告一段落，下面进入到 create 方法中，具体处理代码如下：

```
private static ConfigurationPropertiesBean create(String name, Object instance,
Class<?> type, Method factory) {
    // 寻找注解
    ConfigurationProperties annotation = findAnnotation(instance, type, factory,
ConfigurationProperties.class);
    // 注解为空返回空
    if (annotation == null) {
        return null;
    }
    // 寻找 Validated 注解
    Validated validated = findAnnotation(instance, type, factory, Validated.
class);
    // 创建注解数组，包含 ConfigurationProperties 或者 Validated 注解
    Annotation[] annotations = (validated != null) ? new Annotation[] {
annotation, validated }
            : new Annotation[] { annotation };
    // 得到绑定类型
    ResolvableType bindType = (factory != null) ?
ResolvableType.forMethodReturnType(factory)
            : ResolvableType.forClass(type);
    // 创建 Bindable,其中存储的数据是类型和注解
    Bindable<Object> bindTarget = Bindable.of(bindType).withAnnotations
(annotations);
    // 实例不为空的情况下需要进行数据对象的重新处理
    if (instance != null) {
        bindTarget = bindTarget.withExistingValue(instance);
    }
    // 构造函数创建对象
    return new ConfigurationPropertiesBean(name, instance, annotation, bindTarget);
}
```

上述代码的核心目的是创建 ConfigurationPropertiesBean，具体创建流程如下：

（1）寻找 ConfigurationProperties，如果 ConfigurationProperties 没有找到将返回 null 结束处理；

（2）寻找 Validated 注解；

（3）创建注解数组用于存储 ConfigurationProperties 和 Validated 注解；

（4）根据类型或者工厂方法创建 ResolvableType；

（5）根据 ResolvableType 和注解集合进行 Bindable 的创建，创建 Bindable 后需要判断实例是否存在，如果存在会进行一次 Bindable 的重新创建，这里创建会完成 Bindablevalue 属性的填写；

（6）将上述各类提取的数据作为 ConfigurationPropertiesBean 创建的数据集合完成最后的创建。

下面将通过 ServerProperties 类来查看 create 方法中的一些处理变量，关于 Configuration-Properties 的详细信息如图 10-6 所示。

由于 ServerProperties 并没有使用 Validated 注解，因此 Validated 注解的数据信息为空，Validated 注解的详细信息如图 10-7 所示。Bindable 信息如图 10-8 所示。

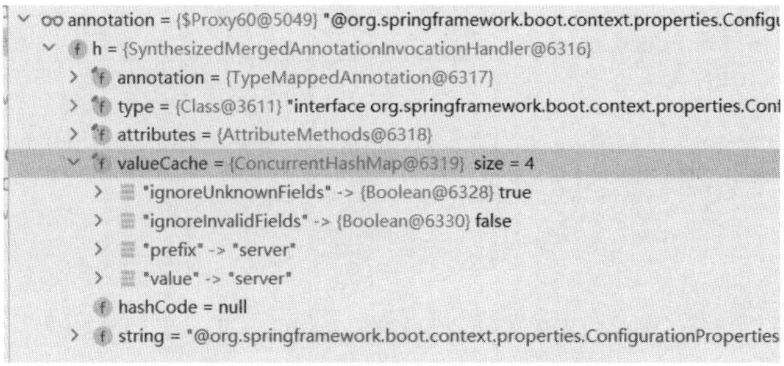

第 10 章　EnableConfigurationProperties 相关分析

图 10-6　ConfigurationProperties 详细信息

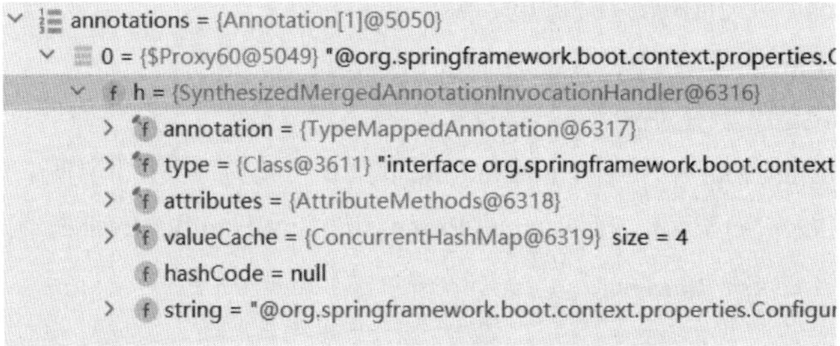

图 10-7　Validated 注解详细信息

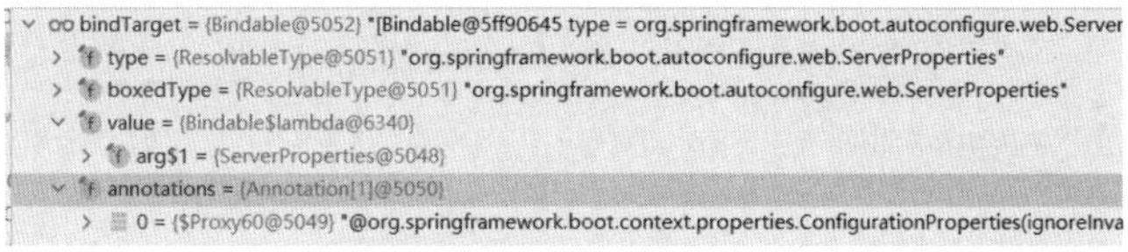

图 10-8　Bindable 信息

10.3.2　BindHandler 分析

本节将对 BindHandler 以及相关实现类进行说明，接下来需要了解 BindHandler 中定义的方法，详细代码如下：

```
public interface BindHandler {
   BindHandler DEFAULT = new BindHandler() {};

   default <T> Bindable<T> onStart(ConfigurationPropertyName name, Bindable<T> target, BindContext context) {
      return target;
   }
   default Object onSuccess(ConfigurationPropertyName name, Bindable<?> target,
      BindContext context, Object result) {
      return result;
   }
   default Object onCreate(ConfigurationPropertyName name, Bindable<?> target,
      BindContext context, Object result) {
      return result;
   }
   default Object onFailure(ConfigurationPropertyName name, Bindable<?> target,
```

```
        BindContext context, Exception error)
                throws Exception {
            throw error;
        }
        default void onFinish(ConfigurationPropertyName name, Bindable<?> target,
            BindContext context, Object result)
                throws Exception {
        }
    }
```

在 BindHandler 中定义了一个没有任何操作的 BindHandler 实现类以及一些阶段方法：

（1）方法 onStart 用于在开始进行绑定操作之前调度；

（2）方法 onSuccess 用于在绑定成功后调度；

（3）方法 onCreate 用于在创建时调度；

（4）方法 onFailure 用于在绑定失败时调度；

（5）方法 onFinish 用于在完成绑定后调度。

接下来将对 Spring Boot 中关于 BindHandler 的 10 个实现类进行说明。下面对 UseLegacy-ProcessingBindHandler 进行介绍，UseLegacyProcessingBindHandler 的详细代码如下：

```
    private static class UseLegacyProcessingBindHandler implements BindHandler {

            public Object onSuccess(ConfigurationPropertyName name, Bindable<?> target,
BindContext context,
                Object result) {
            // 判断 result 是否为 true，不为 true 抛出异常
            if (Boolean.TRUE.equals(result)) {
                throw new
UseLegacyConfigProcessingException(context.getConfigurationProperty());
            }
            return result;
        }

    }
```

在 UseLegacyProcessingBindHandler#onSuccess 方法中会判断 result 对象是否是 true，如果是会抛出异常。接下来将对 InactiveSourceChecker 进行分析，详细处理代码如下：

```
    private class InactiveSourceChecker implements BindHandler {

        // 配置数据激活上下文
        private final ConfigDataActivationContext activationContext;

        InactiveSourceChecker(ConfigDataActivationContext activationContext) {
            this.activationContext = activationContext;
        }

            public Object onSuccess(ConfigurationPropertyName name, Bindable<?> target,
BindContext context,
                Object result) {

            for (ConfigDataEnvironmentContributor contributor :
    ConfigDataEnvironmentContributors.this) {
                // 判断当前配置环境是否处于激活状态，如果未激活会进一步判断是否需要抛出异常
                if (!contributor.isActive(this.activationContext)) {
                    InactiveConfigDataAccessException.throwIfPropertyFound(contributor,
name);
                }
```

```
        }
        return result;
    }
}
```

在上述代码中会对环境配置候选者对象集合进行处理，具体处理是判断当前环境配置候选者是否处于激活状态，如果处于激活状态则不做处理，如果处于未激活状态可能会抛出异常，关于异常处理的详细代码如下：

```
static void throwIfPropertyFound(ConfigDataEnvironmentContributor contributor,
ConfigurationPropertyName name) {
    // 获取配置属性来源接口
    ConfigurationPropertySource source = contributor.getConfigurationPropertySource();
    // 提取配置属性
    ConfigurationProperty property = (source != null) ?
source.getConfigurationProperty(name) : null;
    // 配置属性不为空
    if (property != null) {
        // 候选对象中获取属性源
        PropertySource<?> propertySource = contributor.getPropertySource();
        // 获取配置数据资源对象
        ConfigDataResource location = contributor.getResource();
        // 抛出异常
        throw new InactiveConfigDataAccessException(propertySource, location,
name.toString(), property.getOrigin());
    }
}
```

在 throwIfPropertyFound 方法中，对于抛出异常会从环境配置候选者中获取配置属性源接口并且从源中获取 name 对应的数据，如果该数据不为空将抛出异常。

接下来对 LegacyProfilesBindHandler 进行分析，详细代码如下：

```
private static class LegacyProfilesBindHandler implements BindHandler {

    // 配置属性表
    private ConfigurationProperty property;

    public Object onSuccess(ConfigurationPropertyName name, Bindable<?> target,
BindContext context,
        Object result) {
        // 设置成员变量配置属性表
        this.property = context.getConfigurationProperty();
        return result;
    }
    ConfigurationProperty getProperty() {
        return this.property;
    }
}
```

在 LegacyProfilesBindHandler#onSuccess 方法中会设置成员变量配置属性表。下面将对 AbstractBindHandler 进行分析，完整代码如下：

```
public abstract class AbstractBindHandler implements BindHandler {

    private final BindHandler parent;

    public AbstractBindHandler() {
        this(BindHandler.DEFAULT);
    }
```

```java
    public AbstractBindHandler(BindHandler parent) {
        Assert.notNull(parent, "Parent must not be null");
        this.parent = parent;
    }
    public <T> Bindable<T> onStart(ConfigurationPropertyName name, Bindable<T>
            target, BindContext context) {
        return this.parent.onStart(name, target, context);
    }
    public Object onSuccess(ConfigurationPropertyName name, Bindable<?> target,
            BindContext context, Object result) {
        return this.parent.onSuccess(name, target, context, result);
    }
    public Object onFailure(ConfigurationPropertyName name, Bindable<?> target,
            BindContext context, Exception error)
            throws Exception {
        return this.parent.onFailure(name, target, context, error);
    }
    public void onFinish(ConfigurationPropertyName name, Bindable<?> target,
            BindContext context, Object result)
            throws Exception {
        this.parent.onFinish(name, target, context, result);
    }
}
```

在 AbstractBindHandler 中可以发现它主要围绕成员变量 parent 进行了处理，在 AbstractBindHandler 中各类处理都会依赖父 BindHandler。从 AbstractBindHandler 的定义中可以发现它是抽象类，应该还有实现类。下面将对各个实现类进行分析，接下来是 IgnoreTopLevelConverterNotFoundBindHandler 的分析，具体处理代码如下：

```java
public class IgnoreTopLevelConverterNotFoundBindHandler extends AbstractBindHandler {

    public IgnoreTopLevelConverterNotFoundBindHandler() {
    }

    public IgnoreTopLevelConverterNotFoundBindHandler(BindHandler parent) {
        super(parent);
    }
    public Object onFailure(ConfigurationPropertyName name, Bindable<?> target,
     BindContext context, Exception error)
            throws Exception {
        // 上下文深度为 0 并且异常类型是 ConverterNotFoundException 将返回 null，其
        // 他情况抛出异常
        if (context.getDepth() == 0 && error instanceof ConverterNotFoundException) {
            return null;
        }
        throw error;
    }
}
```

在 IgnoreTopLevelConverterNotFoundBindHandler 中重写了 onFailure 方法，当不满足上下文深度为 0 并且异常类型是 ConverterNotFoundException 时将抛出异常。

接下来将对 IgnoreErrorsBindHandler 进行分析，详细处理代码如下：

```java
public class IgnoreErrorsBindHandler extends AbstractBindHandler {

    public IgnoreErrorsBindHandler() {
    }
```

```java
    public IgnoreErrorsBindHandler(BindHandler parent) {
        super(parent);
    }
    public Object onFailure(ConfigurationPropertyName name, Bindable<?> target,
        BindContext context, Exception error)
            throws Exception {
        // 目标对象的值为空返回 null，不为空则返回值
        return (target.getValue() != null) ? target.getValue().get() : null;
    }
}
```

在 IgnoreErrorsBindHandler 中关于 onFailure 方法的处理会通过 Bindable 来进行，核心目标是从 Bindable 中获取 Bean 实例。

接下来将对 BoundPropertiesTrackingBindHandler 进行分析，详细处理代码如下：

```java
public class BoundPropertiesTrackingBindHandler extends AbstractBindHandler {
    private final Consumer<ConfigurationProperty> consumer;
    public BoundPropertiesTrackingBindHandler(Consumer<ConfigurationProperty>
consumer) {
        Assert.notNull(consumer, "Consumer must not be null");
        this.consumer = consumer;
    }

    public Object onSuccess(ConfigurationPropertyName name, Bindable<?> target,
BindContext context, Object result) {
        // 从上下文中获取配置属性表，如果不为空并且名称和属性表中的名称相同会进行验证处理
        if (context.getConfigurationProperty() != null &&
name.equals(context.getConfigurationProperty().getName())) {
            this.consumer.accept(context.getConfigurationProperty());
        }
        // 父类处理
        return super.onSuccess(name, target, context, result);
    }
}
```

在 BoundPro 中 onSuccess 方法会对数据进行一次消费。如果需要进行消费必须同时满足下面两个条件：

（1）上下文中的配置属性表存在；

（2）属性表中的名称和参数 name 相同。

接下来将对 ValidationBindHandler 方法进行分析，首先需要理解 ValidationBindHandler 中的成员变量，详细见表 10-4。

表 10-4　ValidationBindHandler 中的成员变量

变量名称	变量类型	变量说明
validators	Validator[]	验证器集合
boundTypes	Map<ConfigurationPropertyName, ResolvableType>	绑定类型，key 表示配置属性名称，value 表示解析类型
boundResults	Map<ConfigurationPropertyName, Object>	绑定结果，key 表示配置属性名称，value 表示数据值
boundProperties	Set<ConfigurationProperty>	配置属性集合
exception	BindValidationException	绑定异常对象

下面对 ValidationBindHandler 的方法进行分析，以下是 onStart 方法的详细代码：

```java
public <T> Bindable<T> onStart(ConfigurationPropertyName name, Bindable<T> target,
BindContext context) {
    this.boundTypes.put(name, target.getType());
    return super.onStart(name, target, context);
}
```

在 onStart 方法中会进行 boundTypes 成员变量数据的设置，并且调用父类的 onStart 方法。下面对 onSuccess 方法进行分析，详细代码如下：

```java
public Object onSuccess(ConfigurationPropertyName name, Bindable<?> target,
    BindContext context, Object result) {
    this.boundResults.put(name, result);
    if (context.getConfigurationProperty() != null) {
        this.boundProperties.add(context.getConfigurationProperty());
    }
    return super.onSuccess(name, target, context, result);
}
```

在 onSuccess 方法中会进行 boundResults 成员变量的数据设置，并且在绑定上下文的 ConfigurationProperty 不为空的情况下会进行成员变量 boundProperties 的数据操作。下面对 onFailure 方法进行分析，具体处理代码如下：

```java
public Object onFailure(ConfigurationPropertyName name, Bindable<?> target,
BindContext context, Exception error)
        throws Exception {
    Object result = super.onFailure(name, target, context, error);
    if (result != null) {
        clear();
        this.boundResults.put(name, result);
    }
    validate(name, target, context, result);
    return result;
}
```

在 onFailure 方法中主要的处理流程是先通过父类 onFailure 方法获取一个处理结果，如果该处理结果不为空会进行清理操作，清理除了 validators 以外的成员变量数据，清理后会加入 boundResults 中，完成后会再次进行验证操作，这两次验证会通过成员变量 validators 进行，如果验证失败会从验证器中获取异常并给成员变量 exception 赋值。最后对 onFinish 方法进行分析，详细代码如下：

```java
public void onFinish(ConfigurationPropertyName name, Bindable<?> target,
BindContext context, Object result) throws Exception {
    validate(name, target, context, result);
    super.onFinish(name, target, context, result);
}
```

在 onFinish 方法中进行的验证操作和 onFailure 方法中的验证操作相同。onFinish 的处理分两步，第一步验证，第二步执行父类的 onFinish 方法。

接下来将对 ConfigDataLocationBindHandler 进行分析，详细处理代码如下：

```java
class ConfigDataLocationBindHandler extends AbstractBindHandler {

    @SuppressWarnings("unchecked")
    public Object onSuccess(ConfigurationPropertyName name, Bindable<?> target,
BindContext context, Object result) {
```

```java
        if (result instanceof ConfigDataLocation) {
            return withOrigin(context, (ConfigDataLocation) result);
        }
        if (result instanceof List) {
            List<Object> list = ((List<Object>)
  result).stream().filter(Objects::nonNull).collect(Collectors.toList());
            for (int i = 0; i < list.size(); i++) {
                Object element = list.get(i);
                if (element instanceof ConfigDataLocation) {
                    list.set(i, withOrigin(context, (ConfigDataLocation) element));
                }
            }
            return list;
        }
        if (result instanceof ConfigDataLocation[]) {
            ConfigDataLocation[] locations = Arrays.stream((ConfigDataLocation[])
  result).filter(Objects::nonNull)
                    .toArray(ConfigDataLocation[]::new);
            for (int i = 0; i < locations.length; i++) {
                locations[i] = withOrigin(context, locations[i]);
            }
            return locations;
        }
        return result;
    }

    private ConfigDataLocation withOrigin(BindContext context, ConfigDataLocation
  result) {
        if (result.getOrigin() != null) {
            return result;
        }
        Origin origin = Origin.from(context.getConfigurationProperty());
        return result.withOrigin(origin);
    }

}
```

在 ConfigDataLocationBindHandler 中主要是对方法参数 result 进行处理，处理的目的是对类型是 ConfigDataLocation 的元素进行处理，具体处理是通过 Origin 进行一次转换。最后对 NoUnboundElementsBindHandler 进行分析，核心处理代码如下：

```java
public class NoUnboundElementsBindHandler extends AbstractBindHandler {
        public <T> Bindable<T> onStart(ConfigurationPropertyName name, Bindable<T>
  target, BindContext context) {
            this.attemptedNames.add(name);
            return super.onStart(name, target, context);
        }

            public Object onSuccess(ConfigurationPropertyName name, Bindable<?>
  target, BindContext context, Object result) {
            this.boundNames.add(name);
            return super.onSuccess(name, target, context, result);
        }

            public Object onFailure(ConfigurationPropertyName name, Bindable<?>
  target, BindContext context, Exception error)
                throws Exception {
            if (error instanceof UnboundConfigurationPropertiesException) {
                throw error;
            }
```

```
            return super.onFailure(name, target, context, error);
        }

         public void onFinish(ConfigurationPropertyName name, Bindable<?> target,
BindContext context, Object result)
            throws Exception {
        if (context.getDepth() == 0) {
            checkNoUnboundElements(name, context);
        }
    }
}
```

在 onStart 和 onSuccess 方法中都是进行了成员变量的操作,并无特殊处理,在 onFinish 方法中会对绑定上下文深度为 0 的数据进行一次检查,如果检查追踪出现异常会直接抛出异常。

10.3.3 Binder 分析

本节将对 Binder 进行分析,下面对 Binder 成员变量进行说明,具体见表 10-5。

表 10-5 Binder 成员变量

变量名称	变量类型	变量说明
sources	Iterable<ConfigurationPropertySource>	配置数据源集合,存储了各类数据源对象,它是数据提供者
placeholdersResolver	PlaceholdersResolver	占位符解析器
conversionService	ConversionService	转换服务
propertyEditorInitializer	Consumer<PropertyEditorRegistry>	属性编辑注册器
defaultBindHandler	BindHandler	绑定处理器
dataObjectBinders	List<DataObjectBinder>	数据绑定器

在 Binder 中相对核心的方法是 bind,这里选择的分析入口代码如下:

```
private <T> T bind(ConfigurationPropertyName name, Bindable<T> target, BindHandler
handler, Context context, boolean allowRecursiveBinding, boolean create) {
    try {
        Bindable<T> replacementTarget = handler.onStart(name, target, context);
        if (replacementTarget == null) {
            return handleBindResult(name, target, handler, context, null,
create);
        }
        target = replacementTarget;
        Object bound = bindObject(name, target, handler, context,
allowRecursiveBinding);
        return handleBindResult(name, target, handler, context, bound, create);
    }
    catch (Exception ex) {
        return handleBindError(name, target, handler, context, ex);
    }
}
```

在 bind 方法中可以发现,这里主要有两个方法的处理,第一个是 handleBindResult,第二个是 bindObject。下面对 handleBindResult 方法的处理进行分析,它的完整处理代码如下:

```
private <T> T handleBindResult(ConfigurationPropertyName name, Bindable<T> target,
BindHandler handler,
```

```
            Context context, Object result, boolean create) throws Exception {
        // 结果对象不为空
        if (result != null) {
            // 通过绑定处理器获取处理结果
            result = handler.onSuccess(name, target, context, result);
            // 从上下文中获取转换器进行转换
            result = context.getConverter().convert(result, target);
        }
        // 结果对象为空并且允许创建
        if (result == null && create) {
            // 创建结果对象
            result = create(target, context);
            // 通过绑定处理器进行对象创建
            result = handler.onCreate(name, target, context, result);
            // 从上下文中获取转换器进行转换
            result = context.getConverter().convert(result, target);
            Assert.state(result != null, () -> "Unable to create instance for " +
target.getType());
        }
        // 触发绑定处理器的完成操作
        handler.onFinish(name, target, context, result);
        // 从上下文中获取转换器进行转换
        return context.getConverter().convert(result, target);
    }
```

在 handleBindResult 方法中主要处理流程如下：

（1）判断结果对象是否存在，如果存在会通过绑定处理器获取处理结果，并且通过上下文获取转换服务进行转换，得到待处理的结果对象；

（2）当结果对象为空并且需要创建对象时会通过成员变量 dataObjectBinders 创建对象，在得到第一版结果对象后会通过绑定处理器进行一次创建处理，在完成转换器处理后会进行转换最终得到待处理的结果对象；

（3）触发绑定处理器的完成操作；

（4）将第（1）步或者第（2）步中的待处理结果对象进行最后的转换，转换后作为结果返回。

在上述处理流程中主要涉及 BindHandler 和 ConversionService，关于 BindHandler 的部分在前文已有分析，关于后者属于 Spring IoC 的技术内容。接下来对 bindObject 方法进行分析，详细处理代码如下：

```
    private <T> Object bindObject(ConfigurationPropertyName name, Bindable<T> target,
BindHandler handler,
            Context context, boolean allowRecursiveBinding) {
        // 根据配置属性名称在上下文中寻找对应的配置属性
        ConfigurationProperty property = findProperty(name, context);
        if (property == null && context.depth != 0 &&
containsNoDescendantOf(context.getSources(), name)) {
            return null;
        }
        // 集合数据绑定器
        AggregateBinder<?> aggregateBinder = getAggregateBinder(target, context);
        if (aggregateBinder != null) {
            return bindAggregate(name, target, handler, context, aggregateBinder);
        }
        // 配置属性不存在的处理
        if (property != null) {
            try {
```

```
            return bindProperty(target, context, property);
        }
        catch (ConverterNotFoundException ex) {
            Object instance = bindDataObject(name, target, handler, context,
allowRecursiveBinding);
            if (instance != null) {
                return instance;
            }
            throw ex;
        }
    }
    // 绑定数据
    return bindDataObject(name, target, handler, context, allowRecursiveBinding);
}
```

在 bindObject 方法中核心处理流程分为两步，第一步是寻找数据值，第二步是进行数值绑定。寻找数据值在该方法中提出了两种方式，第一种方式是 findProperty，第二种方式是 getAggregateBinder。接下来对 findProperty 方法进行分析，详细处理代码如下：

```
private ConfigurationProperty findProperty(ConfigurationPropertyName name, Context
context) {
    if (name.isEmpty()) {
        return null;
    }
    for (ConfigurationPropertySource source : context.getSources()) {
        ConfigurationProperty property = source.getConfigurationProperty(name);
        if (property != null) {
            return property;
        }
    }
    return null;
}
```

在 findProperty 方法中会获取上下文对象中的 ConfigurationPropertySource 集合，并且通过集合中的元素根据名称获取对应的配置属性，将获取到的配置属性返回。其次对 getAggregateBinder 方法进行分析，具体处理代码如下：

```
private AggregateBinder<?> getAggregateBinder(Bindable<?> target,Context
context) {
    Class<?> resolvedType = target.getType().resolve(Object.class);
    if (Map.class.isAssignableFrom(resolvedType)) {
        return new MapBinder(context);
    }
    if (Collection.class.isAssignableFrom(resolvedType)) {
        return new CollectionBinder(context);
    }
    if (target.getType().isArray()) {
        return new ArrayBinder(context);
    }
    return null;
}
```

在 getAggregateBinder 方法中会根据类型创建三个不同的 AggregateBinder。在得到配置属性后进行实际的绑定分析，接下来是基于 ConfigurationProperty 的绑定，处理方法是 bindProperty，详细代码如下：

```
private <T> Object bindProperty(Bindable<T> target, Context context,
ConfigurationProperty property) {
    // 设置配置属性
```

```
        context.setConfigurationProperty(property);
        // 从配置属性中取值
        Object result = property.getValue();
        // 占位符解析
        result = this.placeholdersResolver.resolvePlaceholders(result);
        // 转换器进行转换
        result = context.getConverter().convert(result, target);
        // 返回结果对象
        return result;
    }
```

在 bindProperty 方法中主要的处理流程如下：

（1）为上下文设置配置属性；

（2）从配置属性中获取属性值；

（3）通过占位符解析器对第（2）步中得到的属性值进行解析；

（4）通过转换器对第（3）步中的数据进行转换，转换完成后返回。

下面将对 bindAggregate 方法进行分析，详细处理代码如下：

```
    private <T> Object bindAggregate(ConfigurationPropertyName name, Bindable<T> target, BindHandler handler,
            Context context, AggregateBinder<?> aggregateBinder) {
        AggregateElementBinder elementBinder = (itemName, itemTarget, source) -> {
            boolean allowRecursiveBinding = 
    aggregateBinder.isAllowRecursiveBinding(source);
            Supplier<?> supplier = () -> bind(itemName, itemTarget, handler, context, 
    allowRecursiveBinding, false);
            return context.withSource(source, supplier);
        };
        return context.withIncreasedDepth(() -> aggregateBinder.bind(name, target, 
    elementBinder));
    }
```

在上述代码处理中定义了 AggregateElementBinder 并且重写了 bind 方法，在重写的 bind 方法中通过 context.withSource 代码来获取实际的数据对象，这段代码的本质是通过 Supplier 接口来处理，而 Supplier 接口中的 bind 方法，也就是我们正在分析的方法。在创建完成 AggregateElementBinder 后通过 context.withIncreasedDepth 方法得到返回结果，其返回结果即 AggregateElementBinder#bind 方法的处理结果。

最后对 bindDataObject 方法进行分析，具体处理代码如下：

```
    private Object bindDataObject(ConfigurationPropertyName name, Bindable<?> target,
        BindHandler handler,
            Context context, boolean allowRecursiveBinding) {
        // 确定是否需要绑定
        if (isUnbindableBean(name, target, context)) {
            return null;
        }
        // 获取实际类型
        Class<?> type = target.getType().resolve(Object.class);
        // 不允许递归绑定
        // 绑定队列中存在
        if (!allowRecursiveBinding && context.isBindingDataObject(type)) {
            return null;
        }
        // 创建数据绑定接口
        DataObjectPropertyBinder propertyBinder = (propertyName, propertyTarget) -> 
    bind(name.append(propertyName), propertyTarget, handler, context, false, false);
```

```
        // 返回结果
        return context.withDataObject(type, () -> {
            for (DataObjectBinder dataObjectBinder : this.dataObjectBinders) {
                Object instance = dataObjectBinder.bind(name, target, context, propertyBinder);
                if (instance != null) {
                    return instance;
                }
            }
            return null;
        });
    }
```

在 bindDataObject 方法中主要的处理流程如下。

(1) 判断是否需要进行绑定，如果不需要则直接返回 null 结束处理。

(2) 获取 Bindable 中的实际类型。

(3) 如果不允许递归绑定并且第 (2) 步中得到的实际类型在 dataObjectBindings 集合中存在则会返回 null 结束处理。

(4) 创建数据绑定接口的实现类，这里实现依赖方法 bind。

(5) 通过 context.withDataObject 方法获取返回值，方法返回值的获取依赖成员变量 dataObjectBinders 中的元素进行实际的绑定。这里绑定分为两种：JavaBeanBinder 和 ValueObjectBinder。

在第 (5) 步中会涉及 JavaBeanBinder 和 ValueObjectBinder，下面简单阐述这两个对象的作用，JavaBeanBinder 会依赖 getter 和 setter 方法来进行数据绑定，ValueObjectBinder 会依赖构造函数加参数列表的形式进行数据绑定。

10.3.4　ConfigurationPropertiesBinder#bind 方法分析

本节将对 ConfigurationPropertiesBinder#bind 方法进行分析，详细处理代码如下：

```
BindResult<?> bind(ConfigurationPropertiesBean propertiesBean) {
    // 获取绑定目标
    Bindable<?> target = propertiesBean.asBindTarget();
    // 获取 ConfigurationProperties
    ConfigurationProperties annotation = propertiesBean.getAnnotation();
    // 获取绑定处理器
    BindHandler bindHandler = getBindHandler(target, annotation);
    // 获取绑定对象进行绑定
    return getBinder().bind(annotation.prefix(), target, bindHandler);
}
```

在这段代码中主要的处理流程如下：

(1) 从 ConfigurationPropertiesBean 中获取绑定目标；

(2) 从 ConfigurationPropertiesBean 中获取 ConfigurationProperties；

(3) 获取绑定处理器；

(4) 获取绑定对象进行绑定操作。

在上述 4 个操作步骤中所涉及的接口都在前文进行了相关分析，下面对获取绑定处理器的细节进行说明，详细处理代码如下：

```
    private <T> BindHandler getBindHandler(Bindable<T> target, ConfigurationProperties
       annotation) {
       List<Validator> validators = getValidators(target);
       BindHandler handler = getHandler();
       if (annotation.ignoreInvalidFields()) {
          handler = new IgnoreErrorsBindHandler(handler);
       }
       if (!annotation.ignoreUnknownFields()) {
          UnboundElementsSourceFilter filter = new UnboundElementsSourceFilter();
          handler = new NoUnboundElementsBindHandler(handler, filter);
       }
       if (!validators.isEmpty()) {
          handler = new ValidationBindHandler(handler, validators.toArray(new
   Validator[0]));
       }
        for (ConfigurationPropertiesBindHandlerAdvisor advisor : getBindHandler
Advisors()) {
          handler = advisor.apply(handler);
       }
       return handler;
    }
    private IgnoreTopLevelConverterNotFoundBindHandler getHandler() {
       BoundConfigurationProperties bound =
   BoundConfigurationProperties.get(this.applicationContext);
       return (bound != null)
          ? new IgnoreTopLevelConverterNotFoundBindHandler(new
   BoundPropertiesTrackingBindHandler(bound::add))
          : new IgnoreTopLevelConverterNotFoundBindHandler();
    }
```

在 getBindHandler 方法中主要的处理流程如下：

（1）创建 IgnoreTopLevelConverterNotFoundBindHandler；

（2）判断 ConfigurationProperties 的 ignoreInvalidFields 属性是否为 true，如果是则进行 IgnoreErrorsBindHandler 的创建；

（3）判断 ConfigurationProperties 的 ignoreUnknownFields 属性是否为 false，如果是则进行 NoUnboundElementsBindHandler 的创建；

（4）判断是否存在 Validator 相关内容，如果存在则进行 ValidationBindHandler 的创建；

（5）应用上下文中搜索 ConfigurationPropertiesBindHandlerAdvisor 相关实现类，通过 ConfigurationPropertiesBindHandlerAdvisor 对 BindHandler 进行二次包装。

10.4　ConfigurationPropertiesBindingPostProcessor 分析

本节将对 ConfigurationPropertiesBindingPostProcessor 进行分析，该对象是配置属性绑定相关的后置处理器，它的处理流程会在配置 Bean 创建完成之后进行处理。接下来查看该对象的基础定义，具体代码如下：

```
public class ConfigurationPropertiesBindingPostProcessor
       implements BeanPostProcessor, PriorityOrdered, ApplicationContextAware,
   InitializingBean {}
```

在上述代码中可以发现它实现了 BeanPostProcessor，在这个接口中，主要处理的是配置 Bean 相关的各类属性。下面以 ServerProperties 为例进行介绍，ServerProperties 的 Bean 定义信息如图 10-9 所示。

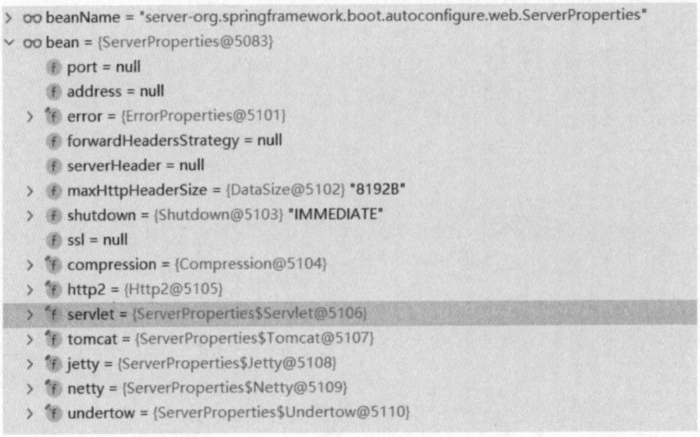

```
    ∨ ∞ beanName = "server-org.springframework.boot.autoconfigure.web.ServerProperties"
    ∨ ∞ bean = {ServerProperties@5083}
          (f) port = null
          (f) address = null
       > f error = {ErrorProperties@5101}
          (f) forwardHeadersStrategy = null
          (f) serverHeader = null
       > f maxHttpHeaderSize = {DataSize@5102} "8192B"
       > f shutdown = {Shutdown@5103} "IMMEDIATE"
          (f) ssl = null
       > f compression = {Compression@5104}
       > f http2 = {Http2@5105}
       > f servlet = {ServerProperties$Servlet@5106}
       > f tomcat = {ServerProperties$Tomcat@5107}
       > f jetty = {ServerProperties$Jetty@5108}
       > f netty = {ServerProperties$Netty@5109}
       > f undertow = {ServerProperties$Undertow@5110}
```

图 10-9　ServerProperties 的 Bean 定义信息

当经过 postProcessBeforeInitialization 方法的处理后，ServerProperties 的 Bean 定义信息如图 10-10 所示。

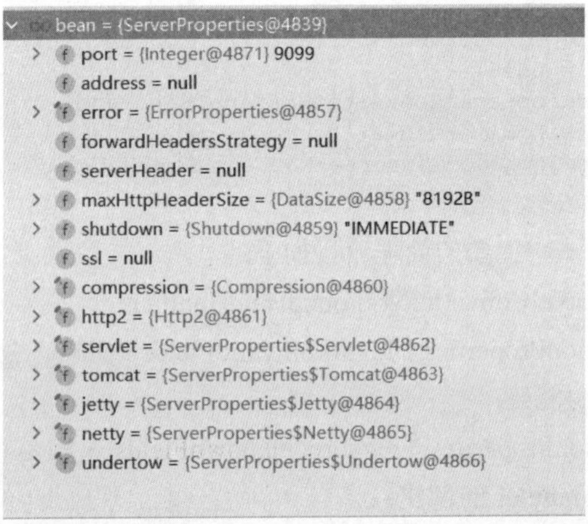

```
    ∨ ∞ bean = {ServerProperties@4839}
       > (f) port = {Integer@4871} 9099
          (f) address = null
       > f error = {ErrorProperties@4857}
          (f) forwardHeadersStrategy = null
          (f) serverHeader = null
       > f maxHttpHeaderSize = {DataSize@4858} "8192B"
       > f shutdown = {Shutdown@4859} "IMMEDIATE"
          (f) ssl = null
       > f compression = {Compression@4860}
       > f http2 = {Http2@4861}
       > f servlet = {ServerProperties$Servlet@4862}
       > f tomcat = {ServerProperties$Tomcat@4863}
       > f jetty = {ServerProperties$Jetty@4864}
       > f netty = {ServerProperties$Netty@4865}
       > f undertow = {ServerProperties$Undertow@4866}
```

图 10-10　处理后 ServerProperties 的 Bean 定义信息

从图 10-10 中可以发现，数据信息 port 经过 postProcessBeforeInitialization 方法处理被成功修改成 9099，该数据和配置文件中的数据相同。现在可以确定该方法可以对 Bean 对象中的数据进行赋值操作。在确认具体的功能点后查看具体的处理代码：

```java
public Object postProcessBeforeInitialization(Object bean, String beanName)
throws BeansException {
    bind(ConfigurationPropertiesBean.get(this.applicationContext, bean, beanName));
    return bean;
}

private void bind(ConfigurationPropertiesBean bean) {
    if (bean == null || hasBoundValueObject(bean.getName())) {
        return;
    }
    Assert.state(bean.getBindMethod() == BindMethod.JAVA_BEAN, "Cannot bind @ConfigurationProperties for bean '"
            + bean.getName() + "'. Ensure that @ConstructorBinding has not been applied to regular bean");
```

```
        try {
            this.binder.bind(bean);
        }
        catch (Exception ex) {
            throw new ConfigurationPropertiesBindException(bean, ex);
        }
    }
```

在上述代码中核心处理操作是 ConfigurationPropertiesBinder 所提供的 bind 方法，该方法在前文已经做过详细分析，接下来主要是进行处理流程中的变量截图。进入到 ConfigurationPropertiesBinder#bind 方法后关注 target、annotation 和 bindHandler，详细信息如图 10-11 所示。

图 10-11　target、annotation 和 bindHandler 数据信息

经过 ConfigurationPropertiesBinder#bind 方法处理后的 target、annotation 和 bindHandler 数据信息如图 10-12 所示。

图 10-12　处理后的 target、annotation 和 bindHandler 数据信息

关于 port 数据值的设置需要关注 Binder#bindDataObject 方法中的返回值相关代码：

```
return context.withDataObject(type, () -> {
    for (DataObjectBinder dataObjectBinder : this.dataObjectBinders) {
        Object instance = dataObjectBinder.bind(name, target, context,
propertyBinder);
```

```
            if (instance != null) {
               return instance;
            }
         }
         return null;
      });
```

在上述代码中 dataObjectBinders 数据信息如图 10-13 所示。

图 10-13 dataObjectBinders 数据信息

目前所分析的 ServerProperties 不会进行 ValueObjectBinder 的处理，它会进入 JavaBean-Binder 相关的处理，详细处理由 JavaBeanBinder#bind 方法负责，详细代码如下：

```
public <T> T bind(ConfigurationPropertyName name, Bindable<T> target, Context
context, DataObjectPropertyBinder propertyBinder) {
   boolean hasKnownBindableProperties = target.getValue() != null &&
hasKnownBindableProperties(name, context);
   Bean<T> bean = Bean.get(target, hasKnownBindableProperties);
   if (bean == null) {
      return null;
   }
   BeanSupplier<T> beanSupplier = bean.getSupplier(target);
   boolean bound = bind(propertyBinder, bean, beanSupplier, context);
   return (bound ? beanSupplier.get() : null);
}
```

在上述代码中会进入 bind 方法，在 bind 方法中会进行实际的数据绑定操作，绑定相关的核心代码如下：

```
void setValue(Supplier<?> instance, Object value) {
   try {
      this.setter.setAccessible(true);
      this.setter.invoke(instance.get(), value);
   }
   catch (Exception ex) {
        throw new IllegalStateException("Unable to set value for property " +
this.name, ex);
   }
}
```

在上述代码中通过调试查看 instance.get 方法结果和 value 数据，详细数据如图 10-14 所示。

在上述代码中可以发现这里调用的是 setter 方法，经过该方法的执行，port 数据就会被成功设置，以此完成一个属性的设置，而 bind 方法会通过循环处理将所有需要设置的数据都进行数据设置，从而完成整个对象的数据初始化。

本节对 ServerProperties 中的 port 属性的设置做出了整体流程的分析，通过对 Server-Properties 的属性设置来表述了 ConfigurationPropertiesBindingPostProcessor 的具体作用，用于对 Spring Boot 中的一些配置类进行数据设置。

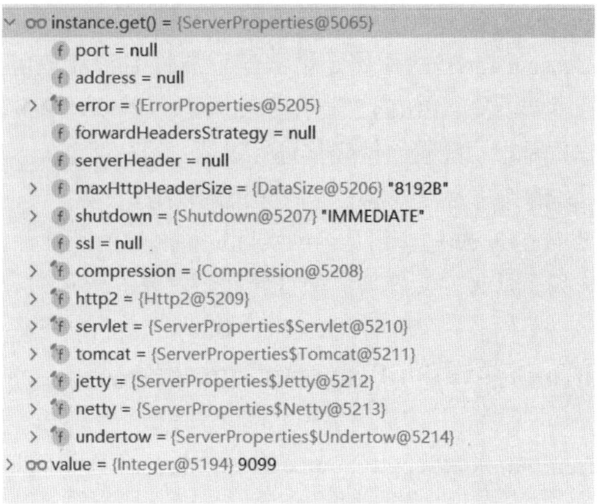

图 10-14 instance.get 方法结果和 value 数据

10.5 BoundConfigurationProperties 分析

本节将对 BoundConfigurationProperties 进行分析，在 BoundConfigurationProperties 中只有一个成员变量，详细代码如下：

```
private Map<ConfigurationPropertyName, ConfigurationProperty> properties = new
LinkedHashMap<>();
```

成员变量 properties 是用于存储属性名称和属性值映射关系的对象，key 表示属性名称，value 表示属性值。在 BoundConfigurationProperties 中还有一个注册方法，该注册方法用于向 Bean 工厂（容器）中注册实例，详细处理代码如下：

```
static void register(BeanDefinitionRegistry registry) {
   Assert.notNull(registry, "Registry must not be null");
   // 注册器中不包含 BoundConfigurationProperties 定义
   if (!registry.containsBeanDefinition(BEAN_NAME)) {
      BeanDefinition definition = BeanDefinitionBuilder
         .genericBeanDefinition(BoundConfigurationProperties.class,
      BoundConfigurationProperties::new)
            .getBeanDefinition();
      definition.setRole(BeanDefinition.ROLE_INFRASTRUCTURE);
      registry.registerBeanDefinition(BEAN_NAME, definition);
   }
}
```

上述代码处理流程是判断容器中是否存在 BoundConfigurationProperties 定义，如果不存在会进行 Bean 的创建并注册。

10.6 ConfigurationPropertySource 分析

本节将对 ConfigurationPropertySource 及其相关实现类进行分析，在 ConfigurationPropertySource 中定义了如下 6 个方法。

（1）方法 getConfigurationProperty 的作用是根据配置属性名称获取配置属性值。

（2）方法 containsDescendantOf 的作用是根据配置属性名称获取配置状态。状态有三个：PRESENT 表示至少有一个匹配、ABSENT 表示没有匹配、UNKNOWN 表示未知的。

（3）方法 filter 的作用是根据配置属性名称进行过滤。

（4）方法 withAliases 的作用是根据别名返回配置属性值。

（5）方法 getUnderlyingSource 的作用是返回实际提供属性的基础源。

（6）方法 from 的作用是从属性源转换成配置属性源对象。

10.6.1 AliasedConfigurationPropertySource 分析

本节将对 AliasedConfigurationPropertySource 进行分析，在 AliasedConfigurationPropertySource 中有两个成员变量：

（1）成员变量 source 用于存储配置属性源；

（2）成员变量 aliases 用于存储配置属性名称和别名之间的关系。

了解成员变量后下面对 ConfigurationPropertySource 的相关实现进行说明，下面是对 getConfigurationProperty 方法的分析，详细代码如下：

```
public ConfigurationProperty getConfigurationProperty(ConfigurationPropertyName name) {
    Assert.notNull(name, "Name must not be null");
    // 从成员变量 source 中根据名称获取配置属性
    ConfigurationProperty result = getSource().getConfigurationProperty(name);
    // 配置属性为空的情况下根据别名搜索
    if (result == null) {
        ConfigurationPropertyName aliasedName = getAliases().getNameForAlias(name);
        result = getSource().getConfigurationProperty(aliasedName);
    }
    return result;
}
```

在 getConfigurationProperty 方法中关于配置属性的获取提供了两种方式，一是通过参数配置属性名称直接在配置属性源中获取，二是通过别名在配置属性源中获取。

接下来对 containsDescendantOf 方法进行分析，详细处理代码如下：

```
public ConfigurationPropertyState containsDescendantOf(ConfigurationPropertyName name) {
    Assert.notNull(name, "Name must not be null");
    // 通过配置属性源直接获取配置属性状态
    ConfigurationPropertyState result = this.source.containsDescendantOf(name);
    // 状态不是 ABSENT 则直接返回
    if (result != ConfigurationPropertyState.ABSENT) {
        return result;
    }
    // 别名处理
    for (ConfigurationPropertyName alias : getAliases().getAliases(name)) {
        ConfigurationPropertyState aliasResult = this.source.containsDescendantOf(alias);
        if (aliasResult != ConfigurationPropertyState.ABSENT) {
            return aliasResult;
        }
    }
```

```
       for (ConfigurationPropertyName from : getAliases()) {
          for (ConfigurationPropertyName alias : getAliases().getAliases(from)) {
             if (name.isAncestorOf(alias)) {
                if (this.source.getConfigurationProperty(from) != null) {
                   return ConfigurationPropertyState.PRESENT;
                }
             }
          }
       }
       return ConfigurationPropertyState.ABSENT;
    }
```

在 containsDescendantOf 代码中对于配置属性状态的确认提供了以下 4 种方法：

（1）通过配置属性源获取配置属性状态，在配置属性状态不是 ABSENT 的时候直接返回；

（2）根据方法参数配置属性名称搜索对应的别名，通过别名在配置属性源中获取配置属性状态，在配置属性状态不是 ABSENT 的时候直接返回；

（3）摒弃方法参数配置属性名称，直接对所有的别名进行处理，如果方法参数中的别名存在并且存在配置数据就会返回 PRESENT 作为配置属性值返回；

（4）在不满足上述三种情况下会返回 ABSENT 作为配置属性值。

10.6.2　FilteredConfigurationPropertiesSource 分析

本节将对 FilteredConfigurationPropertiesSource 进行分析，在 FilteredConfigurationPropertiesSource 中有两个成员变量，分别是：

（1）成员变量 source 用于存储配置属性源；

（2）成员变量 filter 用于进行过滤，主要是针对配置属性名称的过滤。

了解成员变量后，下面对 ConfigurationPropertySource 的相关实现进行说明，接下来是 getConfigurationProperty 方法的分析，详细代码如下：

```
public ConfigurationProperty getConfigurationProperty(ConfigurationPropertyName name) {
    boolean filtered = getFilter().test(name);
    return filtered ? getSource().getConfigurationProperty(name) : null;
}
```

在 getConfigurationProperty 方法中处理流程是通过成员变量 filter 对参数配置属性名进行检测的，如果检测通过则从成员变量 source 中根据配置属性名称获取配置数据。

最后对 containsDescendantOf 方法进行分析，详细代码如下：

```
public ConfigurationPropertyState containsDescendantOf(ConfigurationPropertyName name) {
    ConfigurationPropertyState result = this.source.containsDescendantOf(name);
    if (result == ConfigurationPropertyState.PRESENT) {
       return ConfigurationPropertyState.UNKNOWN;
    }
    return result;
}
```

在上述方法中会通过成员变量 source 确认配置属性状态，如果状态是 PRESEN 则返回 UNKNOWN，其他情况都会返回 null。

10.6.3 SpringConfigurationPropertySource 分析

本节将对 SpringConfigurationPropertySource 进行分析，在 SpringConfigurationPropertySource 中有两个成员变量，分别是：

（1）成员变量 propertySource 表示属性源；

（2）成员变量 mappers 表示属性映射器集合。

了解成员变量后，下面对 ConfigurationPropertySource 的相关实现进行说明，接下来是 getConfigurationProperty 方法的分析，详细代码如下：

```
public ConfigurationProperty getConfigurationProperty(ConfigurationPropertyName name) {
    if (name == null) {
        return null;
    }
    for (PropertyMapper mapper : this.mappers) {
        try {
            for (String candidate : mapper.map(name)) {
                Object value = getPropertySource().getProperty(candidate);
                if (value != null) {
                    Origin origin = PropertySourceOrigin.get(getPropertySource(), candidate);
                    return ConfigurationProperty.of(name, value, origin);
                }
            }
        }
        catch (Exception ex) {
        }
    }
    return null;
}
```

在上述代码中关于配置属性源的获取操作是遍历成员变量 mappers，从成员变量 propertySource 中找到对应的数据值，找到后进行一次封装并返回。

10.7 ConfigurationPropertiesScanRegistrar 分析

本节的核心分析对象是 ConfigurationPropertiesScanRegistrar，关于确定 ConfigurationPropertiesScanRegistrar 作为分析目标的原因是 ConfigurationPropertiesScan 注解中的 Import 标识了。关于 ConfigurationPropertiesScan 注解的基础定义代码如下：

```
@Target(ElementType.TYPE)
@Retention(RetentionPolicy.RUNTIME)
@Documented
@Import(ConfigurationPropertiesScanRegistrar.class)
@EnableConfigurationProperties
public @interface ConfigurationPropertiesScan {
    @AliasFor("basePackages")
    String[] value() default {};
    @AliasFor("value")
    String[] basePackages() default {};
    Class<?>[] basePackageClasses() default {};
}
```

在 ConfigurationPropertiesScan 注解的定义中可以发现它有三个属性，分别是：

（1）属性 value 表示基础扫描路径；

（2）属性 basePackages 表示基础扫描路径；

（3）属性 basePackageClasses 表示基础扫描类。

在上述三个属性中，value 和 basePackages 是互为别名的关系，在 ConfigurationPropertiesScan 注解中还可以发现它使用了 EnableConfigurationProperties。接下来进入到核心对象 ConfigurationPropertiesScanRegistrar 的分析，我们需要关注 ConfigurationPropertiesScanRegistrar 中的两个成员变量：

（1）成员变量 environment 表示环境配置；

（2）成员变量 resourceLoader 表示资源加载器。

接下来将对 ConfigurationPropertiesScanRegistrar 中的 registerBeanDefinitions 方法进行分析，详细处理代码如下：

```
public void registerBeanDefinitions(AnnotationMetadata importingClassMetadata,
BeanDefinitionRegistry registry) {
    // 获取包扫描路径集合
    Set<String> packagesToScan = getPackagesToScan(importingClassMetadata);
    // 扫描
    scan(registry, packagesToScan);
}
```

在上述代码中主要分为两个行为操作：

（1）获取包扫描路径集合；

（2）根据第（1）步中得到的包扫描路径集合进行扫描。

下面将对第一个行为操作进行分析，具体处理代码如下：

```
private Set<String> getPackagesToScan(AnnotationMetadata metadata) {
    // 提取 ConfigurationPropertiesScan 注解属性
    AnnotationAttributes attributes = AnnotationAttributes
            .fromMap(metadata.getAnnotationAttributes(ConfigurationPropertiesScan.class.getName()));
    // 从注解属性中获取 basePackages 属性对应的数据
    String[] basePackages = attributes.getStringArray("basePackages");
    // 从注解属性中获取 basePackageClasses 属性对应的数据
    Class<?>[] basePackageClasses = attributes.getClassArray("basePackageClasses");
    Set<String> packagesToScan = new LinkedHashSet<>(Arrays.asList(basePackages));
    // 从类中提取所在包路径
    for (Class<?> basePackageClass : basePackageClasses) {
        packagesToScan.add(ClassUtils.getPackageName(basePackageClass));
    }
    // 如果包扫描路径为空则获取注解元数据的类名所在的包
    if (packagesToScan.isEmpty()) {
        packagesToScan.add(ClassUtils.getPackageName(metadata.getClassName()));
    }
    // 移除空字符串
    packagesToScan.removeIf((candidate) -> !StringUtils.hasText(candidate));
    return packagesToScan;
}
```

在 getPackagesToScan 方法中主要目标是从注解元数据中获取需要扫描的包路径，具体处理流程如下：

（1）从注解元数据中提取 ConfigurationPropertiesScan 注解的数据键值；

（2）读取 ConfigurationPropertiesScan 注解的 basePackages 数据值作为需要扫描数据的一部分；

（3）读取 ConfigurationPropertiesScan 注解的 basePackageClasses 数据值将其类所在的包路径加入需要扫描的数据中；

（4）如果第（2）步操作和第（3）步操作得到需要扫描的数据为空会读取 ConfigurationPropertiesScan 注解所在类的所在包路径作为需要扫描数据的一部分；

（5）移除空字符串并且返回。

下面以 SamplePropertyValidationApplication 作为测试目标对上述关于包扫描路径的数据获取进行分析，通过阅读 SamplePropertyValidationApplication 上的 ConfigurationPropertiesScan 注解不难发现它并没有配置 basePackages 和 basePackageClasses 数据，因此它会处理 getPackagesToScan 方法中第（4）步的数据，在第（4）步中会从注解元数据中提取类名，关于注解元数据如图 10-15 所示。

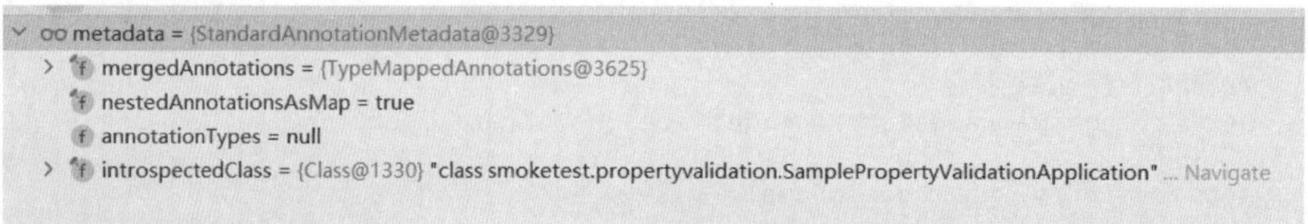

图 10-15　注解元数据

由于此时注解元数据的类型是 StandardClassMetadata，方法 getClassName 将会直接获取 introspectedClass 的名称，在得到名称后获取类所在的包路径，本例中获取结果为 smoketest.propertyvalidation。

现在对于 ConfigurationPropertiesScanRegistrar 中获取扫描包路径的方法有了一定的了解，接下来将进行扫描方法的分析，具体扫描方法代码如下：

```
private void scan(BeanDefinitionRegistry registry, Set<String> packages) {
    // 创建 Bean 注册器
    ConfigurationPropertiesBeanRegistrar registrar = new
ConfigurationPropertiesBeanRegistrar(registry);
    // 获取扫描器
    ClassPathScanningCandidateComponentProvider scanner = getScanner(registry);
    // 循环包路径
    for (String basePackage : packages) {
        // 通过扫描器扫描 Bean 定义
        for (BeanDefinition candidate : scanner.findCandidateComponents(basePackage))
{
            // 注册
            register(registrar, candidate.getBeanClassName());
        }
    }
}
```

在 scan 方法中会需要使用到 Spring 框架中的 ClassPathScanningCandidateComponentProvider，该类的作用是推论可能的 Bean（Bean 定义对象），在 scan 方法中还需要使用 ConfigurationPropertiesBeanRegistrar，ConfigurationPropertiesBeanRegistrar 成员变量详细内容见表 10-6。

表 10-6　ConfigurationPropertiesBeanRegistrar 成员变量

变量名称	变量类型	变量说明
registry	BeanDefinitionRegistry	Bean 定义注册器
beanFactory	BeanFactory	Bean 工厂

在 ConfigurationPropertiesBeanRegistrar 中核心方法是 register，具体处理代码如下：

```
void register(Class<?> type) {
    // 提取 ConfigurationProperties
    MergedAnnotation<ConfigurationProperties> annotation = MergedAnnotations
            .from(type, SearchStrategy.TYPE_HIERARCHY).get(ConfigurationProperties.class);
    // 核心注册流程
    register(type, annotation);
}
```

在 register 方法中会从类上将 ConfigurationProperties 的数据全部提取，提取后将配合类型进行注册，具体注册代码如下：

```
void register(Class<?> type, MergedAnnotation<ConfigurationProperties> annotation) {
    // 获取名称
    String name = getName(type, annotation);
    // 判断 name 是否存在 Bean 定义，不存在则进行注册
    if (!containsBeanDefinition(name)) {
        // 注册
        registerBeanDefinition(name, type, annotation);
    }
}
private String getName(Class<?> type, MergedAnnotation<ConfigurationProperties> annotation) {
    String prefix = annotation.isPresent() ? annotation.getString("prefix") : "";
    return (StringUtils.hasText(prefix) ? prefix + "-" + type.getName() : type.getName());
}
```

在上述代码中主要处理流程如下：

（1）获取名称，获取方式是从注解中提取 prefix 属性，将 prefix 数据值和类名用减号（"-"）连接，如果没有 prefix 数据值将采用类名作为名称。

（2）判断名称是否在 bean 容器中存在，如果不存在会进行 Bean 定义注册。关于 Bean 定义的注册需要依赖成员变量 Bean 定义注册器进行处理。

本章小结

本章从注解 EnableConfigurationProperties 出发对注解进行了简单介绍，再进入注解的底层对注解的处理类 EnableConfigurationPropertiesRegistrar 进行介绍，在注解处理类中发现整个注解的处理本质目标是完成 Bean 的注册，三个 Bean 分别是：ConfigurationPropertiesBindingPostProcessor、BoundConfigurationProperties 和 MethodValidationExcludeFilter。

本章主要对前两个 Bean 进行了详细的分析，其中第一个 Bean 的作用是整个配置类数据初始化的核心，它可以完成配置 Bean 的创建和配置 Bean 的数据初始化工作。

第 11 章

Spring Boot 中 Servlet 相关扫描与注册分析

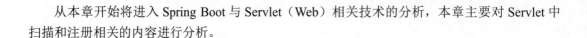

从本章开始将进入 Spring Boot 与 Servlet（Web）相关技术的分析，本章主要对 Servlet 中扫描和注册相关的内容进行分析。

11.1　ServletComponentScan 相关分析

本节将对 ServletComponentScan 相关内容进行分析，关于 ServletComponentScan 的定义代码如下：

```
@Target(ElementType.TYPE)
@Retention(RetentionPolicy.RUNTIME)
@Documented
@Import(ServletComponentScanRegistrar.class)
public @interface ServletComponentScan {
    @AliasFor("basePackages")
    String[] value() default {}
    @AliasFor("value")
    String[] basePackages() default {};
    Class<?>[] basePackageClasses() default {};
}
```

在 ServletComponentScan 定义中可以发现它使用了 Import 并指出了所导入的类是 ServletComponentScanRegistrar，接下来将对 ServletComponentScanRegistrar 进行分析，在 ServletComponentScanRegistrar 中核心方法是 registerBeanDefinitions，具体处理代码如下：

```
public void registerBeanDefinitions(AnnotationMetadata importingClassMetadata,
    BeanDefinitionRegistry registry) {
    // 获取包扫描路径
    Set<String> packagesToScan = getPackagesToScan(importingClassMetadata);
    // Bean 定义注册器中存在 servletComponentRegisteringPostProcessor 对应的 Bean
```

```
        if (registry.containsBeanDefinition(BEAN_NAME)) {
            // 更新后置处理器
            updatePostProcessor(registry, packagesToScan);
        } else {
            // 添加后置处理器
            addPostProcessor(registry, packagesToScan);
        }
    }
```

在 registerBeanDefinitions 方法中主要的处理流程如下。

（1）从注解中获取需要扫描的包路径，包扫描路径数据的直接来源有 ServletComponentScan 的 value 属性和 basePackages 属性，间接来源有 basePackageClasses，间接来源的数据类型是类集合，将类所在的包路径作为需要扫描的包路径。

（2）判断 Bean 定义注册器中是否存在 Bean 名称为 servletComponentRegisteringPostProcessor 的 Bean 定义，如果存在则更新后置处理器，如果不存在则添加后置处理器。

下面对第（2）步中的两个处理器的相关操作进行说明，接下来对更新后置处理器进行分析，具体处理代码如下：

```
private void updatePostProcessor(BeanDefinitionRegistry registry, Set<String> packagesToScan) {
    // 从 Bean 定义注册器中获取 servletComponentRegisteringPostProcessor 对应的 Bean 定义
    ServletComponentRegisteringPostProcessorBeanDefinition definition =
    (ServletComponentRegisteringPostProcessorBeanDefinition) registry
            .getBeanDefinition(BEAN_NAME);
    // 添加包扫描路径
    definition.addPackageNames(packagesToScan);
}
```

在 updatePostProcessor 方法中主要处理流程是通过 Bean 定义注册器根据名称（servletComponentRegisteringPostProcessor）搜索 ServletComponentRegisteringPostProcessorBeanDefinition 实例，得到该示例后将前文得到的包扫描路径集合加入原有集合中。完成 updatePostProcessor 分析后对 addPostProcessor 方法进行分析，具体处理代码如下：

```
private void addPostProcessor(BeanDefinitionRegistry registry, Set<String>
     packagesToScan) {
    // 创建 ServletComponentRegisteringPostProcessorBeanDefinition
    ServletComponentRegisteringPostProcessorBeanDefinition definition = new
ServletComponentRegisteringPostProcessorBeanDefinition(
            packagesToScan);
    // Bean 定义注册
    registry.registerBeanDefinition(BEAN_NAME, definition);
}
```

在 addPostProcessor 方法中主要处理流程是通过 new 关键字创建 ServletComponentRegisteringPostProcessorBeanDefinition，配合 Bean 定义注册器注册 bean。

在 updatePostProcessor 方法和 addPostProcessor 方法中都使用到了 ServletComponentRegisteringPostProcessorBeanDefinition，关于该对象的定义代码如下：

```
static final class ServletComponentRegisteringPostProcessorBeanDefinition extends
        GenericBeanDefinition {

    private Set<String> packageNames = new LinkedHashSet<>();

    ServletComponentRegisteringPostProcessorBeanDefinition(Collection<String>
packageNames) {
```

```java
        setBeanClass(ServletComponentRegisteringPostProcessor.class);
        setRole(BeanDefinition.ROLE_INFRASTRUCTURE);
        addPackageNames(packageNames);
    }

    public Supplier<?> getInstanceSupplier() {
        return () -> new ServletComponentRegisteringPostProcessor(this.packageNames);
    }

    private void addPackageNames(Collection<String> additionalPackageNames) {
        this.packageNames.addAll(additionalPackageNames);
    }
}
```

在 ServletComponentRegisteringPostProcessorBeanDefinition 的定义代码中可以发现它主要是存储需要扫描的包路径，除了包扫描路径外还需要关注 getInstanceSupplier 方法中提及的 ServletComponentRegisteringPostProcessor。

ServletComponentRegisteringPostProcessor 是 BeanFactoryPostProcessor 的实现类，对于实现 BeanFactoryPostProcessor 的对象主要关注 postProcessBeanFactory 方法，详细代码如下：

```java
public void postProcessBeanFactory(ConfigurableListableBeanFactory beanFactory)
throws BeansException {
    // 判断是否是嵌入式 Web 启动
    if (isRunningInEmbeddedWebServer()) {
        // 创建类路径扫描器
        ClassPathScanningCandidateComponentProvider componentProvider =
createComponentProvider();
        // 包扫描
        for (String packageToScan : this.packagesToScan) {
            scanPackage(componentProvider, packageToScan);
        }
    }
}
```

在上述代码中主要的处理流程如下。

（1）判断是否是嵌入式 Web 应用，判断条件是满足以下两个条件。条件一：应用上下文类型是 WebApplicationContext。条件二：应用上下文中的 Servlet 上下文为空。如果不满足这两个条件将不做后续处理。

（2）包扫描处理，处理需要通过 ServletComponentHandler 完成，默认的 ServletComponentHandler 有 WebServletHandler、WebFilterHandler 和 WebListenerHandler。

回顾 ServletComponentScanRegistrar 的处理流程，在 registerBeanDefinitions 方法中会创建 ServletComponentRegisteringPostProcessorBeanDefinition 交给 Spring 容器管理，在 Spring 创建 ServletComponentRegisteringPostProcessorBeanDefinition 的时候通过 getInstanceSupplier 得到 ServletComponentRegisteringPostProcessor 实例从而进行 BeanFactoryPostProcessor 相关的 Bean 生命周期处理，在生命周期处理中会进行包扫描，将扫描到的候选对象进行 ServletComponentHandler 的处理。

11.2 ServletComponentHandler 相关分析

在分析 ServletComponentScan 相关过程中发现需要使用到 ServletComponentHandler 所提供的 handle 方法，本节将对 ServletComponentHandler 相关内容进行分析，在 Spring

Boot 中 ServletComponentHandler 是一个抽象类，存在三个子类分别是 WebFilterHandler、WebServletHandler 和 WebListenerHandler，这三个子类用于实现 doHandle 方法，下面先来查看 handle 方法的代码：

```
void handle(AnnotatedBeanDefinition beanDefinition, BeanDefinitionRegistry registry) {
    // 从 Bean 定义中获取指定注解的属性
    Map<String, Object> attributes = beanDefinition.getMetadata()
            .getAnnotationAttributes(this.annotationType.getName());
    // 注解属性不为空的情况下进行实际执行
    if (attributes != null) {
        doHandle(attributes, beanDefinition, registry);
    }
}
```

在 handle 方法中主要分为以下两个处理流程：

（1）从 Bean 定义对象中根据成员变量注解类型获取对应的注解属性；

（2）判断第（1）步中的注解属性是否为空，如果不为空会进行实际处理操作。

在 ServletComponentHandler 中除了 handle 方法外还有 extractUrlPatterns 方法和 extractInitParameters 方法，下面对上述两种方法进行分析，详细代码如下：

```
protected String[] extractUrlPatterns(Map<String, Object> attributes) {
    String[] value = (String[]) attributes.get("value");
    String[] urlPatterns = (String[]) attributes.get("urlPatterns");
    if (urlPatterns.length > 0) {
        Assert.state(value.length == 0, "The urlPatterns and value attributes are mutually exclusive.");
        return urlPatterns;
    }
    return value;
}

protected final Map<String, String> extractInitParameters(Map<String, Object> attributes) {
    Map<String, String> initParameters = new HashMap<>();
    for (AnnotationAttributes initParam : (AnnotationAttributes[])
            attributes.get("initParams")) {
        String name = (String) initParam.get("name");
        String value = (String) initParam.get("value");
        initParameters.put(name, value);
    }
    return initParameters;
}
```

在上述代码中可以发现 extractUrlPatterns 方法会从注解属性中的 value 或者 urlPatterns 中提取，其中 urlPatterns 优先级高于 value。在 extractInitParameters 方法中可以发现提取数据的源头是 initParams 属性，将 initParams 属性中的 name 和 value 属性提取后放入 Map 集合中将其作为结果返回。

接下来将对 ServletComponentHandler 的子类 WebFilterHandler 进行分析，在 WebFilterHandler 中会对 WebFilter 注解进行相关处理，对于 WebFilterHandler 的分析主要关注 doHandler，详细代码如下：

```
public void doHandle(Map<String, Object> attributes, AnnotatedBeanDefinition beanDefinition,
        BeanDefinitionRegistry registry) {
```

```
    // 创建 Bean 定义构建器，Bean 类型是 FilterRegistrationBean
    BeanDefinitionBuilder builder =
BeanDefinitionBuilder.rootBeanDefinition(FilterRegistrationBean.class);
    builder.addPropertyValue("asyncSupported", attributes.get("asyncSupported"));
    // 提取 dispatcherTypes 数据
    builder.addPropertyValue("dispatcherTypes", extractDispatcherTypes(attributes));
    builder.addPropertyValue("filter", beanDefinition);
    builder.addPropertyValue("initParameters", extractInitParameters(attributes));
    // 确认名称
    String name = determineName(attributes, beanDefinition);
    builder.addPropertyValue("name", name);
    builder.addPropertyValue("servletNames", attributes.get("servletNames"));
    builder.addPropertyValue("urlPatterns", extractUrlPatterns(attributes));
    // 注册 bean
    registry.registerBeanDefinition(name, builder.getBeanDefinition());
}
```

在 WebFilterHandler#doHandle 方法中可以发现主要处理流程是进行 Bean 定义的注册，这里注册的 Bean 是 FilterRegistrationBean，在 Bean 定义注册阶段所需要的属性会从 WebFilter 注解中进行提取。

接下来对 ServletComponentHandler 的子类 WebServletHandler 进行分析，主要分析目标是 doHandle 方法，详细代码如下：

```
public void doHandle(Map<String, Object> attributes, AnnotatedBeanDefinition
        beanDefinition,
        BeanDefinitionRegistry registry) {
    BeanDefinitionBuilder builder =
BeanDefinitionBuilder.rootBeanDefinition(ServletRegistrationBean.class);
    builder.addPropertyValue("asyncSupported", attributes.get("asyncSupported"));
    builder.addPropertyValue("initParameters", extractInitParameters(attributes));
    builder.addPropertyValue("loadOnStartup", attributes.get("loadOnStartup"));
    String name = determineName(attributes, beanDefinition);
    builder.addPropertyValue("name", name);
    builder.addPropertyValue("servlet", beanDefinition);
    builder.addPropertyValue("urlMappings", extractUrlPatterns(attributes));
    builder.addPropertyValue("multipartConfig", determineMultipartConfig(beanDefinition));
    registry.registerBeanDefinition(name, builder.getBeanDefinition());
}
```

在 WebServletHandler#doHandle 方法中可以发现主要处理目标是进行 ServletRegistrationBean 的 Bean 定义注册，数据来源和 WebServlet 注解有关系。

最后对 WebListenerHandler 进行分析，分析目标是 doHandle 方法，详细代码如下：

```
protected void doHandle(Map<String, Object> attributes, AnnotatedBeanDefinition
beanDefinition,
        BeanDefinitionRegistry registry) {
    BeanDefinitionBuilder builder = BeanDefinitionBuilder
            .rootBeanDefinition(ServletComponentWebListenerRegistrar.class);
    builder.addConstructorArgValue(beanDefinition.getBeanClassName());
    registry.registerBeanDefinition(beanDefinition.getBeanClassName() + "Registrar",
builder.getBeanDefinition());
}
```

在 WebListenerHandler#doHandle 方法中可以发现主要处理是创建 ServletComponentWebListenerRegistrar 相关的 Bean 定义，数据来源和 WebListener 注解有关系。根据上述分析可以发现，在整个 ServletComponentHandler 的 handle 方法中主要行为是进行三个 Bean 定义的注册，

关于这三个 Bean 的相关分析将在后续章节进行。

11.3 RegistrationBean 相关分析

在分析 ServletComponentHandler 时发现了 FilterRegistrationBean、ServletRegistrationBean 和 ServletComponentWebListenerRegistrar，RegistrationBean 类图如图 11-1 所示。

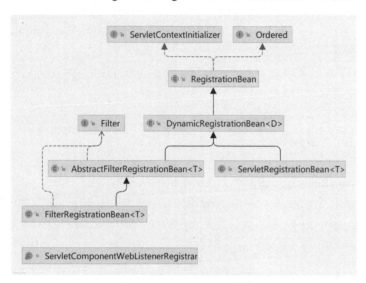

图 11-1　RegistrationBean 类图

在图 11-1 中可以发现 FilterRegistrationBean 和 ServletRegistrationBean 都是 RegistrationBean 的子类，因此在分析 FilterRegistrationBean 和 ServletRegistrationBean 之前需要对类图中的 RegistrationBean、DynamicRegistrationBean 和 AbstractFilterRegistrationBean 进行分析，本节将对 RegistrationBean 进行分析。关于 RegistrationBean 的基础定义代码如下：

```
public abstract class RegistrationBean implements ServletContextInitializer,
Ordered {
        public final void onStartup(ServletContext servletContext) throws
    ServletException {
            String description = getDescription();
            if (!isEnabled()) {
                logger.info(StringUtils.capitalize(description) + " was not
registered (disabled)");
                return;
            }
        register(description, servletContext);
        }
}
```

从基础定义代码中可以发现该类实现了 ServletContextInitializer 的 onStartup 方法，在 onStartup 方法中需要传递参数 Servlet 上下文，整个处理流程是获取描述文本并将描述文本和 Servlet 上下文通过注册方法进行注册。在 onStartup 方法中获取描述文本（getDescription）和注册方法（register）都是抽象方法，需要子类进行实现。

11.3.1 ServletListenerRegistrationBean 分析

本节将对 ServletListenerRegistrationBean 进行分析，ServletListenerRegistrationBean 是 RegistrationBean 的子类，在该对象中存在两个成员变量，分别是：

（1）成员变量 SUPPORTED_TYPES 表示支持的类型，支持的数据类型有 ServletContextAttributeListener、ServletRequestListener、ServletRequestAttributeListener、HttpSessionAttributeListener、HttpSessionListener 和 ServletContextListener 六种；

（2）成员变量 listener 表示事件监听器，事件监听器必须是 java.util.EventListener 的实现类。

了解了成员变量后，下面将对父类需要子类实现的两个方法进行分析，接下来是 getDescription 方法，详细代码如下：

```
protected String getDescription() {
    Assert.notNull(this.listener, "Listener must not be null");
    return "listener " + this.listener;
}
```

在 ServletListenerRegistrationBean#getDescription 方法中，关于描述信息的获取会通过字符串拼接的方式进行返回，拼接内容由两部分组成，第一部分是 "listener "，第二部分是成员变量 listener 的 toString 方法的结果值。其次是 register 方法的分析，详细处理代码如下：

```
protected void register(String description, ServletContext servletContext) {
    try {
        servletContext.addListener(this.listener);
    }
    catch (RuntimeException ex) {
        throw new IllegalStateException("Failed to add listener '" + this.listener
+ "' to servlet context", ex);
    }
}
```

在 ServletListenerRegistrationBean#register 方法中核心目标是进行监听器的添加，并未进行其他额外操作。最后是一个对外提供的静态方法 isSupportedType，该方法用于判断传入的监听器是否是支持的，具体处理代码如下：

```
public static boolean isSupportedType(EventListener listener) {
    for (Class<?> type : SUPPORTED_TYPES) {
        if (ClassUtils.isAssignableValue(type, listener)) {
            return true;
        }
    }
    return false;
}
```

11.3.2 DynamicRegistrationBean 分析

本节将对 DynamicRegistrationBean 进行分析，在 DynamicRegistrationBean 中存在三个成员变量，具体信息如下：

（1）成员变量 name 表示名称；

（2）成员变量 asyncSupported 表示是否支持异步，默认情况下为支持异步；

（3）成员变量 initParameters 表示初始化配置参数，数据结构是 Map。

了解成员变量后，下面开始对父类的方法实现进行分析，register 方法的具体处理代码如下：

```
protected final void register(String description, ServletContext servletContext) {
    // 获取 Registration.Dynamic 对象
    D registration = addRegistration(description, servletContext);
    if (registration == null) {
        logger.info(StringUtils.capitalize(description) + " was not registered (possibly already registered?)");
        return;
    }
    // 配置 Registration.Dynamic 对象
    configure(registration);
}
protected void configure(D registration) {
    registration.setAsyncSuppo rted(this.asyncSupported);
    if (!this.initParameters.isEmpty()) {
        registration.setInitParameters(this.initParameters);
    }
}
```

在 register 方法中核心处理流程如下。

（1）通过 addRegistration 方法获取 Registration.Dynamic 对象。

（2）判断 Registration.Dynamic 对象是否为空，如果为空将返回结束处理，如果不为空将进行初始数据配置。配置内容是否有支持异步的标记以及初始化参数。

11.3.3　ServletRegistrationBean 分析

本节将对 ServletRegistrationBean 进行分析，该对象是 DynamicRegistrationBean 的子类，关于类的基础定义代码如下：

```
public class ServletRegistrationBean<T extends Servlet> extends
    DynamicRegistrationBean<ServletRegistration.Dynamic> {}
```

在基础定义代码中可以发现泛型 T 表示的是 Servlet 的子类（实现类），这个信息很重要，在 Spring Boot 中 ServletRegistrationBean 有一个子类是 DispatcherServletRegistrationBean，在 DispatcherServletRegistrationBean 中直接标记了 DispatcherServlet 作为泛型 T 的实际类型，下面回到 ServletRegistrationBean 中关注它的成员变量，总共有 6 个成员变量，详细信息如下：

（1）成员变量 DEFAULT_MAPPINGS 表示默认匹配的路径地址，默认数据是 "/*"；

（2）成员变量 servlet 表示 Servlet 的实现类；

（3）成员变量 urlMappings 表示路由映射集合；

（4）成员变量 alwaysMapUrl 表示是否始终进行路由映射，默认情况下是需要进行路由映射；

（5）成员变量 loadOnStartup 表示启动加载顺序标记，作用是表示优先级；

（6）成员变量 multipartConfig 表示配置数据。

了解了成员变量后，下面对父类中要求子类实现的方法进行分析，getDescription 方法的详细代码如下：

```java
protected String getDescription() {
   Assert.notNull(this.servlet, "Servlet must not be null");
   return "servlet " + getServletName();
}
```

在 getDescription 方法中返回值是 "servlet " 加 Servlet 名称的组合。其次是 addRegistration 方法的分析，详细处理代码如下：

```java
protected ServletRegistration.Dynamic addRegistration(String description,
ServletContext servletContext) {
   String name = getServletName();
   return servletContext.addServlet(name, this.servlet);
}
```

在 addRegistration 方法中会通过 Servlet 上下文对 servlet 的名称和 Servlet 进行注册，注册完成后会将注册结果作为返回值。最后是 configure 方法，详细处理代码如下：

```java
protected void configure(ServletRegistration.Dynamic registration) {
   super.configure(registration);
   String[] urlMapping = StringUtils.toStringArray(this.urlMappings);
   if (urlMapping.length == 0 && this.alwaysMapUrl) {
      urlMapping = DEFAULT_MAPPINGS;
   }
   if (!ObjectUtils.isEmpty(urlMapping)) {
      registration.addMapping(urlMapping);
   }
   registration.setLoadOnStartup(this.loadOnStartup);
   if (this.multipartConfig != null) {
      registration.setMultipartConfig(this.multipartConfig);
   }
}
```

在 configure 方法中核心目标是对 ServletRegistration.Dynamic 对象进行三个数据的初始化：

（1）初始化路由映射；

（2）初始化启动顺序；

（3）初始化配置信息。

11.3.4　AbstractFilterRegistrationBean 分析

本节将对 AbstractFilterRegistrationBean 进行分析，下面对其中 4 个成员变量进行说明：

（1）成员变量 servletRegistrationBeans 用于存储 ServletRegistrationBean 集合；

（2）成员变量 servletNames 用于存储 Servlet 名称集合；

（3）成员变量 urlPatterns 用于存储路由匹配策略集合；

（4）成员变量 dispatcherTypes 用于存储 DispatcherType 集合。

在 AbstractFilterRegistrationBean 中主要关注 configure 方法，详细处理代码如下：

```java
protected void configure(FilterRegistration.Dynamic registration) {
   super.configure(registration);
   EnumSet<DispatcherType> dispatcherTypes = this.dispatcherTypes;
   if (dispatcherTypes == null) {
      // 获取拦截器
      T filter = getFilter();
      // 判断拦截器类型是否是 OncePerRequestFilter，如果是将会修正 dispatcherTypes
```

```
                // 数据为所有 DispatcherType, 如果不是将会选择 DispatcherType.REQUEST 数据进行修正
                if (ClassUtils.isPresent("org.springframework.web.filter.
OncePerRequestFilter",
                        filter.getClass().getClassLoader()) && filter
    instanceof OncePerRequestFilter) {
                    dispatcherTypes = EnumSet.allOf(DispatcherType.class);
                }
                else {
                    dispatcherTypes = EnumSet.of(DispatcherType.REQUEST);
                }
            }
            // Servlet 名称处理
            Set<String> servletNames = new LinkedHashSet<>();
            // 从成员变量 servletRegistrationBeans 中提取 Servlet 名称
            for (ServletRegistrationBean<?> servletRegistrationBean : this.
    servletRegistrationBeans) {
                servletNames.add(servletRegistrationBean.getServletName());
            }
            // 补充成员变量 servletNames 的数据
            servletNames.addAll(this.servletNames);
            if (servletNames.isEmpty() && this.urlPatterns.isEmpty()) {
                // 添加映射配置
                registration.addMappingForUrlPatterns(dispatcherTypes, this.matchAfter,
    DEFAULT_URL_MAPPINGS);
            } else {
                if (!servletNames.isEmpty()) {
                    // 添加映射配置
                    registration.addMappingForServletNames(dispatcherTypes, this.
    matchAfter, StringUtils.toStringArray(servletNames));
                }
                if (!this.urlPatterns.isEmpty()) {
                    // 添加映射配置
                    registration.addMappingForUrlPatterns(dispatcherTypes, this.
    matchAfter,StringUtils.toStringArray(this.urlPatterns));
                }
            }
        }
    }
```

在上述代码中核心处理流程如下。

（1）对成员变量 dispatcherTypes 进行判断，判断数据是否为 null，如果为 null 则会进行数据的补充，数据补充需要依靠拦截器（Filter）进行处理，处理策略是判断 filter 是否为 OncePerRequestFilter 类型，如果是则对成员变量赋值为所有的 DispatcherType 数据类型；如果不是 OncePerRequestFilter 类型，将设置 DispatcherType.REQUEST 类型。

（2）Servlet 名称处理，数据来源是成员变量 servletRegistrationBeans 和成员变量 servletNames。

（3）根据 urlPatterns 和 servletNames 为 FilterRegistration.Dynamic 添加不同含义的映射数据。

在 Spring Boot 中关于 AbstractFilterRegistrationBean 有两个子类分别是 FilterRegistrationBean 和 DelegatingFilterProxyRegistrationBean，下面将对这两个子类进行分析，首先是 FilterRegistrationBean 的分析，该对象中完整定义代码如下：

```
public class FilterRegistrationBean<T extends Filter> extends
AbstractFilterRegistrationBean<T> {

    private T filter;
```

```java
    public FilterRegistrationBean() {
    }
    public FilterRegistrationBean(T filter, ServletRegistrationBean<?>...
servletRegistrationBeans) {
        super(servletRegistrationBeans);
        Assert.notNull(filter, "Filter must not be null");
        this.filter = filter;
    }
    public T getFilter() {
        return this.filter;
    }
    public void setFilter(T filter) {
        Assert.notNull(filter, "Filter must not be null");
        this.filter = filter;
    }
}
```

在 FilterRegistrationBean 的完整代码中可以发现整个类的处理都是简单的实体类处理模式，在类中设计了构造函数和 get&set 方法，整体复杂度不高。最后对 DelegatingFilterProxyRegistrationBean 进行分析，这个类中主要关注的是 getFilter 方法，具体代码如下：

```java
public DelegatingFilterProxy getFilter() {
    return new DelegatingFilterProxy(this.targetBeanName, getWebApplicationContext()) {
            protected void initFilterBean() throws ServletException {
            }
    };
}
```

在 getFilter 方法中可以发现它通过目标 Bean 名称和应用上下文创建了 DelegatingFilterProxy 对象，DelegatingFilterProxy 对象在 Spring MVC 中起的作用就是进行 filter 对象的代理。

11.4 WebListenerRegistrar 和 WebListenerRegistrar 相关分析

本节将对 WebListenerRegistrar 和 WebListenerRegistrar 相关的实现类进行分析，接下来对 WebListenerRegistrar 进行分析，在 WebListenerRegistrar 中有一个方法是 register，它用于注册。核心注册的内容是 Web 监听器类名，在 Spring Boot 中该接口的实现类似 ServletComponentWebListenerRegistrar，完整代码如下：

```java
static class ServletComponentWebListenerRegistrar implements WebListenerRegistrar {
    private final String listenerClassName;
    ServletComponentWebListenerRegistrar(String listenerClassName) {
        this.listenerClassName = listenerClassName;
    }
    public void register(WebListenerRegistry registry) {
        registry.addWebListeners(this.listenerClassName);
    }
}
```

在上述代码中可以发现核心处理流程 register 通过参数 WebListenerRegistry 将成员变量监听器类名进行了注册。通过这段代码可以确定 WebListenerRegistry 的核心作用是进行 Web 监听器注册，在 Spring Boot 中关于 WebListenerRegistry 类图如图 11-2 所示。

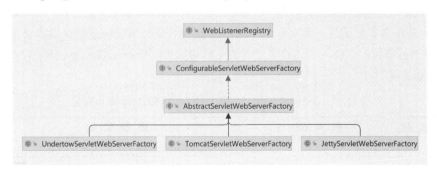

图 11-2　WebListenerRegistry 类图

从图 11-2 中可以发现，WebListenerRegistry 的整个继承关系中最直接的是 ConfigurableServletWebServerFactory，它表示可配置的 Web 服务工厂。下面对 ConfigurableServletWebServerFactory 中出现的方法进行说明：

（1）方法 setContextPath 用于设置上下文路径；

（2）方法 setDisplayName 用于设置显示名称；

（3）方法 setSession 用于设置 Session；

（4）方法 setRegisterDefaultServlet 用于设置是否注册默认的 servlet；

（5）方法 setMimeMappings 用于设置 MIME 类型映射；

（6）方法 setDocumentRoot 用于设置 Web 上下文所使用的文档根目录，根目录用于提供静态文件；

（7）方法 setInitializers 用于设置 ServletContextInitializer 集合；

（8）方法 addInitializers 用于添加 ServletContextInitializer 数据；

（9）方法 setJsp 用于设置 Jsp 对象；

（10）方法 setLocaleCharsetMappings 用于设置地区（语言）和字符编码的绑定关系；

（11）方法 setInitParameters 用于设置初始化配置数据。

除了 ConfigurableServletWebServerFactory 以外对于 AbstractServletWebServerFactory 的分析还需要了解 ConfigurableWebServerFactory，详细的方法说明如下：

（1）方法 setPort 用于设置端口；

（2）方法 setAddress 用于设置地址；

（3）方法 setErrorPages 用于设置异常页集合；

（4）方法 setSsl 用于设置 Ssl 对象；

（5）方法 setSslStoreProvider 用于设置 SslStoreProvider 对象；

（6）方法 setHttp2 用于设置 HTTP2 对象；

（7）方法 setCompression 用于设置 Compression；

（8）方法 setServerHeader 用于设置服务头；

（9）方法 setShutdown 用于设置 Shutdown 对象。

在 Spring Boot 中 ConfigurableWebServerFactory 存在多个实现类，本章不会对所有的实现类进行说明，本章着重围绕 AbstractServletWebServerFactory 相关的实现类进行分析，在 AbstractServletWebServerFactory 类图中与 ConfigurableWebServerFactory 存在关联的类是 AbstractConfigurableWebServerFactory，在对 ConfigurableWebServerFactory 进行说明时可以发现接口本身的目标是设置多个属性，那么作为 ConfigurableWebServerFactory 的实现类必然需要将这些设置数据进行存储，存储的方式是通过成员变量的形式，AbstractConfigurableWebServerFactory 成员变量见表 11-1。

表 11-1　AbstractConfigurableWebServerFactory 成员变量

变量名称	变量类型	变量说明
port	int	表示端口，默认端口是 8080
address	InetAddress	表示网络地址
errorPages	Set<ErrorPage>	表示异常页集合
ssl	Ssl	表示 Ssl 对象
sslStoreProvider	SslStoreProvider	表示 SslStoreProvider 对象
http2	Http2	表示 Http2 对象
compression	Compression	表示 Compression
serverHeader	String	表示服务头
shutdown	Shutdown	表示停止策略，停止策略有两种，一种是立即停止，对应枚举是 Shutdown.IMMEDIATE，另一种是等待处理完成后停止，对应枚举是 Shutdown.GRACEFUL。默认立即停止

接下来将对 AbstractServletWebServerFactory 进行分析，AbstractServletWebServerFactory 类图相关信息见图 11-3。

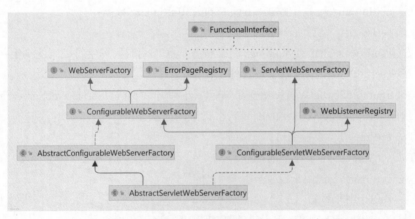

图 11-3　AbstractServletWebServerFactory 类图

通过对 ConfigurableServletWebServerFactory 的分析可以知道它需要设置一些关于 Servlet 服务的数据，相关数据存储在 AbstractServletWebServerFactory 成员变量中，详细成员变量说明见表 11-2。

第 11 章 Spring Boot 中 Servlet 相关扫描与注册分析

表 11-2 AbstractServletWebServerFactory 成员变量

变量名称	变量类型	变量说明
documentRoot	DocumentRoot	表示文档根路径，常用的根路径有 src/main/webapp、public 和 static 三种
staticResourceJars	StaticResourceJars	表示静态资源，常用的静态资源路径有 META-INF/resources 下的内容
webListenerClassNames	Set<String>	表示 Web 监听器类名集合
contextPath	String	表示上下文路径
displayName	String	表示显示名称
session	Session	表示 Session 对象
registerDefaultServlet	boolean	表示是否注册默认的 servlet
mimeMappings	MimeMappings	表示 Mime 映射
initializers	List<ServletContextInitializer>	表示 ServletContextInitializer 集合
jsp	Jsp	表示 Jsp 对象
localeCharsetMappings	Map<Locale，Charset>	表示地区（语言）和字符集映射表
initParameters	Map<String，String>	表示初始化参数表

在 AbstractServletWebServerFactory 中最重要的就是上述成员变量，在 AbstractServletWebServerFactory 中所提供的各类方法都属于简单的成员变量操作方法。需要注意的是，在 AbstractServletWebServerFactory 中还存在一个内部类 SessionConfiguringInitializer，它实现了 ServletContextInitializer，具体实现代码如下：

```
public void onStartup(ServletContext servletContext) throws ServletException {
    // 会话追踪模式 (SessionTrackingMode) 不为空的情况下，将其设置给 Servlet 上下文
    if (this.session.getTrackingModes() != null) {
        servletContext.setSessionTrackingModes(unwrap(this.session.getTrackingModes()));
    }
    // 配置 session cookie
    configureSessionCookie(servletContext.getSessionCookieConfig());
}
```

在 onStartup 方法中主要的处理流程如下：

（1）判断 session 中的会话追踪模式不为空的情况下会将 session 中的会话追踪模式进行解包，解包后设置给 Servlet 上下文；

（2）为 Servlet 上下文中的 session-cookie 配置进行数据设置，设置的数据来源是成员变量 session 中的 cookie。

最后回到 WebListenerRegistry，在 WebListenerRegistry 中定义了 addWebListeners 方法，该方法用于添加 Web 监听器类名，该方法在 AbstractServletWebServerFactory#addWebListeners 中已有实现，AbstractServletWebServerFactory 的子类并未对其进行重写，因此只需要关注 AbstractServletWebServerFactory 中的实现方式即可，具体处理代码如下：

```
public void addWebListeners(String... webListenerClassNames) {
    this.webListenerClassNames.addAll(Arrays.asList(webListenerClassNames));
}
```

本章小结

　　本章对 Spring Boot 中关于 Servlet 的扫描和注册进行了相关分析，关于扫描所使用到的注解是 ServletComponentScan，从 ServletComponentScan 出发引出 ServletComponentScanRegistrar、ServletComponentRegisteringPostProcessor 以及 ServletComponentHandler，在分析 ServletComponentHandler 时发现了注册 Bean 的行为，从而引出了 RegistrationBean 的相关分析。在 RegistrationBean 的分析过程中对于 ServletComponentHandler 所注册的 FilterRegistrationBean、ServletRegistrationBean 和 ServletComponentWebListenerRegistrar 做出了分析。在整个 Spring Boot 中关于 Servlet 的扫描和注册过程是紧密相关的，在扫描时会通过后置处理器进行注册流程的唤醒，从而达到扫描注册一并完成的效果。

第 12 章

WebServerFactory 分析

本章将对 WebServerFactory 相关内容进行分析，对于 WebServerFactory 可以理解为一个标记类型的接口，接口本身并未定义任何方法，相关方法的拓展目前都交由 WebServerFactory 的子接口进行处理，本章将会对所有的子接口进行相关分析，WebServerFactory 类图如图 12-1 所示。

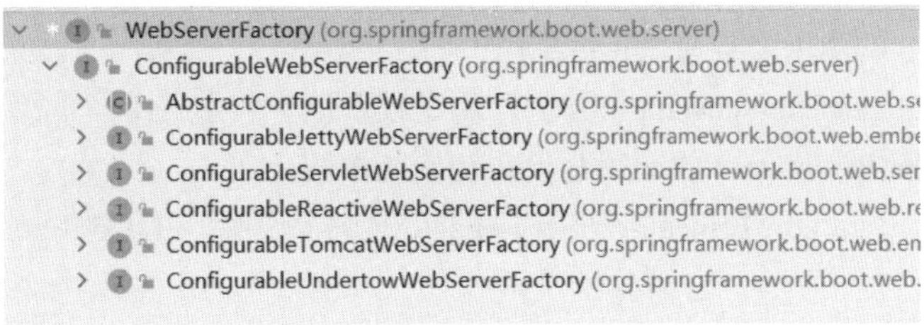

图 12-1　WebServerFactory 类图

12.1　WebServerFactory 子接口说明

本节将对 WebServerFactory 的子接口进行说明，接下来是 ConfigurableWebServerFactory，ConfigurableWebServerFactory 是所有子类的父类（接口），它的主要方法都是用于设置属性，具体属性包含以下 9 个要素：

（1）端口；
（2）网络地址；
（3）异常页集合；
（4）Ssl 对象；
（5）SslStoreProvider 对象；
（6）Http2 对象；

（7）Compression；

（8）服务头；

（9）关闭策略（Shutdown 对象）。

接下来对 ConfigurableJettyWebServerFactory 进行说明，在 ConfigurableJettyWebServerFactory 中定义了 5 个方法，它们分别是：

（1）方法 setAcceptors 的作用是设置接收者线程数；

（2）方法 setThreadPool 的作用是设置线程池对象；

（3）方法 setSelectors 的作用是设置选择器线程数量；

（4）方法 setUseForwardHeaders 的作用是设置是否需要处理 x-forward-* 请求头；

（5）方法 addServerCustomizers 的作用是添加 JettyServerCustomizer。

接下来对 ConfigurableServletWebServerFactory 进行说明，在 ConfigurableServletWebServerFactory 中定义了 11 个方法，它们分别是：

（1）方法 setContextPath 的作用是设置上下文路径；

（2）方法 setDisplayName 的作用是设置显示名称；

（3）方法 setSession 的作用是设置 session 对象；

（4）方法 setRegisterDefaultServlet 的作用是设置是否注册默认的 servlet；

（5）方法 setMimeMappings 的作用是设置 MIME 类型映射；

（6）方法 setDocumentRoot 的作用是设置 Web 上下文，使用文档根目录来提供静态文件；

（7）方法 setInitializers 的作用是设置 ServletContextInitializer 集合；

（8）方法 addInitializers 的作用是添加 ServletContextInitializer 集合；

（9）方法 setJsp 的作用是设置 Jsp 对象；

（10）方法 setLocaleCharsetMappings 的作用是设置地区和字符编码的绑定关系；

（11）方法 setInitParameters 的作用是设置初始化参数。

接下来将对 ConfigurableTomcatWebServerFactory 进行说明，在 ConfigurableTomcatWebServerFactory 中定义了 7 个方法，它们分别是：

（1）方法 setBaseDirectory 的作用是设置 Tomcat 根目录，如果未指定将采用临时路径；

（2）方法 setBackgroundProcessorDelay 的作用是设置后台处理器延迟时间，延迟时间单位是秒；

（3）方法 addEngineValves 的作用是添加 Valve 集合；

（4）方法 addConnectorCustomizers 的作用是添加 TomcatConnectorCustomizer 集合；

（5）方法 addContextCustomizers 的作用是添加 TomcatContextCustomizer 集合；

（6）方法 addProtocolHandlerCustomizers 的作用是添加 TomcatProtocolHandlerCustomizer；

（7）方法 setUriEncoding 的作用是设置 URI 解码对象。

接下来对 ConfigurableUndertowWebServerFactory 进行说明，在 ConfigurableUndertowWebServerFactory 中定义了 13 个方法，它们分别是：

（1）方法 setBuilderCustomizers 的作用是设置 UndertowBuilderCustomizer 集合；

（2）方法 addBuilderCustomizers 的作用是添加 UndertowBuilderCustomizer 集合；

（3）方法 setBufferSize 的作用是设置缓存大小；

（4）方法 setIoThreads 的作用是设置 IO 线程数；

（5）方法 setWorkerThreads 的作用是设置工作线程数；

（6）方法 setUseDirectBuffers 的作用是设置是否应使用直接缓冲区；

（7）方法 setAccessLogDirectory 的作用是设置访问日志目录；

（8）方法 setAccessLogPattern 的作用是设置访问日志模式；

（9）方法 setAccessLogPrefix 的作用是设置访问日志前缀；

（10）方法 setAccessLogSuffix 的作用是设置访问日志后缀；

（11）方法 setAccessLogEnabled 的作用是设置是否启用访问日志；

（12）方法 setAccessLogRotate 的作用是设置是否启用访问日志轮换；

（13）方法 setUseForwardHeaders 的作用是设置是否处理 x-forward-* 请求头。

最后对 ConfigurableReactiveWebServerFactory 进行说明，该接口是一个复合接口，它是 ConfigurableWebServerFactory 和 ReactiveWebServerFactory 的子接口，该接口主要是 ReactiveWebServerFactory 的作用即响应式 Web 服务工厂，它的实现类有 TomcatReactiveWeb-ServerFactory、NettyReactiveWebServerFactory、UndertowReactiveWebServerFactory 和 JettyReactive-WebServerFactory。

12.2 JettyServletWebServerFactory 分析

本节将对 JettyServletWebServerFactory 进行分析，该对象的核心目标是创建 WebServer 的实现类，具体的实现类是 JettyWebServer。本节将对创建过程进行分析，下面对 JettyServletWebServerFactory 成员变量进行说明，详细见表 12-1。

表 12-1 JettyServletWebServerFactory 成员变量

变 量 名 称	变 量 类 型	变 量 说 明
configurations	List<Configuration>	表示 Jetty 配置集合
useForwardHeaders	boolean	表示是否使用 forward 请求头
acceptors	int	表示接收者线程数量
selectors	int	表示选择器线程数量
jettyServerCustomizers	Set<JettyServerCustomizer>	表示 JettyServerCustomizer 集合
resourceLoader	ResourceLoader	表示资源加载器
threadPool	ThreadPool	表示线程池

了解了成员变量后，下面开始进行 getWebServer 方法的分析，详细处理代码如下：

```
public WebServer getWebServer(ServletContextInitializer... initializers) {
    // 创建 jetty 嵌入式 Web 上下文
    JettyEmbeddedWebAppContext context = new JettyEmbeddedWebAppContext();
    // 确认端口
    int port = Math.max(getPort(), 0);
    // 确认网络地址
    InetSocketAddress address = new InetSocketAddress(getAddress(), port);
    // 创建 jetty-server 对象
    Server server = createServer(address);
    // 配置 jetty 嵌入式 Web 上下文
    configureWebAppContext(context, initializers);
    // 为 jetty-server 设置处理器
    server.setHandler(addHandlerWrappers(context));
```

```
            this.logger.info("Server initialized with port: " + port);
            // 配置ssl
            if (getSsl() != null && getSsl().isEnabled()) {
                customizeSsl(server, address);
            }
            // 配置JettyServerCustomizer
            for (JettyServerCustomizer customizer : getServerCustomizers()) {
                customizer.customize(server);
            }
            // 允许使用forward请求头的情况下处理
            if (this.useForwardHeaders) {
                new ForwardHeadersCustomizer().customize(server);
            }
            // 关闭类型是等待处理完成后停止处理
            if (getShutdown() == Shutdown.GRACEFUL) {
                // 创建统计处理器
                StatisticsHandler statisticsHandler = new StatisticsHandler();
                // 设置处理器
                statisticsHandler.setHandler(server.getHandler());
                // jetty-server对象设置处理器
                server.setHandler(statisticsHandler);
            }
            // 获取jetty
            return getJettyWebServer(server);
        }
```

在上述代码中主要的处理流程如下：

（1）创建jetty嵌入式Web上下文，jetty嵌入式Web上下文的本质是Jetty项目中的WebAppContext类的二次封装；

（2）确认端口，端口确认需要从成员变量port中获取；

（3）确认网络地址，网络地址的数据来源是成员变量address和成员变量port；

（4）创建Jetty服务对象，创建需要使用到的线程池（成员变量threadPool）和网络地址对象；

（5）配置jetty嵌入式Web上下文；

（6）为jetty-server设置处理器；

（7）配置ssl；

（8）处理JettyServerCustomizer数据；

（9）判断是否允许使用forward请求头，如果允许则需要通过ForwardHeadersCustomizer对jetty-server进行处理；

（10）判断关闭类型是否是等待处理完成后停止，如果是则创建统计处理器（StatisticsHandler）并将其设置给jetty-server对象；

（11）从jetty-server对象中获取JettyWebServer。

接下来对上述11个操作过程中的第（5）步进行细节说明，在configureWebAppContext方法中会对Jetty-Web应用上下文进行配置，详细处理代码如下：

```
protected final void configureWebAppContext(WebAppContext context,
        ServletContextInitializer... initializers) {
    Assert.notNull(context, "Context must not be null");
    // 清空别名检查列表
    context.getAliasChecks().clear();
    // 设置临时路径
```

```
   context.setTempDirectory(getTempDirectory());
   // 设置类加载器
   if (this.resourceLoader != null) {
      context.setClassLoader(this.resourceLoader.getClassLoader());
   }
   // 设置 Web 上下文路径
   String contextPath = getContextPath();
    context.setContextPath(StringUtils.hasLength(contextPath) ? contextPath : "/");
   // 设置显示名称
   context.setDisplayName(getDisplayName());
   // 配置根路径
   configureDocumentRoot(context);
   // 判断是否需要注册默认的 servlet，如果需要则向上下文中添加默认的 servlet
   if (isRegisterDefaultServlet()) {
      addDefaultServlet(context);
   }
   // 判断是否需要注册 jspservlet，如果需要则进行 jspservlet 的添加操作
   if (shouldRegisterJspServlet()) {
      addJspServlet(context);
      context.addBean(new JasperInitializer(context), true);
   }
   // 添加地区（语言）和字符集映射表
   addLocaleMappings(context);
   // 合并 ServletContextInitializer
    ServletContextInitializer[] initializersToUse = mergeInitializers(initializers);
   // 获取 Web 应用配置
   Configuration[] configurations = getWebAppContextConfigurations(context,
initializersToUse);
   context.setConfigurations(configurations);
   // 设置在启动异常时抛出不可用
   context.setThrowUnavailableOnStartupException(true);
   // 配置 session
   configureSession(context);
   // 后置处理
   postProcessWebAppContext(context);
}
```

在 configureWebAppContext 方法中主要的处理流程如下。

（1）清空 Web 应用上下文中的别名检查列表的数据。

（2）在资源加载器不为空的情况下设置类加载器。

（3）获取 Web 上下文路径并且设置到 Web 应用上下文中。

（4）设置显示名称。

（5）配置根路径。

（6）判断是否需要注册默认的 servlet，如果需要则向上下文中添加默认的 servlet。内部处理操作是创建 ServletHolder 对象并且放入 Web 应用上下文中。

（7）判断是否需要注册 jspservlet，如果需要则进行 jspservlet 的添加操作。内部操作是创建 ServletMapping 并设置到 Web 应用上下文中。

（8）为 Web 应用上下文添加地区（语言）和字符集映射表。

（9）合并 ServletContextInitializer 数据集合，通过 Web 应用上下文提取 Web 应用配置，将得到的配置列表设置给 Web 应用上下文。

（10）设置在启动异常时抛出。

（11）配置应用上下文的 session 对象，session 处理需要使用 SessionHandler。

（12）进行后置处理，该方法目前并未处理。

在 JettyServletWebServerFactory#getWebServer 方法中出现了 JettyServerCustomizer 的使用，该接口的主要作用是对 Jetty-server 进行自定义配置，在 Spring Boot 中 JettyServerCustomizer 有三个实现类，分别是：

（1）实现类 ForwardHeadersCustomizer，主要用于添加 ForwardedRequestCustomizer 到服务对象中；

（2）实现类 MaxHttpHeaderSizeCustomizer，主要用于设置最大 Http 请求头大小；

（3）实现类 SslServerCustomizer，主要用于配置 ssl 相关信息。

在 JettyServerCustomizer 的整个处理过程中所使用的内容都和 Jetty 框架有直接关系，比如实现类 ForwardHeadersCustomizer 中创建的类都是由 Jetty 框架提供的，Spring Boot 在整个初始化过程中将其做出了不同阶段的封装：配置 Jetty-server 对象、自定义 Jetty-server 对象。

12.3　JettyReactiveWebServerFactory 分析

本节将对 JettyReactiveWebServerFactory 进行分析，JettyReactiveWebServerFactory 中的成员变量和 JettyServletWebServerFactory 中的成员变量大致相符，不同的成员变量是 resourceFactory（类型为 JettyResourceFactory），它用于获取 Jetty 中的相关资源，主要有 Executor、ByteBufferPool 和 Scheduler。

接口 JettyReactiveWebServerFactory 是 ReactiveWebServerFactory 的实现类，需要实现 getWebServer 方法，该方法主要用于获取 WebServer，在 JettyReactiveWebServerFactory 中核心处理代码如下：

```
public WebServer getWebServer(HttpHandler httpHandler) {
    // 创建 Jetty 的 Http 请求处理适配器
    JettyHttpHandlerAdapter servlet = new JettyHttpHandlerAdapter(httpHandler);
    // 创建 jetty-server 对象
    Server server = createJettyServer(servlet);
    // 创建 jetty-WebServer
    return new JettyWebServer(server, getPort() >= 0);
}
```

在 JettyReactiveWebServerFactory#getWebServer 方法中核心处理流程如下。

（1）创建 Jetty 的 Http 请求处理适配器，主要对方法参数 HttpHandler 进行适配处理。

（2）创建 JettyServer，在创建过程中核心处理流程如下：

①确认端口和网络地址；

②创建 server 对象，设置连接器和暂停超时时间；

③创建 servlet 持有器并且设置支持异步；

④创建 Servlet 上下文持有器，并设置 servlet 持有器；

⑤设置 ssl，处理 JettyServerCustomizer，处理允许 forward 请求头的情况，处理关闭类型。

（3）创建 Jetty Web Server 对象。

关于创建 Jetty Server 的方法是 createJettyServer，详细代码如下：

```java
protected Server createJettyServer(JettyHttpHandlerAdapter servlet) {
    // 确认端口
    int port = Math.max(getPort(), 0);
    // 确认网络地址
    InetSocketAddress address = new InetSocketAddress(getAddress(), port);
    // 创建 server 对象
    Server server = new Server(getThreadPool());
    // 设置连接器
    server.addConnector(createConnector(address, server));
    server.setStopTimeout(0);
    // 创建 servlet 持有器
    ServletHolder servletHolder = new ServletHolder(servlet);
    // 设置支持异步
    servletHolder.setAsyncSupported(true);
    // 创建 Servlet 上下文持有器
    ServletContextHandler contextHandler = new ServletContextHandler(server, "/", false, false);
    contextHandler.addServlet(servletHolder, "/");
    // 为 server 对象设置处理器
    server.setHandler(addHandlerWrappers(contextHandler));
    JettyReactiveWebServerFactory.logger.info("Server initialized with port: " + port);
    // 设置 ssl
    if (getSsl() != null && getSsl().isEnabled()) {
        customizeSsl(server, address);
    }
    // 自定义配置处理
    for (JettyServerCustomizer customizer : getServerCustomizers()) {
        customizer.customize(server);
    }
    // 允许使用 forward 请求头的情况下处理
    if (this.useForwardHeaders) {
        new ForwardHeadersCustomizer().customize(server);
    }
    // 关闭类型是等待处理完成后停止处理
    if (getShutdown() == Shutdown.GRACEFUL) {
        StatisticsHandler statisticsHandler = new StatisticsHandler();
        statisticsHandler.setHandler(server.getHandler());
        server.setHandler(statisticsHandler);
    }
    // 返回 server 对象
    return server;
}
```

在上述方法中可以和 JettyServletWebServerFactory 中的创建过程做对比，会发现很多方法都是通用的，比如 ssl 配置、JettyServerCustomizer 处理、forward 请求头处理和关闭类型的处理。对比差异可以发现差异点是关于持有器的一个概念，在 JettyReactiveWebServerFactory 中使用到了 ServletHolder 和 ServletContextHandler。

12.4 TomcatServletWebServerFactory 分析

本节将对 TomcatServletWebServerFactory 进行分析，该对象的核心目标是创建 WebServer 的实现类，具体的实现类是 TomcatWebServer。本节将对创建过程进行分析，下面对 TomcatServletWebServerFactory 成员变量进行说明，详细见表 12-2。

表 12-2　TomcatServletWebServerFactory 成员变量

变量名称	变量类型	变量说明
DEFAULT_PROTOCOL	String	表示默认的协议类名
DEFAULT_CHARSET	Charset	表示默认字符集
NO_CLASSES	Set<Class<?>>	表示空类集合
additionalTomcatConnectors	List<Connector>	表示 Tomcat 连接器集合
tldScanPatterns	Set<String>	表示 TLD 扫描匹配符集合
baseDirectory	File	根路径
engineValves	List<Valve>	Tomcat 引擎值列表
contextValves	List<Valve>	上下文值列表
contextLifecycleListeners	List<LifecycleListener>	上下文生命周期监听器集合
tomcatContextCustomizers	Set<TomcatContextCustomizer>	TomcatContextCustomizer 集合，TomcatContextCustomizer 用于对 Tomcat 上下文进行自定义处理
tomcatConnectorCustomizers	Set<TomcatConnectorCustomizer>	TomcatConnectorCustomizer 集合，TomcatConnectorCustomizer 用于对 Tomcat 连接进行自定义处理
tomcatProtocolHandlerCustomizers	Set<TomcatProtocolHandlerCustomizer<?>>	TomcatProtocolHandlerCustomizer 集合，ProtocolHandler 的 Tomcat 实现接口
resourceLoader	ResourceLoader	资源加载器
protocol	String	协议名称
tldSkipPatterns	Set<String>	TLD 匹配模式
uriEncoding	Charset	URL 编码字符集
backgroundProcessorDelay	int	处理器延迟时间
disableMBeanRegistry	boolean	是否禁用 MBean 注册（Registry MBean）

了解了成员变量后，下面开始进行 getWebServer 方法的分析，详细处理代码如下：

```
public WebServer getWebServer(ServletContextInitializer... initializers) {
    // 是否禁用 MBean 注册，如果是则进行禁用注册操作
    if (this.disableMBeanRegistry) {
        Registry.disableRegistry();
    }
    // 创建 tomcat
    Tomcat tomcat = new Tomcat();
    // 创建基本文件对象
    File baseDir = (this.baseDirectory != null) ? this.baseDirectory : createTempDir("tomcat");
    // 为 tomcat 设置基本文件
    tomcat.setBaseDir(baseDir.getAbsolutePath());
    // 根据协议创建连接器
    Connector connector = new Connector(this.protocol);
    // 设置失败时抛出
    connector.setThrowOnFailure(true);
    // 为 tomcat 的服务对象添加连接器
    tomcat.getService().addConnector(connector);
```

```
// 处理 TomcatConnectorCustomizer
customizeConnector(connector);
// 为 tomcat 设置连接器
tomcat.setConnector(connector);
tomcat.getHost().setAutoDeploy(false);
// 配置 tomcat 引擎
configureEngine(tomcat.getEngine());
// 添加连接器集合
for (Connector additionalConnector : this.additionalTomcatConnectors) {
    tomcat.getService().addConnector(additionalConnector);
}
// 准备上下文
prepareContext(tomcat.getHost(), initializers);
// 获取 TomcatWebServer
return getTomcatWebServer(tomcat);
}
```

在上述方法中核心的处理流程如下。

（1）是否禁用 MBean 注册，如果是则进行禁用注册操作。

（2）创建 tomcat。

（3）确认基本文件对象，基本文件对象有两种可能，第一种是成员变量 baseDirectory，第二种则是需要创建临时文件。

（4）根据协议创建连接器，设置连接器在遇到异常时抛出并将其设置给 tomcat 中的服务对象。

（5）在第（4）步中得到的连接器基础上进行连接器定制，主要处理是 Tomcat-ConnectorCustomizer 接口，处理方法是 customizeConnector。定制细节方法如下：

①获取端口将其设置给连接器；

②处理服务头将其设置到连接器中；

③处理自定义协议将其执行；

④配置 SSL；

⑤获取 TomcatConnectorCustomizer 集合对连接器进行定制。

（6）在第（5）步连接器定制完成后放入 tomcat 中。

（7）配置 tomcat 引擎。

（8）处理连接器集合，将成员变量 additionalTomcatConnectors 中的数据添加到 tomcat 的服务对象中。

（9）准备上下文，处理方法是 prepareContext，详细准备流程如下：

①获取文档根路径。

②创建嵌入式 tomcat 上下文。

③判断文档根路径是否为空，如果文档根路径不为空将为嵌入式 tomcat 上下文进行资源配置。

④设置上下文的名称、显示名称和上下文路径。

⑤获取文档基准路径，数据来源有两种，第一种是第①步中的文档根路径，第二种是创建临时路径，临时路径名称为 tomcat-docbase。文档基准路径确认后将其设置给 tomcat 上下文。

⑥添加 FixContextListener 生命周期监听器。

⑦为 tomcat 上下文设置类加载器。

⑧为 tomcat 上下文重置 tomcat 的地区语言映射。

⑨为 tomcat 上下文添加地区语言映射关系。

⑩为 tomcat 上下文设置 TLD 匹配符。

⑪创建 Web 应用加载器并设置给 tomcat 上下文。

⑫判断是否需要注册默认的 servlet，如果需要则向上下文中添加默认的 servlet。

⑬判断是否需要注册 jsp-servlet，如果需要则向上下文添加 jsp-servlet 并且添加 JasperInitializer 相关内容。

⑭合并方法参数中的 ServletContextInitializer 数据，将合并后的数据与上下文进行处理，处理方法是 configureContext。

⑮上下文后置处理，处理方法是 postProcessContext。

（10）获取 tomcatWebServer 作为返回值。

在上述 10 个操作流程中需要使用到 customizeConnector 方法和 prepareContext 方法，关于这两个方法的详细代码如下：

```java
protected void customizeConnector(Connector connector) {
    // 获取端口
    int port = Math.max(getPort(), 0);
    // 设置端口
    connector.setPort(port);
    // 服务头处理，将服务头的数据设置给连接器
    if (StringUtils.hasText(getServerHeader())) {
        connector.setProperty("server", getServerHeader());
    }
    // 自定义协议处理
    if (connector.getProtocolHandler() instanceof AbstractProtocol) {
        customizeProtocol((AbstractProtocol<?>) connector.getProtocolHandler());
    }
    // 执行协议处理器
    invokeProtocolHandlerCustomizers(connector.getProtocolHandler());
    if (getUriEncoding() != null) {
        connector.setURIEncoding(getUriEncoding().name());
    }
    connector.setProperty("bindOnInit", "false");
    // 配置 SSL
    if (getSsl() != null && getSsl().isEnabled()) {
        customizeSsl(connector);
    }
    // TomcatConnectorCustomizer 相关处理
    TomcatConnectorCustomizer compression = new CompressionConnectorCustomizer(getCompression());
    compression.customize(connector);
    for (TomcatConnectorCustomizer customizer : this.tomcatConnectorCustomizers) {
        customizer.customize(connector);
    }
}

protected void prepareContext(Host host, ServletContextInitializer[] initializers) {
    // 获取文档根路径
    File documentRoot = getValidDocumentRoot();
    // 创建嵌入式 tomcat 上下文
    TomcatEmbeddedContext context = new TomcatEmbeddedContext();
    // 设置资源
```

```java
        if (documentRoot != null) {
            context.setResources(new LoaderHidingResourceRoot(context));
        }
        // 设置名称
        context.setName(getContextPath());
        // 设置显示名称
        context.setDisplayName(getDisplayName());
        // 设置上下文路径
        context.setPath(getContextPath());
        // 获取文档基准路径
        File docBase = (documentRoot != null) ? documentRoot :
            createTempDir("tomcat-docbase");
        // 设置基准路径
        context.setDocBase(docBase.getAbsolutePath());
        // 添加 FixContextListener 生命周期监听器
        context.addLifecycleListener(new FixContextListener());
        // 设置类加载器
        context.setParentClassLoader((this.resourceLoader != null) ?
    this.resourceLoader.getClassLoader() : ClassUtils.getDefaultClassLoader());
        // 重置 tomcat 的地区语言映射
        resetDefaultLocaleMapping(context);
        // 添加地区语言映射
        addLocaleMappings(context);
        try {
            context.setCreateUploadTargets(true);
        } catch (NoSuchMethodError ex) {
        }
        // 配置 TLD 匹配符
        configureTldPatterns(context);
        // 创建 Web 应用加载器
        WebappLoader loader = new WebappLoader();
        loader.setLoaderClass(TomcatEmbeddedWebappClassLoader.class.getName());
        loader.setDelegate(true);
        context.setLoader(loader);
        // 判断是否需要注册默认的 servlet，如果需要则向上下文中添加默认的 servlet
        if (isRegisterDefaultServlet()) {
            addDefaultServlet(context);
        }
        // 判断是否需要注册 jsp-servlet，如果需要则向上下文添加 jsp-servlet 并且添加
        // JasperInitializer 相关内容
        if (shouldRegisterJspServlet()) {
            addJspServlet(context);
            addJasperInitializer(context);
        }
        context.addLifecycleListener(new StaticResourceConfigurer(context));
        // 合并参数 ServletContextInitializer
        ServletContextInitializer[] initializersToUse = mergeInitializers(initializers);
        host.addChild(context);
        // 配置上下文
        configureContext(context, initializersToUse);
        // 对上下文进行后置处理
        postProcessContext(context);
    }
```

在准备上下文方法（prepareContext）中需要使用 configureContext 方法对上下文进行配置，详细处理代码如下：

```java
    protected void configureContext(Context context, ServletContextInitializer[]
initializers) {
        // 创建 tomcat 启动器
```

```
        TomcatStarter starter = new TomcatStarter(initializers);
        // 判断上下文类型是否是 TomcatEmbeddedContext
        if (context instanceof TomcatEmbeddedContext) {
            TomcatEmbeddedContext embeddedContext = (TomcatEmbeddedContext) context;
            embeddedContext.setStarter(starter);
            embeddedContext.setFailCtxIfServletStartFails(true);
        }
        context.addServletContainerInitializer(starter, NO_CLASSES);
        // 添加上下文生命周期监听器
        for (LifecycleListener lifecycleListener : this.contextLifecycleListeners) {
            context.addLifecycleListener(lifecycleListener);
        }
        // 添加上下文数据值
        for (Valve valve : this.contextValves) {
            context.getPipeline().addValve(valve);
        }
        // 添加异常页数据
        for (ErrorPage errorPage : getErrorPages()) {
            org.apache.tomcat.util.descriptor.web.ErrorPage tomcatErrorPage = new
 org.apache.tomcat.util.descriptor.web.ErrorPage();
            tomcatErrorPage.setLocation(errorPage.getPath());
            tomcatErrorPage.setErrorCode(errorPage.getStatusCode());
            tomcatErrorPage.setExceptionType(errorPage.getExceptionName());
            context.addErrorPage(tomcatErrorPage);
        }
        // 添加 mime 映射数据
        for (MimeMappings.Mapping mapping : getMimeMappings()) {
            context.addMimeMapping(mapping.getExtension(), mapping.getMimeType());
        }
        // 配置 session
        configureSession(context);
        new DisableReferenceClearingContextCustomizer().customize(context);
        // 添加 Web 监听器
        for (String webListenerClassName : getWebListenerClassNames()) {
            context.addApplicationListener(webListenerClassName);
        }
        // 进行上下文自定义处理
        for (TomcatContextCustomizer customizer : this.tomcatContextCustomizers) {
            customizer.customize(context);
        }
    }
```

在 configureContext 方法中主要的处理流程如下：

（1）创建 tomcat 启动器，判断上下文是否是 TomcatEmbeddedContext 类型，如果是则将 tomcat 启动器放入上下文中；

（2）为上下文添加上下文生命周期监听器；

（3）为上下文添加上下文数据值；

（4）为上下文添加异常页数据；

（5）为上下文添加 mime 映射数据；

（6）为上下文配置 session；

（7）为上下文添加 Web 监听器类名；

（8）为上下文进行自定义处理。

在前文提到 postProcessContext 方法是用于进行上下文后处理的，该方法是一个空方法，会要求子类来对其进行拓展。最后是 getTomcatWebServer 方法，该方法用于获取

TomcatWebServer，该方法的处理逻辑是通过 new 关键字创建 TomcatWebServer，具体处理代码如下：

```
protected TomcatWebServer getTomcatWebServer(Tomcat tomcat) {
    return new TomcatWebServer(tomcat, getPort() >= 0, getShutdown());
}
```

12.5　TomcatReactiveWebServerFactory 分析

本节将对 TomcatReactiveWebServerFactory 进行分析，在该对象的各类方法中需要关注的核心方法是 getWebServer，详细处理代码如下：

```
public WebServer getWebServer(HttpHandler httpHandler) {
    // 是否禁用 MBean 注册，如果是则进行禁用注册操作
    if (this.disableMBeanRegistry) {
        Registry.disableRegistry();
    }
    // 创建 tomcat
    Tomcat tomcat = new Tomcat();
    // 创建基本文件对象
    File baseDir = (this.baseDirectory != null) ? this.baseDirectory :
createTempDir("tomcat");
    // 为 tomcat 设置基本文件
    tomcat.setBaseDir(baseDir.getAbsolutePath());
    // 根据协议创建连接器
    Connector connector = new Connector(this.protocol);
    // 设置失败时抛出
    connector.setThrowOnFailure(true);
    // 为 tomcat 的服务对象添加连接器
    tomcat.getService().addConnector(connector);
    // 处理 TomcatConnectorCustomizer
    customizeConnector(connector);
    tomcat.setConnector(connector);
    tomcat.getHost().setAutoDeploy(false);
    // 配置 tomcat 引擎
    configureEngine(tomcat.getEngine());
    // 设置连接器
    for (Connector additionalConnector : this.additionalTomcatConnectors) {
        tomcat.getService().addConnector(additionalConnector);
    }
    // http handler 适配器
    TomcatHttpHandlerAdapter servlet = new TomcatHttpHandlerAdapter(httpHandler);
    // 准备上下文
    prepareContext(tomcat.getHost(), servlet);
    // 创建 TomcatWebServer
    return getTomcatWebServer(tomcat);
}
```

在上述方法中主要的处理流程如下：

（1）判断是否禁用 MBean 注册，如果是则进行禁用注册操作；

（2）创建 tomcat；

（3）创建基本文件对象，将其设置给 tomcat；

（4）根据协议创建连接器，将其设置给 tomcat；

（5）处理自定义连接器；

（6）配置 tomcat 引擎；

（7）为 tomcat 中的 Service 对象添加连接器；

（8）创建 HTTP 处理适配器，这里创建的是基于 tomcat 实现的 HTTP 处理适配器；

（9）准备上下文；

（10）创建 TomcatWebServer。

在上述 10 个操作流程中需要对准备上下文这个流程进行详细说明，准备上下文处理流程如下：

（1）创建临时目录；

（2）创建 tomcat 嵌入式上下文，设置路径，设置文件路径，添加生命周期监听器（Tomcat.FixContextListener），设置类加载器；

（3）创建 Web 应用加载器，设置类加载器名称，设置是否委托标记为 true；

（4）将 Web 应用加载器置入 tomcat 嵌入式上下文中；

（5）为 tomcat 嵌入式上下文添加 Servlet 并且设置是否支持异步为 true；

（6）将成员变量 contextLifecycleListeners 全部加入 tomcat 嵌入式上下文中；

（7）将成员变量 tomcatContextCustomizers 全部执行为 tomcat 嵌入式上下文进行自定义修正。

上述关于准备上下文的处理代码如下：

```java
protected void prepareContext(Host host, TomcatHttpHandlerAdapter servlet) {
    // 创建临时目录
    File docBase = createTempDir("tomcat-docbase");
    // 创建 tomcat 嵌入式上下文
    TomcatEmbeddedContext context = new TomcatEmbeddedContext();
    // 设置路径
    context.setPath("");
    // 设置文件路径
    context.setDocBase(docBase.getAbsolutePath());
    // 添加生命周期监听器
    context.addLifecycleListener(new Tomcat.FixContextListener());
    // 设置类加载器
    context.setParentClassLoader(ClassUtils.getDefaultClassLoader());
    // 跳过 TLD 扫描
    skipAllTldScanning(context);
    // 创建 Web 应用加载器
    WebappLoader loader = new WebappLoader();
    loader.setLoaderClass(TomcatEmbeddedWebappClassLoader.class.getName());
    loader.setDelegate(true);
    context.setLoader(loader);
    Tomcat.addServlet(context, "httpHandlerServlet", servlet).setAsyncSupported(true);
    context.addServletMappingDecoded("/", "httpHandlerServlet");
    host.addChild(context);
    configureContext(context);
}
```

对比 TomcatReactiveWebServerFactory 和 TomcatServletWebServerFactory 的 getWebServer 方法可以发现它们共同都创建了 TomcatWebServer，在创建 TomcatWebServer 时使用到的 Tomcat 在两个对象中做出了不同的数据设置方式，核心差异点是上下文准备阶段的处理。

12.6 UndertowServletWebServerFactory 和 UndertowReactiveWebServerFactory 分析

本节将对 UndertowServletWebServerFactory 和 UndertowReactiveWebServerFactory 进行分析，下面对 UndertowServletWebServerFactory 进行分析，该对象的核心目标是创建 WebServer 的实现类，具体的实现类是 UndertowServletWebServer。

本节将对创建过程进行分析，下面对 UndertowServletWebServerFactory 成员变量进行说明，详见表 12-3。

表 12-3　UndertowServletWebServerFactory 成员变量

变量名称	变量类型	变量说明
ENCODED_SLASH	Pattern	正则，提取正则为 %2F
NO_CLASSES	Set<Class<?>>	空类集合
delegate	UndertowWebServerFactoryDelegate	工厂委托类
deploymentInfoCustomizers	Set<UndertowDeploymentInfoCustomizer>	UndertowDeploymentInfoCustomizer 接口集合
resourceLoader	ResourceLoader	资源加载器
eagerFilterInit	boolean	filter 初始化标记
preservePathOnForward	boolean	forward 标记

在上述成员变量中最关键的定义变量是 delegate，该对象的核心目标是创建 io.undertow.Undertow.Builder，关于创建 Undertow.Builder 的过程其本质就是进行各个成员变量的数据设置，数据来源是 TomcatUndertowWebServerFactoryDelegate 的成员变量，下面对 UndertowWebServerFactoryDelegate 成员变量进行说明，详见表 12-4。

表 12-4　UndertowWebServerFactoryDelegate 成员变量

变量名称	变量类型	变量说明
builderCustomizers	Set<UndertowBuilderCustomizer>	UndertowBuilderCustomizer 接口集合，主要用于对 Builder 进行自定义处理
bufferSize	Integer	缓冲区大小
ioThreads	Integer	IO 线程数量
workerThreads	Integer	工作线程数量
directBuffers	Boolean	是否开启直接缓冲区
accessLogDirectory	File	访问日志目录
accessLogPattern	String	访问日志模式
accessLogPrefix	String	访问日志前缀
accessLogSuffix	String	访问日志后缀
accessLogEnabled	boolean	是否启用访问日志
accessLogRotate	boolean	是否启用访问日志轮换
useForwardHeaders	boolean	是否处理 x-forward-* 请求头

了解了 TomcatUndertowWebServerFactoryDelegate 的成员变量之后来看核心方法 createBuilder，详细代码如下：

```
Builder createBuilder(AbstractConfigurableWebServerFactory factory) {
    Ssl ssl = factory.getSsl();
    InetAddress address = factory.getAddress();
    int port = factory.getPort();
    Builder builder = Undertow.builder();
    if (this.bufferSize != null) {
        builder.setBufferSize(this.bufferSize);
    }
    if (this.ioThreads != null) {
        builder.setIoThreads(this.ioThreads);
    }
    if (this.workerThreads != null) {
        builder.setWorkerThreads(this.workerThreads);
    }
    if (this.directBuffers != null) {
        builder.setDirectBuffers(this.directBuffers);
    }
    if (ssl != null && ssl.isEnabled()) {
        new SslBuilderCustomizer(factory.getPort(), address, ssl,
factory.getSslStoreProvider()).customize(builder);
        Http2 http2 = factory.getHttp2();
        if (http2 != null) {
            builder.setServerOption(UndertowOptions.ENABLE_HTTP2, http2.
isEnabled());
        }
    } else {
        builder.addHttpListener(port, (address != null) ? address.
getHostAddress() : "0.0.0.0");
    }
    builder.setServerOption(UndertowOptions.SHUTDOWN_TIMEOUT, 0);
    for (UndertowBuilderCustomizer customizer : this.builderCustomizers) {
        customizer.customize(builder);
    }
    return builder;
}
```

在 createBuilder 方法中可以发现处理过程就是创建 io.undertow.Undertow.Builder 之后将成员变量的各类数据进行设置。回到 UndertowServletWebServerFactory#getWebServer 方法，详细处理代码如下：

```
public WebServer getWebServer(ServletContextInitializer... initializers) {
    // 通过委托类创建构造器
    Builder builder = this.delegate.createBuilder(this);
    // 创建 DeploymentManager
    DeploymentManager manager = createManager(initializers);
    // 创建 UndertowServletWebServer
    return getUndertowWebServer(builder, manager, getPort());
}
```

在上述方法中主要操作分为以下三步：

（1）通过委托类进行构造器创建；

（2）配合方法参数进行 DeploymentManager 的创建；

（3）创建 UndertowServletWebServer。

在上述三个操作过程中第（2）步尤为关键，它创建的对象是部署管理器，处理方法是

createManager，主要处理流程如下：

（1）创建部署对象信息。创建后设置 ServletContextInitializer、设置类加载器、设置上下文路径、设置显示名称和设置部署器名称；

（2）配置异常页、配置堆栈追踪标记、配置资源管理器、配置临时目录、配置 mime 映射数据、配置 Web 监听器；

（3）将成员变量 deploymentInfoCustomizers 进行遍历对部署信息进行自定义处理；

（4）判断 session 是否持久化，如果是持久化的需要创建文件并将其放入部署器的数据信息中；

（5）将部署器通过 Servlets.newContainer（）.addDeployment 方法创建为部署管理器，并调用部署方法进行部署；

（6）从部署管理器中获取 session 管理器为其设置 session 过期时间。

接下来将对 UndertowReactiveWebServerFactory 进行分析，在该对象的各类方法中需要关注的核心方法是 getWebServer，详细处理代码如下：

```
public WebServer getWebServer(org.springframework.http.server.reactive.HttpHandler
    httpHandler) {
    // 通过委托类创建构造器
    Undertow.Builder builder = this.delegate.createBuilder(this);
    // 创建 HttpHandlerFactory 集合
    List<HttpHandlerFactory> httpHandlerFactories =
this.delegate.createHttpHandlerFactories(this,
        (next) -> new UndertowHttpHandlerAdapter(HttpHandler));
    // 创建 UndertowWebServer
    return new UndertowWebServer(builder, httpHandlerFactories, getPort() >= 0);
}
```

在 getWebServer 方法中主要的处理流程有三个：

（1）通过委托类创建构造器；

（2）创建 HttpHandlerFactory 集合；

（3）创建 UndertowWebServer。

在第（2）步处理过程中将方法参数 HttpHandler 转换成 UndertowHttpHandlerAdapter 并交给委托类创建 HttpHandlerFactory 集合，整个创建过程代码如下：

```
List<HttpHandlerFactory> createHttpHandlerFactories(AbstractConfigurableWebServerFactory
webServerFactory, HttpHandlerFactory... initialHttpHandlerFactories) {
    List<HttpHandlerFactory> factories =
createHttpHandlerFactories(webServerFactory.getCompression(),
            this.useForwardHeaders, webServerFactory.getServerHeader(),
webServerFactory.getShutdown(), initialHttpHandlerFactories);
    if (isAccessLogEnabled()){
        factories.add(new AccessLogHttpHandlerFactory(this.accessLogDirectory,
this.accessLogPattern, this.accessLogPrefix, this.accessLogSuffix, this.
accessLogRotate));
    }
    return factories;
}
```

在上述代码中，核心是从各个参数中提取 HttpHandlerFactory，最直接的方式可以从 AbstractConfigurableWebServerFactory 中获取。稍微复杂的可以通过 Compression 配合

CompressionHttpHandlerFactory 进行创建，还可以通过 Handlers 对象所提供的方法进行获取。在 UndertowReactiveWebServerFactory 中关于 UndertowWebServer 的创建过程十分简单，并无特别处理。

12.7 NettyReactiveWebServerFactory 分析

本节将对 NettyReactiveWebServerFactory 进行分析，该对象的核心目标是创建 WebServer 的实现类，具体的实现类是 NettyWebServer。本节将对创建过程进行分析，接下来需要了解 NettyReactiveWebServerFactory 成员变量，详细说明见表 12-5。

表 12-5　NettyReactiveWebServerFactory 成员变量

变量名称	变量类型	变量说明
serverCustomizers	Set<NettyServerCustomizer>	NettyServerCustomizer 集合，用于对 netty-server 进行自定义处理
routeProviders	List<NettyRouteProvider>	NettyRouteProvider 集合，路由提供器集合
lifecycleTimeout	Duration	生命周期超时时间
useForwardHeaders	boolean	是否处理 forward 请求头
resourceFactory	ReactorResourceFactory	资源工厂
shutdown	Shutdown	关闭策略

了解成员变量后进行 getWebServer 方法的分析，详细处理代码如下：

```
public WebServer getWebServer(HttpHandler httpHandler) {
    // 创建 HttpServer
    HttpServer httpServer = createHttpServer();
    // 创建 HttpHandler 适配器
    ReactorHttpHandlerAdapter handlerAdapter = new
ReactorHttpHandlerAdapter(httpHandler);
    // 创建 NettyWebServer
    NettyWebServer webServer = createNettyWebServer(httpServer, handlerAdapter,
this.lifecycleTimeout,
        getShutdown());
    // 为 NettyWebServer 设置路由提供器
    webServer.setRouteProviders(this.routeProviders);
    // 返回
    return webServer;
}
```

在上述代码中主要的处理流程如下。

（1）创建 HttpServer，具体细节流程如下：

①创建 HttpServer 对象。

②判断资源工厂是否为空，不为空的情况下获取资源，再进行地址绑定。反之则直接进行地址绑定。

③进行 ssl 配置和 session 相关配置。

④对 HttpServer 对象进行协议绑定和 forward 处理。

⑤循环处理成员变量 serverCustomizers 中的数据对 HttpServer 进行自定义配置。

（2）创建 HttpHandler 适配器。

（3）创建 NettyWebServer。

（4）为 NettyWebServer 设置路由提供器。

（5）返回 NettyWebServer。

在上述 5 个操作流程中核心内容主要是第（1）步，其他几个步骤都相对简单，关于第（1）步中创建 HttpServer 的处理代码详情如下：

```
private HttpServer createHttpServer() {
    // 创建 HttpServer 对象
    HttpServer server = HttpServer.create();
    // 判断资源工厂是否为空，不为空的情况下获取资源，再进行地址绑定，
    // 否则直接进行地址绑定
    if (this.resourceFactory != null) {
        LoopResources resources = this.resourceFactory.getLoopResources();
        Assert.notNull(resources, "No LoopResources: is ReactorResourceFactory not initialized yet?");
        server = server.runOn(resources).bindAddress(this::getListenAddress);
    } else {
        server = server.bindAddress(this::getListenAddress);
    }
    // ssl 配置
    if (getSsl() != null && getSsl().isEnabled()) {
        server = customizeSslConfiguration(server);
    }
    // session 配置
    if (getCompression() != null && getCompression().getEnabled()) {
        CompressionCustomizer compressionCustomizer = new CompressionCustomizer(getCompression());
        server = compressionCustomizer.apply(server);
    }
    // 处理协议和 forward 信息
    server = server.protocol(listProtocols()).forwarded(this.useForwardHeaders);
    // 处理成员变量 serverCustomizers
    return applyCustomizers(server);
}
```

12.8　HttpHandlerAdapter 相关分析

在分析 JettyReactiveWebServerFactory、TomcatReactiveWebServerFactory、NettyReactiveWebServerFactory 和 UndertowReactiveWebServerFactory 时发现都需要使用 HttpHandlerAdapter 相关的类，共有 4 个相关类，具体如下：

（1）TomcatHttpHandlerAdapter；

（2）JettyHttpHandlerAdapter；

（3）UndertowHttpHandlerAdapter；

（4）ReactorHttpHandlerAdapter。

关于上述 4 个类的类图关系 HttpHandlerAdapter 如图 12-2 所示。

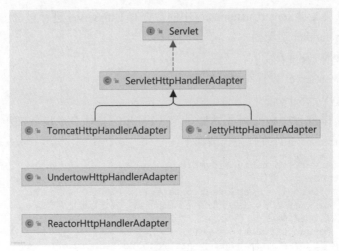

图 12-2　HttpHandlerAdapter 类图

从图 12-2 中可以发现对于 HttpHandlerAdapter 相关分析可以分为两种。第一种是由 ServletHttpHandlerAdapter 触发的类，第二种是完全独立的 HttpHandlerAdapter。从类图中可以发现 ServletHttpHandlerAdapter 是 Servlet 的实现类。

12.8.1　ServletHttpHandlerAdapter 分析

对于 ServletHttpHandlerAdapter 的分析需要先了解 Servlet 的作用，关于 Servlet 的作用如下代码所示：

```java
public interface Servlet {
    // 初始化方法
    public void init(ServletConfig config) throws ServletException;
    // 获取 servlet 配置对象
    public ServletConfig getServletConfig();
    // 处理请求
    public void service(ServletRequest req, ServletResponse res)
    throws ServletException, IOException;
    // 获取 servlet 信息
    public String getServletInfo();
    // 摧毁方法
    public void destroy();
}
```

了解 Servlet 后对 ServletHttpHandlerAdapter 的成员变量进行介绍，详细内容见表 12-6。

表 12-6　ServletHttpHandlerAdapter 成员变量

变量名称	变量类型	变量说明
DEFAULT_BUFFER_SIZE	int	默认缓冲区大小
WRITE_ERROR_ATTRIBUTE_NAME	String	写入错误属性名称
httpHandler	HttpHandler	请求处理器
bufferSize	int	缓冲区大小
servletPath	String	servlet 路径
dataBufferFactory	DataBufferFactory	数据缓冲区工厂

下面对 ServletHttpHandlerAdapter 中关于 Servlet 的实现进行分析，接下来是 init 方法的分析，详细处理代码如下：

```java
public void init(ServletConfig config) {
    this.servletPath = getServletPath(config);
}
```

在上述代码中可以明确 init 方法完成了成员变量 servletPath 的初始化操作，相关方法是 getServletPath，详细处理代码如下：

```java
private String getServletPath(ServletConfig config) {
    // 获取 Servlet 名称
    String name = config.getServletName();
    // 获取 Servlet 注册对象
    ServletRegistration registration =
        config.getServletContext().getServletRegistration(name);
    // 如果 servlet 注册对象为空抛出异常
    if (registration == null) {
        throw new IllegalStateException("ServletRegistration not found for Servlet '" + name + "'");
    }
    // 从 servlet 注册对象中获取映射表
    Collection<String> mappings = registration.getMappings();
    // 映射表数量为 1 的处理情况，数量不唯一的情况下抛出异常
    if (mappings.size() == 1) {
        // 提取第一个元素
        String mapping = mappings.iterator().next();
        // 判断是否是 "/"，如果是将返回 ""
        if (mapping.equals("/")) {
            return "";
        }
        // 判断结尾是否是 "/*"，如果是将 "/*" 切分后返回
        if (mapping.endsWith("/*")) {
            String path = mapping.substring(0, mapping.length() - 2);
            if (!path.isEmpty() && logger.isDebugEnabled()) {
                logger.debug("Found servlet mapping prefix '" + path + "' for '" + name + "'");
            }
            return path;
        }
    }
    throw new IllegalArgumentException("Expected a single Servlet mapping: " +
        "either the default Servlet mapping (i.e. '/'), " +
        "or a path based mapping (e.g. '/*', '/foo/*'). " +
        "Actual mappings: " + mappings + " for Servlet '" + name + "'");
}
```

关于 getServletPath 方法的详细处理流程如下：

（1）获取 Servlet 名称。

（2）根据 Servlet 名称在 Servlet 上下文中搜索对应的 servlet 注册对象，如果 servlet 注册对象搜索结果为空则将抛出异常。

（3）从 Servlet 注册对象中获取映射表（路由表）。判断路由表数量是否为 1，如果不为 1 将抛出异常。在映射表数量为 1 的情况下对于返回数据的提取有如下两个策略。

①获取映射表中的第一个元素判断是否是 "/"，如果是将返回 ""。

②获取映射表中的第一个元素判断是否是以 "`/*`" 结尾，如果是将删除 "`/*`" 数据后返回。

接下来对 ServletHttpHandlerAdapter#service 方法进行分析，详细处理代码如下：

```java
public void service(ServletRequest request, ServletResponse response) throws
ServletException, IOException {
    // 检查请求类型是否是async,如果是抛出异常
    if (DispatcherType.ASYNC.equals(request.getDispatcherType())){
        Throwable ex = (Throwable)
request.getAttribute(WRITE_ERROR_ATTRIBUTE_NAME);
        throw new ServletException("Failed to create response content", ex);
    }
    // 开启异步,获取异步上下文
    AsyncContext asyncContext = request.startAsync();
    asyncContext.setTimeout(-1);

    ServletServerHttpRequest httpRequest;
    try{
        // 创建请求
        httpRequest = createRequest(((HttpServletRequest) request), asyncContext);
    }
    catch (URISyntaxException ex){
        if (logger.isDebugEnabled()){
            logger.debug("Failed to get request  URL: " + ex.getMessage());
        }
        ((HttpServletResponse) response).setStatus(400);
        asyncContext.complete();
        return;
    }

    // 创建 response
    ServerHttpResponse httpResponse = createResponse(((HttpServletResponse) response), asyncContext, httpRequest);
    // 如果请求方式是HEAD,将 response 对象进行二次包装
    if (httpRequest.getMethod() == HttpMethod.HEAD){
        httpResponse = new HttpHeadResponseDecorator(httpResponse);
    }
    // 创建处理成功表示符
    AtomicBoolean isCompleted = new AtomicBoolean();
    // 创建异步结果监听器
    HandlerResultAsyncListener listener = new HandlerResultAsyncListener(isCompleted, httpRequest);
    // 异步上下文加入监听器
    asyncContext.addListener(listener);
    // 处理结果订阅程序
    HandlerResultSubscriber subscriber = new HandlerResultSubscriber(asyncContext, isCompleted, httpRequest);
    // 进行处理,订阅程序进行订阅
    this.httpHandler.handle(httpRequest, httpResponse).subscribe(subscriber);
}
```

在上述代码处理中核心流程如下。

（1）检查请求类型是否是 ASYNC，如果是 ASYNC 类型将抛出异常。

（2）从请求中开启异步并获取异步上下文。

（3）通过请求和异步上下文创建 ServletServerHttpRequest，如果创建过程中失败将通过 response 状态设置为 400，并完成异步上下文同时返回结果。注意 ServletServerHttpRequest 的方法需要子类进行重写（可以不重写）。

（4）通过 response、异步上下文和第（3）步的创建结果配合创建 ServerHttpResponse。

（5）判断请求方式是否是 HEAD，如果是则会进行 ServerHttpResponse 的二次包装，二次包装的外部对象是 HttpHeadResponseDecorator。

（6）创建处理成功标记符，创建异步处理结果监听器，将异步处理结果监听器放入异步上下文中。

（7）创建处理结果订阅程序。

（8）通过成员变量 httpHandler 进行处理并将订阅程序和处理绑定。

在整个处理流程中，关于异步相关的处理核心依赖的是 Mono 相关的内容，关于 Mono 其本质是 reactor 相关技术的使用。

最后对 getServletInfo、getServletConfig 和 destroy 方法进行说明，这三个方法的处理都很简单，都是返回基础数据，详细如下：

```
public String getServletInfo() {
    return "";
}
@Nullable
public ServletConfig getServletConfig() {
    return null;
}
public void destroy() {
}
```

在 ServletHttpHandlerAdapter#createRequest 方法中创建了 ServletServerHttpRequest，关于 ServletServerHttpRequest 成员变量，详细说明见表 12-7。

表 12-7 ServletServerHttpRequest 成员变量

变量名称	变量类型	变量说明
EOF_BUFFER	DataBuffer	eof 数据缓冲对象，缓冲区数据量为 0
request	HttpServletRequest	请求对象
bodyPublisher	RequestBodyPublisher	请求体推送类
cookieLock	Object	cookie 锁
bufferFactory	DataBufferFactory	数据缓冲工厂
buffer	byte[]	缓冲区

除了上述成员变量表以外，ServletServerHttpRequest 中还提供了一些处理方法，下面对处理方法做说明。

（1）方法 getMethodValue 用于获取请求方式，请求方式从 request 中直接获取。

（2）方法 initCookies 用于初始化 cookies，初始化的数据从 request 中获取。

（3）方法 getRemoteAddress 用于获取远程地址，远程地址数据从 request 中获取。

（4）方法 getLocalAddress 用于获取本地地址，本地地址数据从 request 中获取。

（5）方法 initSslInfo 用于初始化 SslInfo 对象。

（6）方法 getSslSessionId 用于获取 ssl 的 session_id，数据从 request 中获取 javax.servlet.request.ssl_session_id 对应的数据。

（7）方法 getBody 用于获取请求体。

（8）方法 readFromInputStream 用于读取输入流。

（9）方法 getNativeRequest 用于获取请求对象。

在 ServletHttpHandlerAdapter#createResponse 方法中创建了 ServletServerHttpResponse，关于 ServletServerHttpResponse 成员变量的详细说明见表 12-8。

表 12-8 ServletServerHttpResponse 成员变量

变量名称	变量类型	变量说明
response	HttpServletResponse	响应
outputStream	ServletOutputStream	输出流
bufferSize	int	缓冲区大小
bodyFlushProcessor	ResponseBodyFlushProcessor	响应体推送程序
bodyProcessor	ResponseBodyProcessor	响应体处理程序
flushOnNext	boolean	是否刷新下一个
request	ServletServerHttpRequest	请求

除了上述成员变量以外，ServletServerHttpResponse 中还提供了一些处理方法，下面对处理方法做说明。

（1）方法 getNativeResponse 用于获取 response 对象；

（2）方法 getStatusCode 用于获取 HttpStatus 对象；

（3）方法 applyStatusCode 用于应用状态码；

（4）方法 applyHeaders 用于应用头信息，头信息应用于 response 对象上；

（5）方法 applyCookies 用于应用 cookie，cookie 应用于 response 对象上；

（6）方法 createBodyFlushProcessor 用于创建响应体推送程序；

（7）方法 writeToOutputStream 用于将数据缓存写入 OutputStream 对象中；

（8）方法 flush 用于推送数据。

12.8.2 TomcatHttpHandlerAdapter 分析

本节将对 TomcatHttpHandlerAdapter 进行分析，该对象是 ServletHttpHandlerAdapter 的子类，实现了父类的 createRequest 方法和 createResponse 方法。下面是这两个方法的代码详情：

```
protected ServletServerHttpRequest createRequest(HttpServletRequest request,
AsyncContext asyncContext)
        throws IOException, URISyntaxException{
    Assert.notNull(getServletPath(), "Servlet path is not initialized");
    return new TomcatServerHttpRequest(
            request, asyncContext, getServletPath(), getDataBufferFactory(),
getBufferSize());
}
protected ServletServerHttpResponse createResponse(HttpServletResponse response,
        AsyncContext asyncContext, ServletServerHttpRequest request) throws
IOException {
    return new TomcatServerHttpResponse(
            response, asyncContext, getDataBufferFactory(), getBufferSize(),
request);
}
```

在上述代码中可以发现两个方法使用了 TomcatServerHttpRequest 和 ServletServerHttpResponse，下面将对这两个对象进行分析，接下来是 TomcatServerHttpRequest 的分析，该对象是 Servlet-ServerHttpRequest 的子类实现，关于 ServletServerHttpRequest 中的方法含义本节不做赘述，关于 TomcatServerHttpRequest 主要关注的成员变量的详细内容见表 12-9。

表 12-9　TomcatServerHttpRequest 成员变量

变 量 名 称	变 量 类 型	变 量 说 明
COYOTE_REQUEST_FIELD	Field	表示字段，用于存储 RequestFacade 对象中的 request 字段
bufferSize	int	缓冲区大小
factory	DataBufferFactory	数据缓冲工厂

下面将对 TomcatServerHttpResponse 进行说明，该对象是 ServletServerHttpResponse 的子类，在该对象中只有一个成员变量 COYOTE_RESPONSE_FIELD，该成员变量用于存储 ResponseFacade 对象中的 response 字段。

12.8.3　JettyHttpHandlerAdapter 分析

本节将对 JettyHttpHandlerAdapter 进行分析，该对象是 ServletHttpHandlerAdapter 的子类，实现了父类的 createRequest 方法和 createResponse 方法，下面是这两个方法的代码详情：

```
protected ServletServerHttpRequest createRequest(HttpServletRequest request,
    AsyncContext context)
        throws IOException, URISyntaxException {

    Assert.notNull(getServletPath(), "Servlet path is not initialized");
    return new JettyServerHttpRequest(request, context, getServletPath(),
getDataBufferFactory(), getBufferSize());
}

protected ServletServerHttpResponse createResponse(HttpServletResponse response,
    AsyncContext context, ServletServerHttpRequest request) throws IOException {

    return new JettyServerHttpResponse(
        response, context, getDataBufferFactory(), getBufferSize(), request);
}
```

在上述代码中可以发现两个方法使用了 JettyServerHttpRequest 和 JettyServerHttpResponse，下面将对这两个对象进行分析，接下来是 JettyServerHttpRequest 的分析，该对象是 ServletServerHttpRequest 的子类实现，在 JettyServerHttpRequest 中并没有额外的成员变量，在 JettyServerHttpRequest 中对于 createHeaders 方法进行了重写，具体重写代码如下：

```
private static HttpHeaders createHeaders(HttpServletRequest request) {
    HttpFields fields = ((Request) request).getMetaData().getFields();
    return new HttpHeaders(new JettyHeadersAdapter(fields));
}
```

下面对 JettyServerHttpResponse 进行分析，该对象是 ServletServerHttpResponse 的子类实现，在 JettyServerHttpResponse 中并没有额外的成员变量，在 JettyServerHttpResponse 中对于 createHeaders 方法进行了重写，具体重写代码如下：

```
private static HttpHeaders createHeaders(HttpServletResponse response) {
    HttpFields fields = ((Response) response).getHttpFields();
    return new HttpHeaders(new JettyHeadersAdapter(fields));
}
```

12.8.4　UndertowHttpHandlerAdapter 分析

本节将对 UndertowHttpHandlerAdapter 进行分析，在该对象中有两个成员变量，详细内容如下：

（1）成员变量 httpHandler 表示 Http 处理器；

（2）成员变量 bufferFactory 表示数据缓冲工厂。

在 UndertowHttpHandlerAdapter 中主要关注的方法是 handleRequest，详细处理代码如下：

```
public void handleRequest(HttpServerExchange exchange) {
    // 创建 UndertowServerHttpRequest 对象
    UndertowServerHttpRequest request = null;
    try {
        request = new UndertowServerHttpRequest(exchange, getDataBufferFactory());
    } catch (URISyntaxException ex) {
        if (logger.isWarnEnabled()) {
            logger.debug("Failed to get request URI: " + ex.getMessage());
        }
        exchange.setStatusCode(400);
        return;
    }
    // 创建 UndertowServerHttpResponse
    ServerHttpResponse response = new UndertowServerHttpResponse(exchange,
getDataBufferFactory(), request);

    // 请求类型是 HEAD 的处理
    if (request.getMethod() == HttpMethod.HEAD) {
        response = new HttpHeadResponseDecorator(response);
    }
    // 创建结果订阅程序
    HandlerResultSubscriber resultSubscriber = new HandlerResultSubscriber(exchange,
request);
    // 处理并且进行订阅
    this.httpHandler.handle(request, response).subscribe(resultSubscriber);
}
```

在上述代码中可以发现整个处理流程和 ServletHttpHandlerAdapter#service 方法类似，详细流程如下：

（1）创建 UndertowServerHttpRequest 对象；

（2）创建 UndertowServerHttpResponse；

（3）对请求类型是 HEAD 进行二次包装；

（4）创建结果订阅程序；

（5）处理请求并进行订阅。

在上述处理流程中主要关注的是 UndertowServerHttpRequest 和 UndertowServerHttp-Response，在 UndertowServerHttpRequest 中有如下两个成员变量：

（1）成员变量 exchange 用于携带整个上下文，可以类比为 Servlet 中的 request 对象；

（2）成员变量 body 用于推送请求体。

最后对 UndertowServerHttpResponse 进行说明，在 UndertowServerHttpResponse 中有如下三个成员变量：

（1）成员变量 exchange 用于携带整个上下文；

（2）成员变量 request 用于存储请求对象；

（3）成员变量 responseChannel 表示流接收器，可以用于推送数据到客户端。

12.8.5　ReactorHttpHandlerAdapter 分析

本节将对 ReactorHttpHandlerAdapter 进行分析，在该对象中有一个成员变量 httpHandler，它表示 Http 处理器。

在 ReactorHttpHandlerAdapter 中主要关注的方法是 apply，详细处理代码如下：

```
public Mono<Void> apply(HttpServerRequest reactorRequest, HttpServerResponse
reactorResponse) {
    // 创建 netty 数据缓冲工厂
    NettyDataBufferFactory bufferFactory = new
NettyDataBufferFactory(reactorResponse.alloc());
    try {
        // 创建 ReactorServerHttpRequest
         ReactorServerHttpRequest request = new ReactorServerHttpRequest(reactorRequest,
bufferFactory);
        // 创建 ServerHttpResponse
         ServerHttpResponse response = new ReactorServerHttpResponse(reactorResponse,
bufferFactory);

        if (request.getMethod() == HttpMethod.HEAD) {
            response = new HttpHeadResponseDecorator(response);
        }

        // 处理请求
        return this.httpHandler.handle(request, response)
                .doOnError(ex -> logger.trace(request.getLogPrefix() + "Failed to
complete: " + ex.getMessage()))
                .doOnSuccess(aVoid -> logger.trace(request.getLogPrefix() + "Handling
completed"));
    } catch (URISyntaxException ex) {
        if (logger.isDebugEnabled()) {
            logger.debug("Failed to get request URI: " + ex.getMessage());
        }
        reactorResponse.status(HttpResponseStatus.BAD_REQUEST);
        return Mono.empty();
    }
}
```

上述代码的核心处理流程如下：

（1）创建 netty 数据缓冲工厂；

（2）创建 ReactorServerHttpRequest；

（3）创建 ServerHttpResponse；

（4）处理请求。

在上述处理流程中主要关注的是 ReactorServerHttpRequest 和 ReactorServerHttpResponse，下面对 ReactorServerHttpRequest 进行说明，在 ReactorServerHttpRequest 中有两个成员变量，分别是：

（1）成员变量 request 表示请求对象；

（2）成员变量 bufferFactory 表示 netty 数据缓冲工厂。

最后对 ReactorServerHttpResponse 类进行说明，在 ReactorServerHttpResponse 中有一个成

员变量是 response,表示响应结果。

12.9 HttpHandler 相关分析

在 ReactiveWebServerFactory 中可以发现传入的参数是 HttpHandler 类型的数据,它主要用于处理 Http 请求,在 Spring Boot 中有两个实现类分别是 DelayedInitializationHttpHandler 和 LazyHttpHandler,在 Spring 中关于 HttpHandler 的实现类有 ContextPathCompositeHandler 和 HttpWebHandlerAdapter,本节将对这 4 个类做相关分析。下面对 HttpHandler 进行介绍,关于 HttpHandler 的定义代码如下:

```
public interface HttpHandler {
    Mono<Void> handle(ServerHttpRequest request, ServerHttpResponse response);
}
```

在 Spring 中 HttpHandler 用于处理请求并将结果通过 response 对象写出。

12.9.1 DelayedInitializationHttpHandler 分析

本节将对 DelayedInitializationHttpHandler 进行分析,油缸管 DelayedInitializationHttpHandler 成员变量详细内容见表 12-10。

表 12-10 DelayedInitializationHttpHandler 成员变量

变量名称	变量类型	变量说明
handlerSupplier	Supplier<HttpHandler>	HttpHandler 提供对象
lazyInit	boolean	是否懒加载
delegate	HttpHandler	委托类 handleUninitialized

下面对 handle 方法进行分析,在该方法中需要依赖成员变量 delegate 进行处理,在 DelayedInitializationHttpHandler 中关于 delegate 变量指向了 handleUninitialized 方法,而 handleUninitialized 方法的处理是抛出异常。下面是 DelayedInitializationHttpHandler 的完整代码:

```
static final class DelayedInitializationHttpHandler implements HttpHandler {
    // HttpHandler 提供对象
    private final Supplier<HttpHandler> handlerSupplier;
    // 是否懒加载
    private final boolean lazyInit;
    // 委托类
    private volatile HttpHandler delegate = this::handleUninitialized;

    private DelayedInitializationHttpHandler(Supplier<HttpHandler> handlerSupplier,
boolean lazyInit) {
        this.handlerSupplier = handlerSupplier;
        this.lazyInit = lazyInit;
    }

    private Mono<Void> handleUninitialized(ServerHttpRequest request,
ServerHttpResponse response) {
        throw new IllegalStateException("The HttpHandler has not yet been
```

initialized");
        }
        public Mono<Void> handle(ServerHttpRequest request, ServerHttpResponse response) {
            return this.delegate.handle(request, response);
        }

        void initializeHandler() {
            this.delegate = this.lazyInit ? new LazyHttpHandler(this.handlerSupplier) : this.handlerSupplier.get();
        }

        HttpHandler getHandler() {
            return this.delegate;
        }

}
```

### 12.9.2　LazyHttpHandler 分析

本节将对 LazyHttpHandler 进行分析，关于该对象的全部代码如下：

```
private static final class LazyHttpHandler implements HttpHandler {

    private final Mono<HttpHandler> delegate;

    private LazyHttpHandler(Supplier<HttpHandler> handlerSupplier){
        this.delegate = Mono.fromSupplier(handlerSupplier);
    }
        public Mono<Void> handle(ServerHttpRequest request, ServerHttpResponse response){
            return this.delegate.flatMap((handler) -> handler.handle(request, response));
        }

}
```

在 LazyHttpHandler 中存在一个成员变量 delegate，它存储了 HttpHandler，在 handle 方法中会从成员变量 delegate 中获取 HttpHandler 来进行实际的处理操作。

12.9.3　ContextPathCompositeHandler 分析

本节将对 ContextPathCompositeHandler 进行分析，在该对象中有一个成员变量 handlerMap，用于存储前缀和 HttpHandler 之间的关系，基础定义如下：

```
private final Map<String, HttpHandler> handlerMap;
```

接下来将对 handle 方法进行分析，详细处理代码如下：

```
public Mono<Void> handle(ServerHttpRequest request, ServerHttpResponse response) {
    // 从请求中获取请求地址
    String path = request.getPath().pathWithinApplication().value();
    // 从 handlerMap 变量中获取数据资源进行处理
    return this.handlerMap.entrySet().stream()
```
```

```
            .filter(entry -> path.startsWith(entry.getKey()))
            .findFirst()
            .map(entry -> {
                String contextPath = request.getPath().contextPath().value() + entry.getKey();
                ServerHttpRequest newRequest =
            request.mutate().contextPath(contextPath).build();
                return entry.getValue().handle(newRequest, response);
            })
            .orElseGet(() -> {
                response.setStatusCode(HttpStatus.NOT_FOUND);
                return response.setComplete();
            });
}
```

在上述代码中核心的处理流程如下：

（1）从请求对象中获取请求地址。

（2）通过请求地址在成员变量 handlerMap 中搜索，如果搜索失败将写出 404 的状态码结束处理，如果搜索成功将创建新的请求对象然后交给 handlerMap 对象中的 HttpHandler 进行实际处理。

12.9.4　HttpWebHandlerAdapter 分析

本节将对 HttpWebHandlerAdapter 对象进行分析，有关 HttpWebHandlerAdapter 成员变量的详细内容见表 12-11。

表 12-11　HttpWebHandlerAdapter 成员变量

变 量 名 称	变 量 类 型	变 量 说 明
sessionManager	WebSessionManager	session 管理器
codecConfigurer	ServerCodecConfigurer	服务器编解码器配置
localeContextResolver	LocaleContextResolver	语言环境上下文解析器
forwardedHeaderTransformer	ForwardedHeaderTransformer	转发头处理器
applicationContext	ApplicationContext	应用上下文
enableLoggingRequestDetails	boolean	是否记录敏感数据

接下来将对 handle 方法进行分析，详细处理代码如下：

```
public Mono<Void> handle(ServerHttpRequest request, ServerHttpResponse response) {
    // 判断转发头处理器是否为空，不为空的情况下应用转发处理
    if (this.forwardedHeaderTransformer != null) {
        request = this.forwardedHeaderTransformer.apply(request);
    }
    // 创建 ServerWebExchange
    ServerWebExchange exchange = createExchange(request, response);

    // 日志
    LogFormatUtils.traceDebug(logger, traceOn ->
            exchange.getLogPrefix() + formatRequest(exchange.getRequest()) +
                (traceOn ? ", headers=" +
    formatHeaders(exchange.getRequest().getHeaders()) : ""));
```

```
        // 实际处理
        return getDelegate().handle(exchange)
                .doOnSuccess(aVoid -> logResponse(exchange))
                .onErrorResume(ex -> handleUnresolvedError(exchange, ex))
                .then(Mono.defer(response::setComplete));
}
```

在上述代码中核心处理流程如下：
（1）判断转发头处理器是否为空，不为空的情况下应用转发处理；
（2）创建 ServerWebExchange；
（3）日志记录；
（4）进行实际请求处理。

本章小结

本章从 WebServerFactory 作为分析入口，依次分析了 WebServerFactory 的实现类，它们分别是 JettyServletWebServerFactory、JettyReactiveWebServerFactory、TomcatServletWebServerFactory、TomcatReactiveWebServerFactory、UndertowServletWebServerFactory、UndertowReactiveWebServerFactory 和 NettyReactiveWebServerFactory。在分析 WebServerFactory 的实现类时发现它们对 HttpHandlerAdapter 系列接口有一定的关联程度，因此对其进行了相关分析，关于 HttpHandlerAdapter 系列接口的分析需要牵扯到 Spring 框架的技术实现，因此在分析时进入 Spring 的源码中对其进行分析。在本章最后对 HttpHandler 做出了分析，该接口的核心目标是完成请求处理，在 Spring 中和 Spring Boot 中都有相关实现，本章也对其进行了相关分析。

第 13 章

WebServer 分析

在分析 WebServerFactory 实现类的时候，可以发现各个实现类都在进行 WebServer 实现类的创建，本章将对 WebServer 及其实现类进行分析。

13.1 初识 WebServer

本节将对 WebServer 做简单介绍，在 Spring Boot 中关于 WebServer 的定义代码如下：

```
public interface WebServer {

    // 开始
    void start() throws WebServerException;
    // 停止
    void stop() throws WebServerException;
    // 获取端口
    int getPort();

    // 优雅关闭的处理
    default void shutDownGracefully(GracefulShutdownCallback callback){
        callback.shutdownComplete(GracefulShutdownResult.IMMEDIATE);
    }

}
```

在 WebServer 中定义如下 4 个方法：

（1）方法 start 用于启动 WebServer 服务；

（2）方法 stop 用于关闭 WebServer 服务；

（3）方法 getPort 用于获取端口；

（4）方法 shutDownGracefully 用于优雅关闭。

上述第（4）个方法中提到了优雅关闭，这个功能是在 Spring Boot 2.3.0 中加入的。在上述代码中可以发现传递了一个参数 GracefulShutdownResult，该参数定义了优雅关闭的形式，在

Spring Boot 中关于该参数的定义如下：

```
public enum GracefulShutdownResult {
    REQUESTS_ACTIVE,
    IDLE,
    IMMEDIATE;
}
```

在 GracefulShutdownResult 中存在如下 3 种优雅关闭的方式：

（1）REQUESTS_ACTIVE 表示在限定时间结束后强制关闭；

（2）IDLE 表示在限定时间结束后服务器没有请求处理再进行关闭；

（3）IMMEDIATE 表示立即关闭。

下面对 REQUESTS_ACTIVE 和 IDLE 做出详细介绍。假设宽限时间为 10 秒，此时还有请求在发送给 Spring Boot 要求进行处理，此时存在两种情况：①在 10 秒内处理完成；②在 10 秒内没有处理完成。如果选择 REQUESTS_ACTIVE，那么将在 10 秒后强制关闭 Spring Boot；如果选择 IDLE，则会等待处理完成。在 Spring Boot 中 WebServer 类图如图 13-1 所示。

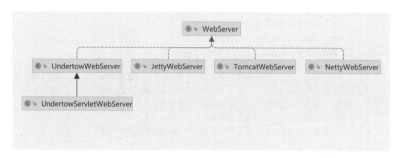

图 13-1　WebServer 类图

可以发现，WebServer 拥有 5 个实现类，分别是 TomcatWebServer、UndertowWebServer、UndertowServletWebServer、NettyWebServer 和 JettyWebServer，本章后续将会对这 5 个对象进行详细分析。

13.2　TomcatWebServer 分析

本节将对 TomcatWebServer 进行分析，有关 TomcatWebServer 成员变量的详细内容见表 13-1。

表 13-1　TomcatWebServer 成员变量

变量名称	变量类型	变量说明
containerCounter	AtomicInteger	容器计数器
monitor	Object	锁
serviceConnectors	Map<Service，Connector[]>	服务和连接器列表映射
tomcat	Tomcat	tomcat
autoStart	boolean	是否自动启动
gracefulShutdown	GracefulShutdown	tomcat 的优雅关闭
started	boolean	是否开启

在上述成员变量中,最关键的成员变量是 tomcat,整个 TomcatWebServer 的各类处理都离不开它的操作。

下面对 TomcatWebServer 的构造函数进行分析,完整的构造函数代码如下:

```java
public TomcatWebServer(Tomcat tomcat, boolean autoStart, Shutdown shutdown) {
    Assert.notNull(tomcat, "Tomcat Server must not be null");
    this.tomcat = tomcat;
    this.autoStart = autoStart;
    this.gracefulShutdown = (shutdown == Shutdown.GRACEFUL) ? new GracefulShutdown(tomcat) : null;
    initialize();
}
```

上述代码分为两个处理流程,第一个处理流程是设置成员变量 tomcat,第二个处理流程是调用 initialize 方法,下面是 initialize 的详细代码:

```java
private void initialize() throws WebServerException {
    logger.info("Tomcat initialized with port(s): " + getPortsDescription(false));
    synchronized (this.monitor){
        try{
            // 添加容器计数器并且给引擎设置名称
            addInstanceIdToEngineName();
            // 寻找上下文
            Context context = findContext();
            // 上下文中添加生命周期的处理策略,此时的生命周期是启动,在启动时移
            // 除所有的连接对象。注意,移除的是 tomcat 中的连接对象,移除内容会
            // 被放入成员变量 serviceConnectors 中
            context.addLifecycleListener((event) -> {
                if(context.equals(event.getSource()) &&
Lifecycle.START_EVENT.equals(event.getType())) {
                    removeServiceConnectors();
                }
            });
            // tomcat 启动
            this.tomcat.start();
            // 尝试性抛出异常,但不一定会抛出异常
            rethrowDeferredStratupExceptions();
            try{
                // 绑定上下文、token 和类加载器
                ContextBindings.bindClassLoader(context, context.getNamingToken(), getClass().getClassLoader());
            }
            catch (NamingException ex) {}
            // 创建非守护线程来防止立即关闭
            startDaemonAwaitThread();
        }
        catch (Exception ex){
            // 停止 tomcat
            stopSilently();
            // 摧毁 tomcat
            destroySilently();
            // 抛出异常
            throw new WebServerException("Unable to start embedded Tomcat", ex);
        }
    }
}
```

initialize 方法的详细处理流程如下。

(1)添加容器计数并且给 tomcat 引擎设置名称。名称设置规则为:引擎名称 +"-"+ 容器计

数器序号。

（2）寻找上下文。

（3）在上下文中添加生命周期的监听器。注意，在这个生命周期处理中只会对启动进行处理。处理行为是移除 tomcat 中的连接对象，将移除的内容放入成员变量 serviceConnectors 中。

（4）tomcat 启动。

（5）尝试抛出异常。处理方法是 rethrowDeferredStartupExceptions，尝试逻辑有以下两个：

① 从 tomcat 中获取容器列表。对单个容器进行处理，判断容器是否是 TomcatEmbeddedContext 类型，此外还需要在容器中获取 TomcatStarter 对象，如果 TomcatStarter 对象不为空，并且该对象的启动异常存在则抛出异常；

② 从 tomcat 中获取容器列表对每个元素进行判断，判断内容：单个容器的启动状态标志是否是 STARTED，如果不是，则抛出异常。

（6）绑定上下文、token 和类加载器。

（7）创建非守护线程来防止立即关闭。一般情况下，tomcat 程序以守护进程启动。

在上述 7 个处理过程中可能出现异常，当出现异常时会进行如下 3 个操作：

（1）停止 tomcat；

（2）摧毁 tomcat；

（3）抛出异常。

在 initialize 方法中涉及 rethrowDeferredStartupExceptions 方法和 startDaemonAwaitThread 方法，代码详情如下。

```java
private void rethrowDeferredStartupExceptions() throws Exception {
    Container[] children = this.tomcat.getHost().findChildren();
    for (Container container : children) {
        // 容器类型是 TomcatEmbeddedContext
        if (container instanceof TomcatEmbeddedContext) {
            TomcatStarter tomcatStarter = ((TomcatEmbeddedContext) container).getStarter();
            // 获取 TomcatStarter 不为空
            if (tomcatStarter != null) {
                Exception exception = tomcatStarter.getStartUpException();
                // TomcatStarter 中存在启动异常
                if (exception != null) {
                    throw exception;
                }
            }
        }
        // 容器状态不是 STARTED，抛出异常
        if (!LifecycleState.STARTED.equals(container.getState())) {
            throw new IllegalStateException(container + " failed to start");
        }
    }
}

private void startDaemonAwaitThread() {
    Thread awaitThread = new Thread("container-" + (containerCounter.get())) {
            public void run() {
                TomcatWebServer.this.tomcat.getServer().await();
            }

    };
```

```
        awaitThread.setContextClassLoader(getClass().getClassLoader());
        awaitThread.setDaemon(false);
        awaitThread.start();
    }
```

下面开始对 WebServer 的相关实现进行说明，TomcatWebServer#start 方法的详细处理代码如下：

```
    public void start() throws WebServerException {
        // 锁
        synchronized (this.monitor) {
            // 如果已经启动不做操作
            if (this.started) {
                return;
            }
            try {
                // 处理 tomcat 中的 Service 和成员变量 serviceConnectors 进行对比，如果有差异则需要移除
                // 或暂停连接器
                addPreviouslyRemovedConnectors();
                // 获取连接器
                Connector connector = this.tomcat.getConnector();
                // 连接器存在并且是自动启动的
                if (connector != null && this.autoStart) {
                    // 执行延迟加载操作
                    performDeferredLoadOnStartup();
                }
                // 检查连接器是否启动
                checkThatConnectorsHaveStarted();
                this.started = true;
                logger.info("Tomcat started on port(s): " + getPortsDescription(true) +
" with context path '"
                        + getContextPath() + "'");
            } catch (ConnectorStartFailedException ex) {
                // 关闭 tomcat
                stopSilently();
                throw ex;
            } catch (Exception ex) {
                // 端口绑定异常处理
                PortInUseException.throwIfPortBindingException(ex, () ->
this.tomcat.getConnector().getPort());
                throw new WebServerException("Unable to start embedded Tomcat server",
ex);
            } finally {
                // 寻找上下文
                Context context = findContext();
                // 解绑上下文
                ContextBindings.unbindClassLoader(context, context.getNamingToken(),
getClass().getClassLoader());
            }
        }
    }
```

在 TomcatWebServer#start 方法中的核心处理流程如下：

（1）判断是否已经启动，如果已经启动则不做操作；

（2）处理 tomcat 中的 Service 和成员变量 serviceConnectors 进行对比，如果有差异则需要移除或暂停连接器；

（3）获取连接器，判断连接器是否存在并且是否自动启动，如果都满足则会进行延迟加载

操作,处理延迟加载的方法是 performDeferredLoadOnStartup;

(4) 检查连接器是否启动,处理方法是 checkThatConnectorsHaveStarted;

(5) 设置启动标记为 true。

在上述 5 个处理操作中可能出现异常,对于不同的异常处理遵循如下两个规则:

(1) 出现 ConnectorStartFailedException 异常时关闭 tomcat,并且抛出异常;

(2) 出现 Exception 异常时进行端口绑定失败的处理,并且抛出异常。

在上述处理流程中不论出现什么情况都要寻找上下文和解绑上下文。

处理延迟加载的方法是 performDeferredLoadOnStartup,详细处理代码如下:

```
private void performDeferredLoadOnStartup() {
   try {
      for (Container child : this.tomcat.getHost().findChildren()) {
         if (child instanceof TomcatEmbeddedContext) {
            ((TomcatEmbeddedContext) child).deferredLoadOnStartup();
         }
      }
   }
   catch (Exception ex) {
      if (ex instanceof WebServerException) {
         throw (WebServerException) ex;
      }
      throw new WebServerException("Unable to start embedded Tomcat connectors", ex);
   }
}
```

在 performDeferredLoadOnStartup 方法中会搜索 tomcat 中的容器,如果容器类型是 TomcatEmbeddedContext 就会执行 deferredLoadOnStartup 方法来达到延迟加载的目的。在 deferredLoadOnStartup 方法中详细处理代码如下:

```
void deferredLoadOnStartup() throws LifecycleException {
   doWithThreadContextClassLoader(getLoader().getClassLoader(),
        () -> getLoadOnStartupWrappers(findChildren()).forEach(this::load));
}
```

在这段代码中需要将其拆分成多个方法。第一个方法是 doWithThreadContextClassLoader,该方法的处理代码如下:

```
private void doWithThreadContextClassLoader(ClassLoader classLoader, Runnable code) {
   ClassLoader existingLoader = (classLoader != null) ?
ClassUtils.overrideThreadContextClassLoader(classLoader) : null;
   try {
      code.run();
   }
   finally {
      if (existingLoader != null) {
         ClassUtils.overrideThreadContextClassLoader(existingLoader);
      }
   }
}
```

在这段代码中会执行 Runnable#run 方法并且在类加载器为空的情况下会重置类加载器。下面需要对 Runnable 的获取进行分析,代码如下:

```
getLoadOnStartupWrappers(findChildren()).forEach(this::load)
```

在这段代码中需要找到所有的 Wrapper，然后通过 load 方法将其进行加载。检查连接器是否启动的处理方法是 checkThatConnectorsHaveStarted，详细处理代码如下：

```
private void checkThatConnectorsHaveStarted() {
    checkConnectorHasStarted(this.tomcat.getConnector());
    for (Connector connector : this.tomcat.getService().findConnectors()) {
        checkConnectorHasStarted(connector);
    }
}

private void checkConnectorHasStarted(Connector connector) {
    if (LifecycleState.FAILED.equals(connector.getState())) {
        throw new ConnectorStartFailedException(connector.getPort());
    }
}
```

在 checkThatConnectorsHaveStarted 方法中接下来会对 tomcat 中的连接器进行检查，其次会对 tomcat 中 service 中存储的连接器进行检查，处理连接器的状态，如果连接器状态是 FAILED，则抛出异常。

下面对 stop 方法进行分析，详细处理代码如下：

```
public void stop() throws WebServerException {
    // 锁
    synchronized (this.monitor) {
        boolean wasStarted = this.started;
        try {
            this.started = false;
            try {
                if (this.gracefulShutdown != null) {
                    this.gracefulShutdown.abort();
                }
                // 停止 tomcat
                stopTomcat();
                // 摧毁 tomcat
                this.tomcat.destroy();
            } catch (LifecycleException ex) {}
        } catch (Exception ex) {
            throw new WebServerException("Unable to stop embedded Tomcat", ex);
        } finally {
            if (wasStarted) {
                containerCounter.decrementAndGet();
            }
        }
    }
}
```

在 TomcatWebServer#stop 方法中主要的处理流程如下：

（1）将 started 标志设置为 false 表示未启动；

（2）判断成员变量 gracefulShutdown 是否为空，如果该对象不为空，则需要将中止标志设置为 true；

（3）停止 tomcat 和摧毁 tomcat。

下面对 getPort 方法进行分析，该方法用于获取端口，具体处理代码如下：

```
public int getPort() {
```

```
        Connector connector = this.tomcat.getConnector();
        if (connector != null) {
            return connector.getLocalPort();
        }
        return -1;
    }
```

在 getPort 方法中会获取连接对象，如果连接对象不存在则返回 -1，否则将连接对象中获取的端口作为返回值。

最后对 shutDownGracefully 方法进行说明，详细处理代码如下：

```
public void shutDownGracefully(GracefulShutdownCallback callback) {
    if (this.gracefulShutdown == null) {
        callback.shutdownComplete(GracefulShutdownResult.IMMEDIATE);
        return;
    }
    this.gracefulShutdown.shutDownGracefully(callback);
}
```

在 shutDownGracefully 方法中会通过成员变量 gracefulShutdown 进行优雅关闭的实际操作，实际关闭代码如下：

```
void shutDownGracefully(GracefulShutdownCallback callback) {
     logger.info("Commencing graceful shutdown. Waiting for active requests to complete");
    new Thread(() -> doShutdown(callback), "tomcat-shutdown").start();
}

private void doShutdown(GracefulShutdownCallback callback) {
    // 获取连接集合
    List<Connector> connectors = getConnectors();
    // 关闭所有连接
    connectors.forEach(this::close);
    try {
        // 处理引擎中的容器
        for (Container host : this.tomcat.getEngine().findChildren()) {
            for (Container context : host.findChildren()) {
                while (isActive(context)) {
                    if (this.aborted) {
                         logger.info("Graceful shutdown aborted with one or more requests still active");
                        // 设置优雅关闭状态
                        callback.shutdownComplete(GracefulShutdownResult.REQUESTS_ACTIVE);
                        return;
                    }
                    Thread.sleep(50);
                }
            }
        }
    }
    catch (InterruptedException ex) {
        Thread.currentThread().interrupt();
    }
    logger.info("Graceful shutdown complete");
    // 设置优雅关闭状态
    callback.shutdownComplete(GracefulShutdownResult.IDLE);
}
```

在 doShutDown 方法中具体的处理流程如下。

（1）获取连接集合，将连接集合中的所有连接进行关闭；

（2）处理 tomcat 引擎中的容器，如果容器存活并且中止标记为 true，则将设置优雅关闭状态为 REQUESTS_ACTIVE。

13.3 JettyWebServer 分析

本节将对 JettyWebServer 进行分析，关于 JettyWebServer 的成员变量，详细内容见表 13-2。

表 13-2　JettyWebServer 的成员变量

变量名称	变量类型	变量说明
monitor	Object	锁
server	Server	Jetty server
autoStart	boolean	是否自动
gracefulShutdown	GracefulShutdown	Jetty 的优雅关闭程序
connectors	Connector[]	连接器集合
started	boolean	是否开启

在上述成员变量中，最关键的成员变量是 server，整个 JettyWebServer 的各类处理都离不开 server 成员变量的操作。

对 JettyWebServer 的构造函数进行分析，完整的构造函数代码如下：

```
public JettyWebServer(Server server, boolean autoStart) {
    this.autoStart = autoStart;
    Assert.notNull(server, "Jetty Server must not be null");
    this.server = server;
    this.gracefulShutdown = createGracefulShutdown(server);
    initialize();
}
```

上述代码分为两个处理流程，第一个处理流程是设置成员变量 autoStart，第二个处理流程是调用 initialize 方法，下面是 initialize 的详细代码：

```
private void initialize() {
    // 上锁
    synchronized (this.monitor) {
        try {
            // 获取 Jetty 连接集合放入成员变量中
            this.connectors = this.server.getConnectors();
            // 为 Jetty server 添加一个 Bean。它是生命周期，实现了 start 相关方法
            this.server.addBean(new AbstractLifeCycle() {
                    protected void doStart() throws Exception {
                // 获取连接，如果连接是非暂停状态则抛出异常
                for (Connector connector : JettyWebServer.this.connectors) {
                    Assert.state(connector.isStopped(),
                            () -> "Connector " + connector + " has been started prematurely");
                }
                // 设置 Jetty 服务的连接为 null
                JettyWebServer.this.server.setConnectors(null);
            }
        });
```

```
            // 服务启动
            this.server.start();
            // 设置暂停标记是否为 false
            this.server.setStopAtShutdown(false);
        } catch (Throwable ex) {
            // 关闭服务
            stopSilently();
            // 抛出异常
            throw new WebServerException("Unable to start embedded Jetty web server", ex);
        }
    }
}
```

在 initialize 方法中详细处理流程如下。

（1）为 Jetty server 添加 Bean，该 Bean 只对 doStart 进行方法重写，在 doStart 方法中会对已有的连接进行判断，如果连接是非暂停状态，会进行异常抛出。再通过连接验证后会将服务对象中的连接集合设置为 null。

（2）启动 Jetty 服务，将 Jetty 服务的暂停标记设置为 false。

在上述处理流程中如果出现异常，将关闭 Jetty 服务并且抛出异常。

接下来对 start 方法进行分析，详细处理代码如下：

```
public void start() throws WebServerException {
    synchronized (this.monitor) {
        // 如果已经启动则不做处理
        if (this.started) {
            return;
        }
        // 设置连接器
        this.server.setConnectors(this.connectors);
        // 如果不是自动启动，则不做处理
        if (!this.autoStart) {
            return;
        }
        try {
            // 启动 Jetty 服务
            this.server.start();
            // 对 handler 进行延迟初始化
            for (Handler handler : this.server.getHandlers()) {
                handleDeferredInitialize(handler);
            }
            // 获取连接器集合，将所有连接器启动
            Connector[] connectors = this.server.getConnectors();
            for (Connector connector : connectors) {
                try {
                    connector.start();
                } catch (IOException ex) {
                    if (connector instanceof NetworkConnector) {
                        PortInUseException.throwIfPortBindingException(ex,
                            () -> ((NetworkConnector) connector).getPort());
                    }
                    throw ex;
                }
            }
            // 启动标记设置为 true
            this.started = true;
            logger.info("Jetty started on port(s) " + getActualPortsDescription() +
" with context path '"
```

```
                    + getContextPath() + "'");
            } catch (WebServerException ex) {
                // Jetty server 关闭
                stopSilently();
                throw ex;
            } catch (Exception ex) {
                // Jetty server 关闭
                stopSilently();
                throw new WebServerException("Unable to start embedded Jetty server",
ex);
            }
        }
    }
```

在 JettyWebServer#start 方法中核心处理流程如下：

（1）判断是否已经启动，如果已经启动就不做任何处理；

（2）为 Jetty 服务设置连接器；

（3）判断是否是自动启动的，如果不是则不做任何处理；

（4）启动 Jetty 服务；

（5）获取 Jetty 服务中的所有处理器将其进行延迟初始化；

（6）获取 Jetty 服务中的所有连接器将其全部启动；

（7）将启动标记设置为 true。

在上述 7 个处理流程中，遇到异常都会进行 Jetty 服务的关闭操作和抛出异常。在 JettyWebServer#start 方法中需要进行延迟初始化的方法是 handleDeferredInitialize，具体处理代码如下：

```
    private void handleDeferredInitialize(Handler... handlers) throws Exception {
        for (Handler handler : handlers) {
            if (handler instanceof JettyEmbeddedWebAppContext) {
                ((JettyEmbeddedWebAppContext) handler).deferredInitialize();
            }
            else if (handler instanceof HandlerWrapper) {
                handleDeferredInitialize(((HandlerWrapper) handler).getHandler());
            }
            else if (handler instanceof HandlerCollection) {
                handleDeferredInitialize(((HandlerCollection) handler).getHandlers());
            }
        }
    }
```

这里会进行 Handler 的延迟初始化，由 org.eclipse.jetty.servlet.ServletHandler 的 initialize 方法完成，这属于 Jetty 相关技术，本节不做相关分析。

下面对 stop 方法进行分析：

```
    public void stop() {
        synchronized (this.monitor) {
            this.started = false;
            if (this.gracefulShutdown != null) {
                this.gracefulShutdown.abort();
            }
            try {
                this.server.stop();
            }
            catch (InterruptedException ex) {
                Thread.currentThread().interrupt();
```

```
            }
            catch (Exception ex) {
                throw new WebServerException("Unable to stop embedded Jetty server",
ex);
            }
        }
    }

    public int getPort() {
        Connector[] connectors = this.server.getConnectors();
        for (Connector connector : connectors) {
            Integer localPort = getLocalPort(connector);
            if (localPort != null && localPort > 0) {
                return localPort;
            }
        }
        return -1;
    }
```

在 stop 方法中会设置启动标记为 false，并且判断优雅关闭程序标记是否为非空，如果为非空，则会设置停止状态为 true，设置完成后将停止 Jetty 服务。

在 getPort 方法中会从 Jetty 服务获取连接集合，并从连接集合中获取端口作为返回结果。

最后对 shutDownGracefully 方法进行分析，该方法用于优雅关闭，详细处理代码如下：

```
public void shutDownGracefully(GracefulShutdownCallback callback) {
    if (this.gracefulShutdown == null) {
        callback.shutdownComplete(GracefulShutdownResult.IMMEDIATE);
        return;
    }
    this.gracefulShutdown.shutDownGracefully(callback);
}
```

在上述代码中实际操作的是 shutDownGracefully 方法，详细如下：

```
void shutDownGracefully(GracefulShutdownCallback callback) {
    logger.info("Commencing graceful shutdown. Waiting for active requests to complete");
    // 关闭存在的连接器
    for (Connector connector : this.server.getConnectors()) {
        shutdown(connector);
    }
    // 关闭标记设置为 true
    this.shuttingDown = true;
    // 使用线程进行关闭操作，关闭操作中会对 callback 再次进行不同优雅关闭策略的设置
    new Thread(() -> awaitShutdown(callback), "jetty-shutdown").start();
}
```

在 shutDownGracefully 方法中会进行如下 3 个操作：

（1）关闭 Jetty 服务中存在的连接器；

（2）关闭标记设置为 true；

（3）使用线程进行关闭操作，关闭操作中会对 callback 再次进行不同优雅关闭策略的设置。

13.4　NettyWebServer 分析

本节将对 NettyWebServer 进行分析，有关 NettyWebServer 的成员变量见表 13-3。

表 13-3 NettyWebServer 的成员变量

变量名称	变量类型	变量说明
ERROR_NO_EACCES	int	权限不足代码
ALWAYS	Predicate<HttpServerRequest>	恒真对象
httpServer	HttpServer	http 服务
handler	BiFunction<? super HttpServerRequest，? super HttpServerResponse，? extends Publisher<Void>>	处理器
lifecycleTimeout	Duration	生命周期超时时间
gracefulShutdown	GracefulShutdown	优雅关闭程序
routeProviders	List<NettyRouteProvider>	路由提供者集合
disposableServer	DisposableServer	服务信息对象，存储服务的 host、port 等相关信息

NettyWebServer 的构造方法没有像 TomcatWebServer 和 JettyWebServer 一样做出额外的处理操作，因此直接进入 WebServer 的实现方法分析中。接下来分析 start 方法，详细处理代码如下：

```
public void start() throws WebServerException {
    // 服务信息对象为空的情况下处理
    if (this.disposableServer == null) {
        try {
            // 开始 http 服务
            this.disposableServer = startHttpServer();
        } catch (Exception ex) {
            PortInUseException.ifCausedBy(ex, ChannelBindException.class, (bindException) -> {
                if (bindException.localPort() > 0
&& !isPermissionDenied(bindException.getCause())) {
                    throw new PortInUseException(bindException.localPort(), ex);
                }
            });
            throw new WebServerException("Unable to start Netty", ex);
        }
        // 服务信息对象不为空，输出日志
        if (this.disposableServer != null) {
            logger.info("Netty started" + getStartedOnMessage(this.disposableServer));
        }
        // 启动非守护线程，防止程序关闭
        startDaemonAwaitThread(this.disposableServer);
    }
}
```

在 NettyWebServer#start 方法中详细处理流程如下：判断服务信息对象是否为空。如果不为空，则不进行处理。如果为空，则需要进行如下处理：

（1）开启 http 服务，即启动 netty 服务；

（2）启动非守护线程，防止程序关闭。

在开启 http 服务中相关的处理方法是 startHttpServer，详细处理代码如下：

```
DisposableServer startHttpServer() {
```

```java
      HttpServer server = this.httpServer;
      if (this.routeProviders.isEmpty()) {
         server = server.handle(this.handler);
      } else {
         server = server.route(this::applyRouteProviders);
      }
      if (this.lifecycleTimeout != null) {
         return server.bindNow(this.lifecycleTimeout);
      }
      return server.bindNow();
   }
```

在这段代码中关于 http 服务对象的处理存在如下 3 个操作。

（1）判断路由提供者集合（routeProviders）是否为空，若为空，则通过 http 服务处理所有处理器，即进行属性设置。

（2）判断路由提供者集合是否为空，若非空，则通过 http 服务设置路由提供者。

（3）如果生命周期的超时时间不为空，将进行服务和生命周期超时时间的设置，反之则直接进行绑定。这个绑定动作就是启动的动作，注意，这是阻塞启动。

下面对 stop 方法进行分析，详细代码如下：

```java
public void stop() throws WebServerException {
   // 服务信息对象不为空的情况下处理
   if (this.disposableServer != null) {
      // 优雅关闭程序存在的情况下将进行终止操作
      if (this.gracefulShutdown != null) {
         this.gracefulShutdown.abort();
      }
      try {
         // 阻塞模式关闭
         if (this.lifecycleTimeout != null) {
            this.disposableServer.disposeNow(this.lifecycleTimeout);
         } else {
            this.disposableServer.disposeNow();
         }
      } catch (IllegalStateException ex) {}
      // 服务信息设置为 null
      this.disposableServer = null;
   }
}

public int getPort() {
   // 服务信息对象不为空的情况下获取
   if (this.disposableServer != null) {
      try {
         // 从服务信息对象中获取端口
         return this.disposableServer.port();
      } catch (UnsupportedOperationException ex) {
         return -1;
      }
   }
   return -1;
}
```

在 NettyWebServer#stop 方法中的处理流程如下：

（1）判断程序是否已经启动，如果已经启动，则通过优雅关闭程序进行终止操作；

（2）通过服务信息对象进行阻塞关闭，在阻塞关闭处理的时候会进行超时时间的处理，如果超时时间未设置，将采用默认的 3 秒；

（3）将服务信息对象设置为 null。

上述 3 个操作的处理前提是服务信息对象不为空。

最后对 getPort 方法进行说明，getPort 方法用于从服务信息对象中获取端口号。因此，要使用该方法，服务信息对象必须存在。如果服务信息对象不存在或者在获取端口号时出现异常，该方法将返回 -1。

13.5 UndertowWebServer 分析

本节将对 UndertowWebServer 进行分析，有关 UndertowWebServer 成员变量的详细内容见表 13-4。

表 13-4　UndertowWebServer 成员变量

变量名称	变量类型	变量说明
gracefulShutdownCallback	AtomicReference<GracefulShutdownCallback>	优雅关闭的回调
monitor	Object	锁
builder	Undertow	Undertow 构建器
httpHandlerFactories	Iterable<HttpHandlerFactory>	http 处理器工厂
autoStart	boolean	是否自动启动
undertow	Undertow	Undertow
started	boolean	启动状态
gracefulShutdown	GracefulShutdownHandler	优雅关闭程序
closeables	List<Closeable>	关闭接口集合

下面将对 WebServer 相关实现方法进行分析，接下来是 start 方法，详细处理代码如下：

```
public void start() throws WebServerException {
    synchronized (this.monitor) {
        // 判断是否启动，如果已经启动则不做处理
        if (this.started) {
            return;
        }
        try {
            // 判断是否需要自动，如果不需要则不做处理
            if (!this.autoStart) {
                return;
            }
            // undertow 为空的情况下进行创建
            if (this.undertow == null) {
                this.undertow = createUndertowServer();
            }
            // 启动 undertow
            this.undertow.start();
            // 设置启动标记为 true
            this.started = true;
            // 日志
            String message = getStartLogMessage();
            logger.info(message);
        }
        catch (Exception ex) {
            try {
```

```
                PortInUseException.ifPortBindingException(ex, (bindException) -> {
                    List<Port> failedPorts = getConfiguredPorts();
                    failedPorts.removeAll(getActualPorts());
                    if (failedPorts.size() == 1) {
                        throw new PortInUseException(failedPorts.get(0).getNumber());
                    }
                });
                throw new WebServerException("Unable to start embedded Undertow", ex);
            }
            finally {
                // 停止 undertow
                stopSilently();
            }
        }
    }
}
```

在 UndertowWebServer#start 方法中主要的处理流程如下：

（1）判断是否已经启动，如果已经启动则不做任何处理；

（2）判断是否需要自动启动，如果不需要则不做任何处理；

（3）判断 undertow 是否为空，如果为空则需要对其进行创建；

（4）启动 undertow，将启动标记设置为 true。

如果在上述 4 个处理流程中出现了异常，将抛出异常并且停止 undertow。

下面对 stop 方法进行分析，详细代码如下：

```
public void stop() throws WebServerException {
    synchronized (this.monitor) {
        // 如果启动标记是 false 则不做处理
        if (!this.started) {
            return;
        }
        // 将启动标记设置为 false
        this.started = false;
        // 优雅关闭的处理
        if (this.gracefulShutdown != null) {
            notifyGracefulCallback(false);
        }
        try {
            // undertow 关闭
            this.undertow.stop();
            // 关闭接口集合进行关闭操作
            for (Closeable closeable : this.closeables) {
                closeable.close();
            }
        }
        catch (Exception ex) {
            throw new WebServerException("Unable to stop undertow", ex);
        }
    }
}

public int getPort() {
    List<Port> ports = getActualPorts();
    if (ports.isEmpty()) {
        return -1;
    }
    return ports.get(0).getNumber();
}
```

在 UndertowWebServer#stop 方法中主要的处理流程如下：
（1）判断启动标记是否为 false，如果是则不做处理；
（2）将启动标记设置为 false；
（3）如果优雅关闭程序存在则进行优雅关闭相关操作；
（4）将 undertow 关闭；
（5）将成员变量 closeables 进行关闭方法的调度。

在 Spring Boot 中 UndertowWebServer 拥有一个子类 UndertowServletWebServer。下面将对 UndertowServletWebServer 中的两个方法进行说明。第一个方法是 createHttpHandler，详细处理代码如下：

```
protected HttpHandler createHttpHandler() {
    HttpHandler handler = super.createHttpHandler();
    if (StringUtils.hasLength(this.contextPath)) {
        handler = Handlers.path().addPrefixPath(this.contextPath, handler);
    }
    return handler;
}
```

在这段代码中会调用父类的 createHttpHandler 方法来创建 HttpHandler，然后会对成员变量上下文路径进行处理，将上下文和 HttpHandler 加入地址处理器中来得到一个新的 HttpHandler。

第二个方法是 getStartLogMessage，该方法用于获取日志信息，代码如下：

```
protected String getStartLogMessage() {
    String message = super.getStartLogMessage();
    if (StringUtils.hasText(this.contextPath)) {
        message += " with context path '" + this.contextPath + "'";
    }
    return message;
}
```

13.6　WebServer 启动分析

前面对 Spring Boot 中 WebServer 的实现类做了相关的说明和分析，本节将对 WebServer 的启动流程进行说明。在 Spring Boot 中是以 TomcatWebServer 作为 WebServer 的默认实现，本节也将围绕 TomcatWebServer 做相关说明。

在 Spring Boot Web 项目中启动代码如下：

```
@SpringBootApplication
public class SampleTomcatApplication {
    public static void main(String[] args){
        SpringApplication.run(SampleTomcatApplication.class, args);
    }
}
```

在这段代码中需要通过 SpringApplication.run 方法来找到启动入口，核心启动入口的方法签名是 org.springframework.boot.SpringApplication#run（java.lang.String...），在这个方法中有一个刷新上下文的操作，具体代码如下：

```java
private void refreshContext(ConfigurableApplicationContext context) {
    // 是否需要注册关闭的钩子
    if (this.registerShutdownHook) {
        try {
            // 上下文注册关闭的钩子
            context.registerShutdownHook();
        } catch (AccessControlException ex) {
        }
    }
    // 刷新操作
    refresh((ApplicationContext) context);
}
```

在上述代码中需要追踪 refresh 方法，涵盖如下 6 个处理方法：

（1）org.springframework.context.support.AbstractApplicationContext#refresh；

（2）org.springframework.context.support.AbstractApplicationContext#finishRefresh；

（3）org.springframework.context.support.DefaultLifecycleProcessor#onRefresh；

（4）org.springframework.context.support.DefaultLifecycleProcessor#startBeans；

（5）org.springframework.context.support.DefaultLifecycleProcessor.LifecycleGroup#start；

（6）org.springframework.context.support.DefaultLifecycleProcessor#doStart。

在上述 6 个处理方法中需要重点关注第（4）个方法，详细处理代码如下：

```java
private void startBeans(boolean autoStartupOnly) {
    Map<String, Lifecycle> lifecycleBeans = getLifecycleBeans();
    Map<Integer, LifecycleGroup> phases = new TreeMap<>();

    lifecycleBeans.forEach((beanName, bean) -> {
        if (!autoStartupOnly || (bean instanceof SmartLifecycle && ((SmartLifecycle) bean).isAutoStartup())) {
            int phase = getPhase(bean);
            phases.computeIfAbsent(
                phase,
                p -> new LifecycleGroup(phase, this.timeoutPerShutdownPhase, lifecycleBeans, autoStartupOnly)
            ).add(beanName, bean);
        }
    });
    if (!phases.isEmpty()) {
        phases.values().forEach(LifecycleGroup::start);
    }
}
```

在上述代码中最关键的是 phases.values().forEach（LifecycleGroup::start）的处理，该方法会进行实际的 start 操作。在进入 start 操作分析之前需要先了解 phases 的数据信息，详细如图 13-2 所示。

需要关注 lifecycleBeans 变量和 members 变量，这两个成员变量会成为 doStart 方法的调用参数。doStart 方法的代码如下：

```java
private void doStart(Map<String, ? extends Lifecycle> lifecycleBeans, String beanName, boolean autoStartupOnly) {
    Lifecycle bean = lifecycleBeans.remove(beanName);
    if (bean != null && bean != this) {
        String[] dependenciesForBean = getBeanFactory().getDependenciesForBean(beanName);
        for (String dependency : dependenciesForBean) {
```

```
                doStart(lifecycleBeans, dependency, autoStartupOnly);
            }
            if (!bean.isRunning() &&
                    (!autoStartupOnly || !(bean instanceof SmartLifecycle) ||
((SmartLifecycle) bean).isAutoStartup())) {
                if (logger.isTraceEnabled()) {
                    logger.trace("Starting bean '" + beanName + "' of type [" +
bean.getClass().getName() + "]");
                }
                try {
                    bean.start();
                }
                catch (Throwable ex) {
                    throw new ApplicationContextException("Failed to start bean '" +
beanName + "'", ex);
                }
                if (logger.isDebugEnabled()) {
                    logger.debug("Successfully started bean '" + beanName + "'");
                }
            }
        }
    }
```

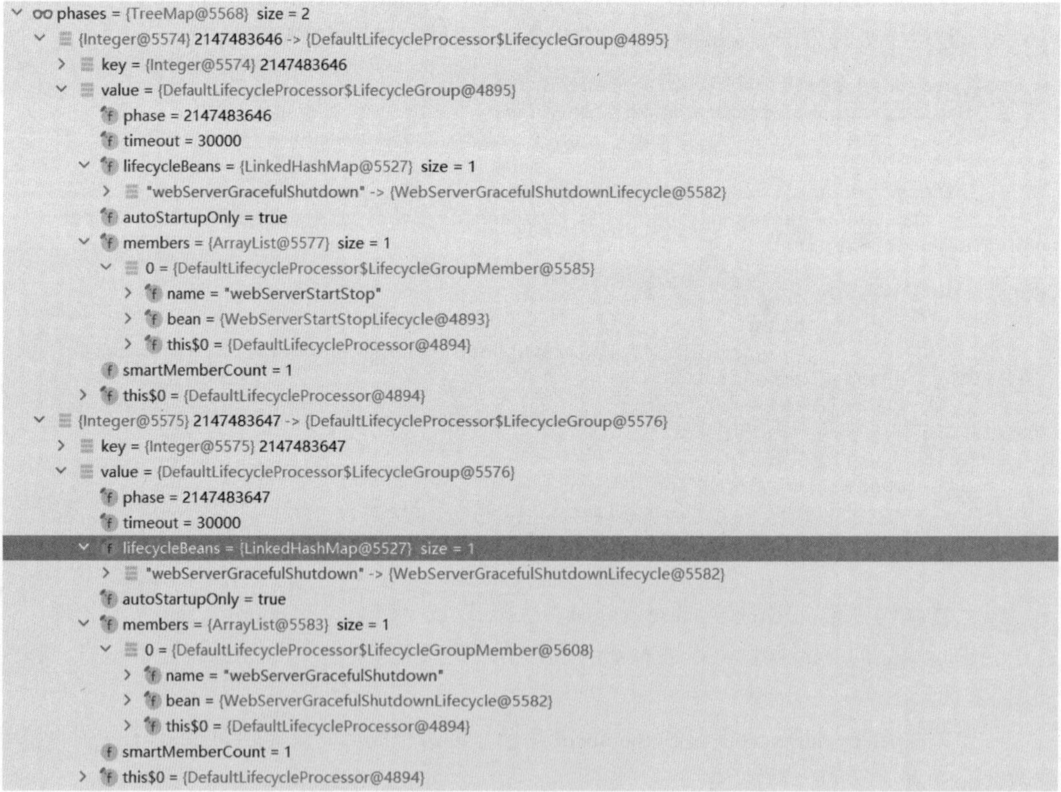

图 13-2　phases 的数据信息

在这段代码中主要的处理流程如下：

（1）从 lifecycleBeans 集合中根据名称获取 Bean，Bean 的类型是 Lifecycle；

（2）将第（1）步中得到的 Bean 进行 start 方法调度。

有关 Bean 的数据信息如图 13-3 所示。

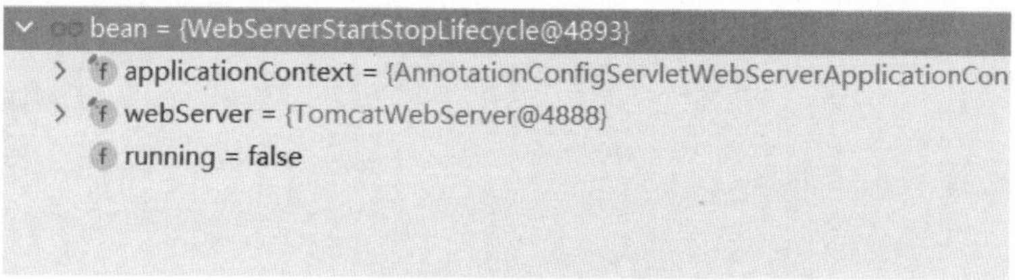

图 13-3　Bean 的数据信息

这里 Bean 类型是 WebServerStartStopLifecycle，这是 Spring Boot 中的一个类，关于这个类的定义代码如下：

```java
class WebServerStartStopLifecycle implements SmartLifecycle {
   private final ServletWebServerApplicationContext applicationContext;
   private final WebServer webServer;
   private volatile boolean running;
    WebServerStartStopLifecycle(ServletWebServerApplicationContext applicationContext, WebServer webServer) {
       this.applicationContext = applicationContext;
       this.webServer = webServer;
   }

    public void start() {
        this.webServer.start();
        this.running = true;
        this.applicationContext
           .publishEvent(new ServletWebServerInitializedEvent(this.webServer, this.applicationContext));
    }

    public void stop() {
       this.webServer.stop();
    }

    public boolean isRunning() {
       return this.running;
    }

    public int getPhase() {
       return Integer.MAX_VALUE - 1;
    }
}
```

在 WebServerStartStopLifecycle#start 方法中可以看到 WebServer 的启动，之后就是 WebServer 实现类的处理。

本章小结

本章对 Spring Boot 中的 WebServer 进行了相关分析，主要涵盖 Tomcat、Jetty、Netty 和 Undertow 这 4 个 Web 服务的分析。对于这 4 个 Web 服务在 Spring Boot 中的实现，主要对 start 方法进行了详细说明，而对其他方法的分析相对较为简略。在完成对 WebServer 的 4 个实现类的分析后，我们将回归到 Spring Boot 本身，详细解释 Spring Boot Web 项目启动时与 WebServer 相关的启动流程。

第 14 章

ErrorPage 和 Servlet 包相关分析

本章将对 ErrorPage 相关内容进行分析，在 Spring Boot 中与 ErrorPage 相关的内容有 ErrorPage、ErrorPageRegistrar 和 ErrorPageRegistry。本章除了对 ErrorPage 相关内容进行分析以外还会对 Spring Boot 中 servlet（org.springframework.boot.web.servlet）包相关内容进行分析。

14.1　ErrorPageRegistry 分析

本节将对 HttpHandlerErrorPageRegistry 进行分析，该接口用于进行 ErrorPage 对象的注册。ErrorPage 对象是一个简单的 Java 对象，在这个对象中并没有出现复杂操作，对于该对象主要关注的是它的成员变量，详细见表 14-1。

表 14-1　ErrorPage 成员变量

变量名称	变量类型	变量说明
status	HttpStatus	http 状态码
exception	Class<? extends Throwable>	异常对象
path	String	地址

下面回到 HttpHandlerErrorPageRegistry 查看该接口的完整定义：

```
@FunctionalInterface
public interface ErrorPageRegistry {
    void addErrorPages(ErrorPage... errorPages);
}
```

在 Spring Boot 中 HttpHandlerErrorPageRegistry 有一个直接实现类 ErrorPageFilter，在 ErrorPageFilter 中有 4 个成员变量，分别是：

（1）成员变量 global 表示全局异常页路径；

（2）成员变量 statuses 表示状态码表；

(3)成员变量 exceptions 表示异常表；

(4)成员变量 delegate 表示委托过滤器。

下面对成员变量 delegate 进行展开说明，成员变量 delegate 的定义代码如下：

```
private final OncePerRequestFilter delegate = new OncePerRequestFilter() {
        protected void doFilterInternal(HttpServletRequest request, HttpServletResponse response, FilterChain chain)
                throws ServletException, IOException {
            ErrorPageFilter.this.doFilter(request, response, chain);
        }

        protected boolean shouldNotFilterAsyncDispatch() {
            return false;
        }
    };
```

在委托过滤器中将所有的 doFilterInternal 方法都进一步交给了 ErrorPageFilter#doFilter 方法。再回到 ErrorPageFilter 中，它是一个过滤器实现了 Filter 接口，具体处理代码如下：

```
public void doFilter(ServletRequest request, ServletResponse response, FilterChain chain) throws IOException, ServletException {
    this.delegate.doFilter(request, response, chain);
}
```

在上述代码中将处理交给了成员变量 delegate，因此需要找到核心的处理方法对其分析，才可以了解 Filter 的实际处理过程，关于 doFilter 的核心处理代码如下：

```
private void doFilter(HttpServletRequest request, HttpServletResponse response, FilterChain chain)
        throws IOException, ServletException {
    // 进行异常 response 的包装
    ErrorWrapperResponse wrapped = new ErrorWrapperResponse(response);
    try {
        // 过滤链进行处理
        chain.doFilter(request, wrapped);
        // 判断异常 response 是否存在异常需要发送
        if (wrapped.hasErrorToSend()) {
            // 处理异常状态码
            handleErrorStatus(request, response, wrapped.getStatus(), wrapped.getMessage());
            // 写出响应
            response.flushBuffer();
        }
        // 请求是非异步并且响应并未处理则会写出响应
        else if (!request.isAsyncStarted() && !response.isCommitted()) {
            response.flushBuffer();
        }
    }
    // 出现异常的处理
    catch (Throwable ex) {
        Throwable exceptionToHandle = ex;
        if (ex instanceof NestedServletException) {
            Throwable rootCause = ((NestedServletException) ex).getRootCause();
            if (rootCause != null) {
                exceptionToHandle = rootCause;
            }
        }
        // 异常处理
        handleException(request, response, wrapped, exceptionToHandle);
```

```
        // 写出响应
        response.flushBuffer();
    }
}
```

在上述方法中详细的处理流程如下。

（1）创建 ErrorWrapperResponse 对象用于异常 response 的包装。

（2）进行过滤链相关处理。

（3）判断 ErrorWrapperResponse 对象中是否存在异常需要发送，如果需要则会进行如下两个操作：

①处理异常状态码相关内容，处理提交，处理异常页发送，处理状态码，处理异常属性值；

②写出响应体。

（4）如果请求是非异步并且响应并未处理则会写出响应。

在上述处理过程中如果出现了异常则会进行如下两个操作：处理异常；写出响应体。

下面对第（3）步中的一些细节进行说明，第（3）步中所涉及的处理异常状态码的方法是 handleErrorStatus，详细处理代码如下：

```
private void handleErrorStatus(HttpServletRequest request, HttpServletResponse response, int status, String message)
        throws ServletException, IOException {
    // 判断是否已经提交，提交的情况下进行提交处理
    if (response.isCommitted()) {
        handleCommittedResponse(request, null);
        return;
    }
    // 获取异常页地址
    String errorPath = getErrorPath(this.statuses, status);
    // 异常页地址为空的情况下直接发送异常
    if (errorPath == null) {
        response.sendError(status, message);
        return;
    }
    // 设置状态码
    response.setStatus(status);
    // 设置属性
    setErrorAttributes(request, status, message);
    // 重定向
    request.getRequestDispatcher(errorPath).forward(request, response);
}
```

在上述代码中核心的处理流程如下：

（1）判断 response 是否已经提交，在已经提交的情况下进行提交相关的处理，处理后立即返回；

（2）获取异常页地址，如果异常页地址为空将直接发送异常结束处理；

（3）设置状态码，设置属性，重定向。

关于属性设置总共有以下三个：

（1）ERROR_STATUS_CODE，表示异常状态码；

（2）ERROR_MESSAGE，表示异常信息；

（3）ERROR_REQUEST_URI，表示请求 uri。

最后对 addErrorPages 方法进行分析，该方法才是 HttpHandlerErrorPageRegistry 的实际分

析目标，前面的内容仅仅是为了拓展说明 ErrorPageFilter 的作用，关于 addErrorPages 方法的处理代码如下：

```java
public void addErrorPages(ErrorPage... errorPages) {
   // 循环异常页
   for (ErrorPage errorPage : errorPages) {
      // 异常页是否是全局的，如果是将进行全局数据的设置
      if (errorPage.isGlobal()) {
         this.global = errorPage.getPath();
      }
      // 判断异常页状态是否为空，不为空的情况下将放入 statuses 对象中
      else if (errorPage.getStatus() != null) {
         this.statuses.put(errorPage.getStatus().value(), errorPage.getPath());
      } else {
         // 异常信息存储
         this.exceptions.put(errorPage.getException(), errorPage.getPath());
      }
   }
}
```

在上述方法中会对参数 ErrorPage 集合做出处理（循环处理），下面将对单个 ErrorPage 的处理流程进行说明，具体处理流程如下：

（1）判断异常是否是全局的，如果是就会将异常的路径设置给成员变量 global；

（2）判断异常页状态是否为空，不为空的情况下将放入 statuses 对象中；

（3）将异常信息进行存储。

在 Spring Boot 中除了 ErrorPageFilter 以外还有 AbstractConfigurableWebServerFactory 类是 HttpHandlerErrorPageRegistry 的实现类，在 AbstractConfigurableWebServerFactory 中关于 addErrorPages 的处理代码如下：

```java
public void addErrorPages(ErrorPage... errorPages) {
   Assert.notNull(errorPages, "ErrorPages must not be null");
   this.errorPages.addAll(Arrays.asList(errorPages));
}
```

在上述方法中会将参数直接添加给成员变量。

14.2 ErrorPageRegistrar 分析

本节将对 ErrorPageRegistrar 进行相关分析，关于该接口的定义代码如下：

```java
@FunctionalInterface
public interface ErrorPageRegistrar {
   void registerErrorPages(ErrorPageRegistry registry);
}
```

在 ErrorPageRegistrar 定义中主要目标是进行 HttpHandlerErrorPageRegistry 的调用，在 Spring Boot 中 HttpHandlerErrorPageRegistry 的实现类是 ErrorPageCustomizer，详细代码如下：

```java
static class ErrorPageCustomizer implements ErrorPageRegistrar, Ordered {
   private final ServerProperties properties;
   private final DispatcherServletPath dispatcherServletPath;
   protected ErrorPageCustomizer(ServerProperties properties, DispatcherServletPath dispatcherServletPath) {
      this.properties = properties;
      this.dispatcherServletPath = dispatcherServletPath;
```

```
}
public void registerErrorPages(ErrorPageRegistry errorPageRegistry) {
    ErrorPage errorPage = new ErrorPage(
            this.dispatcherServletPath.getRelativePath(this.properties.getError().getPath()));
    errorPageRegistry.addErrorPages(errorPage);
}

public int getOrder() {
    return 0;
}
```

在 ErrorPageCustomizer#registerErrorPages 方法中，处理操作是创建 ErrorPage 对象：将其通过方法参数 ErrorPageRegistry 来完成注册操作。在这段代码中注册的 ErrorPage 对象信息如图 14-1 所示。

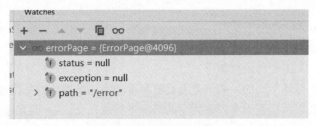

图 14-1　ErrorPage 对象信息

在 ErrorPageRegistrar 的分析时发现了注册的简单处理，并没有对整体的处理流程进行分析，下面将对这部分内容进行说明。关于 ErrorPage 注册流程的核心入口是 ErrorPageRegistrarBeanPostProcessor，在这个类中具体入口方法是 postProcessBeforeInitialization，详细处理代码如下：

```
public Object postProcessBeforeInitialization(Object bean, String beanName) throws BeansException {
    if (bean instanceof ErrorPageRegistry) {
        postProcessBeforeInitialization((ErrorPageRegistry) bean);
    }
    return bean;
}
```

在上述代码中会判断 Bean 类型是否是 ErrorPageRegistry，如果是则会进行相关操作，操作代码如下：

```
private void postProcessBeforeInitialization(ErrorPageRegistry registry) {
    // 找到所有的 ErrorPageRegistrar, 进行注册
    for (ErrorPageRegistrar registrar : getRegistrars()) {
        registrar.registerErrorPages(registry);
    }
}
```

在这段代码中会找到当前 Spring 容器中所有类型是 ErrorPageRegistrar 的 Bean，通过这些 Bean 来完成注册操作。在 Spring Boot 的默认情况下只有 ErrorPageCustomizer 是候选 Bean 实例，ErrorPageCustomizer 数据信息如图 14-2 所示。

图 14-2 ErrorPageCustomizer 数据信息

14.3　servlet-context 分析

本节将对 Spring Boot 中 servlet-context 包下的内容进行相关分析，在 servlet-context 包下存在的类总共有 8 个，分别是：

（1）AnnotationConfigServletWebApplicationContext；
（2）AnnotationConfigServletWebServerApplicationContext；
（3）ServletWebServerApplicationContext；
（4）ServletWebServerInitializedEvent；
（5）WebApplicationContextServletContextAwareProcessor；
（6）WebServerGracefulShutdownLifecycle；
（7）WebServerStartStopLifecycle；
（8）XmlServletWebServerApplicationContext。

接下来对 AnnotationConfigServletWebApplicationContext 和 AnnotationConfigServletWebServerApplicationContext 进行说明，具体如图 14-3 和图 14-4 所示。

图 14-3　AnnotationConfigServletWebServerApplicationContext 类图

图 14-4　AnnotationConfigServletWebApplicationContext 类图

在图 14-3 和图 14-4 中可以发现，这两个类具备相同的父类 GenericWebApplicationContext，该类主要用于处理 Web 应用下的 Spring 上下文管理，AnnotationConfigServletWebApplicationContext 和 AnnotationConfigServletWebServerApplicationContext 这两个类在类本身的处理上大致相似，没有什么差异，公共成员变量见表 14-2。

表 14-2　公共成员变量

变量名称	变量类型	变量说明
reader	AnnotatedBeanDefinitionReader	注解相关的 Bean 定义读取器
scanner	ClassPathBeanDefinitionScanner	类地址相关的 Bean 定义扫描器
annotatedClasses	Set<Class<?>>	注解类
basePackages	String[]	基础包扫描位置

接下来对 ServletWebServerApplicationContext 进行介绍，在 Spring Boot 中它拥有两个子类，分别是 AnnotationConfigServletWebServerApplicationContext 和 XmlServletWebServerApplicationContext，下面对父类 ServletWebServerApplicationContext 做出说明。在 ApplicationContextFactory 分析中已经提到过该类的一些内容，接下来从成员变量和方法作用上进行说明，ServletWebServerApplicationContext 成员变量说明见表 14-3。

表 14-3　ServletWebServerApplicationContext 成员变量

变量名称	变量类型	变量说明
DISPATCHER_SERVLET_NAME	String	Servlet 名称
webServer	WebServer	Web 服务接口，在 Spring Boot 中有 TomcatWebServer、NettyWebServer 和 JettyWebServer 三种实现类
servletConfig	ServletConfig	servlet 配置对象
serverNamespace	String	服务命名空间

ServletWebServerApplicationContext 的方法说明如下：

（1）方法 postProcessBeanFactory 用于注册 ServletContextAware；

（2）方法 refresh 用于刷新上下文，本质是调用父类（AbstractApplicationContext）的刷新上下文；

（3）方法 onRefresh 用于初始化特定上下文子类中的其他特殊 Bean，在 ServletWebServerApplicationContext 中主要目的是创建 WebServer 相关内容；

（4）方法 doClose 用于处理关闭时的行为。具体行为包括推送 ReadinessState.REFUSING_TRAFFIC 事件，以及调用父类（AbstractApplicationContext）的关闭方法；

（5）方法 getSelfInitializer 用于为容器中的 ServletContextInitializer 注入 Servlet 上下文；

（6）方法 getResourceByPath 用于根据资源地址获取资源。

下面介绍 XmlServletWebServerApplicationContext 类，在该类中只有一个成员变量：reader，用于读取 XML 模式下的 Bean 定义。

在 XmlServletWebServerApplicationContext 类中主要通过成员变量 reader 和方法 load 来进行 Bean 定义从而完成 Bean 注册（交给 Spring 管理）。

接下来对 ServletWebServerInitializedEvent 类进行说明，从该类的命名上可以发现它是一个事件类，具体事件含义为：在 WebServer 准备完成后需要发送的事件。该类的详细定义如下：

```
@SuppressWarnings("serial")
public class ServletWebServerInitializedEvent extends WebServerInitializedEvent {
```

```
            private final ServletWebServerApplicationContext applicationContext;
        public ServletWebServerInitializedEvent(WebServer webServer,
                ServletWebServerApplicationContext applicationContext) {
            super(webServer);
            this.applicationContext = applicationContext;
        }

        public ServletWebServerApplicationContext getApplicationContext(){
            return this.applicationContext;
        }

    }
```

在这个类中存储了 WebServer 类，可以用于开启或关闭 WebServer。既然存在事件实体，那么必然存在一个关于事件推送的对象，在 Spring Boot 中负责进行这个事件推送的类是 WebServerStartStopLifecycle，具体推送代码如下：

```
public void start() {
    this.webServer.start();
    this.running = true;
    this.applicationContext
            .publishEvent(new ServletWebServerInitializedEvent(this.webServer,
    this.applicationContext));
}
```

在 start 方法中可以发现，主要的处理流程如下：

（1）将 webServer 启动；

（2）标记启动状态为 true；

（3）推送 ServletWebServerInitializedEvent。

在 WebServerStartStopLifecycle 中还有 stop 方法，该方法用于关闭 webServer，详细处理代码如下：

```
public void stop() {
    this.webServer.stop();
}
```

接下来对 WebApplicationContextServletContextAwareProcessor 进行介绍，该类的核心作用是获取 Servlet 上下文和 Servlet 配置这两个对象，详细处理代码如下：

```
public class WebApplicationContextServletContextAwareProcessor extends
ServletContextAwareProcessor {
        private final ConfigurableWebApplicationContext webApplicationContext;
        public WebApplicationContextServletContextAwareProcessor(
ConfigurableWebApplicationContext webApplicationContext){
            Assert.notNull(webApplicationContext, "WebApplicationContext must not be
null");
            this.webApplicationContext = webApplicationContext;
        }
        protected ServletContext getServletContext(){
                ServletContext servletContext = this.webApplicationContext.
getServletContext();
                return (servletContext != null) ? servletContext : super.
getServletContext();
        }

        protected ServletConfig getServletConfig(){
            ServletConfig servletConfig = this.webApplicationContext.getServletConfig();
```

```
            return (servletConfig != null) ? servletConfig : super.getServletConfig();
        }
    }
```

最后对 WebServerGracefulShutdownLifecycle 进行说明，在该类中处理方法都是简单的数据设置或方法调用并不存在复杂逻辑，详细代码如下：

```
class WebServerGracefulShutdownLifecycle implements SmartLifecycle {
    private final WebServer webServer
    private volatile boolean running;
    WebServerGracefulShutdownLifecycle(WebServer webServer){
        this.webServer = webServer;
    }
    public void start(){
        this.running = true;
    }
    public void stop() {
            throw new UnsupportedOperationException("Stop must not be invoked directly");
    }
    public void stop(Runnable callback) {
        this.running = false;
        this.webServer.shutDownGracefully((result) -> callback.run());
    }
    public boolean isRunning() {
        return this.running;
    }
}
```

14.4　servlet-error 分析

本节将对 Spring Boot 中 servlet-error 包下的内容进行相关分析，在 servlet-error 包下存在的类总共有三个：分别是 DefaultErrorAttributes、ErrorAttributes 和 ErrorController。接下来对 ErrorAttributes 进行说明，ErrorAttributes 是一个接口，基础定义代码如下：

```
public interface ErrorAttributes {

    // 返回错误属性表
    @Deprecated
    default Map<String, Object> getErrorAttributes(WebRequest webRequest, boolean includeStackTrace){
        return Collections.emptyMap();
    }

    // 返回错误属性表
    default Map<String, Object> getErrorAttributes(WebRequest webRequest, ErrorAttributeOptions options){
        return getErrorAttributes(webRequest,
options.isIncluded(Include.STACK_TRACE));
    }
    // 获取异常对象
    Throwable getError(WebRequest webRequest);

}
```

在 ErrorAttributes 接口中定义了以下三个方法：

（1）方法 getErrorAttributes 用于获取异常属性表；

（2）方法 getErrorAttributes 用于获取异常属性表；

（3）方法 getError 用于获取异常对象。

在 Spring Boot 中关于 ErrorAttributes 有一个实现类是 DefaultErrorAttributes，下面将对其进行说明，在该类中拥有两个成员变量，分别是：

（1）成员变量 ERROR_ATTRIBUTE 表示异常属性名称；

（2）成员变量 includeException 表示是否包括异常。

下面将介绍遇到异常时如何将异常信息进行记录，具体处理方法是 resolveException，详细处理代码如下：

```java
public ModelAndView resolveException(HttpServletRequest request,
HttpServletResponse response, Object handler, Exception ex) {
    storeErrorAttributes(request, ex);
    return null;
}
private void storeErrorAttributes(HttpServletRequest request, Exception ex) {
    request.setAttribute(ERROR_ATTRIBUTE, ex);
}
```

下面对 getErrorAttributes 方法进行分析，具体处理代码如下：

```java
public Map<String, Object> getErrorAttributes(WebRequest webRequest,
ErrorAttributeOptions options) {
    Map<String, Object> errorAttributes = getErrorAttributes(webRequest,
    options.isIncluded(Include.STACK_TRACE));
    if (Boolean.TRUE.equals(this.includeException)) {
        options = options.including(Include.EXCEPTION);
    }
    if (!options.isIncluded(Include.EXCEPTION)) {
        errorAttributes.remove("exception");
    }
    if (!options.isIncluded(Include.STACK_TRACE)) {
        errorAttributes.remove("trace");
    }
    if (!options.isIncluded(Include.MESSAGE) && errorAttributes.get("message")
!= null) {
        errorAttributes.put("message", "");
    }
    if (!options.isIncluded(Include.BINDING_ERRORS)) {
        errorAttributes.remove("errors");
    }
    return errorAttributes;
}

@Deprecated
public Map<String, Object> getErrorAttributes(WebRequest webRequest, boolean
includeStackTrace) {
    Map<String, Object> errorAttributes = new LinkedHashMap<>();
    errorAttributes.put("timestamp", new Date());
    // 添加状态
    addStatus(errorAttributes, webRequest);
    // 添加异常描述
    addErrorDetails(errorAttributes, webRequest, includeStackTrace);
    // 添加地址
    addPath(errorAttributes, webRequest);
    return errorAttributes;
}
```

在第一个 getErrorAttributes 方法中主要的处理流程如下：

(1) 通过 getErrorAttributes 方法获取异常属性表；

(2) 根据不同的 options 进行不同的数据操作。

不同的 options 有如下 4 种情况：

(1) Include#EXCEPTION 表示包括异常类名称属性；

(2) Include#STACK_TRACE 表示包括堆栈跟踪属性；

(3) Include#MESSAGE 表示包括消息属性；

(4) Include#BINDING_ERRORS 表示包括绑定错误属性。

下面对 getError 方法进行分析，该方法用于获取异常，异常数据将会从 WebRequest 中获取，详细处理代码如下：

```
public Throwable getError(WebRequest webRequest) {
    Throwable exception = getAttribute(webRequest, ERROR_ATTRIBUTE);
    return (exception != null) ? exception : getAttribute(webRequest,
RequestDispatcher.ERROR_EXCEPTION);
}
```

接下来对 ErrorController 相关内容进行分析，关于该接口的定义代码如下：

```
@FunctionalInterface
public interface ErrorController {
    @Deprecated
    String getErrorPath();
}
```

ErrorController 中拥有一个方法 getErrorPath 用于获取异常页地址。在 Spring Boot 中关于 ErrorController 的实现类有两个，ErrorController 实现类如图 14-5 所示。

图 14-5　ErrorController 实现类

下面对 AbstractErrorController 进行说明，AbstractErrorController 成员变量详见表 14-4。

表 14-4　AbstractErrorController 成员变量

变量名称	变量类型	变量说明
errorAttributes	ErrorAttributes	异常属性接口
errorViewResolvers	List\<ErrorViewResolver\>	异常视图解析器集合

下面对 BasicErrorController 进行说明，关于 BasicErrorController 主要关注的是 errorHtml 方法，详细处理代码如下：

```
@Controller
@RequestMapping("${server.error.path:${error.path:/error}}")
public class BasicErrorController extends AbstractErrorController {

    @RequestMapping(produces = MediaType.TEXT_HTML_VALUE)
    public ModelAndView errorHtml(HttpServletRequest request, HttpServletResponse
response){
        // 获取 http 状态对象
```

```
            HttpStatus status = getStatus(request);
            // 获取数据信息
            Map<String, Object> model = Collections
                    .unmodifiableMap(getErrorAttributes(request, getErrorAttributeOptions
(request, MediaType.TEXT_HTML)));
            // 设置状态码
            response.setStatus(status.value());
            //解析异常页
             ModelAndView modelAndView = resolveErrorView(request, response, status,
model);
            // 返回
             return (modelAndView != null) ? modelAndView : new ModelAndView("error",
model);
        }
    }
```

在上述处理代码中主要流程如下：

（1）获取 http 状态对象；

（2）获取数据信息，数据来源是父类的成员变量 errorAttributes；

（3）为响应设置状态码；

（4）解析异常模型和视图对象，解析需要依赖父类的成员变量 errorViewResolvers；

（5）返回模型和视图对象。

14.5　servlet-filter 分析

本节将对 Spring Boot 中 servlet-filter 包下的内容进行相关分析，在 servlet-filter 包下存在的类总共有 6 个：

（1）ApplicationContextHeaderFilter；

（2）OrderedCharacterEncodingFilter；

（3）OrderedFilter；

（4）OrderedFormContentFilter；

（5）OrderedHiddenHttpMethodFilter；

（6）OrderedRequestContextFilter。

在上述 6 个对象中，OrderedCharacterEncodingFilter、OrderedFormContentFilter、OrderedHiddenHttpMethodFilter 和 OrderedRequestContextFilter 都是 OrderedFilter 的实现类，下面对这 5 个对象进行说明。接下来对 OrderedFilter 进行说明，详细代码如下：

```
public interface OrderedFilter extends Filter, Ordered {
    int REQUEST_WRAPPER_FILTER_MAX_ORDER = 0;
}
```

从 OrderedFilter 的定义可以发现它是一个组合接口，组合了 Filter 和 Ordered。接下来对实现类进行说明。

（1）OrderedFormContentFilter 继承了 FormContentFilter。主要处理是对请求参数进行 FormContentRequestWrapper 的包装处理。

（2）OrderedHiddenHttpMethodFilter 继承了 HiddenHttpMethodFilter，主要对请求方式为 POST、PUT 和 PATCH 的请求进行 HttpMethodRequestWrapper 的包装处理。

（3）OrderedRequestContextFilter 继承了 RequestContextFilter，主要进行 LocaleContextHolder 对象和 RequestContextHolder 的数据设置。

（4）OrderedCharacterEncodingFilter 继承了 CharacterEncodingFilter，主要用于处理编码相关的内容。

最后是 ApplicationContextHeaderFilter 的说明，该对象主要用于为响应体设置头信息，设置的头信息为 "X-Application-Context"，具体设置代码如下：

```java
public class ApplicationContextHeaderFilter extends OncePerRequestFilter {
    public static final String HEADER_NAME = "X-Application-Context";
    private final ApplicationContext applicationContext;
    public ApplicationContextHeaderFilter(ApplicationContext context){
        this.applicationContext = context;
    }
    protected void doFilterInternal(HttpServletRequest request, HttpServletResponse response, FilterChain filterChain)
            throws ServletException, IOException{
        response.addHeader(HEADER_NAME, this.applicationContext.getId());
        filterChain.doFilter(request, response);
    }
}
```

本章小结

本章对 Spring Boot 中的 ErrorPage 相关内容进行了分析，主要包含 ErrorPageRegistrar 和 HttpHandlerErrorPageRegistry 的介绍，以及这两个接口的实现类说明。除此之外对异常页的注册流程进行了相关分析，主要入口是 ErrorPageRegistrarBeanPostProcessor。除了 ErrorPage 相关内容分析以外本章还对 Spring Boot 中的 servlet 包下的相关内容进行了分析。

第 15 章

Spring Boot 中 JDBC 相关内容分析

本章将对 Spring Boot 中关于 JDBC 相关内容进行分析,主要分析目标是关于自动装配,包含了 DataSourceAutoConfiguration、JdbcTemplateAutoConfiguration 和 DataSourceTransactionManagerAutoConfiguration 的分析。

15.1　DataSourceAutoConfiguration 分析

在 Spring 中关于 JDBC 的相关操作都需要使用数据源相关的内容,同样地,在 Spring Boot 中也需要使用相关内容,本节将对这部分内容所关联的 DataSourceAutoConfiguration 进行分析。关于 DataSourceAutoConfiguration 的基础定义代码如下:

```
@Configuration(proxyBeanMethods = false)
@ConditionalOnClass({ DataSource.class, EmbeddedDatabaseType.class })
@ConditionalOnMissingBean(type = "io.r2dbc.spi.ConnectionFactory")
@EnableConfigurationProperties(DataSourceProperties.class)
@Import({ DataSourcePoolMetadataProvidersConfiguration.class,
DataSourceInitializationConfiguration.class })
public class DataSourceAutoConfiguration {}
```

在 DataSourceAutoConfiguration 的基础定义中可以发现它需要开启的配置类是 DataSourceProperties,需要导入的类有 DataSourcePoolMetadataProvidersConfiguration 和 DataSourceInitializationConfiguration。接下来对配置类 DataSourceProperties 做简单说明,由于 DataSourceProperties 是一个配置类,在这个类中并没有复杂操作,主要都是成员变量相关的设置和获取,关于 DataSourceProperties 成员变量详情见表 15-1。

在上述成员变量中一般关注的是 driverClassName、url、username 和 password,通过这 4 个成员变量就可以构造出简单的 DataSource。

表 15-1 DataSourceProperties 成员变量

变量名称	变量类型	变量说明
classLoader	ClassLoader	类加载器
name	String	数据库名称
generateUniqueName	boolean	是否生成随机数据源名称
type	Class<? extends DataSource>	数据源类型
driverClassName	String	数据库驱动全类名
url	String	jdbcurl
username	String	登录名
password	String	登录密码
jndiName	String	数据源的 JNDI 位置
initializationMode	DataSourceInitializationMode	数据源初始化模式
platform	String	平台名称
schema	List<String>	schema 名称
schemaUsername	String	schema 账号
schemaPassword	String	schema 密码
data	List<String>	数据（DML）脚本资源
dataUsername	String	data 账号
dataPassword	String	data 密码
continueOnError	boolean	初始化数据库时发生错误是否停止
separator	String	SQL 初始化脚本中的语句分隔符
sqlScriptEncoding	Charset	SQL 脚本编码
embeddedDatabaseConnection	EmbeddedDatabaseConnection	嵌入式数据库连接信息
xa	Xa	xa 对象
uniqueName	String	唯一名称

接下来将对 DataSourcePoolMetadataProvidersConfiguration 进行说明，该对象的主要目标是进行 DataSourcePoolMetadataProvider 的注册，在该类中关于 DataSourcePoolMetadataProvider 的实现类有 TomcatDataSourcePoolMetadata、HikariDataSourcePoolMetadata、CommonsDbcp2DataSourcePoolMetadata 和 OracleUcpDataSourcePoolMetadata，在默认情况下会进行 HikariDataSourcePoolMetadata 实现类的注册。下面对 HikariDataSourcePoolMetadata 的注册做相关说明，详细注册相关代码如下：

```
@Configuration(proxyBeanMethods = false)
@ConditionalOnClass(HikariDataSource.class)
static class HikariPoolDataSourceMetadataProviderConfiguration {

    @Bean
    DataSourcePoolMetadataProvider hikariPoolDataSourceMetadataProvider() {
        return (dataSource) -> {
            HikariDataSource hikariDataSource =
DataSourceUnwrapper.unwrap(dataSource, HikariConfigMXBean.class,
HikariDataSource.class);
            if (hikariDataSource != null) {
```

```
            return new HikariDataSourcePoolMetadata(hikariDataSource);
        }
        return null;
    };
}
```

在这段代码中需要使用 JDK8 的相关语法，为了便于查看将其修改为下面代码（作用相同）：

```
@Configuration(proxyBeanMethods = false)
@ConditionalOnClass(HikariDataSource.class)
static class HikariPoolDataSourceMetadataProviderConfiguration {

    private static DataSourcePoolMetadata getDataSourcePoolMetadata(DataSource dataSource) {
        HikariDataSource hikariDataSource = DataSourceUnwrapper.unwrap
(dataSource, HikariConfigMXBean.class, HikariDataSource.class);
        if (hikariDataSource != null) {
            return new HikariDataSourcePoolMetadata(hikariDataSource);
        }
        return null;
    }

    @Bean
    DataSourcePoolMetadataProvider hikariPoolDataSourceMetadataProvider() {
        DataSourcePoolMetadataProvider dataSourcePoolMetadataProvider =
HikariPoolDataSourceMetadataProviderConfiguration::getDataSourcePoolMetadata;
        return dataSourcePoolMetadataProvider;
    }

}
```

在这段代码中需要注意：这里传递的 dataSource 的类型一定是 HikariDataSource，否则不会进行任何处理。关于 DataSource 和 DataSourcePoolMetadataProvider 的映射关系见表 15-2。

表 15-2 DataSource 和 DataSourcePoolMetadataProvider 的映射关系

DataSource	DataSourcePoolMetadataProvider
org.apache.tomcat.jdbc.pool.DataSource	org.springframework.boot.jdbc.metadata.TomcatDataSourcePoolMetadata
com.zaxxer.hikari.HikariDataSource	org.springframework.boot.jdbc.metadata.HikariDataSourcePoolMetadata
org.apache.commons.dbcp2.BasicDataSource	org.springframework.boot.jdbc.metadata.CommonsDbcp2DataSource PoolMetadata
oracle.ucp.jdbc.PoolDataSource	org.springframework.boot.jdbc.metadata.OracleUcpDataSourcePoolMetadata

在 DataSourcePoolMetadataProvidersConfiguration 中关于 DataSourcePoolMetadataProvider 的注册流程都具备如下几个处理方法：

（1）将 DataSource 通过 DataSourceUnWrapper 进行解包得到真正的类型；

（2）将第（1）步中得到的 DataSource 进行 DataSourcePoolMetadataProvider 不同实现类的创建。

关于DataSourcePoolMetadataProvidersConfiguration的分析到此结束，接下来将进入Data-SourcePoolMetadataProvidersConfiguration的分析中，下面来查看DataSourcePoolMetadataProviders-Configuration的完整代码：

```
@Configuration(proxyBeanMethods = false)
@Import({ DataSourceInitializerInvoker.class,
DataSourceInitializationConfiguration.Registrar.class })
class DataSourceInitializationConfiguration {

    static class Registrar implements ImportBeanDefinitionRegistrar{
        private static final String BEAN_NAME = "dataSourceInitializerPostProcessor";
            public void registerBeanDefinitions(AnnotationMetadata
importingClassMetadata, BeanDefinitionRegistry registry) {
            // 判断Bean注册容器中是否存在dataSourceInitializerPostProcessorbean,
            // 如果不存在则做相关处理
            if (!registry.containsBeanDefinition(BEAN_NAME)) {
                // 创建DataSourceInitializerPostProcessor所对应的BeanDefinition
                AbstractBeanDefinition beanDefinition = BeanDefinitionBuilder
                        .genericBeanDefinition(DataSourceInitializerPostProcessor.class, DataSourceInitializerPostProcessor::new)
                        .getBeanDefinition();
                // 设置role
                beanDefinition.setRole(BeanDefinition.ROLE_INFRASTRUCTURE);
                // We don't need this one to be post processed otherwise it can cause a
                // cascade of bean instantiation that we would rather avoid.
                // 设置是否合成标记
                beanDefinition.setSynthetic(true);
                // 注册bean
                registry.registerBeanDefinition(BEAN_NAME, beanDefinition);
            }
        }

    }

}
```

在DataSourceInitializationConfiguration上引用了Import，在这个注解中使用了DataSource-InitializerInvoker以及内部类Registrar。下面对内部类Registrar做说明，Registrar实现了ImportBeanDefinitionRegistrar，在Registrar中主要目标是进行DataSourceInitializerPostProcessor型的Bean注册。前面提到了DataSourceInitializerPostProcessor，详细代码如下：

```
class DataSourceInitializerPostProcessor implements BeanPostProcessor, Ordered, BeanFactoryAware {

        public int getOrder(){
        return Ordered.HIGHEST_PRECEDENCE + 1;
    }

    private BeanFactory beanFactory;

        public Object postProcessBeforeInitialization(Object bean, String beanName) throws BeansException{
        return bean;
    }

        public Object postProcessAfterInitialization(Object bean, String beanName) throws BeansException{
        if (bean instanceof DataSource){
```

```
            this.beanFactory.getBean(DataSourceInitializerInvoker.class);
    }
    return bean;
}

    public void setBeanFactory(BeanFactory beanFactory) throws BeansException{
        this.beanFactory = beanFactory;
    }
}
```

在 DataSourceInitializerPostProcessor 中可以发现,当 postProcessAfterInitialization 方法处理的 Bean 类型是 DataSource 时会从容器中获取 DataSourceInitializerInvoker。注意:这里虽然是 getBean 方法,但是在 getBean 方法中会进行 DataSourceInitializerInvoker 的初始化,可以理解为强制初始化 DataSourceInitializerInvoker。DataSourceInitializerInvoker 在 DataSourcePoolMetadataProvidersConfiguration 的 Import 中也有使用,接下来将对其进行相关说明,有关 DataSourceInitializerInvoker 成员变量见表 15-3。

表 15-3 DataSourceInitializerInvoker 成员变量

变 量 名 称	变 量 类 型	变 量 说 明
dataSource	ObjectProvider<DataSource>	数据源
properties	DataSourceProperties	数据源属性表
applicationContext	ApplicationContext	应用上下文
dataSourceInitializer	DataSourceInitializer	数据源实例化程序
initialized	boolean	是否实例化

在上述成员变量中,properties 存储关于 spring.datasource 的相关配置数据,该对象会配合成员变量 dataSourceInitializer 来完成数据源的初始化。回到 DataSourceInitializerInvoker 本身查看它的基础定义:

```
class DataSourceInitializerInvoker implements
ApplicationListener<DataSourceSchemaCreatedEvent>, InitializingBean {}
```

在基础定义中发现它是一个事件监听器,监听的事件是 DataSourceSchemaCreatedEvent,该事件的触发条件是执行 schema-*.sql 文件或 Hibernate 初始化数据库。DataSourceInitializerInvoker 除了实现了事件监听器接口以外还实现了 InitializingBean,具体处理代码如下:

```
public void afterPropertiesSet() {
    // 获取数据源实例化程序
    DataSourceInitializer initializer = getDataSourceInitializer();
    // 数据源实例化程序不为空的情况下进行初始化
    if (initializer != null) {
        // 创建 schema
        boolean schemaCreated = this.dataSourceInitializer.createSchema();
        if (schemaCreated) {
            // 实例化
            initialize(initializer);
        }
    }
}
```

在上述代码中主要的处理流程如下:
(1)获取数据源实例化程序;

(2)通过成员变量 dataSourceInitializer 创建 schema；

(3)在 schema 创建成功的情况下进行数据初始化。

在上述处理流程中第（1）步的操作细节就是获取成员变量，第（2）步和第（3）步的操作细节将展开描述，接下来是第（2）步的处理，在第（2）步中涉及的方法是 createSchema，具体处理代码如下：

```
boolean createSchema() {
    // 获取脚本资源对象
    List<Resource> scripts = getScripts("spring.datasource.schema",
this.properties.getSchema(), "schema");
    if (!scripts.isEmpty()) {
        if (!isEnabled()) {
            logger.debug("Initialization disabled (not running DDL scripts)");
            return false;
        }
        // 获取账号密码
        String username = this.properties.getSchemaUsername();
        String password = this.properties.getSchemaPassword();
        // 执行脚本
        runScripts(scripts, username, password);
    }
    return !scripts.isEmpty();
}
```

在这段代码中接下来会在资源目录下寻找 schema 开头，".sql" 结尾的文件，同时这些文件需要在 spring.datasource.schema 数据节点下配置，这些文件都会转换成 Resource，在得到对象后会进行 SQL 的执行。接下来对 initialize 方法进行分析，具体处理代码如下：

```
private void initialize(DataSourceInitializer initializer) {
    try {
        // 推送 DataSourceSchemaCreatedEvent 事件
        this.applicationContext.publishEvent(new DataSourceSchemaCreatedEvent(initializer.getDataSource()));
        // 处理 data 相关的 SQL 初始化
        if (!this.initialized) {
            this.dataSourceInitializer.initSchema();
            this.initialized = true;
        }
    } catch (IllegalStateException ex) {
        logger.warn(LogMessage.format("Could not send event to complete DataSource initialization (%s)", ex.getMessage()));
    }
}

void initSchema() {
    List<Resource> scripts = getScripts("spring.datasource.data", this.
properties.getData(), "data");
    if (!scripts.isEmpty()) {
        if (!isEnabled()) {
            logger.debug("Initialization disabled (not running data scripts)");
            return;
        }
        String username = this.properties.getDataUsername();
        String password = this.properties.getDataPassword();
        runScripts(scripts, username, password);
    }
}
```

在上述代码中会进行如下操作。

（1）推送 DataSourceSchemaCreatedEvent 事件。

（2）判断是否需要进行数据初始化，如果需要则进行 initSchema 方法调度，详细调度流程如下：

①在资源目录下寻找以 data 开头并且以 ".sql" 结尾的文件，同时这些文件需要在 spring.datasource.data 数据节点下配置，找到后会将其转换成 Resource 集合；

②执行 Resource 中的 SQL 语句。

在上述两个处理流程中提到了 DataSourceSchemaCreatedEvent 事件的推送，关于该事件的处理也是由 DataSourceInitializerInvoker 处理，具体处理代码如下：

```java
public void onApplicationEvent(DataSourceSchemaCreatedEvent event) {
    // NOTE the event can happen more than once and
    // the event datasource is not used here
    DataSourceInitializer initializer = getDataSourceInitializer();
    if (!this.initialized && initializer != null) {
        initializer.initSchema();
        this.initialized = true;
    }
}
```

在处理 DataSourceSchemaCreatedEvent 事件时具体操作是初始化 schema 相关数据信息。

至此关于 DataSourceAutoConfiguration 中出现的 DataSourceProperties、DataSourcePoolMetadataProvidersConfiguration 和 DataSourceInitializationConfiguration 都已经分析完成，接下来将进入 DataSourceAutoConfiguration 本身对其中的内容进行分析。下面对 EmbeddedDatabaseCondition 内部类进行说明，该类主要目标是用于确认嵌入式数据库类型，具体处理代码如下：

```java
static class EmbeddedDatabaseCondition extends SpringBootCondition {
    public ConditionOutcome getMatchOutcome(ConditionContext context,
AnnotatedTypeMetadata metadata) {
        ConditionMessage.Builder message =
ConditionMessage.forCondition("EmbeddedDataSource");
        if (hasDataSourceUrlProperty(context)) {
            return ConditionOutcome.noMatch(message.because(DATASOURCE_URL_
PROPERTY + " is set"));
        }
        if (anyMatches(context, metadata, this.pooledCondition)) {
            return ConditionOutcome.noMatch(message.foundExactly("supported
pooled data source"));
        }
        EmbeddedDatabaseType type =
EmbeddedDatabaseConnection.get(context.getClassLoader()).getType();
        if (type == null) {
          return ConditionOutcome.noMatch(message.didNotFind("embedded
database").atAll());
        }
        return ConditionOutcome.match(message.found("embedded
database").items(type));
    }
}
```

其次对 PooledDataSourceAvailableCondition 内部类进行说明，该类用于判断条件处理结果中是否存在 PooledDataSource 信息，处理代码如下：

```java
static class PooledDataSourceAvailableCondition extends SpringBootCondition {
```

```
        public ConditionOutcome getMatchOutcome(ConditionContext context,
    AnnotatedTypeMetadata metadata) {
            ConditionMessage.Builder message =
    ConditionMessage.forCondition("PooledDataSource");
            if (DataSourceBuilder.findType(context.getClassLoader()) != null) {
                return ConditionOutcome.match(message.foundExactly("supported
    DataSource"));
            }
            return ConditionOutcome.noMatch(message.didNotFind("supported
    DataSource").atAll());
        }

    }
```

在 DataSourceAutoConfiguration 中与 PooledDataSourceAvailableCondition 内部类配合的类是 PooledDataSourceCondition，PooledDataSourceCondition 主要用于集成 spring.datasource.type 属性和 PooledDataSourceAvailableCondition。再继续向外寻找 PooledDataSourceCondition 类的配合类，具体是 PooledDataSourceConfiguration，相关处理代码如下：

```
@Configuration(proxyBeanMethods = false)
@Conditional(PooledDataSourceCondition.class)
@ConditionalOnMissingBean({ DataSource.class, XADataSource.class })
@Import({ DataSourceConfiguration.Hikari.class, DataSourceConfiguration.Tomcat.class,
        DataSourceConfiguration.Dbcp2.class, DataSourceConfiguration.OracleUcp.class,
        DataSourceConfiguration.Generic.class, DataSourceJmxConfiguration.class})
protected static class PooledDataSourceConfiguration {}
```

在这段代码中会根据注解 Conditional 和注解 ConditionalOnMissingBean 中的检查结果来判断是否需要导入相关的数据源类。最后在 DataSourceAutoConfiguration 中还有 EmbeddedDatabaseConfiguration 没有进行说明，关于 EmbeddedDatabaseConfiguration 的详细代码如下：

```
@Configuration(proxyBeanMethods = false)
@Conditional(EmbeddedDatabaseCondition.class)
@ConditionalOnMissingBean({ DataSource.class, XADataSource.class })
@Import(EmbeddedDataSourceConfiguration.class)
protected static class EmbeddedDatabaseConfiguration {}
```

在这段代码中核心是 Import 引入的 EmbeddedDataSourceConfiguration，关于该对象的处理代码如下：

```
@Configuration(proxyBeanMethods = false)
@EnableConfigurationProperties(DataSourceProperties.class)
public class EmbeddedDataSourceConfiguration implements BeanClassLoaderAware {

    private ClassLoader classLoader;

    public void setBeanClassLoader(ClassLoader classLoader) {
        this.classLoader = classLoader;
    }

    @Bean(destroyMethod = "shutdown")
    public EmbeddedDatabase dataSource(DataSourceProperties properties) {
        return new
    EmbeddedDatabaseBuilder().setType(EmbeddedDatabaseConnection.get(this.
    classLoader).getType())
                .setName(properties.determineDatabaseName()).build();
    }
```

}

在 EmbeddedDataSourceConfiguration 中实现了 BeanClassLoaderAware 接口，同时在该类中还定义了一个嵌入式数据源接口的实现，主要作用是向 Spring 注入 Bean。

15.2 JdbcTemplateAutoConfiguration 和 DataSource-TransactionManagerAutoConfiguration 分析

本节将对 JdbcTemplateAutoConfiguration 进行分析，该对象的核心目标是引入 JdbcTemplateConfiguration 和 NamedParameterJdbcTemplateConfiguration，关于该对象的详细代码如下：

```
@Configuration(proxyBeanMethods = false)
@ConditionalOnClass({ DataSource.class, JdbcTemplate.class })
@ConditionalOnSingleCandidate(DataSource.class)
@AutoConfigureAfter(DataSourceAutoConfiguration.class)
@EnableConfigurationProperties(JdbcProperties.class)
@Import({ JdbcTemplateConfiguration.class,
NamedParameterJdbcTemplateConfiguration.class })
public class JdbcTemplateAutoConfiguration {}
```

在这个对象中需要对 AutoConfigureAfter 注解做简单了解，该注解的目的是在 DataSourceAutoConfiguration 被注入后再进行自动装配操作。接下来对 JdbcTemplateConfiguration 进行分析，该对象的核心目标是完成 JdbcTemplate 注册，具体处理代码如下：

```
@Configuration(proxyBeanMethods = false)
@ConditionalOnMissingBean(JdbcOperations.class)
class JdbcTemplateConfiguration {

    @Bean
    @Primary
    JdbcTemplate jdbcTemplate(DataSource dataSource, JdbcProperties properties){
        JdbcTemplate jdbcTemplate = new JdbcTemplate(dataSource);
        JdbcProperties.Template template = properties.getTemplate();
        jdbcTemplate.setFetchSize(template.getFetchSize());
        jdbcTemplate.setMaxRows(template.getMaxRows());
        if (template.getQueryTimeout() != null) {
            jdbcTemplate.setQueryTimeout((int) template.getQueryTimeout().
getSeconds());
        }
        return jdbcTemplate;
    }

}
```

在上述代码中接下来关注 ConditionalOnMissingBean 注解，该注解表示了在容器中没有 JdbcOperations 类型的 Bean 才会进行初始化操作，继续向内观察 jdbcTemplate 方法，该方法中使用了 Primary 注解用于表示它是主要的 JdbcTemplate，在多个 JdbcTemplate 的情况下会优先使用当前的对象，关于 JdbcTemplate 的创建过程就是通过 DataSource 和 JdbcTemplate 中的构造函数进行的。

接下来对 NamedParameterJdbcTemplateConfiguration 进行分析，该对象的核心目标是完成 NamedParameterJdbcTemplate 的 Bean 注册，具体注册代码如下：

```
@Configuration(proxyBeanMethods = false)
@ConditionalOnSingleCandidate(JdbcTemplate.class)
@ConditionalOnMissingBean(NamedParameterJdbcOperations.class)
class NamedParameterJdbcTemplateConfiguration {

    @Bean
    @Primary
    NamedParameterJdbcTemplate namedParameterJdbcTemplate(JdbcTemplate
jdbcTemplate) {
        return new NamedParameterJdbcTemplate(jdbcTemplate);
    }

}
```

在进行 NamedParameterJdbcTemplate 的 Bean 注册时需要满足以下两个条件：

（1）Spring 容器中存在 JdbcTemplate 实例；

（2）Spring 容器中不存在 NamedParameterJdbcOperations 实例。

最后对 DataSourceTransactionManagerAutoConfiguration 进行分析，该对象的核心目标是完成 DataSourceTransactionManager 的 Bean 注册，具体处理代码如下：

```
@Configuration(proxyBeanMethods = false)
@ConditionalOnClass({ JdbcTemplate.class, TransactionManager.class })
@AutoConfigureOrder(Ordered.LOWEST_PRECEDENCE)
@EnableConfigurationProperties(DataSourceProperties.class)
public class DataSourceTransactionManagerAutoConfiguration {

    @Configuration(proxyBeanMethods = false)
    @ConditionalOnSingleCandidate(DataSource.class)
    static class JdbcTransactionManagerConfiguration{

        @Bean
        @ConditionalOnMissingBean(TransactionManager.class)
        DataSourceTransactionManager transactionManager(Environment environment,
DataSource dataSource,
                ObjectProvider<TransactionManagerCustomizers> transaction
ManagerCustomizers) {
            DataSourceTransactionManager transactionManager =
createTransactionManager(environment, dataSource);
            transactionManagerCustomizers.ifAvailable((customizers) ->
customizers.customize(transactionManager));
            return transactionManager;
        }

        private DataSourceTransactionManager createTransactionManager(Environment
environment, DataSource dataSource){
            return environment.getProperty("spring.dao.exceptiontranslation.
enabled", Boolean.class, Boolean.TRUE)
                    ? new JdbcTransactionManager(dataSource) : new
        DataSourceTransactionManager(dataSource);
        }

    }

}
```

在进行 DataSourceTransactionManager 的注册时需要满足下面两个条件：

（1）存在 JdbcTemplate 类、TransactionManager 类；

（2）容器中不存在 TransactionManager 实例。

本章小结

本章对 DataSourceAutoConfiguration、JdbcTemplateAutoConfiguration 和 DataSourceTransactionManagerAutoConfiguration 进行了分析，在这三个对象的处理中核心目标都是完成相关对象的初始化并且交给 Spring 托管。在 DataSourceAutoConfiguration 中会完成 DataSource 的初始化，关于 DataSource 的初始化会转换成 DataSourcePoolMetadataProvider 对象的初始化。在 JdbcTemplateAutoConfiguration 中会完成 JdbcTemplate 的初始化。在 DataSourceTransactionManagerAutoConfiguration 中会完成事务管理（接口 TransactionManager，具体实现类是 DataSourceTransactionManager）的初始化。

第 16 章

Spring Boot Actuator 相关分析

本章将对 Spring Boot 中 Actuator 模块的相关内容进行分析。

16.1 Endpoints 介绍

本节将对 Endpoints 相关内容进行分析，在 Spring Boot Actuator 项目中关于 Endpoints 的常见信息如表 16-1 所示。

表 16-1 Endpoints 的常见信息

ID	Description
auditevents	为当前应用程序公开审计事件信息。需要一个 AuditEventRepository Bean
beans	展示应用程序中所有 Spring Bean 的完整列表
caches	暴露可用的缓存
conditions	显示在配置和自动配置类上评估的条件以及它们是否匹配的原因
configprops	显示所有 @ConfigurationProperties 的汇总列表
env	暴露 Spring 可配置环境的属性
flyway	显示已应用的任何 Flyway 数据库迁移。需要一个或多个 Flyway Bean
health	显示应用程序的健康信息
httptrace	显示 HTTP 跟踪信息（默认情况下，最后 100 个 HTTP 请求 - 响应交换）。需要一个 HttpTraceRepository Bean
info	显示任意应用程序信息
integrationgraph	显示 Spring 集成图，需要依赖于 spring-integration-core
loggers	显示并修改应用程序中日志记录器的配置
liquibase	显示已应用的任何 Liquibase 数据库迁移。需要一个或多个 Liquibase Bean
metrics	显示当前应用程序的"度量"信息
mappings	显示所有 @RequestMapping 路径的汇总列表

续表

ID	Description
quartz	显示 Quartz 调度器作业的信息
scheduledtasks	显示应用程序中的定时任务
sessions	允许从基于 Spring Session 的会话存储中检索和删除用户会话。需要使用 Spring Session 的基于 Servlet 的 Web 应用程序
shutdown	使应用程序能够优雅地关闭。默认情况下禁用
startup	显示 ApplicationStartup 收集的启动步骤数据。需要使用 BufferingApplicationStartup 配置 SpringApplication
threaddump	执行线程转储

引用自官网文档：https://docs.spring.io/spring-boot/docs/current/reference/html/actuator.html#actuator.endpoints。

接下来通过 Spring Boot 项目提供的冒烟测试工程来进行 endpoints 的测试请求，这里选择的 endpoints 是 health。在 Spring Boot 源码中找到 smoketest.actuator.SampleActuatorApplication 将其启动，启动后访问 http://localhost:8080 会跳转到 http://localhost:8080/login 路径，登录页显示如图 16-1 所示。

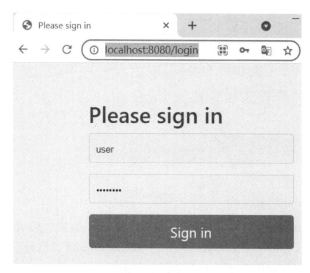

图 16-1　登录页

在登录页面中需要输入账号和密码，账号和密码的数据存储在 spring-boot-tests/spring-boot-smoke-tests/spring-boot-smoke-test-actuator/src/main/resources/application.properties 文件中，具体数据如下：

```
spring.security.user.name=user
spring.security.user.password=password
```

在登录界面中输入账号 user，输入密码 password，完成输入后单击 Sign in 按钮即可登录完成，首页信息内容如图 16-2 所示。

看到 message 内容后表示登录成功，接下来访问 http://localhost:8080/actuator 接口，actuator 接口信息如图 16-3 所示。

图 16-2 首页信息

图 16-3 actuator 接口信息

在 actuator 接口中可以看到所有 Spring Boot Actuator 中所提供的 endpoints 接口，这些接口均可以通过 http 请求访问。下面将访问其中的 /actuator/health 查看其相关信息，访问 http：//localhost：8080/actuator/health，health 接口信息如图 16-4 所示。

在前文对 endpoints 介绍时通过 http 请求访问了 http：//localhost：8080/actuator/health 接口，这是一个 http 请求，并且是嵌入在 Spring Boot 的 Web 应用中的，因此这个接口的处理一定会经过 Spring MVC 中关于 http 请求的处理，本节就以 /actuator/health 请求地址为例做整体请求处理的分析。在 Spring MVC 中如果需要处理一个请求都会通过 org.springframework.web.servlet.DispatcherServlet#doDispatch 方法来进行，在 doDispatch 方法中最关键的代码如下：

```
mv = ha.handle(processedRequest, response, mappedHandler.getHandler())
```

在上述代码中需要理解如下 4 个变量：

（1）变量 ha，类型是 HandlerAdapter，表示请求处理器；

（2）变量 processedRequest，类型是 HttpServletRequest，表示请求对象；

（3）变量 response，类型是 HttpServletResponse，表示响应对象；

（4）变量 mappedHandler，类型是 HandlerExecutionChain，表示请求处理链。

在上述 4 个变量中关键变量是第（4）个，mappedHandler 数据信息如图 16-5 所示。

```
{
    "status": "UP",
    "components": {
        "db": {
            "status": "UP",
            "details": {
                "database": "H2",
                "validationQuery": "isValid()"
            }
        },
        "diskSpace": {
            "status": "UP",
            "details": {
                "total": 411592290304,
                "free": 286343942144,
                "threshold": 10485760,
                "exists": true
            }
        },
        "example": {
            "status": "UP",
            "details": {
                "counter": 42
            }
        },
        "hello": {
            "status": "UP",
            "details": {
                "hello": "world"
            }
        },
        "ping": {
            "status": "UP"
        }
    },
    "groups": [
        "live",
        "ready"
    ]
}
```

图 16-4　health 接口信息

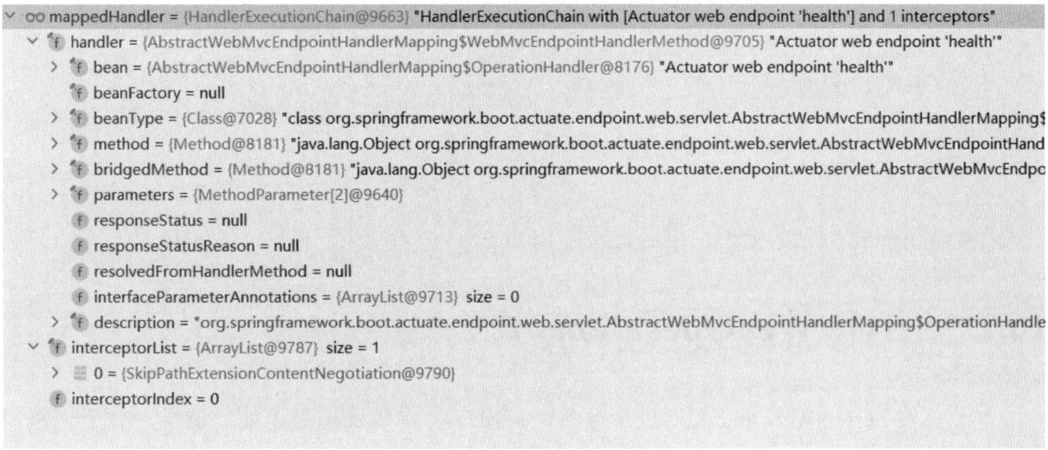

```
∞ mappedHandler = {HandlerExecutionChain@9663} "HandlerExecutionChain with [Actuator web endpoint 'health'] and 1 interceptors"
  handler = {AbstractWebMvcEndpointHandlerMapping$WebMvcEndpointHandlerMethod@9705} "Actuator web endpoint 'health'"
    bean = {AbstractWebMvcEndpointHandlerMapping$OperationHandler@8176} "Actuator web endpoint 'health'"
    beanFactory = null
    beanType = {Class@7028} "class org.springframework.boot.actuate.endpoint.web.servlet.AbstractWebMvcEndpointHandlerMapping$
    method = {Method@8181} "java.lang.Object org.springframework.boot.actuate.endpoint.web.servlet.AbstractWebMvcEndpointHand
    bridgedMethod = {Method@8181} "java.lang.Object org.springframework.boot.actuate.endpoint.web.servlet.AbstractWebMvcEndpo
    parameters = {MethodParameter[2]@9640}
    responseStatus = null
    responseStatusReason = null
    resolvedFromHandlerMethod = null
    interfaceParameterAnnotations = {ArrayList@9713} size = 0
    description = "org.springframework.boot.actuate.endpoint.web.servlet.AbstractWebMvcEndpointHandlerMapping$OperationHandle
  interceptorList = {ArrayList@9787} size = 1
    0 = {SkipPathExtensionContentNegotiation@9790}
  interceptorIndex = 0
```

图 16-5　mappedHandler 数据信息

明确了关键变量后接下来需要进一步追踪源码，找到核心的处理方法，通过调试可以找到的调用链路如图 16-6 所示。

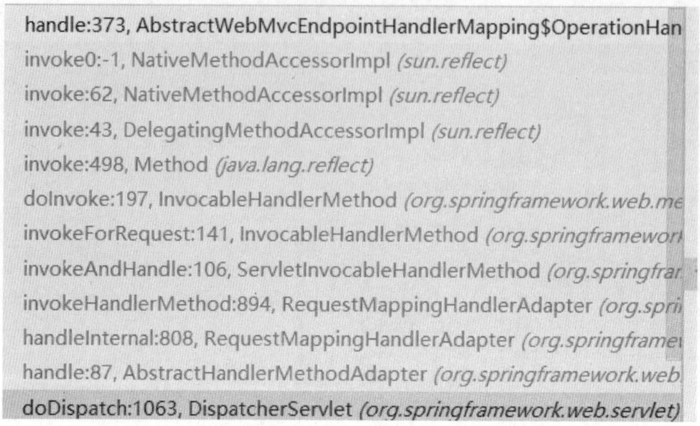

```
handle:373, AbstractWebMvcEndpointHandlerMapping$OperationHan
invoke0:-1, NativeMethodAccessorImpl (sun.reflect)
invoke:62, NativeMethodAccessorImpl (sun.reflect)
invoke:43, DelegatingMethodAccessorImpl (sun.reflect)
invoke:498, Method (java.lang.reflect)
doInvoke:197, InvocableHandlerMethod (org.springframework.web.me
invokeForRequest:141, InvocableHandlerMethod (org.springframework
invokeAndHandle:106, ServletInvocableHandlerMethod (org.springfran
invokeHandlerMethod:894, RequestMappingHandlerAdapter (org.spri
handleInternal:808, RequestMappingHandlerAdapter (org.springframe
handle:87, AbstractHandlerMethodAdapter (org.springframework.web
doDispatch:1063, DispatcherServlet (org.springframework.web.servlet)
```

图 16-6　调用链路

通过调试可以确认核心处理方法是 org.springframework.boot.actuate.endpoint.web.servlet.AbstractWebMvcEndpointHandlerMapping.OperationHandler，具体处理代码如下：

```
@ResponseBody
Object handle(HttpServletRequest request, @RequestBody(required = false) 
Map<String, String> body) {
    return this.operation.handle(request, body);
}
```

在这段代码中通过成员变量 operation（类型 ServletWebOperation）得到处理结果，handle 方法处理结果如图 16-7 所示。

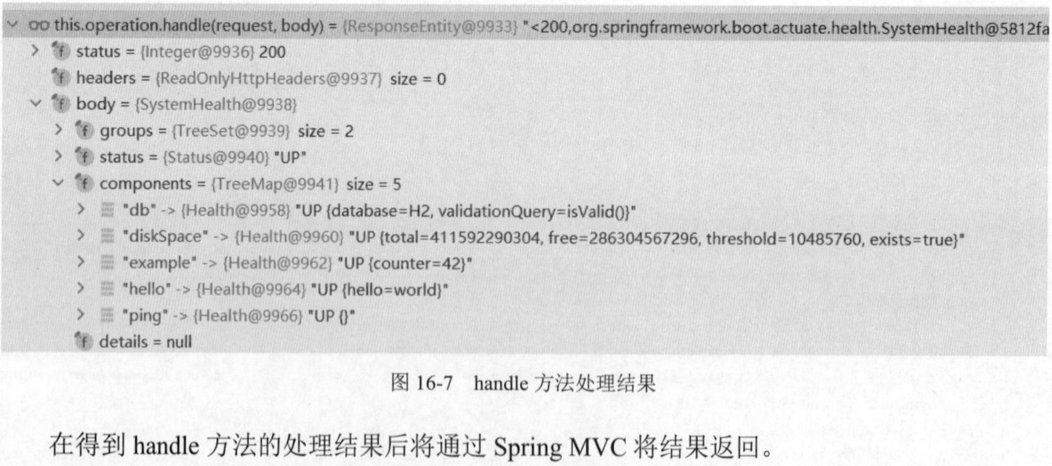

```
∞ this.operation.handle(request, body) = {ResponseEntity@9933} "<200,org.springframework.boot.actuate.health.SystemHealth@5812fa
    status = {Integer@9936} 200
    headers = {ReadOnlyHttpHeaders@9937} size = 0
    body = {SystemHealth@9938}
        groups = {TreeSet@9939} size = 2
        status = {Status@9940} "UP"
        components = {TreeMap@9941} size = 5
            "db" -> {Health@9958} "UP {database=H2, validationQuery=isValid()}"
            "diskSpace" -> {Health@9960} "UP {total=411592290304, free=286304567296, threshold=10485760, exists=true}"
            "example" -> {Health@9962} "UP {counter=42}"
            "hello" -> {Health@9964} "UP {hello=world}"
            "ping" -> {Health@9966} "UP {}"
        details = null
```

图 16-7　handle 方法处理结果

在得到 handle 方法的处理结果后将通过 Spring MVC 将结果返回。

16.2　ServletWebOperation 分析

本节将对 ServletWebOperation 进行分析，该接口的主要目标用于处理请求，关于该接口的基础定义代码如下：

```
@FunctionalInterface
protected interface ServletWebOperation {
    Object handle(HttpServletRequest request, Map<String, String> body);
}
```

在了解了 ServletWebOperation 的定义以及作用后,下面查看在 Spring Boot 中该接口的实现,在 Spring Boot 中它拥有两个实现类,分别是 ServletWebOperationAdapter 和 SecureServletWebOperation。

16.2.1　ServletWebOperationAdapter 分析

本节将对 ServletWebOperationAdapter 进行分析,在该对象中存在两个成员变量,分别是:
(1) 成员变量 PATH_SEPARATOR,表示路径分隔符,默认分隔符是 "/";
(2) 成员变量 operation,表示 Web endpoints 操作接口。
在对成员变量有了解后下面将进入核心方法 handle 的分析中,具体处理代码如下:

```
public Object handle(HttpServletRequest request, @RequestBody(required = false)
Map<String, String> body) {
    // 获取请求头
    HttpHeaders headers = new ServletServerHttpRequest(request).getHeaders();
    // 获取请求参数
    Map<String, Object> arguments = getArguments(request, body);
    try {
        // 获取 api 版本
        ApiVersion apiVersion = ApiVersion.fromHttpHeaders(headers);
        // 创建安全上下文
        ServletSecurityContext securityContext = new ServletSecurityContext(request);
        // 创建调用上下文
        InvocationContext invocationContext = new InvocationContext(apiVersion,
securityContext, arguments);
        // 处理结果
        return handleResult(this.operation.invoke(invocationContext),
HttpMethod.resolve(request.getMethod()));
    } catch (InvalidEndpointRequestException ex) {
        throw new InvalidEndpointBadRequestException(ex);
    }
}
```

在这段代码中核心的处理流程如下:
(1) 获取请求头;
(2) 获取请求参数;
(3) 获取 api 版本;
(4) 创建安全上下文;
(5) 创建调用上下文;
(6) 进行实际处理,将处理结果返回。
接下来将对上述处理流程中所涉及的对象进行说明,api 版本对象 ApiVersion,是一个枚举,用于表示 V2 和 V3 两个版本。关于安全上下文对象 ServletSecurityContext 的详细代码如下:

```
private static final class ServletSecurityContext implements SecurityContext {

    private final HttpServletRequest request;
```

```
        private ServletSecurityContext(HttpServletRequest request) {
            this.request = request;
        }

        public Principal getPrincipal() {
        return this.request.getUserPrincipal();
        }

        public boolean isUserInRole(String role) {
        return this.request.isUserInRole(role);
        }
}
```

在 ServletSecurityContext 中提供了一个成员变量 request，该成员变量用于存储请求信息，此外提供了两个方法：

（1）方法 getPrincipal 用于从请求中获取身份信息；

（2）方法 isUserInRole 用于判断是否拥有权限。

最后对调用上下文对象 InvocationContext 进行分析，在该对象中拥有以下三个成员变量：

（1）成员变量 securityContext 表示安全上下文；

（2）成员变量 arguments 表示参数集合；

（3）成员变量 apiVersion 表示 api 版本。

16.2.2 SecureServletWebOperation 分析

本节将对 SecureServletWebOperation 进行分析，在该对象中存在三个成员变量，分别是：

（1）成员变量 delegate 表示 ServletWebOperation；

（2）成员变量 securityInterceptor 表示 Cloud Foundry 安全拦截器；

（3）成员变量 endpointId 表示端点 id。

SecureServletWebOperation 是 ServletWebOperation 的实现类，关于 handle 的实现代码如下：

```
public Object handle(HttpServletRequest request, Map<String, String> body) {
    // 通过安全拦截器获取处理结果
    SecurityResponse securityResponse = this.securityInterceptor.
preHandle(request, this.endpointId);
    // 处理结果不是 OK 的情况下返回消息
    if (!securityResponse.getStatus().equals(HttpStatus.OK)) {
        return new ResponseEntity<Object>(securityResponse.getMessage(),
securityResponse.getStatus());
    }
    // 进行端点相关处理
    return this.delegate.handle(request, body);
}
```

在上述代码中核心的处理流程为：通过安全拦截器获取处理结果，如果处理结果不是 OK 的情况下将直接返回，如果处理结果是 OK 将进行端点的实际处理。

16.3　Operation 相关分析

本节将对 Operation 相关内容进行分析，在 Operation 中定义了以下两个方法：
（1）方法 getType 用于获取端点操作类型；
（2）方法 invoke 用于根据给定的执行上下文进行实际处理。
关于 Operation 的基础定义代码如下：

```
public interface Operation {

    OperationType getType();

    Object invoke(InvocationContext context);
}
```

在 Spring Boot 中关于 Operation 存在多个实现类，Operation 类图如图 16-8 所示。

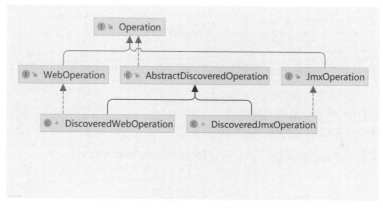

图 16-8　Operation 类图

在图 16-8 中可以发现 Operation 还有两个子接口，分别是 WebOperation 和 JmxOperation，下面对 WebOperation 进行说明。在 WebOperation 中定义了以下三个方法：
（1）方法 getId 用于获取端点 id；
（2）方法 isBlocking 用于判断是否是阻塞的处理；
（3）方法 getRequestPredicate 用于获取 WebOperationRequestPredicate。
接下来对 JmxOperation 进行说明，在 JmxOperation 中定义了以下 4 个方法：
（1）方法 getName 用于获取操作名称；
（2）方法 getOutputType 用于输出类型；
（3）方法 getDescription 用于获取描述信息；
（4）方法 getParameters 用于获取操作参数。
接下来对 AbstractDiscoveredOperation 进行说明，在 AbstractDiscoveredOperation 中存在以下两个成员变量：
（1）成员变量 operationMethod 表示操作方法；
（2）成员变量 invoker 表示执行操作的接口。
在这个 AbstractDiscoveredOperation 中关键的成员变量是 invoker，它负责进行核心处理。
接下来对 DiscoveredJmxOperation 进行说明，在 DiscoveredJmxOperation 中存在以下 5 个

成员变量：

（1）成员变量 jmxAttributeSource 表示 jmx 属性源；

（2）成员变量 name 表示 DiscoveredOperationMethod 名称；

（3）成员变量 outputType 表示输出类型；

（4）成员变量 description 表示描述信息；

（5）成员变量 parameters 表示操作参数。

DiscoveredJmxOperation 的成员变量数据设置需要依赖于 DiscoveredOperationMethod，具体设置代码如下：

```
DiscoveredJmxOperation(EndpointId endpointId, DiscoveredOperationMethod
operationMethod, OperationInvoker invoker) {
    super(operationMethod, invoker);
    Method method = operationMethod.getMethod();
    this.name = method.getName();
    this.outputType = JmxType.get(method.getReturnType());
    this.description = getDescription(method, () -> "Invoke " + this.name + "
for endpoint " + endpointId);
    this.parameters = getParameters(operationMethod);
}
```

最后对 DiscoveredWebOperation 进行说明，在 DiscoveredWebOperation 中存在以下三个成员变量：

（1）成员变量 id 表示端点的 ID；

（2）成员变量 blocking 表示是否是阻塞的处理；

（3）成员变量 requestPredicate 表示 WebOperationRequestPredicate。

16.4　OperationInvoker 相关分析

本节将对 OperationInvoker 相关内容进行分析，接下来需要对 OperationInvoker 有个基础认识，关于 OperationInvoker 的定义代码如下：

```
@FunctionalInterface
public interface OperationInvoker {
    Object invoke(InvocationContext context) throws MissingParametersException;
}
```

在 OperationInvoker 中定义了一个方法——invoke 方法用于执行。在 Spring Boot 中该接口存在两个实现类，分别是 ReflectiveOperationInvoker 和 CachingOperationInvoker。下面对 ReflectiveOperationInvoker 进行说明，在该对象中存在以下三个成员变量：

（1）成员变量 target 表示操作目标对象；

（2）成员变量 operationMethod 表示操作方法；

（3）成员变量 parameterValueMapper 表示参数列表。

在上述三个成员变量中，第（1）个成员变量和第（2）个成员变量互相形成依赖关系，operationMethod 负责提供方法对象，target 负责提供操作对象。这部分依赖关系的处理代码是 invoke 方法，详细处理代码如下：

```
public Object invoke(InvocationContext context) {
```

```
        // 参数验证
        validateRequiredParameters(context);
        // 提取执行方法
        Method method = this.operationMethod.getMethod();
        // 解析参数
        Object[] resolvedArguments = resolveArguments(context);
        ReflectionUtils.makeAccessible(method);
        // 执行方法
        return ReflectionUtils.invokeMethod(method, this.target, resolvedArguments);
    }
```

在 invoke 方法中主要的处理流程如下：

（1）对执行上下文中的参数进行验证；

（2）从成员变量 operationMethod 中提取方法；

（3）从执行上下文中提取参数列表；

（4）将第（2）步中得到的方法和第（3）步中得到的参数配合成员变量 target 通过反射执行。

最后对 CachingOperationInvoker 类进行分析，在该对象中存在 4 个成员变量：

（1）成员变量 IS_REACTOR_PRESENT 表示响应式是否存在；

（2）成员变量 invoker 表示操作执行器；

（3）成员变量 timeToLive 表示存活时间；

（4）成员变量 cachedResponses 表示缓存数据。

在 CachingOperationInvoker 中关于 OperationInvoker 的实现代码如下：

```
public Object invoke(InvocationContext context) {
    if (hasInput(context)) {
        return this.invoker.invoke(context);
    }
    long accessTime = System.currentTimeMillis();
    ApiVersion contextApiVersion = context.getApiVersion();
    CacheKey cacheKey = new CacheKey(contextApiVersion,
context.getSecurityContext().getPrincipal());
    CachedResponse cached = this.cachedResponses.get(cacheKey);
    if (cached == null || cached.isStale(accessTime, this.timeToLive)) {
        Object response = this.invoker.invoke(context);
        cached = createCachedResponse(response, accessTime);
        this.cachedResponses.put(cacheKey, cached);
    }
    return cached.getResponse();
}
```

在上述代码中，主要是关于缓存相关的处理，判断是否需要导入（或者理解为是否需要缓存），判断策略是请求中有 body 数据或 parameter 数据或配置了安全相关的准则，如果不需要则直接进行成员变量 invoker 的处理。如果需要则会进行如下操作。

（1）获取当前时间；

（2）获取 api 版本；

（3）通过 api 版本和上下文中的用户信息创建缓存键；

（4）尝试从缓存中根据第（3）步中所得的缓存键获取数据，如果获取成功将直接返回。如果获取失败并且时间是过去的会通过成员变量 invoker 来得到最新的处理结果并将其组装成缓存的值对象放入缓存。

16.5 ExposableEndpoint 相关分析

本节将对 ExposableEndpoint 相关内容进行分析，该接口的主要目标是描述以某种技术方式公开端点的信息，关于 ExposableEndpoint 的定义代码如下：

```
public interface ExposableEndpoint<O extends Operation> {

    EndpointId getEndpointId();

    boolean isEnableByDefault();

    Collection<O> getOperations();

}
```

在 ExposableEndpoint 中定义了以下三个方法：
（1）方法 getEndpointId 用于获取端点 ID；
（2）方法 isEnableByDefault 用于判断是否默认启用端点；
（3）方法 getOperations 用于获取端点的操作集合。

在 Spring Boot 中关于 ExposableEndpoint 存在多个子接口以及实现类，ExposableEndpoint 类图如图 16-9 所示。

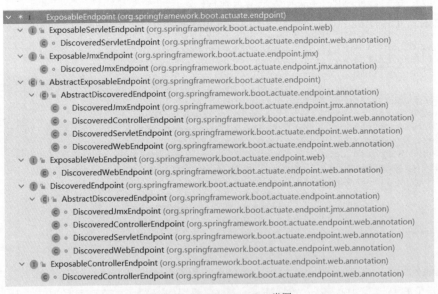

图 16-9 ExposableEndpoint 类图

16.5.1 ExposableServletEndpoint 分析

接下来对 ExposableServletEndpoint 进行说明，ExposableServletEndpoint 用于描述可以通过注册 servlet 公开端点的信息，关于 ExposableServletEndpoint 的定义代码如下：

```
public interface ExposableServletEndpoint extends ExposableEndpoint<Operation>,
PathMappedEndpoint {
```

```
    /**
     * 返回应注册的 servlet 的详细信息
     */
    EndpointServlet getEndpointServlet();

}
```

在 ExposableServletEndpoint 中定义了一个方法 getEndpointServlet，该方法用于获取 EndpointServlet，EndpointServlet 可以理解为一个实体对象，在该对象中并无复杂操作，在 EndpointServlet 中存在以下三个成员变量：

（1）成员变量 servlet 表示 Servlet；

（2）成员变量 initParameters 表示初始化参数；

（3）成员变量 loadOnStartup 表示启动加载顺序标记。

接下来对 ExposableServletEndpoint 的实现类 DiscoveredServletEndpoint 进行说明，详细代码如下：

```
class DiscoveredServletEndpoint extends AbstractDiscoveredEndpoint<Operation>
        implements ExposableServletEndpoint {

    /**
     * 根路径
     */
    private final String rootPath;

    /**
     * 端点 Servlet
     */
    private final EndpointServlet endpointServlet;

        DiscoveredServletEndpoint(EndpointDiscoverer<?, ?> discoverer, Object endpointBean, EndpointId id, String rootPath,
                boolean enabledByDefault) {
            super(discoverer, endpointBean, id, enabledByDefault, Collections.emptyList());
            // 获取端点 Bean 的类型
            String beanType = endpointBean.getClass().getName();
            Assert.state(endpointBean instanceof Supplier,
                    () -> "ServletEndpoint bean " + beanType + " must be a supplier");
            // 获取端点实例
            Object supplied = ((Supplier<?>) endpointBean).get();
            Assert.state(supplied != null, () -> "ServletEndpoint bean " + beanType + " must not supply null");
            Assert.state(supplied instanceof EndpointServlet,
                    () -> "ServletEndpoint bean " + beanType + " must supply an EndpointServlet");
            // 设置成员变量
            this.endpointServlet = (EndpointServlet) supplied;
            this.rootPath = rootPath;
    }

        public String getRootPath(){
        return this.rootPath;
    }

        public EndpointServlet getEndpointServlet(){
        return this.endpointServlet;
```

```
        }
    }
```

在 DiscoveredServletEndpoint 中存在的两个成员变量分别是：

（1）成员变量 rootPath 表示根路径；

（2）成员变量 endpointServlet 表示端点 Servlet。

在 DiscoveredServletEndpoint 中关于成员变量的设置都是直接通过构造函数完成的，并没有额外的处理。在 DiscoveredServletEndpoint 中还间接实现了 PathMappedEndpoint，该接口主要用于获取根路径（端点路径），在实现方法 getRootPath 中直接将成员变量 rootPath 作为返回值。

16.5.2 ExposableJmxEndpoint 和 ExposableWebEndpoint 分析

本节将对 ExposableJmxEndpoint 和 ExposableWebEndpoint 进行分析，这两个接口以及它们的实现类处理流程都大致相似，具体代码如下：

```
public interface ExposableJmxEndpoint extends ExposableEndpoint<JmxOperation> {}
public interface ExposableWebEndpoint extends ExposableEndpoint<WebOperation>,
PathMappedEndpoint {}
```

从接口定义上可以发现它们都继承了 ExposableEndpoint，ExposableWebEndpoint 相比 ExposableJmxEndpoint 会多继承 PathMappedEndpoint，原因是 ExposableWebEndpoint 是需要基于 Web 来完成处理的，前者不需要。接下来对实现类进行说明，首先是 ExposableJmxEndpoint 的实现类 DiscoveredJmxEndpoint，具体处理代码如下：

```
class DiscoveredJmxEndpoint extends AbstractDiscoveredEndpoint<JmxOperation>
implements ExposableJmxEndpoint {

    DiscoveredJmxEndpoint(EndpointDiscoverer<?, ?> discoverer, Object
endpointBean, EndpointId id,
            boolean enabledByDefault, Collection<JmxOperation> operations) {
        super(discoverer, endpointBean, id, enabledByDefault, operations);
    }

}
```

在 DiscoveredJmxEndpoint 中的处理是自定义了构造函数，并没有其他处理。接下来对 DiscoveredWebEndpoint 进行说明，详细代码如下：

```
class DiscoveredWebEndpoint extends AbstractDiscoveredEndpoint<WebOperation>
implements ExposableWebEndpoint {

    private final String rootPath;

    DiscoveredWebEndpoint(EndpointDiscoverer<?, ?> discoverer, Object
endpointBean, EndpointId id, String rootPath,
            boolean enabledByDefault, Collection<WebOperation> operations) {
        super(discoverer, endpointBean, id, enabledByDefault, operations);
        this.rootPath = rootPath;
    }

        public String getRootPath(){
        return this.rootPath;
```

		}
	}

在 DiscoveredWebEndpoint 中存在成员变量 rootPath 用于存储根路径，该成员变量会成为 getRootPath 方法的返回值。

16.5.3　AbstractExposableEndpoint 分析

本节将对 AbstractExposableEndpoint 进行分析，该对象是 AbstractDiscoveredEndpoint、DiscoveredJmxEndpoint、DiscoveredControllerEndpoint、DiscoveredServletEndpoint 和 DiscoveredWebEndpoint 的直接父类或间接父类，在该对象中核心是实现了 ExposableEndpoint 的处理，处理策略是将成员变量作为返回值进行返回，关于 AbstractExposableEndpoint 的详细代码如下：

```java
public abstract class AbstractExposableEndpoint<O extends Operation> implements
ExposableEndpoint<O> {
    /**
     * 端点 ID
     */
    private final EndpointId id;
    /**
     * 是否默认启用
     */
    private boolean enabledByDefault;
    /**
     * 端点操作集合
     */
    private List<O> operations;

    public AbstractExposableEndpoint(EndpointId id, boolean enabledByDefault,
Collection<? extends O> operations) {
        Assert.notNull(id, "ID must not be null");
        Assert.notNull(operations, "Operations must not be null");
        this.id = id;
        this.enabledByDefault = enabledByDefault;
        this.operations = Collections.unmodifiableList(new ArrayList<>(operations));
    }

    public EndpointId getEndpointId(){
        return this.id;
    }

    public boolean isEnableByDefault(){
        return this.enabledByDefault;
    }

    public Collection<O> getOperations(){
        return this.operations;
    }
}
```

在 AbstractExposableEndpoint 中存在以下 3 个成员变量：

（1）成员变量 id 表示端点 ID；

（2）成员变量 enabledByDefault 表示是否默认启用；

（3）成员变量 operations 表示端点操作集合。

16.5.4　DiscoveredEndpoint 和 ExposableControllerEndpoint 分析

本节将对 DiscoveredEndpoint 和 ExposableControllerEndpoint 进行分析，首先对 Discovered-Endpoint 做分析，该接口的主要目标是寻找端点 Bean 对象，详细代码如下：

```
public interface DiscoveredEndpoint<O extends Operation> extends
ExposableEndpoint<O> {

    boolean wasDiscoveredBy(Class<? extends EndpointDiscoverer<?, ?>> discoverer);

    Object getEndpointBean();

}
```

在 DiscoveredEndpoint 中定义了以下两个方法：

（1）方法 wasDiscoveredBy 用于判断传入的端点发现器类型是否是指定端点发现器的同类；

（2）方法 getEndpointBean 用于获取端点对象。

接下来对 AbstractDiscoveredEndpoint 进行分析，该对象是 DiscoveredEndpoint 的直接实现类，在该对象中存在两个成员变量：

（1）成员变量 discoverer 表示端点发现器；

（2）成员变量 endpointBean 表示端点 Bean 实例对象。

关于 DiscoveredEndpoint 的实现代码十分简单，具体处理代码如下：

```
public Object getEndpointBean() {
    return this.endpointBean;
}

public boolean wasDiscoveredBy(Class<? extends EndpointDiscoverer<?, ?>>
discoverer) {
    return discoverer.isInstance(this.discoverer);
}
```

接下来对 ExposableControllerEndpoint 进行分析，该接口的核心目标是寻找带有 RequestMapping 注解的对象，完整定义代码如下：

```
public interface ExposableControllerEndpoint extends ExposableEndpoint<Operation>,
PathMappedEndpoint {
    Object getController();
}
```

在 Spring Boot 中 ExposableControllerEndpoint 的实现类是 DiscoveredControllerEndpoint，详细代码如下：

```
class DiscoveredControllerEndpoint extends AbstractDiscoveredEndpoint<Operation>
        implements ExposableControllerEndpoint {

    private final String rootPath;

    DiscoveredControllerEndpoint(EndpointDiscoverer<?, ?> discoverer, Object
endpointBean, EndpointId id,
            String rootPath, boolean enabledByDefault) {
```

```
        super(discoverer, endpointBean, id, enabledByDefault, Collections.
emptyList());
        this.rootPath = rootPath;
    }

    public Object getController() {
    return getEndpointBean();
    }

    public String getRootPath() {
    return this.rootPath;
    }

}
```

16.6 EndpointsSupplier 相关分析

本节将对 DiscoveredEndpoint 和 ExposableControllerEndpoint 进行分析，该接口的主要目标是寻找端点 Bean 对象，详细代码如下：

```
public interface DiscoveredEndpoint<O extends Operation> extends
ExposableEndpoint<O> {

    boolean wasDiscoveredBy(Class<? extends EndpointDiscoverer<?, ?>> discoverer);

    Object getEndpointBean();

}
```

在 DiscoveredEndpoint 中定义了以下两个方法：

（1）方法 wasDiscoveredBy 用于判断传入的端点发现器类型是否是指定端点发现器的同类；

（2）方法 getEndpointBean 用于获取端点对象。

接下来对 AbstractDiscoveredEndpoint 进行分析，该对象是 DiscoveredEndpoint 的直接实现类，在该对象中存在两个成员变量：

（1）成员变量 discoverer 表示端点发现器；

（2）成员变量 endpointBean 表示端点 Bean 实例对象。

关于 DiscoveredEndpoint 的实现代码十分简单，具体处理代码如下：

```
public Object getEndpointBean() {
    return this.endpointBean;
}

public boolean wasDiscoveredBy(Class<? extends EndpointDiscoverer<?, ?>>
discoverer) {
    return discoverer.isInstance(this.discoverer);
}
```

接下来对 ExposableControllerEndpoint 进行分析，该接口的核心目标是寻找带有 RequestMapping 注解的对象，完整定义代码如下：

```
public interface ExposableControllerEndpoint extends ExposableEndpoint<Operation>,
PathMappedEndpoint {
```

```
    Object getController();
}
```

在 Spring Boot 中 ExposableControllerEndpoint 的实现类是 DiscoveredControllerEndpoint，详细代码如下：

```
class DiscoveredControllerEndpoint extends AbstractDiscoveredEndpoint<Operation>
    implements ExposableControllerEndpoint {

  private final String rootPath;

  DiscoveredControllerEndpoint(EndpointDiscoverer<?, ?> discoverer, Object endpointBean, EndpointId id, String rootPath, boolean enabledByDefault) {
        super(discoverer, endpointBean, id, enabledByDefault, Collections.emptyList());
     this.rootPath = rootPath;
  }

    public Object getController() {
    return getEndpointBean();
  }

    public String getRootPath() {
    return this.rootPath;
  }

}
```

在 Spring Boot 中关于 EndpointsSupplier 类图如图 16-10 所示。

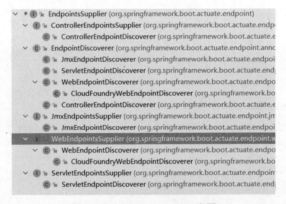

图 16-10　EndpointsSupplier 类图

在图 16-10 中可以发现 EndpointDiscoverer 是一个顶层类，在 EndpointDiscoverer 下有多个实现，这些实现又和 EndpointsSupplier 的子接口相关联。

16.6.1　EndpointDiscoverer 分析

下面对 EndpointDiscoverer 进行说明，详细代码如下：

```
public abstract class EndpointDiscoverer<E extends ExposableEndpoint<O>, O extends Operation> implements EndpointsSupplier<E>{
    /**
     * 应用上下文
```

```
     */
    private final ApplicationContext applicationContext;
    /**
     * 端点过滤器集合
     */
    private final Collection<EndpointFilter<E>> filters;
    /**
     * 操作器工厂
     */
    private final DiscoveredOperationsFactory<O> operationsFactory;
    /**
     * 端点 Bean 和 ExposableEndpoint 的映射关系
     */
    private final Map<EndpointBean, E> filterEndpoints = new ConcurrentHashMap<>();
    /**
     * ExposableEndpoint 集合
     */
    private volatile Collection<E> endpoints;
}
```

在该对象的基础定义中出现了两个泛型标记，分别是 E 和 O，E 代表 ExposableEndpoint 相关内容，O 代表 Operation 相关内容。接下来对 ExposableEndpoint 成员变量进行说明，详细内容见表 16-2。

表 16-2　ExposableEndpoint 成员变量

变量名称	变量类型	变量说明
applicationContext	ApplicationContext	应用上下文
filters	Collection<EndpointFilter<E>>	端点过滤器集合
operationsFactory	DiscoveredOperationsFactory<O>	操作器工厂
filterEndpoints	Map<EndpointBean，E>	端点 Bean 和 ExposableEndpoint 的映射关系
endpoints	Collection<E>	ExposableEndpoint 集合

在上述成员变量中需要对 DiscoveredOperationsFactory 进行说明，该对象主要用于获取 Operation 的实现类。接下来查看 EndpointDiscoverer 的构造函数，具体处理代码如下：

```
public EndpointDiscoverer(ApplicationContext applicationContext,
ParameterValueMapper parameterValueMapper,
                  Collection<OperationInvokerAdvisor> invokerAdvisors,
  Collection<EndpointFilter<E>> filters) {
     Assert.notNull(applicationContext, "ApplicationContext must not be null");
     Assert.notNull(parameterValueMapper, "ParameterValueMapper must not be null");
     Assert.notNull(invokerAdvisors, "InvokerAdvisors must not be null");
     Assert.notNull(filters, "Filters must not be null");
     this.applicationContext = applicationContext;
     this.filters = Collections.unmodifiableCollection(filters);
     this.operationsFactory = getOperationsFactory(parameterValueMapper,
  invokerAdvisors);
}
```

在这个构造函数中大部分都是关于成员变量的设置，其中最关键的是关于成员变量 operationsFactory 的初始化，在初始化时使用了 getOperationsFactory 方法，具体代码如下：

```
private DiscoveredOperationsFactory<O> getOperationsFactory(ParameterValueMapper
parameterValueMapper, Collection<OperationInvokerAdvisor> invokerAdvisors) {
     return new DiscoveredOperationsFactory<O>(parameterValueMapper,
```

```
invokerAdvisors) {
                protected O createOperation(EndpointId endpointId,
    DiscoveredOperationMethod operationMethod, OperationInvoker invoker) {
                    return EndpointDiscoverer.this.createOperation(endpointId,
operationMethod, invoker);
            }

        };
    }
    protected abstract O createOperation(EndpointId endpointId, DiscoveredOperation
Method operationMethod,OperationInvoker invoker);
```

在 getOperationsFactory 方法中通过 new 关键字创建了 DiscoveredOperationsFactory，并且对 createOperation 方法进行了重写，在重写时使用了内部的一个抽象方法作为方法返回值，核心目标是创建 Operation 的实现类。

接下来对 getEndpoints 方法进行分析，该方法用于获取 ExposableEndpoint 集合，具体处理代码如下：

```
public final Collection<E> getEndpoints() {
    if (this.endpoints == null) {
        this.endpoints = discoverEndpoints();
    }
    return this.endpoints;
}
private Collection<E> discoverEndpoints() {
    // 创建 EndpointBean 集合
    Collection<EndpointBean> endpointBeans = createEndpointBeans();
    // 添加 ExtensionBean
    addExtensionBeans(endpointBeans);
    // 转换 ExposableEndpoint
    return convertToEndpoints(endpointBeans);
}
```

在 getEndpoints 方法中会将成员变量 endpoints 作为返回结果，如果成员变量 endpoints 为空会通过 discoverEndpoints 方法创建返回结果。在 discoverEndpoints 方法中处理流程分为 3 个方法：

（1）方法 createEndpointBeans 用于创建 EndpointBean 集合；

（2）方法 addExtensionBeans 用于添加 ExtensionBean；

（3）方法 convertToEndpoints 用于转换 ExposableEndpoint。

下面对 createEndpointBeans 方法的处理流程进行分析，下面是详细处理代码：

```
private Collection<EndpointBean> createEndpointBeans() {
    // 存储容器
    Map<EndpointId, EndpointBean> byId = new LinkedHashMap<>();
    // 从 Spring 容器中找到带有 Endpoint 注解的 Bean 名称集合
    String[] beanNames =
BeanFactoryUtils.beanNamesForAnnotationIncludingAncestors(this.
applicationContext, Endpoint.class);
    // 遍历 endpoint 端点 Bean 名称集合
    for (String beanName : beanNames) {
        // Bean 名称中不以 scopedTarget. 开头进行处理
        if (!ScopedProxyUtils.isScopedTarget(beanName)) {
            // 创建 EndpointBean
            EndpointBean endpointBean = createEndpointBean(beanName);
```

```
        // 置入缓存容器中
            EndpointBean previous = byId.putIfAbsent(endpointBean.getId(),
endpointBean);
            Assert.state(previous == null, () -> "Found two endpoints with the
id '" + endpointBean.getId() + "': '"
                    + endpointBean.getBeanName() + "' and '" +
previous.getBeanName() + "'");
        }
    }
    return byId.values();
}
```

在上述代码中主要的处理流程如下：

（1）创建存储容器，用于存储 EndpointId 和 EndpointBean 之间的关系。

（2）从 Spring 容器中找到带有 Endpoint 注解的 Bean 名称集合。

（3）遍历 Bean 名称集合，对单个 Bean 名称做如下处理：

①判断 Bean 名称是否是以 "scopedTarget." 开头，如果是则不做处理；

②通过 Bean 名称创建 EndpointBean；

③将 EndpointBean 放入存储容器中。

下面对创建 EndpointBean 的 createEndpointBean 方法进行分析，具体处理代码如下：

```
private EndpointBean createEndpointBean(String beanName) {
    // 确认 beanName 对应的类
    Class<?> beanType =
ClassUtils.getUserClass(this.applicationContext.getType(beanName, false));
    // 从容器中获取 BeanName 对应的 Bean 实例
    Supplier<Object> beanSupplier = () -> this.applicationContext.
getBean(beanName);
    // 创建 EndpointBean
    return new EndpointBean(this.applicationContext.getEnvironment(), beanName,
beanType, beanSupplier);
}
```

在 createEndpointBean 方法中主要的处理流程如下：

（1）通过应用上下文找到 beanName 所对应的类；

（2）从容器中获取 BeanName 对应的 Bean 实例；

（3）创建 EndpointBean。

接下来对 addExtensionBeans 方法进行分析说明，详细处理代码如下：

```
private void addExtensionBeans(Collection<EndpointBean> endpointBeans) {
    // 将 EndpointBean 集合转换成端点 ID 和端点 Bean 的映射
    Map<EndpointId, EndpointBean> byId = endpointBeans.stream()
            .collect(Collectors.toMap(EndpointBean::getId, Function.identity()));
    // 从容器中获取带有 EndpointExtension 注解的 Bean 名称
    String[] beanNames =
BeanFactoryUtils.beanNamesForAnnotationIncludingAncestors(this.applicationContext,
EndpointExtension.class);
    // 遍历 Bean 名称集合
    for (String beanName : beanNames) {
        // 创建 ExtensionBean
        ExtensionBean extensionBean = createExtensionBean(beanName);
        // 从映射表中获取端点 ID 对应的端点 Bean
        EndpointBean endpointBean = byId.get(extensionBean.getEndpointId());
        Assert.state(endpointBean != null, () -> ("Invalid extension '" +
```

```
              extensionBean.getBeanName()+ "': no endpoint found with id '" + extensionBean.
getEndpointId() + "'"));
              // 为端点 Bean 添加 ExtensionBean
              addExtensionBean(endpointBean, extensionBean);
        }
}
```

在 addExtensionBeans 方法中处理流程如下。

（1）将方法参数 endpointBeans 转换成端点 ID 和端点 Bean 的映射表。

（2）从 Spring 容器中获取带有 EndpointExtension 注解的 Bean 名称。

（3）遍历 Bean 名称集合，对单个 Bean 名称做如下处理：

①创建 ExtensionBean；

②从映射表中获取端点 ID 对应的端点 Bean；

③为端点 Bean 添加 ExtensionBean。

下面对创建 ExtensionBean 的 createExtensionBean 方法进行分析，该方法的处理流程和 createEndpointBean 方法的处理流程相似，具体处理代码如下：

```
private ExtensionBean createExtensionBean(String beanName) {
     // 确认 beanName 对应的类
     Class<?> beanType =
ClassUtils.getUserClass(this.applicationContext.getType(beanName));
     // 从容器中获取 BeanName 对应的 Bean 实例
       Supplier<Object> beanSupplier = () -> this.applicationContext.
getBean(beanName);
     // 创建 ExtensionBean
       return new ExtensionBean(this.applicationContext.getEnvironment(), beanName,
beanType, beanSupplier);
   }
```

在 createExtensionBean 方法中主要的处理流程如下：

（1）通过应用上下文找到 beanName 所对应的类；

（2）从容器中获取 BeanName 对应的 Bean 实例；

（3）创建 ExtensionBean。

接下来对 addExtensionBean 方法进行分析，该方法用于为端点 Bean 添加 EndpointBean，具体处理代码如下：

```
    private void addExtensionBean(EndpointBean endpointBean, ExtensionBean
extensionBean) {
         // 是否是暴露的 Bean
         if (isExtensionExposed(endpointBean, extensionBean)) {
            // 加入到端点 Bean 对象中
            endpointBean.addExtension(extensionBean);
         }
    }
```

在上述代码中核心是以下两个操作：

（1）判断是否暴露 Bean。（也可以理解为判断 ExtensionBean 是否需要加入 Endpoint-Bean）。

（2）将 ExtensionBean 加入 EndpointBean 中。

接下来将展开判断是否暴露 Bean 的处理方法 isExtensionExposed，具体处理代码如下：

```
   private boolean isExtensionExposed(EndpointBean endpointBean, ExtensionBean
```

```java
extensionBean) {
    // 通过 EndpointFilter 的过滤
    // 确定是否应公开扩展 Bean
    return isFilterMatch(extensionBean.getFilter(), endpointBean)
            && isExtensionTypeExposed(extensionBean.getBeanType());
}
@SuppressWarnings("unchecked")
private boolean isFilterMatch(Class<?> filter, EndpointBean endpointBean) {
    // 确定是否是公开的端点 Bean，不是则返回 false
    if (!isEndpointTypeExposed(endpointBean.getBeanType())) {
        return false;
    }
    // 过滤器为空返回 true
    if (filter == null) {
        return true;
    }
    // 获取 ExposableEndpoint
    E endpoint = getFilterEndpoint(endpointBean);
    // 确认过滤器的实际类型
    Class<?> generic = ResolvableType.forClass(EndpointFilter.class,
filter).resolveGeneric(0);
    if (generic == null || generic.isInstance(endpoint)) {
        // 过滤器实例化
        EndpointFilter<E> instance = (EndpointFilter<E>) BeanUtils.instantiateClass(filter);
        // 过滤器验证，调用 EndpointFilter 中提供的 match
        return isFilterMatch(instance, endpoint);
    }
    return false;
}
protected boolean isEndpointTypeExposed(Class<?> beanType) {
    return true;
}
```

在 isExtensionExposed 方法中的处理需要依靠 isFilterMatch 方法和 isExtensionTypeExposed，其中 isExtensionTypeExposed 方法需要子类进行相关实现，在 EndpointDiscoverer 中返回 true。在 isFilterMatch 方法中具体处理流程如下：

（1）确定是否是公开的端点 Bean，不是则返回 false；

（2）过滤器类型为空返回 true；

（3）获取 ExposableEndpoint；

（4）确认过滤器的实际类型；

（5）通过反射将过滤器从类转换成实体对象，再通过实体对象进行方法（match）调度将其结果返回。

接下来对 convertToEndpoints 方法进行分析，具体处理代码如下：

```java
private Collection<E> convertToEndpoints(Collection<EndpointBean> endpointBeans) {
    // 创建存储 ExposableEndpoint 实现类的集合
    Set<E> endpoints = new LinkedHashSet<>();
    // 遍历端点 Bean
    for (EndpointBean endpointBean : endpointBeans) {
        // 是否是暴露的 Bean
        if (isEndpointExposed(endpointBean)) {
            // 转换后加入结果集合中
            endpoints.add(convertToEndpoint(endpointBean));
        }
    }
```

```
            return Collections.unmodifiableSet(endpoints);
    }
```

在上述代码中主要的处理流程如下。

（1）创建存储 ExposableEndpoint 实现类的集合。

（2）遍历端点 Bean，对单个 Bean 的处理流程如下：

①判断是否是暴露的 Bean，处理方法是 isEndpointExposed。

②将端点 Bean 转换成 ExposableEndpoint 后放入结果集合中。

（3）返回结果集合。

接下来将对核心的转换方法进行分析，具体处理代码如下：

```
private E convertToEndpoint(EndpointBean endpointBean) {
        // 操作 key 和操作对象的映射关系
        MultiValueMap<OperationKey, O> indexed = new LinkedMultiValueMap<>();
        // 获取端点 id
        EndpointId id = endpointBean.getId();
        // 向 indexed 容器中加入数据
        addOperations(indexed, id, endpointBean.getBean(), false);
        // ExtensionBean 数量大于 1 的情况下抛出异常
        if (endpointBean.getExtensions().size() > 1) {
            String extensionBeans =
endpointBean.getExtensions().stream().map(ExtensionBean::getBeanName)
                    .collect(Collectors.joining(", "));
                throw new IllegalStateException("Found multiple extensions for the
endpoint bean "+ endpointBean.getBeanName() + " (" + extensionBeans + ")");
        }
        // 循环处理 ExtensionBean 集合
        for (ExtensionBean extensionBean : endpointBean.getExtensions()) {
            // 向 indexed 容器中加入数据
            addOperations(indexed, id, extensionBean.getBean(), true);
        }
        // 操作 key 是否重复 , 如果重复抛出异常
        assertNoDuplicateOperations(endpointBean, indexed);
        // 从 indexed 提取操作对象
        List<O> operations =
indexed.values().stream().map(this::getLast).filter(Objects::nonNull)
                .collect(Collectors.collectingAndThen(Collectors.toList(), Collections::
unmodifiableList));
        // 创建 ExposableEndpoint
        return createEndpoint(endpointBean.getBean(), id, endpointBean.
isEnabledByDefault(), operations);
    }
```

在 convertToEndpoint 方法中主要的处理流程如下：

（1）创建操作 key 和操作对象的映射关系；

（2）从端点 Bean 中获取端点 id；

（3）向 indexed 容器中加入数据；

（4）判断 ExtensionBean 数量是否大于 1，如果是则抛出异常；

（5）循环处理 ExtensionBean 集合，单个 ExtensionBean 的处理是调用 addOperations 方法向 indexed 加入数据；

（6）判断操作 key 是否重复，如果重复抛出异常；

（7）从 indexed 提取操作对象；

（8）创建 ExposableEndpoint 返回。

在上述处理流程中需要关注 addOperations 方法和 createEndpoint 方法，其中 createEndpoint 方法是一个抽象方法需要子类进行处理。下面着重对 addOperations 方法进行分析，具体处理代码如下：

```java
private void addOperations(MultiValueMap<OperationKey, O> indexed, EndpointId
id, Object target, boolean replaceLast) {
    // 操作 key 集合
    Set<OperationKey> replacedLast = new HashSet<>();
    // 创建操作集合
     Collection<O> operations = this.operationsFactory.createOperations(id,
target);
    // 循环处理操作集合
    for (O operation : operations) {
        // 创建操作 key
        OperationKey key = createOperationKey(operation);
        // 获取操作对象
        O last = getLast(indexed.get(key));
        // 判断是否需要移除历史操作对象
        if (replaceLast && replacedLast.add(key) && last != null) {
            // 移除
            indexed.get(key).remove(last);
        }
        // 加入
        indexed.add(key, operation);
    }
}
```

在上述代码中处理流程如下。

（1）创建操作 key 集合。

（2）创建操作对象（Operation）集合。

（3）循环操作集合，单个操作对象的处理流程如下：

①创建操作 key；

②从 indexed 容器中获取最后一个操作对象；

③当满足需要替换，操作 key 集合添加成功并且最后一个操作对象不为空的情况下将其从 indexed 中移除。

④将操作 key 和操作对象放入 indexed 中。

在上述处理流程中关于创建操作 key 的方法是 createOperationKey，它是一个抽象方法，需要子类进行实现。

在 EndpointDiscoverer 中存在以下三个抽象方法：

（1）方法 createEndpoint 用于创建 ExposableEndpoint 实现类；

（2）方法 createOperation 用于创建 Operation 实现类；

（3）方法 createOperationKey 用于创建 OperationKey 类。

除了三个抽象方法外，在 EndpointDiscoverer 中还有三个内部类，分别是 OperationKey、EndpointBean 和 ExtensionBean，下面将对这三个内部类做相关说明。首先是 OperationKey 对象，该对象用于表示操作 key，用作键值对（Map）中的键，OperationKey 对象中存在两个成员变量：

（1）成员变量 key 表示键；

（2）成员变量 description 表示描述信息。

接下来对 EndpointBean 进行说明，主要关注 EndpointBean 成员变量，详细内容见表 16-3。

表 16-3　EndpointBean 成员变量

变量名称	变量类型	变量说明
beanName	String	Bean 名称
beanType	Class<?>	Bean 类型
beanSupplier	Supplier<Object>	Bean 实例提供者
id	EndpointId	端点 id
filter	Class<?>	过滤器类型
enabledByDefault	boolean	是否默认启用
extensions	Set<ExtensionBean>	ExtensionBean 集合

最后是 ExtensionBean 的说明，主要关注 ExtensionBean 成员变量，详细内容见表 16-4。

表 16-4　ExtensionBean 成员变量

变量名称	变量类型	变量说明
beanName	String	Bean 名称
beanType	Class<?>	Bean 类型
beanSupplier	Supplier<Object>	Bean 实例提供者
endpointId	EndpointId	端点 id
filter	Class<?>	过滤器类型

16.6.2　DiscoveredOperationsFactory 分析

在 EndpointDiscoverer 的分析中我们发现需要通过一个类来创建操作对象，这个类是 DiscoveredOperationsFactory，本节将对 DiscoveredOperationsFactory 进行分析。在 Discovered-OperationsFactory 对象中有三个成员变量，DiscoveredOperationsFactory 成员变量的详细信息见表 16-5。

表 16-5　DiscoveredOperationsFactory 成员变量

变量名称	变量类型	变量说明
OPERATION_TYPES	Map<OperationType, Class<? extends Annotation>>	Bean 名称
parameterValueMapper	ParameterValueMapper	Bean 类型
invokerAdvisors	Collection<OperationInvokerAdvisor>	Bean 实例提供者

在 DiscoveredOperationsFactory 中核心目标是完成 Operation 的创建，在 DiscoveredOperations-Factory 中提供了多种创建方式：

（1）根据端点 id 和目标对象创建，该处理得到的是集合，处理方法是 createOperations；

（2）根据端点 id、目标对象和执行方法创建，该方法得到的是单个元素。

（3）根据端点 id、目标对象、执行方法创建、操作类型和操作注解进行创建。

（4）根据端点 id、操作方法和执行对象进行创建。

在 DiscoveredOperationsFactory 中最关键的是上述第（3）种创建方式，具体处理代码如下：

```
private O createOperation(EndpointId endpointId, Object target, Method method,
OperationType operationType,
                Class<? extends Annotation> annotationType) {
    // 从方法上获取注解，并将其合并
    MergedAnnotation<?> annotation =
MergedAnnotations.from(method).get(annotationType);
    if (!annotation.isPresent()) {
        return null;
    }
    // 创建 DiscoveredOperationMethod
    DiscoveredOperationMethod operationMethod = new
DiscoveredOperationMethod(method, operationType,
            annotation.asAnnotationAttributes());
    // 创建 ReflectiveOperationInvoker
    OperationInvoker invoker = new ReflectiveOperationInvoker(target,
operationMethod, this.parameterValueMapper);
    // 对成员变量 invokerAdvisors 进行处理，将其和 ReflectiveOperationInvoker 进行组装
    invoker = applyAdvisors(endpointId, operationMethod, invoker);
    // 创建最终的 Operation
    return createOperation(endpointId, operationMethod, invoker);
}
```

在上述代码中处理流程如下。

（1）从方法上获取注解，并将其合并，判断合并后的注解是否是元注解，如果不是则返回不进行处理。

（2）创建 DiscoveredOperationMethod 和 ReflectiveOperationInvoker。

（3）处理成员变量 invokerAdvisors，将其进行循环调用 apply 方法为 ReflectiveOperationInvoker 进行自定义处理。

（4）调用抽象方法 createOperation 完成 Operation 的创建。

在上述处理流程中需要理解 2 个对象，首先是 DiscoveredOperationMethod，该对象是 OperationMethod 的子类，对于该对象而言，主要用于存储基础方法信息，关于 OperationMethod 和 DiscoveredOperationMethod 的成员变量信息见表 16-6。

表 16-6 OperationMethod 和 DiscoveredOperationMethod 成员变量

变 量 名 称	变 量 类 型	变 量 说 明
DEFAULT_PARAMETER_NAME_DISCOVERER	ParameterNameDiscoverer	参数名称发现器
method	Method	方法
operationType	OperationType	操作类型
operationParameters	OperationParameters	操作参数集合
producesMediaTypes	List<String>	生产数据类型集合

在 createOperation 方法的处理流程中还需要对成员变量 invokerAdvisors 进行处理，具体处理代码如下：

```
private OperationInvoker applyAdvisors(EndpointId endpointId, OperationMethod
operationMethod, OperationInvoker invoker) {
```

```java
        if (this.invokerAdvisors != null) {
            for (OperationInvokerAdvisor advisor : this.invokerAdvisors) {
                invoker = advisor.apply(endpointId, operationMethod.
getOperationType(), operationMethod.getParameters(),invoker);
            }
        }
        return invoker;
    }
```

在这段代码中会循环调用 OperationInvokerAdvisor 提供的 apply 方法，在 Spring Boot 中 OperationInvokerAdvisor 只有一个实现类 CachingOperationInvokerAdvisor，在 CachingOperationInvoker-Advisor 中有一个成员变量 endpointIdTimeToLive 表示方法对象，用于获取端点 id 对应的存活时间。

在 CachingOperationInvokerAdvisor 中关于 OperationInvokerAdvisor 的实现代码如下：

```java
public OperationInvoker apply(EndpointId endpointId, OperationType operationType,
OperationParameters parameters,OperationInvoker invoker) {
    // 操作类型是 READ 并且没有强制参数
    if (operationType == OperationType.READ && !hasMandatoryParameter(parameters)) {
        // 获取
        Long timeToLive = this.endpointIdTimeToLive.apply(endpointId);
        if (timeToLive != null && timeToLive > 0) {
            return new CachingOperationInvoker(invoker, timeToLive);
        }
    }
    return invoker;
}


/**
 * 判断是否存在强制参数
 */
private boolean hasMandatoryParameter(OperationParameters parameters) {
    for (OperationParameter parameter : parameters) {
        // 1. 参数必需
        // 2. 参数类型不是 ApiVersion 和 SecurityContext
        if (parameter.isMandatory()
&& !ApiVersion.class.isAssignableFrom(parameter.getType())
            && !SecurityContext.class.isAssignableFrom(parameter.getType())) {
            return true;
        }
    }
    return false;
}
```

在上述代码中主要的处理流程如下。

（1）判断操作类型是否是 READ，并且没有强制参数。如果不符合这个条件将直接返回方法参数 invoker。

（2）通过成员变量 endpointIdTimeToLive 获取存活时间，如果存活时间不为空并且存活时间大于 0 将创建 CachingOperationInvoker 返回。

最后还需要关注抽象方法 createOperation，在端点处理中该抽象方法的实现代码位于 EndpointDiscoverer#getOperationsFactory 方法中，具体处理代码如下：

```java
private DiscoveredOperationsFactory<O> getOperationsFactory(ParameterValueMapper
parameterValueMapper, Collection<OperationInvokerAdvisor> invokerAdvisors) {
    return new DiscoveredOperationsFactory<O>(parameterValueMapper,
invokerAdvisors) {
```

```
        protected O createOperation(EndpointId endpointId,
    DiscoveredOperationMethod operationMethod, OperationInvoker invoker) {
            return EndpointDiscoverer.this.createOperation(endpointId,
    operationMethod, invoker);
        }
    };
}
```

上述代码中关于 createOperation 的实现将处理交给了 EndpointDiscoverer#createOperation 方法。

16.6.3　OperationParameter 分析

本节将对 OperationParameter 进行分析，该接口主要用于描述操作参数，完整代码如下：

```
public interface OperationParameter {

    String getName();

    Class<?> getType();

    boolean isMandatory();

}
```

在 OperationParameter 中定义了以下三个方法：

（1）方法 getName 用于获取参数名称；

（2）方法 getType 用于获取参数类型；

（3）方法 isMandatory 用于判断是否必要（必填）。

在 Spring Boot 中 OperationParameter 有一个实现类 OperationMethodParameter，Operation-MethodParameter 的成员变量详细内容见表 16-7。

表 16-7　OperationMethodParameter 成员变量

变 量 名 称	变 量 类 型	变 量 说 明
jsr305Present	boolean	是否开启 jsr305 支持
name	String	参数名称
parameter	Parameter	参数对象

下面对 isMandatory 方法进行分析，具体处理代码如下：

```
public boolean isMandatory() {
        if (!ObjectUtils.isEmpty(this.parameter.getAnnotationsByType(Nullable.
class))) {
            return false;
        }
        return (jsr305Present) ? new Jsr305().isMandatory(this.parameter) : true;
}

public String toString() {
    return this.name + " of type " + this.parameter.getType().getName();
}
```

```
private static class Jsr305 {

    boolean isMandatory(Parameter parameter){
        MergedAnnotation<Nonnull> annotation =
MergedAnnotations.from(parameter).get(Nonnull.class);
        return !annotation.isPresent() || annotation.getEnum("when", When.class)
== When.ALWAYS;
    }

}
```

关于参数是否是必要的会进行如下两个判断：

（1）判断是否存在 Nullable 注解，如果不存在则返回 false；

（2）判断是否开启 jsr305，如果开启将通过内部类 Jsr305 来判断，如果未开启将返回 true。

16.6.4　ParameterValueMapper 分析

本节将对 ParameterValueMapper 进行分析，该接口主要用于进行值类型转换，完整代码如下：

```
@FunctionalInterface
public interface ParameterValueMapper {

    ParameterValueMapper NONE = (parameter, value) -> value;

    Object mapParameterValue(OperationParameter parameter, Object value) throws ParameterMappingException;

}
```

在 ParameterValueMapper 中定义了一个实现方式 NONE，该实现会将参数 value 直接返回。此外还定义了 mapParameterValue 方法，该方法的作用就是完成数据值类型转换，该接口的实现类是 ConversionServiceParameterValueMapper，在 ConversionServiceParameterValueMapper 中有一个成员变量 conversionService 用于表示转换服务。

接下来对 mapParameterValue 方法的实现进行分析，具体处理代码如下：

```
public Object mapParameterValue(OperationParameter parameter, Object value) throws ParameterMappingException {
    try {
        return this.conversionService.convert(value, parameter.getType());
    }
    catch (Exception ex) {
        throw new ParameterMappingException(parameter, value, ex);
    }
}
```

在这段代码中通过成员变量 conversionService 进行类型转换，其中需要依靠方法参数 parameter 来提供目标类型，依靠 value 作为源对象，经过转换后得到实际的转换对象。

16.7 Endpoint 自动装配 Web 相关内容分析

本节将对 Spring Boot Actuator 中关于 endpoint 自动装配中关于 Web 部分的内容进行分析。在 Spring Boot 项目中关于自动装配相关内容都存放在 spring-boot-actuator-autoconfigure 工程下，通过简单的搜索可以找到 WebMvcEndpointManagementContextConfiguration，它就是分析入口。关于 WebMvcEndpointManagementContextConfiguration 的具体代码如下：

```java
@ManagementContextConfiguration(proxyBeanMethods = false)
@ConditionalOnWebApplication(type = Type.SERVLET)
@ConditionalOnClass(DispatcherServlet.class)
@ConditionalOnBean({ DispatcherServlet.class, WebEndpointsSupplier.class })
@EnableConfigurationProperties(CorsEndpointProperties.class)
public class WebMvcEndpointManagementContextConfiguration {

    @Bean
    @ConditionalOnMissingBean
    public WebMvcEndpointHandlerMapping webEndpointServletHandlerMapping(WebEndpointsSupplier webEndpointsSupplier,
            ServletEndpointsSupplier servletEndpointsSupplier,
            ControllerEndpointsSupplier controllerEndpointsSupplier,
            EndpointMediaTypes endpointMediaTypes, CorsEndpointProperties corsProperties, WebEndpointProperties webEndpointProperties, Environment environment) {
        // 公开端点集合
        List<ExposableEndpoint<?>> allEndpoints = new ArrayList<>();
        // 获取公开的 Web 端点
        Collection<ExposableWebEndpoint> webEndpoints = webEndpointsSupplier.getEndpoints();
        // 公开端点集合中加入所有公开的 Web 端点
        allEndpoints.addAll(webEndpoints);
        // 公开端点集合中加入 servlet 的端点集合
        allEndpoints.addAll(servletEndpointsSupplier.getEndpoints());
        // 公开端点集合中加入 controller 的端点集合
        allEndpoints.addAll(controllerEndpointsSupplier.getEndpoints());
        // 获取基础路径，根路径
        String basePath = webEndpointProperties.getBasePath();
        // 创建端点映射器
        EndpointMapping endpointMapping = new EndpointMapping(basePath);
        // 是否应该注册链接端点
        boolean shouldRegisterLinksMapping = StringUtils.hasText(basePath)
                || ManagementPortType.get(environment).equals(ManagementPortType.DIFFERENT);
        // 创建 WebMvcEndpointHandlerMapping
        return new WebMvcEndpointHandlerMapping(endpointMapping, webEndpoints, endpointMediaTypes,
                corsProperties.toCorsConfiguration(), new
        EndpointLinksResolver(allEndpoints, basePath), shouldRegisterLinksMapping);
    }

    @Bean
    @ConditionalOnMissingBean
    public ControllerEndpointHandlerMapping controllerEndpointHandlerMapping(
            ControllerEndpointsSupplier controllerEndpointsSupplier,
            CorsEndpointProperties corsProperties, WebEndpointProperties webEndpointProperties) {
        // 创建端点映射器
        EndpointMapping endpointMapping = new
```

```
EndpointMapping(webEndpointProperties.getBasePath());
        // 创建 ControllerEndpointHandlerMapping
            return new ControllerEndpointHandlerMapping(endpointMapping,
controllerEndpointsSupplier.getEndpoints(), corsProperties.toCorsConfiguration());
    }

}
```

在 WebMvcEndpointManagementContextConfiguration 中会创建 WebMvcEndpointHandlerMapping 和 ControllerEndpointHandlerMapping。下面对 WebMvcEndpointHandlerMapping 的创建过程做说明，详细处理流程如下：

（1）创建公开端点集合。

（2）从 WebEndpointsSupplier、ServletEndpointsSupplier 和 ControllerEndpointsSupplier 三个对象中获取开放的端点信息。

（3）从 Web 端点配置中获取基础路径，并创建 EndpointMapping。

（4）判断是否应该注册链接端点，如下条件满足一个即可：

①基础路径不为空；

②端口管理类型是 DIFFERENT。

（5）创建 WebMvcEndpointHandlerMapping。

在上述处理流程中提到端口管理类型这一概念，在 Spring Boot 中关于端口管理类型是一个枚举类：ManagementPortType，在 ManagementPortType 枚举中提供了以下三种管理方式：

（1）DISABLED 表示管理端口已被禁用；

（2）SAME 表示管理端口与服务器端口相同；

（3）DIFFERENT 表示管理端口和服务器端口不同。

接下来对 ControllerEndpointHandlerMapping 的创建过程进行说明，具体流程如下：

（1）从 Web 端点配置中获取基础路径，并创建 EndpointMapping；

（2）创建 ControllerEndpointHandlerMapping。

16.7.1　WebMvcEndpointHandlerMapping 分析

本节将对 WebMvcEndpointHandlerMapping 进行分析，WebMvcEndpointHandlerMapping 类图如图 16-11 所示。

从图 16-11 中可以发现，WebMvcEndpointHandlerMapping 的层级比较深，下面对 WebMvcEndpointHandlerMapping 本身进行分析，在 WebMvcEndpointHandlerMapping 中只存在一个成员变量 linksResolver，主要用于端点链接解析器。WebMvcEndpointHandlerMapping 的完整代码如下：

```
public class WebMvcEndpointHandlerMapping extends
AbstractWebMvcEndpointHandlerMapping {

    /**
     * 端点链接解析器
     */
    private final EndpointLinksResolver linksResolver;

    public WebMvcEndpointHandlerMapping(EndpointMapping endpointMapping,
```

```
       Collection<ExposableWebEndpoint> endpoints,
            EndpointMediaTypes endpointMediaTypes, CorsConfiguration
   corsConfiguration, EndpointLinksResolver linksResolver, boolean
shouldRegisterLinksMapping) {
            super(endpointMapping, endpoints, endpointMediaTypes, corsConfiguration,
   shouldRegisterLinksMapping);
            this.linksResolver = linksResolver;
            setOrder(-100);
   }

       protected LinksHandler getLinksHandler(){
       return new WebMvcLinksHandler();
   }

       class WebMvcLinksHandler implements LinksHandler{

             @ResponseBody
         public Map<String, Map<String, Link>> links(HttpServletRequest request,
   HttpServletResponse response) {
             return Collections.singletonMap("_links",
                 WebMvcEndpointHandlerMapping.this.linksResolver.
resolveLinks(request.getRequestURL().toString()));
         }

              public String toString(){
         return "Actuator root web endpoint";
         }

       }

   }
```

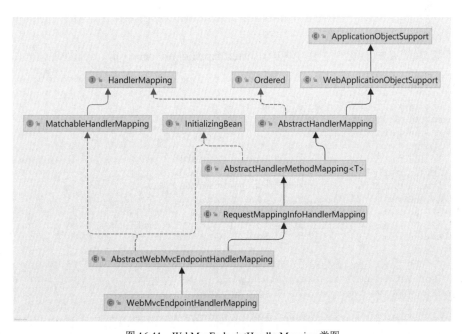

图 16-11　WebMvcEndpointHandlerMapping 类图

在 WebMvcEndpointHandlerMapping 中存在一个内部类 WebMvcLinksHandler，它用于链接处理，整个处理过程依赖 WebMvcEndpointHandlerMapping 中的成员变量 linksResolver。同

时 WebMvcLinksHandler 会作为 getLinksHandler 方法的返回值，getLinksHandler 是父类 AbstractWebMvcEndpointHandlerMapping 要求子类进行实现的方法，下面将对 AbstractWebMvcEndpointHandlerMapping 进行说明。AbstractWebMvcEndpointHandlerMapping 成员变量详细内容见表 16-8。

表 16-8　AbstractWebMvcEndpointHandlerMapping 成员变量

变量名称	变量类型	变量说明
builderConfig	RequestMappingInfo.BuilderConfiguration	用于创建 RequestMappingInfo 对象的构造器
endpointMapping	EndpointMapping	端点映射器
endpoints	Collection<ExposableWebEndpoint>	ExposableWebEndpoint 集合
endpointMediaTypes	EndpointMediaTypes	端点媒体类型
corsConfiguration	CorsConfiguration	CORS 配置
shouldRegisterLinksMapping	boolean	是否应该注册链接端点
handleMethod	Method	方法对象，用于表示 OperationHandler 中的 handle 方法

接下来将对 AbstractWebMvcEndpointHandlerMapping 中的方法进行分析，首先是 initHandlerMethods 方法，主要处理流程如下：

（1）处理成员变量 endpoints，将其中的 WebOperation 全部提取并注册；

（2）根据成员变量 shouldRegisterLinksMapping 判断是否需要进行链接映射注册，如果需要则进行注册。

关于第（1）步中涉及的注册方法是 registerMappingForOperation，详细处理代码如下：

```
private void registerMappingForOperation(ExposableWebEndpoint endpoint,
WebOperation operation) {
    // 获取 WebOperationRequestPredicate
    WebOperationRequestPredicate predicate = operation.getRequestPredicate();
    // 提取 path
    String path = predicate.getPath();
    // 提取 matchAllRemainingPathSegmentsVariable
    String matchAllRemainingPathSegmentsVariable =
predicate.getMatchAllRemainingPathSegmentsVariable();
    // 替换 path 中的 {*matchAllRemainingPathSegmentsVariable} 为 **
    if (matchAllRemainingPathSegmentsVariable != null){
        path = path.replace("{*" + matchAllRemainingPathSegmentsVariable +
"}", "**");
    }
    // 创建 ServletWebOperation 实现类
    ServletWebOperation servletWebOperation = wrapServletWebOperation(endpoint,
operation, new ServletWebOperationAdapter(operation));
    // 注册
    registerMapping(createRequestMappingInfo(predicate, path), new
OperationHandler(servletWebOperation),
            this.handleMethod);
}
```

上述代码中的处理流程如下：

(1) 获取 WebOperationRequestPredicate。

(2) 提取 path 和 matchAllRemainingPathSegmentsVariable 数据。

(3) 替换 path 中的 {*matchAllRemainingPathSegmentsVariable} 为 **。

(4) 创建 ServletWebOperation 实现类，创建方法是 wrapServletWebOperation，它需要子类进行实现。

(5) 注册。处理方法是 registerMapping，核心数据会放入 MappingRegistry 对象的 pathLookup 变量中。

在第（5）步注册阶段会进行两个对象的创建，第一个对象是 RequestMappingInfo，第二个对象是 OperationHandler。下面对第一个对象的创建过程进行分析，具体处理代码如下：

```
private RequestMappingInfo createRequestMappingInfo(WebOperationRequestPredicate predicate, String path) {
    // 创建 RequestMappingInfo 对象
    return RequestMappingInfo.paths(this.endpointMapping.createSubPath(path))
        .methods(RequestMethod.valueOf(predicate.getHttpMethod().name()))
        .consumes(predicate.getConsumes().toArray(new String[0]))
        .produces(predicate.getProduces().toArray(new String[0])).build();
}
```

在上述代码中关于 RequestMappingInfo 对象的创建流程如下：

(1) 设置路径，路径数据从 path 进行拓展创建；

(2) 设置请求方式，请求方式数据在 WebOperationRequestPredicate 中；

(3) 设置 consumes 和 produces，数据从 WebOperationRequestPredicate 中提取。

下面对创建 OperationHandler 做分析，具体处理代码如下：

```
private static final class OperationHandler {

    private final ServletWebOperation operation;

    OperationHandler(ServletWebOperation operation) {
        this.operation = operation;
    }
}
```

在这段代码中处理流程为：构造函数创建对象。下面以 health 请求为例查看注册方法时所产生的一些数据，接下来是 createRequestMappingInfo 方法中的处理，入口参数如图 16-12 所示。

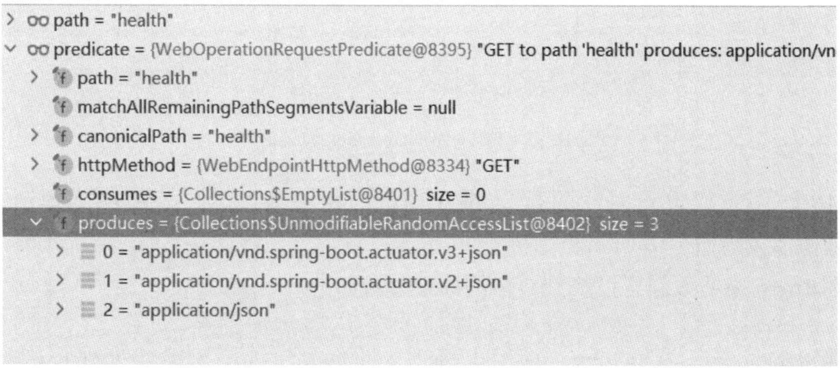

图 16-12　入口参数信息

在创建 RequestMappingInfo 对象时需要将路由地址进行设置，设置路由地址需要成员变量 endpointMapping，关于 endpointMapping 的数据信息如图 16-13 所示。

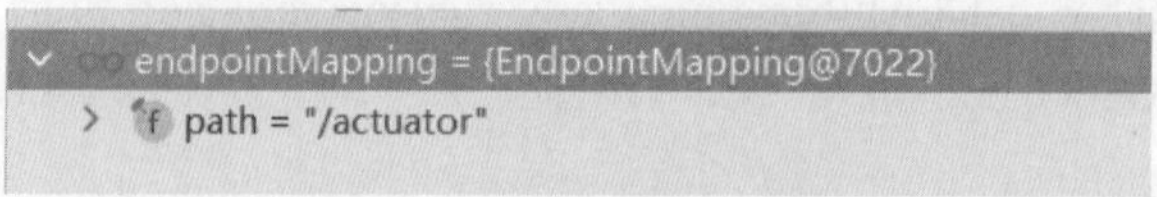

图 16-13 endpointMapping 的数据信息

最终创建的 RequestMappingInfo 对象信息如图 16-14 所示。

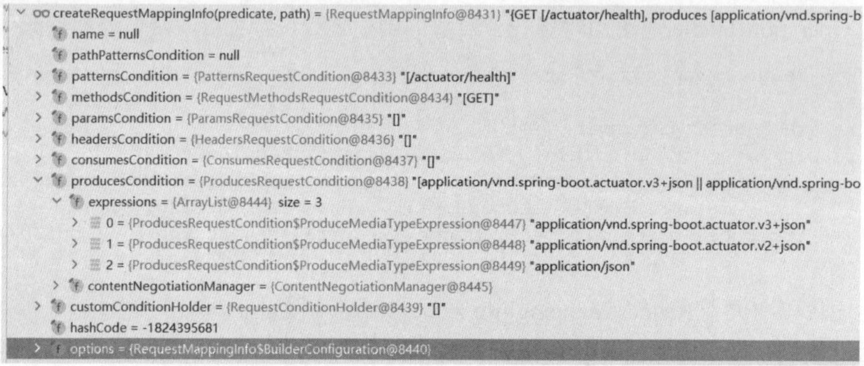

图 16-14 RequestMappingInfo 对象信息

下面对 OperationHandler 创建过程中的变量进行数据展示，在创建 OperationHandler 时需要传入 ServletWebOperation 类型的对象，ServletWebOperation 数据信息如图 16-15 所示。

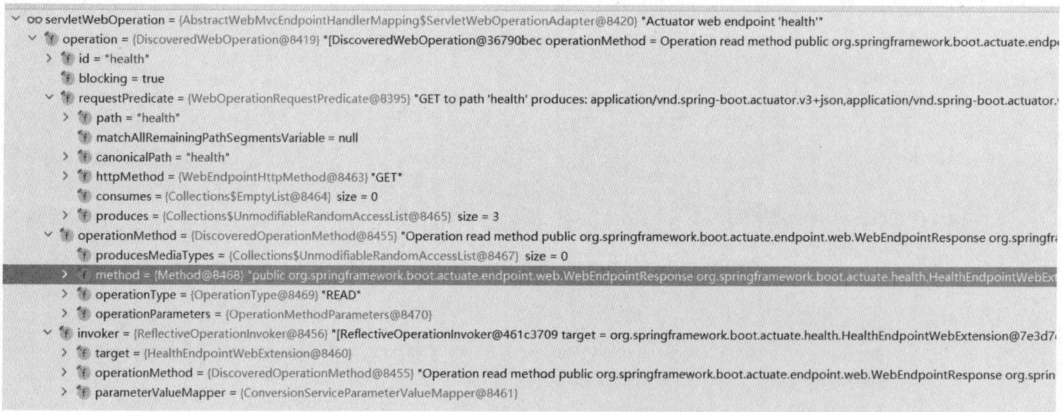

图 16-15 ServletWebOperation 数据信息

在图 16-15 中需要重点关注的是 invoker 变量的相关信息，它是最终处理请求的方法，invoker 数据信息如图 16-16 所示。

通过图 16-16 中的数据可以找到具体的处理方法如下：

```
@ReadOperation
public WebEndpointResponse<HealthComponent> health(ApiVersion apiVersion,
SecurityContext securityContext) {
    return health(apiVersion, securityContext, false, NO_PATH);
}
```

第 16 章 Spring Boot Actuator 相关分析

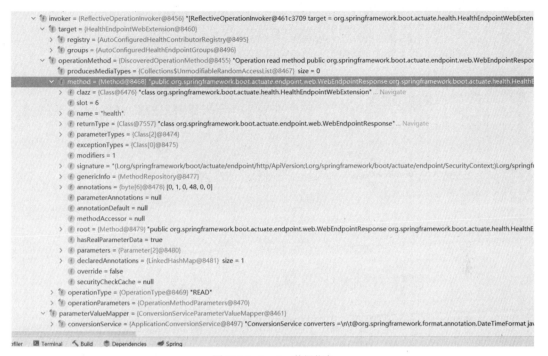

图 16-16 invoker 数据信息

发送 http：//localhost：8080/actuator/health 地址，在 return 代码处打上断点即可看到整个处理流程的堆栈以及返回数据。health 方法处理后的数据信息如图 16-17 所示。

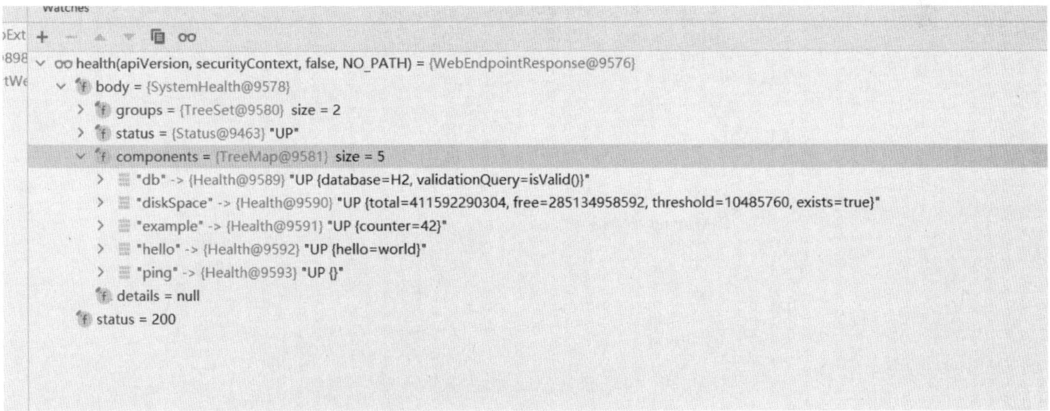

图 16-17 health 方法处理后的数据信息

断点结束后返回给前端页面的响应信息如图 16-18 所示。

以上内容算是对 endpoints 请求处理的回顾。最后查看 Spring 容器中 RequestMappingInfo 的相关信息，查看数据的代码如下：

```
@SpringBootApplication
@ConfigurationPropertiesScan
public class SampleActuatorApplication implements ApplicationRunner {
    @Autowired
    private ApplicationContext context;
```

```java
        public void run(ApplicationArguments args) throws Exception{
            AbstractWebMvcEndpointHandlerMapping mapping =
    context.getBean(AbstractWebMvcEndpointHandlerMapping.class);
            System.out.println();
        }

        public static void main(String[] args){
            SpringApplication.run(SampleActuatorApplication.class, args);
        }

        @Bean
        public HealthIndicator helloHealthIndicator(){
            return () -> Health.up().withDetail("hello", "world").build();
        }

    }
```

```
{
    "status": "UP",
    "components": {
        "db": {
            "status": "UP",
            "details": {
                "database": "H2",
                "validationQuery": "isValid()"
            }
        },
        "diskSpace": {
            "status": "UP",
            "details": {
                "total": 411592290304,
                "free": 285134958592,
                "threshold": 10485760,
                "exists": true
            }
        },
        "example": {
            "status": "UP",
            "details": {
                "counter": 42
            }
        },
        "hello": {
            "status": "UP",
            "details": {
                "hello": "world"
            }
        },
        "ping": {
            "status": "UP"
        }
    },
    "groups": [
        "live",
        "ready"
    ]
}
```

图 16-18 响应信息

将断点放在第 10 行代码上然后启动项目，项目启动后进入断点查看 mapping 数据信息，如图 16-19 所示。

图 16-19　mapping 数据信息

16.7.2　WebOperationRequestPredicate 分析

本节将对 WebOperationRequestPredicate 进行分析，该对象是一个简单的实体对象，主要用于存储各类数据信息，WebOperationRequestPredicate 成员变量信息见表 16-9。

表 16-9　WebOperationRequestPredicate 成员变量

变量名称	变量类型	变量说明
path	String	路径
matchAllRemainingPathSegmentsVariable	String	剩余路径
canonicalPath	String	规范路径
httpMethod	WebEndpointHttpMethod	端点请求方式
consumes	Collection<String>	受理类型
produces	Collection<String>	消费类型

下面对剩余路径进行说明，假设现有一个路径为 "health/{path}"，经过处理后路径是 "health"，剩余路径是 "path"，关于剩余路径的处理核心代码如下：

```
private static final Pattern ALL_REMAINING_PATH_SEGMENTS_VAR_PATTERN = Pattern.
compile("^.*\\{\\*(.+?)}$");

private String extractMatchAllRemainingPathSegmentsVariable(String path) {
    Matcher matcher =
ALL_REMAINING_PATH_SEGMENTS_VAR_PATTERN.matcher(path);
    return matcher.matches() ? matcher.group(1) : null;
}
```

在这段处理剩余路径的代码中，通过正则进行数据提取。同样地，关于规范路径的提取也是依靠正则，详细处理代码如下：

```
private static final Pattern PATH_VAR_PATTERN = Pattern.compile("(\\{\\*?).+?}");
private String extractCanonicalPath(String path) {
    Matcher matcher = PATH_VAR_PATTERN.matcher(path);
    return matcher.replaceAll("$1*}");
}
```

最后关于成员变量中的数据初始化都在构造函数中有所体现，详细代码如下：

```
public WebOperationRequestPredicate(String path, WebEndpointHttpMethod
httpMethod, Collection<String> consumes,
        Collection<String> produces) {
    this.path = path;
    this.canonicalPath = extractCanonicalPath(path);
    this.matchAllRemainingPathSegmentsVariable =
extractMatchAllRemainingPathSegmentsVariable(path);
    this.httpMethod = httpMethod;
    this.consumes = consumes;
    this.produces = produces;
}
```

16.8　端点 info 分析

本节将对端点 info 相关内容进行分析，接下来需要找到处理端点 info 的代码，根据前文对 Endpoint 自动装配 Web 相关内容分析可以知道，在 AbstractWebMvcEndpointHandlerMapping 中可以找到相关数据，AbstractWebMvcEndpointHandlerMapping 数据信息如图 16-20 所示。

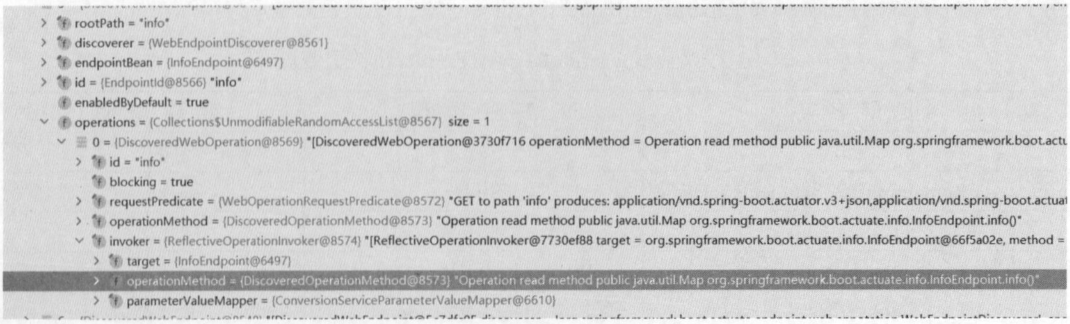

图 16-20　AbstractWebMvcEndpointHandlerMapping 数据信息

在图 16-20 中可以确认端点 info 的处理对象是 InfoEndpoint，处理方法是 InfoEndpoint#info。明确处理对象以及处理方法后需要找到对象的初始化阶段。寻找过程可以通过在 InfoEndpoint 的构造函数上设置断点来进行寻找，具体处理堆栈信息如图 16-21 所示。

图 16-21　堆栈信息

在图 16-21 中可以找到构建 InfoEndpoint 的代码位于 InfoEndpointAutoConfiguration 中，详细处理代码如下：

```
@Configuration(proxyBeanMethods = false)
@ConditionalOnAvailableEndpoint(endpoint = InfoEndpoint.class)
@AutoConfigureAfter(InfoContributorAutoConfiguration.class)
public class InfoEndpointAutoConfiguration {

    @Bean
    @ConditionalOnMissingBean
    public InfoEndpoint infoEndpoint(ObjectProvider<InfoContributor> infoContributors){
        return new
InfoEndpoint(infoContributors.orderedStream().collect(Collectors.toList()));
    }

}
```

在上述代码中会从 Spring 容器中提取 InfoContributor 相关数据，InfoContributor 数据信息如图 16-22 所示。

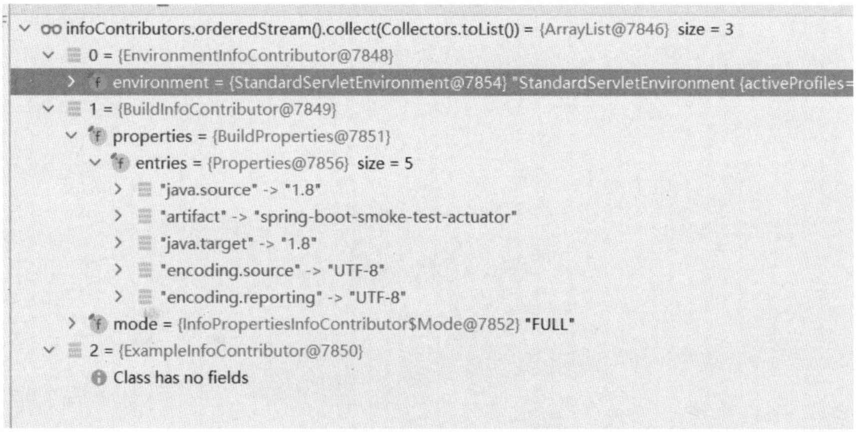

图 16-22　InfoContributor 数据信息

完成关键字 new 的处理后就会得到 InfoEndpoint，此时该对象就完成了 Bean 注册。
接下来回到 InfoEndpoint 中查看具体的处理方法 info，详细代码如下：

```
@ReadOperation
public Map<String, Object> info() {
    Info.Builder builder = new Info.Builder();
    for (InfoContributor contributor : this.infoContributors) {
        contributor.contribute(builder);
```

```
        }
        Info build = builder.build();
        return build.getDetails();
    }
```

在上述代码中会将 Info 对象通过成员变量 infoContributors 进行定制处理,处理完成后将返回 details 相关数据。

本章小结

本章对 Spring Boot 中关于 Actuator 模块的相关内容进行分析,在本章中对 Actuator 模块中的核心 Endpoints 相关内容进行了分析,包含 Endpoint 的解释、常见 Endpoint、Endpoint 相关的操作接口、Endpoint 自动装配等。本章对 Endpoint 相关接口的说明及其实现做了充分说明,对 Endpoint 的整体处理流程做了详细分析,从 Endpoint 相关对象的创建、注册和调用三个维度进行相关分析。在本章最后对端点 info 的处理流程做相关分析来回顾整个 endpoint 链路的处理。

第 17 章

Spring Boot Devtools factories 相关分析

Spring Boot Devtools 是从 Spring Boot 1.3.0 版本开始提供的，Spting Boot Devtools 是一个方便高效的工具，可以帮助减少开发时间，使用 Spring Boot Devtools 无须依赖或配置第三方库，如 JRebel 或 SpringLoad。本章将对 Spring Boot 项目中的 Devtools 模块内容进行分析，主要分析目标是 spring.factories 文件中涉及的内容。

17.1 Devtools 中 spring.factories 概述

本节将对 Spring Boot Devtools 中关于 spring.factories 文件中出现的内容做相关分析，spring.factories 文件完整路径：spring-boot-project/spring-boot-devtools/src/main/resources/META-INF/spring.factories。在该文件中详细内容如下：

```
# Application Initializers
org.springframework.context.ApplicationContextInitializer=\
org.springframework.boot.devtools.restart.RestartScopeInitializer

# Application Listeners
org.springframework.context.ApplicationListener=\
org.springframework.boot.devtools.restart.RestartApplicationListener,\
org.springframework.boot.devtools.logger.DevToolsLogFactory.Listener

# Auto Configure
org.springframework.boot.autoconfigure.EnableAutoConfiguration=\
org.springframework.boot.devtools.autoconfigure.DevToolsDataSourceAutoConfiguration,\
org.springframework.boot.devtools.autoconfigure.LocalDevToolsAutoConfiguration,\
org.springframework.boot.devtools.autoconfigure.RemoteDevToolsAutoConfiguration

# Environment Post Processors
org.springframework.boot.env.EnvironmentPostProcessor=\
```

```
org.springframework.boot.devtools.env.DevToolsHomePropertiesPostProcessor,\
org.springframework.boot.devtools.env.DevToolsPropertyDefaultsPostProcessor
```

本章接下来会对上述所出现的各类对象进行分析。

17.2 Devtools 中 ApplicationContextInitializer 相关分析

本节将对 Spring Boot Devtools 中关于 ApplicationContextInitializer 部分内容进行分析，在 spring.factories 文件中关于自动装配的配置信息如下：

```
# Application Initializers
org.springframework.context.ApplicationContextInitializer=\
org.springframework.boot.devtools.restart.RestartScopeInitializer
```

接下来对 RestartScopeInitializer 进行分析，该对象实现了 ApplicationContextInitializer，具体处理代码如下：

```
public class RestartScopeInitializer implements
ApplicationContextInitializer<ConfigurableApplicationContext> {

        public void initialize(ConfigurableApplicationContext applicationContext){
        applicationContext.getBeanFactory().registerScope("restart", new
RestartScope());
    }
}
```

在这段代码中会进行作用域的设置，具体设置的作用域是 restart，对应的作用域实体是 RestartScope。关于作用域实体对象的代码如下：

```
private static class RestartScope implements Scope {

        public Object get(String name, ObjectFactory<?> objectFactory) {
        return Restarter.getInstance().getOrAddAttribute(name, objectFactory);
    }

        public Object remove(String name) {
        return Restarter.getInstance().removeAttribute(name);
    }

        public void registerDestructionCallBack(String name, Runnable callback) {
    }

        public Object resolveContextualObject(String key) {
        return null;
    }

        public String getConversationId() {
        return null;
    }

}
```

在上述代码中主要关注 get 方法和 remove 方法，这两个方法都需要使用 Restarter，下面对 Restarter 做简单说明，首先来了解 Restarter 的成员变量，详细内容见表 17-1。

表 17-1 Restarter 的成员变量

变量名称	变量类型	变量说明
INSTANCE_MONITOR	Object	锁
NO_ARGS	String[]	无参集合
instance	Restarter	Restarter 实例对象
urls	Set<URL>	路由集合
classLoaderFiles	ClassLoaderFiles	ClassLoaderFile 集合
attributes	Map<String，Object>	属性表
leakSafeThreads	BlockingDeque<LeakSafeThread>	LeakSafeThread 线程队列
stopLock	Lock	停止时的锁
monitor	Object	锁
forceReferenceCleanup	boolean	是否强制清理引用
mainClassName	String	main 方法所在的类名
applicationClassLoader	ClassLoader	类加载器
args	String[]	参数集合
exceptionHandler	UncaughtExceptionHandler	未捕获异常处理器
rootContexts	List<ConfigurableApplicationContext>	上下文集合
initialUrls	URL[]	初始 url 集合
logger	Log	日志
enabled	boolean	是否启动
finished	boolean	是否处理完毕

在上述成员变量中并非所有内容都会通过构造函数进行设置，下面对构造函数进行相关分析，Restarter 构造函数代码如下：

```
protected Restarter(Thread thread, String[] args, boolean forceReferenceCleanup,
RestartInitializer initializer) {
    SilentExitExceptionHandler.setup(thread);
    this.forceReferenceCleanup = forceReferenceCleanup;
    this.initialUrls = initializer.getInitialUrls(thread);
    this.mainClassName = getMainClassName(thread);
    this.applicationClassLoader = thread.getContextClassLoader();
    this.args = args;
    this.exceptionHandler = thread.getUncaughtExceptionHandler();
    this.leakSafeThreads.add(new LeakSafeThread());
}
```

下面回到 getOrAddAttribute 方法和 removeAttribute 方法，具体处理代码如下：

```
public Object getOrAddAttribute(String name, final ObjectFactory<?> objectFactory) {
    synchronized (this.attributes){
        if (!this.attributes.containsKey(name)) {
            this.attributes.put(name, objectFactory.getObject());
        }
        return this.attributes.get(name);
    }
}
public Object removeAttribute(String name) {
    synchronized (this.attributes) {
```

```
            return this.attributes.remove(name);
    }
}
```

在上述代码中,核心处理流程是对成员变量 attributes 的操作,在 getOrAddAttribute 方法中会进行两种操作,第一种是不存在键名的时候将数据设置到 attributes 容器中;第二种是存在键名的时候从 attributes 中获取,在 removeAttribute 方法中会进行移除操作。

17.3 Devtools 中 ApplicationListener 相关分析

本节将对 Spring Boot Devtools 中关于 ApplicationListener 的实现类进行说明,实现类有两个:

(1) org.springframework.boot.devtools.restart.RestartApplicationListener;

(2) org.springframework.boot.devtools.logger.DevToolsLogFactory.Listener。

下面对 RestartApplicationListener 进行分析,该对象的处理代码如下:

```
public class RestartApplicationListener implements ApplicationListener<ApplicationEvent>,
Ordered {
    public void onApplicationEvent(ApplicationEvent event){
        // 应用程序启动事件
        if (event instanceof ApplicationStartingEvent){
            onApplicationStartingEvent((ApplicationStartingEvent) event);
        }
        // 应用程序准备完成事件
        if (event instanceof ApplicationPreparedEvent){
            onApplicationPreparedEvent((ApplicationPreparedEvent) event);
        }
        // 应用程序就绪事件或应用程序失败事件
        if(event instanceof ApplicationReadyEvent || event instanceof
ApplicationFailedEvent) {
            Restarter.getInstance().finish();
        }
        // 应用程序失败事件
        if (event instanceof ApplicationFailedEvent){
            onApplicationFailedEvent((ApplicationFailedEvent) event);
        }
    }
}
```

在上述代码中可以发现 RestartApplicationListener 是事件监听器,针对不同的事件会做出不同的行为,在上述代码中会处理的事件分为如下 5 种:

(1) ApplicationStartingEvent,应用程序启动事件;

(2) ApplicationPreparedEvent,应用程序准备完成事件;

(3) ApplicationReadyEvent,应用程序就绪事件;

(4) ApplicationFailedEvent,应用程序失败事件;

(5) ApplicationFailedEvent,应用程序失败事件。

下面对上述 5 种事件的处理方法进行分析,首先是 ApplicationStartingEvent 事件的处理代码:

```
private void onApplicationStartingEvent(ApplicationStartingEvent event) {
    // 提取 spring.devtools.restart.enabled 数据值
```

```
        String enabled = System.getProperty(ENABLED_PROPERTY);
        // 准备 RestartInitializer
        RestartInitializer restartInitializer = null;
        // spring.devtools.restart.enabled 数据值不存在的情况下创建 DefaultRestartInitializer
        if (enabled == null){
            restartInitializer = new DefaultRestartInitializer();
        }
        // spring.devtools.restart.enabled 数据值为 true 的情况下创建 DefaultRestartInitializer
        // 并重写 isDevelopmentClassLoader 方法
        else if (Boolean.parseBoolean(enabled)){
            restartInitializer = new DefaultRestartInitializer(){
                        protected boolean isDevelopmentClassLoader(ClassLoader
classLoader){
                    return true;
                }
            };
        }
        // restartInitializer 不为空的情况下执行
        if (restartInitializer != null){
            // 获取事件中的参数
            String[] args = event.getArgs();
            // 是否属于重启的初始化
            boolean restartOnInitialize = !AgentReloader.isActive();
            // Restarter 实例化
            Restarter.initialize(args, false, restartInitializer, restartOnInitialize);
        }
        // restartInitializer 为空的情况下执行
        else{
            // 初始化和禁用重启支持
            Restarter.disable();
        }
    }
```

在 onApplicationStartingEvent 方法中处理流程如下。

（1）提取 spring.devtools.restart.enabled 数据值，数据存储变量名称为 enabled。

（2）如果 enabled 数据不存在会通过 DefaultRestartInitializer 方法构造 RestartInitializer。

（3）如果 enabled 数据值为 true 会通过 DefaultRestartInitializer 方法构造 RestartInitializer，注意此时的 DefaultRestartInitializer 重写了 isDevelopmentClassLoader 方法并且恒返回 true。

（4）判断 RestartInitializer 的实现类是否存在，如果存在会进行如下操作：

①提取事件对象中的参数；

②确定是否属于重启的初始化；

③调用 Restarter 完成实例化。

（5）判断 RestartInitializer 的实现类是否存在，如果不存在会初始化 Restarter 并且禁用重启支持。

在上述处理流程中最关键的方法是 Restarter.initialize 和 Restarter.disable，下面将对这两个方法进行分析，具体处理代码如下：

```
    public static void initialize(String[] args, boolean forceReferenceCleanup,
RestartInitializer
    initializer, boolean restartOnInitialize) {
        // 创建 Restarter
        Restarter localInstance = null;
        synchronized (INSTANCE_MONITOR){
            if (instance == null){
```

```
            localInstance = new Restarter(Thread.currentThread(), args,
    forceReferenceCleanup, initializer);
            instance = localInstance;
        }
    }
    // Restarter 不为空的情况下调用实例化方法
    if (localInstance != null){
        localInstance.initialize(restartOnInitialize);
    }
}
```

在 initialize 方法中主要处理流程分为以下两步：

（1）创建 Restarter；

（2）在 Restarter 不为空的情况下调用实例化方法。

关于第（2）步中 initialize 方法的详细处理代码如下：

```
protected void initialize(boolean restartOnInitialize) {
    // 处理 EARLY_EXIT 字段
    preInitializeLeakyClasses();
    // initialUrls 对象不为空的情况下将数据放入 urls 集合中
    if (this.initialUrls != null){
        this.urls.addAll(Arrays.asList(this.initialUrls));
        // 如果是重新启动的初始化，进行 immediateRestart 方法调度
        if (restartOnInitialize){
            this.logger.debug("Immediately restarting application");
            immediateRestart();
        }
    }
}

private void immediateRestart() {
    try{
        // 提取最后一个线程
        getLeakSafeThread().callAndWait(() -> {
            // 设置启动模式
            start(FailureHandler.NONE);
            // 清理缓存
            cleanupCaches();
            return null;
        });

    } catch (Exception ex) {
        this.logger.warn("Unable to initialize restarter", ex);
    }
    // 退出当前线程
    SilentExitExceptionHandler.exitCurrentThread();
}
```

在上述代码中主要的处理流程如下。

（1）处理 Spring 中 ClassNameReader 的 EARLY_EXIT 字段，核心目标是进行字段初始化。

（2）在成员变量 initialUrls 不为空的情况下将数据添加到成员变量 urls 中。

（3）判断方法参数 restartOnInitialize 是否为真，如果为真则进行重启操作：

①提取最后一个线程（线程类型是 LeakSafeThread），为线程进行 callAndWait 方法的重写；

②抛出异常，具体异常类型是 SilentExitException，对应的异常处理类是 SilentExit-

ExceptionHandler。

接下来对 Restarter#disable 方法进行分析，具体处理代码如下：

```
public static void disable() {
    initialize(NO_ARGS, false, RestartInitializer.NONE);
    getInstance().setEnabled(false);
}
```

在 disable 方法中调用的第一个方法就是前文提到的 initialize 方法的多次封装，这里不做详细说明，在第二个方法中对 enabled 变量进行了设置，设置值为 false，表示不支持重启处理。

在 Spring Boot Devtools 模块中 ApplicationListener 的实现类还有 DevToolsLogFactory.Listener，下面将对其进行说明，详细代码如下：

```
static class Listener implements ApplicationListener<ApplicationPreparedEvent> {

        public void onApplicationEvent(ApplicationPreparedEvent event){
        synchronized (logs){
            logs.forEach((log, source) -> {
                if (log instanceof DeferredLog){
                    ((DeferredLog) log).switchTo(source);
                }
            });
            logs.clear();
        }
    }

}
```

在这段代码中就是对日志的简单处理，处理流程为遍历日志对象，将日志信息输出。

17.4　Devtools 中 EnableAutoConfiguration 相关分析

本节将对 Spring Boot Devtools 中关于自动装配部分内容进行分析，在 spring.factories 文件中关于自动装配的配置信息如下：

```
org.springframework.boot.autoconfigure.EnableAutoConfiguration=\
org.springframework.boot.devtools.autoconfigure.DevToolsDataSourceAutoConfiguration,\
org.springframework.boot.devtools.autoconfigure.LocalDevToolsAutoConfiguration,\
org.springframework.boot.devtools.autoconfigure.RemoteDevToolsAutoConfiguration
```

在 spring.factories 文件中存在三个自动装配类，分别是 DevToolsDataSourceAutoConfiguration、LocalDevToolsAutoConfiguration 和 RemoteDevToolsAutoConfiguration。本节后续将会对这三个类进行分析。

17.4.1　DevToolsDataSourceAutoConfiguration 分析

本节将对 DevToolsDataSourceAutoConfiguration 进行分析，它的基础信息代码如下：

```
@AutoConfigureAfter(DataSourceAutoConfiguration.class)
    @Conditional({ OnEnabledDevToolsCondition.class, DevToolsDataSourceCondition.class })
```

```
@Configuration(proxyBeanMethods = false)
@Import(DatabaseShutdownExecutorEntityManagerFactoryDependsOnPostProcessor.class)
public class DevToolsDataSourceAutoConfiguration {}
```

在 DevToolsDataSourceAutoConfiguration 的基础定义中可以发现如下 3 个信息：

（1）DevToolsDataSourceAutoConfiguration 的装配过程会在 DataSourceAutoConfiguration 装配之后；

（2）DevToolsDataSourceAutoConfiguration 的装配需要经过 OnEnabledDevToolsCondition 和 DevToolsDataSourceCondition 的条件处理；

（3）DevToolsDataSourceAutoConfiguration 的装配会导入 DatabaseShutdownExecutorEntityManagerFactoryDependsOnPostProcessor。

接下来先对 OnEnabledDevToolsCondition 进行分析，该对象用于检查是否启用 DevTools，完整代码如下：

```
public class OnEnabledDevToolsCondition extends SpringBootCondition {

    public ConditionOutcome getMatchOutcome(ConditionContext context,
AnnotatedTypeMetadata metadata) {
        // 消息体
        ConditionMessage.Builder message = ConditionMessage.
forCondition("Devtools");
        // 确认是否启用
        boolean shouldEnable =
DevToolsEnablementDeducer.shouldEnable(Thread.currentThread());
        if (!shouldEnable){
            return ConditionOutcome.noMatch(message.because("devtools is disabled for current context."));
        }
        return ConditionOutcome.match(message.because("devtools enabled."));
    }

}
```

在上述代码中关于是否启用会依赖 DevToolsEnablementDeducer#shouldEnable 方法进行处理，该方法的处理流程是判断是否存在下面 4 个包名。

（1）"org.junit.runners."。

（2）"org.junit.platform."。

（3）"org.springframework.boot.test."。

（4）"cucumber.runtime."。

DevToolsEnablementDeducer#shouldEnable 方法完整代码如下：

```
private static final Set<String> SKIPPED_STACK_ELEMENTS;

static {
    Set<String> skipped = new LinkedHashSet<>();
    skipped.add("org.junit.runners.");
    skipped.add("org.junit.platform.");
    skipped.add("org.springframework.boot.test.");
    skipped.add("cucumber.runtime.");
    SKIPPED_STACK_ELEMENTS = Collections.unmodifiableSet(skipped);
}

public static boolean shouldEnable(Thread thread) {
```

```java
        for (StackTraceElement element : thread.getStackTrace()) {
            if (isSkippedStackElement(element)) {
                return false;
            }
        }
        return true;
    }

    private static boolean isSkippedStackElement(StackTraceElement element) {
        for (String skipped : SKIPPED_STACK_ELEMENTS) {
            if (element.getClassName().startsWith(skipped)) {
                return true;
            }
        }
        return false;
    }
```

接下来对 DevToolsDataSourceCondition 进行分析,该对象是对数据源相关内容进行条件处理,详细处理代码如下:

```java
    static class DevToolsDataSourceCondition extends SpringBootCondition implements ConfigurationCondition {

            public ConfigurationPhase getConfigurationPhase() {
                return ConfigurationPhase.REGISTER_BEAN;
            }

            public ConditionOutcome getMatchOutcome(ConditionContext context, AnnotatedTypeMetadata metadata) {
                // 构建消息对象
                ConditionMessage.Builder message = ConditionMessage.forCondition("DevTools DataSource Condition");
                // 从容器中提取存在的数据源名称集合
                String[] dataSourceBeanNames =
            context.getBeanFactory().getBeanNamesForType(DataSource.class, true, false);
                // 数据源名称集合数量不等于1,返回不匹配
                if (dataSourceBeanNames.length != 1) {
                    return ConditionOutcome.noMatch(message.didNotFind("a single DataSource bean").atAll());
                }
                // 从容器中获取 DataSourceProperties 对应的名称集合,如果数量不等于1,返回不匹配
                if (context.getBeanFactory().getBeanNamesForType(DataSourceProperties.class, true, false).length != 1) {
                    return ConditionOutcome.noMatch(message.didNotFind("a single DataSourceProperties bean").atAll());
                }
                // 获取第一个数据源名称对应的 Bean 定义对象
                BeanDefinition dataSourceDefinition =
            context.getRegistry().getBeanDefinition(dataSourceBeanNames[0]);
                // 匹配条件
                // 如果 Bean 定义对象类型是 AnnotatedBeanDefinition
                // 如果 Bean 定义对象的工厂方法元数据不为空
                // 如果 Bean 定义对象的工厂方法元数据中的类路径是 org.springframework.
                // boot.autoconfigure.jdbc+.DataSourceConfiguration$ 开头
                if (dataSourceDefinition instanceof AnnotatedBeanDefinition
                    && ((AnnotatedBeanDefinition) dataSourceDefinition).getFactoryMethodMetadata() != null
                    && ((AnnotatedBeanDefinition) dataSourceDefinition).getFactoryMethodMetadata()
                        .getDeclaringClassName().startsWith(DataSourceAutoConfiguration.
```

```
class.getPackage().getName() + ".DataSourceConfiguration$")) {
            return ConditionOutcome.match(message.foundExactly("auto-configured
    DataSource"));
        }
        return ConditionOutcome.noMatch(message.didNotFind("an auto-configured
    DataSource").atAll());
    }
}
```

在上述代码中关于 getMatchOutcome 的处理流程如下。

（1）构建消息对象。

（2）从容器中提取存在的数据源名称集合。

（3）如果数据源名称集合数量不等于1，返回不匹配。

（4）从容器中获取 DataSourceProperties 对应的名称集合，如果数量不等于1，则返回不匹配。

（5）获取第一个数据源名称对应的 Bean 定义对象。

（6）如果同时满足下面三个条件将返回匹配，如果不满足则返回不匹配。三个条件如下：

①如果 Bean 定义对象类型是 AnnotatedBeanDefinition；

②如果 Bean 定义对象的工厂方法元数据不为空；

③如果 Bean 定义对象的工厂方法元数据中的类路径是 org.springframework.boot.autoconfigure.jdbc.DataSourceConfiguration$ 开头。

接下来对导入注解（Import）所导入的 DatabaseShutdownExecutorEntityManagerFactoryDependsOnPostProcessor 进行分析，详细处理代码如下：

```
@ConditionalOnClass(LocalContainerEntityManagerFactoryBean.class)
@ConditionalOnBean(AbstractEntityManagerFactoryBean.class)
static class DatabaseShutdownExecutorEntityManagerFactoryDependsOnPostProcessor
    extends EntityManagerFactoryDependsOnPostProcessor {

    DatabaseShutdownExecutorEntityManagerFactoryDependsOnPostProcessor() {
        super("inMemoryDatabaseShutdownExecutor");
    }

}
```

DatabaseShutdownExecutorEntityManagerFactoryDependsOnPostProcessor 本质上是一个后置处理器，核心目标是将 inMemoryDatabaseShutdownExecutor 进行设置，让 EntityManagerFactory 类型的 Bean 初始化的时候依赖它。

接下来将对 inMemoryDatabaseShutdownExecutor 名称所对应的 Bean 进行分析，在 DevToolsDataSourceAutoConfiguration 中关于它的定义如下：

```
@Bean
NonEmbeddedInMemoryDatabaseShutdownExecutor inMemoryDatabaseShutdownExecutor
(DataSource dataSource,

DataSourceProperties dataSourceProperties) {
    return new NonEmbeddedInMemoryDatabaseShutdownExecutor(dataSource,
dataSourceProperties);
}
```

在上述代码中可以发现 NonEmbeddedInMemoryDatabaseShutdownExecutor 需要 DataSource

和 DataSourceProperties 作为构造函数的参数，下面查看 NonEmbeddedInMemoryDatabase-ShutdownExecutor 中的方法，NonEmbeddedInMemoryDatabaseShutdownExecutor 实现了 Disposable-Bean 接口，具体处理代码如下：

```
public void destroy() throws Exception {
    for (InMemoryDatabase inMemoryDatabase : InMemoryDatabase.values()) {
        if (inMemoryDatabase.matches(this.dataSourceProperties)) {
            inMemoryDatabase.shutdown(this.dataSource);
            return;
        }
    }
}
```

在 destroy 方法中会获取 InMemoryDatabase 枚举的所有数据，数据包含 DERBY、H2 和 HSQLDB，获取数据后会遍历这三个数据值，判断当前数据源配置中是否符合，若符合则进行关闭操作。

17.4.2　LocalDevToolsAutoConfiguration 分析

本节将对 LocalDevToolsAutoConfiguration 进行分析，接下来查看 LocalDevToolsAuto-Configuration 的基础信息代码如下：

```
@Configuration(proxyBeanMethods = false)
@ConditionalOnInitializedRestarter
@EnableConfigurationProperties(DevToolsProperties.class)
public class LocalDevToolsAutoConfiguration {}
```

在上述代码中，接下来需要关注的信息是 ConditionalOnInitializedRestarter 注解，关于该注解详细定义代码如下：

```
@Target({ ElementType.TYPE, ElementType.METHOD })
@Retention(RetentionPolicy.RUNTIME)
@Documented
@Conditional(OnInitializedRestarterCondition.class)
public @interface ConditionalOnInitializedRestarter {}
```

在上述代码中可以发现最终负责处理条件的类是 OnInitializedRestarterCondition，关于条件处理代码如下：

```
class OnInitializedRestarterCondition extends SpringBootCondition {
    public ConditionOutcome getMatchOutcome(ConditionContext context,
AnnotatedTypeMetadata metadata) {
        // 构造消息对象
        ConditionMessage.Builder message = ConditionMessage.
forCondition("Initialized Restarter Condition");
        // 获取 Restarter 实例
        Restarter restarter = getRestarter();
        // 如果 Restarter 实例为空返回不匹配
        if (restarter == null){
            return ConditionOutcome.noMatch(message.because("unavailable"));
        }
        // 如果 Restarter 实例对象中的初始化 url 集合为空返回不匹配
        if (restarter.getInitialUrls() == null){
            return ConditionOutcome.noMatch(message.because("initialized without URLs"));
```

```
            }
            // 匹配
            return ConditionOutcome.match(message.because("available and
initialized"));
        }
    }
```

在 OnInitializedRestarterCondition 中关于条件的处理流程如下。

（1）构造消息对象。

（2）获取 Restarter 实例。

（3）根据 Restarter 实例做出不同的条件结果，共有以下三种情况：

①如果 Restarter 实例为空返回不匹配；

②如果 Restarter 实例对象中的初始化 url 集合为空返回不匹配；

③以上两个条件以外返回匹配。

接下来对 LocalDevToolsAutoConfiguration 中的一些类进行说明，LiveReloadConfiguration 的详细代码如下：

```
@Configuration(proxyBeanMethods = false)
@ConditionalOnProperty(prefix = "spring.devtools.livereload", name = "enabled",
matchIfMissing = true)
static class LiveReloadConfiguration {

    @Bean
    @RestartScope
    @ConditionalOnMissingBean
    LiveReloadServer liveReloadServer(DevToolsProperties properties) {
        return new LiveReloadServer(properties.getLivereload().getPort(),
                            Restarter.getInstance().getThreadFactory());
    }

    @Bean
    OptionalLiveReloadServer optionalLiveReloadServer(LiveReloadServer
liveReloadServer) {
        return new OptionalLiveReloadServer(liveReloadServer);
    }

    @Bean
     LiveReloadServerEventListener liveReloadServerEventListener(OptionalLiveReloadServer
liveReloadServer) {
        return new LiveReloadServerEventListener(liveReloadServer);
    }

}
```

在上述代码中会将 LiveReloadServer、OptionalLiveReloadServer 和 LiveReloadServerEventListener 进行 Bean 实例化。同时这三个 Bean 之间存在依赖关系：LiveReloadServer → OptionalLiveReloadServer → LiveReloadServerEventListener。接下来的分析将围绕这三个 Bean 进行，下面对 LiveReloadServer 对象进行分析，LiveReloadServer 成员变量详细内容见表 17-2。

表 17-2　LiveReloadServer 成员变量

变 量 名 称	变 量 类 型	变 量 说 明
DEFAULT_PORT	int	默认的实时重载服务器端口
READ_TIMEOUT	int	读取超时时间
executor	ExecutorService	线程池
connections	List<Connection>	链接集合
monitor	Object	锁
port	int	端口
threadFactory	ThreadFactory	线程工厂
serverSocket	ServerSocket	服务套接字
listenThread	Thread	监听线程

对于 LiveReloadServer 对象而言，先暂时对成员变量进行说明，其他的方法处理会在后续分析 OptionalLiveReloadServer 和 LiveReloadServerEventListener 中涉及。下面就对 OptionalLiveReloadServer 对象进行分析，该对象的完整代码如下：

```
public class OptionalLiveReloadServer implements InitializingBean {
    private LiveReloadServer server;

    public OptionalLiveReloadServer(LiveReloadServer server) {
        this.server = server;
    }
    public void afterPropertiesSet() throws Exception {
        startServer();
    }

    void startServer() throws Exception {
        if (this.server != null) {
            try {
                if (!this.server.isStarted()) {
                    this.server.start();
                }
                logger.info(LogMessage.format("LiveReload server is running on port %s", this.server.getPort()));
            }
            catch (Exception ex) {
                logger.warn("Unable to start LiveReload server");
                logger.debug("Live reload start error", ex);
                this.server = null;
            }
        }
    }
}
```

在 OptionalLiveReloadServer 对象的完整代码中可以发现它实现了 InitializingBean，明确实现了 InitializingBean 后需要关注的方法也很明确，核心方法是 afterPropertiesSet 中所调用的 startServer，该方法的处理流程：在服务对象不为空并且服务对象并未启动的情况下将服务启动。有关服务启动方法的代码如下：

```
public int start() throws IOException {
    synchronized (this.monitor) {
        Assert.state(!isStarted(), "Server already started");
        logger.debug(LogMessage.format("Starting live reload server on port %s",
```

```
        this.port));
        this.serverSocket = new ServerSocket(this.port);
        int localPort = this.serverSocket.getLocalPort();
        this.listenThread = this.threadFactory.newThread(this::
acceptConnections);
        this.listenThread.setDaemon(true);
        this.listenThread.setName("Live Reload Server");
        this.listenThread.start();
        return localPort;
    }
}
```

继续向下分析 LiveReloadServerEventListener，该对象可以简单理解为一个事件监听器，核心方法是关于事件的处理，详细代码如下：

```
public void onApplicationEvent(ApplicationEvent event) {
    if (event instanceof ContextRefreshedEvent || (event instanceof
ClassPathChangedEvent && !((ClassPathChangedEvent)
event).isRestartRequired())) {
        this.liveReloadServer.triggerReload();
    }
}
```

在上述代码中对于事件的处理需要满足如下两个条件中的任意一个：

（1）事件类型是 ContextRefreshedEvent；

（2）事件类型是 ClassPathChangedEvent 并且不需要重启。

关于事件的核心处理其本质是调用 LiveReloadServer 对象提供的 triggerReload 方法，至此对于 LiveReloadConfiguration 的分析告一段落，接下来将进入 RestartConfiguration 的分析，首先是关于 ClassPathChangedEvent 事件的监听器处理，具体代码如下：

```
@Bean
ApplicationListener<ClassPathChangedEvent> restartingClassPathChangedEventListener(
    FileSystemWatcherFactory fileSystemWatcherFactory) {
    return (event) -> {
        // 判断是否需要重启
        if (event.isRestartRequired()) {
            // 重启
            Restarter.getInstance().restart(new FileWatchingFailureHandler
(fileSystemWatcherFactory));
        }
    };
}
```

在这段代码中会通过 Restarter 实例进行重启操作，实际的重启代码如下：

```
public void restart(FailureHandler failureHandler) {
    if (!this.enabled) {
        return;
    }
    getLeakSafeThread().call(() -> {
        Restarter.this.stop();
        Restarter.this.start(failureHandler);
        return null;
    });
}
```

继续向下分析 ClassPathFileSystemWatcher 的构造过程，详细处理代码如下：

```
@Bean
```

```java
@ConditionalOnMissingBean
ClassPathFileSystemWatcher classPathFileSystemWatcher(FileSystemWatcherFactory
fileSystemWatcherFactory, ClassPathRestartStrategy classPathRestartStrategy) {
    // 从 Restarter 实例中获取 url 集合
    URL[] urls = Restarter.getInstance().getInitialUrls();
    // 创建 ClassPathFileSystemWatcher
    ClassPathFileSystemWatcher watcher = new
ClassPathFileSystemWatcher(fileSystemWatcherFactory, classPathRestartStrategy,
urls);
    // 设置 stopWatcherOnRestart 属性为 true
    watcher.setStopWatcherOnRestart(true);
    return watcher;
}
```

在上述代码中关于 ClassPathFileSystemWatcher 的创建流程如下：

（1）从 Restarter 实例中获取 url 集合；

（2）创建 ClassPathFileSystemWatcher；

（3）设置 stopWatcherOnRestart 属性为 true。

接下来对 ClassPathRestartStrategy 的创建进行分析，具体处理代码如下：

```java
@Bean
@ConditionalOnMissingBean
ClassPathRestartStrategy classPathRestartStrategy() {
    // 创建重启策略
    return new PatternClassPathRestartStrategy(this.properties.getRestart().
getAllExclude());
}
```

在上述代码中处理流程是通过 new 关键字创建 PatternClassPathRestartStrategy。同样的处理逻辑还有 ConditionEvaluationDeltaLoggingListener 的创建，具体代码如下：

```java
@Bean
@ConditionalOnProperty(prefix = "spring.devtools.restart", name = "log-condition-
evaluation-delta",atchIfMissing = true)
ConditionEvaluationDeltaLoggingListener conditionEvaluationDeltaLoggingListener() {
    return new ConditionEvaluationDeltaLoggingListener();
}
```

最后对 FileSystemWatcherFactory 的创建进行分析，详细处理代码如下：

```java
@Bean
FileSystemWatcherFactory fileSystemWatcherFactory() {
    return this::newFileSystemWatcher;
}

private FileSystemWatcher newFileSystemWatcher() {
    Restart restartProperties = this.properties.getRestart();
    FileSystemWatcher watcher = new FileSystemWatcher(true,
restartProperties.getPollInterval(),restartProperties.getQuietPeriod(),
SnapshotStateRepository.STATIC);
    String triggerFile = restartProperties.getTriggerFile();
    if (StringUtils.hasLength(triggerFile)) {
        watcher.setTriggerFilter(new TriggerFileFilter(triggerFile));
    }
    List<File> additionalPaths = restartProperties.getAdditionalPaths();
    for (File path : additionalPaths) {
        watcher.addSourceDirectory(path.getAbsoluteFile());
    }
    return watcher;
```

}

在 newFileSystemWatcher 方法中处理流程如下：

（1）从配置对象中获取 Restart；

（2）创建 FileSystemWatcher；

（3）从 Restart 中获取 triggerFile 数据，在 triggerFile 数据不为空的情况下将数据设置到 FileSystemWatcher 中；

（4）从 Restart 中获取 additionalPaths 数据，将其设置到 FileSystemWatcher 的 directories 变量中。

17.4.3 RemoteDevToolsAutoConfiguration 分析

本节将对 RemoteDevToolsAutoConfiguration 进行分析，接下来查看 RemoteDevTools-AutoConfiguration 的基础信息代码：

```
@Configuration(proxyBeanMethods = false)
@Conditional(OnEnabledDevToolsCondition.class)
@ConditionalOnProperty(prefix = "spring.devtools.remote", name = "secret")
@ConditionalOnClass({ Filter.class, ServerHttpRequest.class })
@AutoConfigureAfter(SecurityAutoConfiguration.class)
@Import(RemoteDevtoolsSecurityConfiguration.class)
@EnableConfigurationProperties({ ServerProperties.class, DevToolsProperties.class })
public class RemoteDevToolsAutoConfiguration {}
```

在上述代码中可以发现 RemoteDevToolsAutoConfiguration 需要通过条件注解中 OnEnabled-DevToolsCondition 的处理后才会被自动装配，除了条件注解外还有 Import 引入的 RemoteDevtoolsSecurityConfiguration。条件注解 OnEnabledDevToolsCondition 在前文对 DevToolsDataSource-AutoConfiguration 进行分析的时候已经分析过，它的目的是判断是否启用了 devtools 相关内容。接下来对 RemoteDevtoolsSecurityConfiguration 进行分析，该类目标是进行 Spring Security 的配置，允许匿名访问远程 devtools 端点，详细处理代码如下：

```
@ConditionalOnClass({ SecurityFilterChain.class, HttpSecurity.class })
@Configuration(proxyBeanMethods = false)
class RemoteDevtoolsSecurityConfiguration {

    private final String url;

    RemoteDevtoolsSecurityConfiguration(DevToolsProperties devToolsProperties,
ServerProperties serverProperties) {
        ServerProperties.Servlet servlet = serverProperties.getServlet();
        String servletContextPath = (servlet.getContextPath() != null) ?
servlet.getContextPath() : "";
        this.url = servletContextPath + devToolsProperties.getRemote().
getContextPath() + "/restart";
    }

    @Bean
    @Order(SecurityProperties.BASIC_AUTH_ORDER - 1)
    @ConditionalOnMissingBean(WebSecurityConfigurerAdapter.class)
    SecurityFilterChain devtoolsSecurityFilterChain(HttpSecurity http) throws Exception{
```

```
            http.requestMatcher(new AntPathRequestMatcher(this.url)).
authorizeRequests().anyRequest().anonymous().and()
                 .csrf().disable();
            return http.build();
    }

}
```

下面回到 RemoteDevToolsAutoConfiguration 查看其中的内部类或方法，在 RemoteDevTools-AutoConfiguration 中的内部类以及方法都是用于进行 Bean 注册的，其中注册的 Bean 有如下 5 个：

（1）Bean 类型 AccessManager，实现类 HttpHeaderAccessManager；

（2）Bean 类型 HandlerMapper，实现类 UrlHandlerMapper；

（3）DispatcherFilter 类型的 Bean；

（4）Bean 类型 SourceDirectoryUrlFilter，实现类 DefaultSourceDirectoryUrlFilter；

（5）HttpRestartServer 类型的 Bean。

上述 Bean 的注册代码如下：

```
@Bean
@ConditionalOnMissingBean
public AccessManager remoteDevToolsAccessManager () {
    RemoteDevToolsProperties remoteProperties = this.properties.getRemote();
    return new HttpHeaderAccessManager(remoteProperties.getSecretHeaderName(),
remoteProperties.getSecret());
}

@Bean
public HandlerMapper remoteDevToolsHealthCheckHandlerMapper(ServerProperties
serverProperties) {
    Handler handler = new HttpStatusHandler();
    Servlet servlet = serverProperties.getServlet();
     String servletContextPath = (servlet.getContextPath() != null) ? servlet.
getContextPath() : "";
    return new UrlHandlerMapper(servletContextPath +
this.properties.getRemote().getContextPath(), handler);
}

@Bean
@ConditionalOnMissingBean
public DispatcherFilter remoteDevToolsDispatcherFilter (AccessManager
accessManager, Collection<HandlerMapper> mappers) {
    Dispatcher dispatcher = new Dispatcher(accessManager, mappers);
    return new DispatcherFilter(dispatcher);
}

@Configuration(proxyBeanMethods = false)
@ConditionalOnProperty(prefix = "spring.devtools.remote.restart", name =
"enabled", matchIfMissing = true)
static class RemoteRestartConfiguration {

    @Bean
    @ConditionalOnMissingBean
    SourceDirectoryUrlFilter remoteRestartSourceDirectoryUrlFilter() {
        return new DefaultSourceDirectoryUrlFilter();
    }
```

```
    @Bean
    @ConditionalOnMissingBean
    HttpRestartServer remoteRestartHttpRestartServer (SourceDirectoryUrlFilter
sourceDirectoryUrlFilter) {
        return new HttpRestartServer(sourceDirectoryUrlFilter);
    }

    @Bean
    @ConditionalOnMissingBean(name = " remoteRestartHandlerMapper ")
    UrlHandlerMapper remoteRestartHandlerMapper (HttpRestartServer server,
ServerProperties serverProperties, DevToolsProperties properties) {
        Servlet servlet = serverProperties.getServlet();
        RemoteDevToolsProperties remote = properties.getRemote();
        String servletContextPath = (servlet.getContextPath() != null) ?
servlet.getContextPath() : "";
        String url = servletContextPath + remote.getContextPath() + "/restart";
        logger.warn(LogMessage.format("Listening for remote restart updates on
%s", url));
        Handler handler = new HttpRestartServerHandler(server);
        return new UrlHandlerMapper(url, handler);
    }

}
```

17.5　Devtools 中 EnvironmentPostProcessor 相关分析

本节将对 Spring Boot Devtools 中关于 EnvironmentPostProcessor 的部分内容进行分析，在 spring.factories 文件中关于自动装配的配置信息如下：

```
org.springframework.boot.env.EnvironmentPostProcessor=\
org.springframework.boot.devtools.env.DevToolsHomePropertiesPostProcessor,\
org.springframework.boot.devtools.env.DevToolsPropertyDefaultsPostProcessor
```

在 spring.factories 文件中存在两个 EnvironmentPostProcessor 的实现类，分别是 DevTools-HomePropertiesPostProcessor 和 DevToolsPropertyDefaultsPostProcessor。

17.5.1　DevToolsHomePropertiesPostProcessor 分析

本节将对 DevToolsHomePropertiesPostProcessor 进行分析，有关 DevToolsHomeProperties-PostProcessor 的成员变量的详细内容见表 17-3。

表 17-3　DevToolsHomePropertiesPostProcessor 的成员变量

变量名称	变量类型	变量说明
LEGACY_FILE_NAME	String	历史文件名称
FILE_NAMES	String[]	spring-boot-devtools 配置文件名称集合
CONFIG_PATH	String	配置文件路径
PROPERTY_SOURCE_LOADERS	Set<PropertySourceLoader>	属性源加载器集合

在上述 4 个成员变量中，成员变量 PROPERTY_SOURCE_LOADERS 会在 static 代码块中完成初始化，初始化的数据有 PropertiesPropertySourceLoader 和可能存在的 YamlProperty-

SourceLoader，具体初始化代码如下：

```java
static {
    Set<PropertySourceLoader> propertySourceLoaders = new HashSet<>();
    propertySourceLoaders.add(new PropertiesPropertySourceLoader());
    if (ClassUtils.isPresent("org.yaml.snakeyaml.Yaml", null)) {
        propertySourceLoaders.add(new YamlPropertySourceLoader());
    }
    PROPERTY_SOURCE_LOADERS =
Collections.unmodifiableSet(propertySourceLoaders);
}
```

由于 DevToolsHomePropertiesPostProcessor 实现了 EnvironmentPostProcessor，下面就对 EnvironmentPostProcessor 需要实现的 postProcessEnvironment 方法进行分析，详细代码如下：

```java
public void postProcessEnvironment(ConfigurableEnvironment environment,
SpringApplication application) {
    // devtools 是否禁用，如果不是则进行处理
    if (DevToolsEnablementDeducer.shouldEnable(Thread.currentThread())) {
        // 创建暂存容器
        List<PropertySource<?>> propertySources = getPropertySources();
        if (propertySources.isEmpty()) {
            // 提取 devtools 相关配置放入暂存容器
            addPropertySource(propertySources, LEGACY_FILE_NAME, (file) ->
"devtools-local");
        }
        // 向环境配置中加入数据
        propertySources.forEach(environment.getPropertySources()::addFirst);
    }
}
```

在上述代码中处理流程如下：
（1）确认 devtools 是否禁用，如果不是则进行处理；
（2）创建暂存容器，用于存储属性源对象，数据来源是成员变量 FILE_NAMES；
（3）提取 devtools 相关数据放入暂存器；
（4）循环处理暂存器中的数据将其放入环境配置中。

17.5.2　DevToolsPropertyDefaultsPostProcessor 分析

本节将对 DevToolsPropertyDefaultsPostProcessor 进行分析，该对象主要用于对 devtools 相关的配置进行默认值设置，devtools 默认值见表 17-4。

表 17-4　devtools 默认值

键	默认值
spring.thymeleaf.cache	false
spring.freemarker.cache	false
spring.groovy.template.cache	false
spring.mustache.cache	false
server.servlet.session.persistent	true
spring.h2.console.enabled	true
spring.web.resources.cache.period	0

续表

键	默认值
spring.web.resources.chain.cache	false
spring.template.provider.cache	false
spring.mvc.log-resolved-exception	true
server.error.include-binding-errors	ALWAYS
server.error.include-message	ALWAYS
server.error.include-stacktrace	ALWAYS
server.servlet.jsp.init-parameters.development	true
spring.reactor.debug	true

在确认默认数据后下面对默认数据的使用进行说明，具体处理代码如下：

```
public void postProcessEnvironment(ConfigurableEnvironment environment,
SpringApplication application) {
    // 开启 devtools 并且是本地程序
    if (DevToolsEnablementDeducer.shouldEnable(Thread.currentThread()) &&
  isLocalApplication(environment)) {
        // 判断是否需要添加数据
        if (canAddProperties(environment)) {
            Map<String, Object> properties = new HashMap<>(PROPERTIES);
            properties.putAll(getResourceProperties(environment));
            environment.getPropertySources().addLast(new MapPropertySource
("devtools", properties));
        }
    }
}
```

在上述代码中处理了需要满足开启 devtools 和当前应用是本地程序才会进行处理，处理流程为判断是否需要添加数据，如果需要则进行数据添加。判断添加数据的条件如下。

（1）环境对象中 spring.devtools.add-properties 的值为 true，如果为 false 则表示不需要添加。

（2）在环境对象中 spring.devtools.add-properties 的值为 true 的前提下满足下面两个条件中的任意一个即表示需要添加：

① Restarter 中初始化 url 不为空；

②环境对象中 spring.devtools.remote.secret 数据存在。

本章小结

本章对 Spring Boot Devtools 项目中关于 spring.factories 文件的内容进行分析，在 spring.factories 文件中包含 4 个 Spring 接口：ApplicationContextInitializer、ApplicationListener、EnableAutoConfiguration 和 EnvironmentPostProcessor，本章对这 4 个接口在 Spring Boot Devtools 中的实现进行了相关分析。

第 18 章

devtools 中文件与类监控相关分析

本章将继续深入 Spring Boot Devtools 项目源码，主要讨论内容是关于文件与类监控。

18.1　FileSystemWatcherFactory 相关分析

本节将对 FileSystemWatcherFactory 进行分析，该接口的核心目标是创建 FileSystem-Watcher，关于该接口的定义代码如下：

```
@FunctionalInterface
public interface FileSystemWatcherFactory {
    FileSystemWatcher getFileSystemWatcher();
}
```

在 Spring Boot Devtools 中该接口存在两个实现类，这两个实现类并非单独的类对象，而是在方法中存在，下面是第一种实现方式：

```
@Bean
FileSystemWatcherFactory fileSystemWatcherFactory() {
    return this::newFileSystemWatcher;
}
private FileSystemWatcher newFileSystemWatcher() {
    // 从配置对象中获取 Restart,该对象是配置对象
    Restart restartProperties = this.properties.getRestart();
    // 创建 FileSystemWatcher
    FileSystemWatcher watcher = new FileSystemWatcher(true,
   restartProperties.getPollInterval(),restartProperties.getQuietPeriod(),
SnapshotStateRepository.STATIC);
    // 获取 triggerFile 数据
    String triggerFile = restartProperties.getTriggerFile();
    if (StringUtils.hasLength(triggerFile)) {
        // 设置 triggerFile 属性
        watcher.setTriggerFilter(new TriggerFileFilter(triggerFile));
    }
    // 获取 additionalPaths 数据
```

```
        List<File> additionalPaths = restartProperties.getAdditionalPaths();
        // 设置 directories 数据
        for (File path : additionalPaths) {
            watcher.addSourceDirectory(path.getAbsoluteFile());
        }
        return watcher;
    }
```

上述代码位于 LocalDevToolsAutoConfiguration.RestartConfiguration 中，处理流程是将对象创建后根据不同条件进行数据设置。下面代码是第二种实现方式：

```
    @Bean
    FileSystemWatcherFactory getFileSystemWatcherFactory() {
        return this::newFileSystemWatcher;
    }

    private FileSystemWatcher newFileSystemWatcher() {
        Restart restartProperties = this.properties.getRestart();
        FileSystemWatcher watcher = new FileSystemWatcher(true,
                restartProperties.getPollInterval(),restartProperties.getQuietPeriod());
        String triggerFile = restartProperties.getTriggerFile();
        if (StringUtils.hasLength(triggerFile)) {
            watcher.setTriggerFilter(new TriggerFileFilter(triggerFile));
        }
        return watcher;
    }
```

上述代码位于 RemoteClientConfiguration.RemoteRestartClientConfiguration 中，可以发现在 FileSystemWatcherFactory 的实现类中都进行了 FileSystemWatcher 的创建。下面将对 FileSystemWatcher 进行说明，有关 FileSystemWatcher 成员变量的详细内容见表 18-1。

表 18-1　FileSystemWatcher 成员变量

变 量 名 称	变 量 类 型	变 量 说 明
DEFAULT_POLL_INTERVAL	Duration	默认轮询间隔
DEFAULT_QUIET_PERIOD	Duration	默认无操作时间
listeners	List<FileChangeListener>	文件变化监听器
daemon	boolean	是否守护线程标记
pollInterval	long	轮询间隔
quietPeriod	long	无操作时间
snapshotStateRepository	SnapshotStateRepository	快照存储库
remainingScans	AtomicInteger	剩余扫描数量
directories	Map<File, DirectorySnapshot>	文件快照容器
monitor	Object	锁
watchThread	Thread	监控线程
triggerFilter	FileFilter	文件过滤器

在上述变量中需要对变量 directories 中的 value 类型 DirectorySnapshot 进行说明，它是一个快照对象，有关 DirectorySnapshot 成员变量的详细内容见表 18-2。

表 18-2 DirectorySnapshot 成员变量

变量名称	变量类型	变量说明
directory	File	目录
time	Date	快照登记时间
files	Set<FileSnapshot>	文件快照集合

在上述成员变量中需要使用文件快照对象 FileSnapshot，有关 FileSnapshot 成员变量的详细内容见表 18-3。

表 18-3 FileSnapshot 成员变量

变量名称	变量类型	变量说明
file	File	文件对象
exists	boolean	是否存在
length	long	文件长度
lastModified	long	最后修改时间

回到 FileSystemWatcher，在该对象中还有两个需要关注的方法，这两个方法分别是启动方法 start 和停止方法 stop，下面将对这两个方法进行分析，有关 start 方法的详细处理代码如下：

```
public void start() {
    synchronized (this.monitor){
        // 创建或恢复初始快照
        createOrRestoreInitialSnapshots();
        // 监控线程为空的情况下处理
        if (this.watchThread == null){
            // 获取成员变量 directories
            Map<File, DirectorySnapshot> localDirectories = new HashMap<>(this.directories);
            // 创建 Watcher，该对象是 Runnable 的实现类
            Watcher watcher = new Watcher(this.remainingScans, new ArrayList<>(this.listeners), this.triggerFilter,
                    this.pollInterval, this.quietPeriod, localDirectories, this.snapshotStateRepository);
            // 创建线程对象，并启动线程对象
            this.watchThread = new Thread(watcher);
            this.watchThread.setName("File Watcher");
            this.watchThread.setDaemon(this.daemon);
            this.watchThread.start();
        }
    }
}
```

在上述代码中主要的处理流程如下。

（1）创建或恢复初始快照，快照相关操作是围绕成员变量 directories 进行的。

（2）当监控线程为空的情况下处理如下流程：

①获取成员变量 directories；

②创建 Watcher，该对象是 Runnable 的实现类；

③创建线程对象，并启动线程对象，线程对象中的核心是 Watcher。

完成了 start 方法的分析后下面对 stop 方法进行分析，详细处理代码如下：

```java
public void stop() {
    stopAfter(0);
}

void stopAfter(int remainingScans) {
    Thread thread;
    synchronized (this.monitor){
        // 监控线程
        thread = this.watchThread;
        // 监控线程不为空的情况下
        if (thread != null){
            // 设置剩余扫描数量
            this.remainingScans.set(remainingScans);
            // 如果数量小于或等于0,线程中断
            if (remainingScans <= 0){
                thread.interrupt();
            }
        }
        // 设置监控线程为null
        this.watchThread = null;
    }
    // 线程对象不为空并且当前线程和线程对象不相同的情况下将线程join
    if (thread != null && Thread.currentThread() != thread) {
        try{
            thread.join();
        } catch (InterruptedException ex) {
            Thread.currentThread().interrupt();
        }
    }
}
```

在上述代码中核心的处理流程如下：

（1）获取监控线程，在监控线程不为空的情况下设置剩余扫描文件数，如果文件数量小于或等于0将线程中断；

（2）将监控线程设置为 null；

（3）线程对象不为空并且当前线程和线程对象不相同的情况下将线程 join。

在上述操作过程中所需使用的监控线程和线程对象都和 Watcher 有关，下面将对 Watcher 进行分析。通过前文的分析可以知道 Watcher 对象是 Runnable 的实现类，那么 Runnable 中的 run 方法就是一个分析的入口，在分析之前还需要对 Watcher 的成员变量做了解，有关 Watcher 成员变量的详细内容见表 18-4。

表 18-4 Watcher 成员变量

变量名称	变量类型	变量说明
remainingScans	AtomicInteger	剩余扫描数量
listeners	List<FileChangeListener>	文件变更监听器
triggerFilter	FileFilter	文件过滤器
pollInterval	long	轮询间隔
quietPeriod	long	无操作时间
snapshotStateRepository	Map<File, DirectorySnapshot>	快照存储库

了解成员变量后下面对方法进行分析，详细处理代码如下：

```java
public void run() {
    // 获取未扫描文件数量
    int remainingScans = this.remainingScans.get();
    while (remainingScans > 0 || remainingScans == -1) {
        try {
            if (remainingScans > 0) {
                // 数量-1
                this.remainingScans.decrementAndGet();
            }
            // 扫描
            scan();
        } catch (InterruptedException ex) {
            Thread.currentThread().interrupt();
        }
        remainingScans = this.remainingScans.get();
    }
}
```

在上述代码中是一个循环处理，结束循环的条件是未扫描文件数量等于 0，在循环内的核心处理需要依赖 scan 方法，详细代码如下：

```java
private void scan() throws InterruptedException {
    Thread.sleep(this.pollInterval - this.quietPeriod);
    // 历史快照
    Map<File, DirectorySnapshot> previous;
    // 当前快照
    Map<File, DirectorySnapshot> current = this.directories;
    do {
        previous = current;
        // 获取当前快照
        current = getCurrentSnapshots();
        Thread.sleep(this.quietPeriod);
    }
    // 没有差异停止
    while (isDifferent(previous, current));
    // 如果存在差异则更新快照
    if (isDifferent(this.directories, current)) {
        updateSnapshots(current.values());
    }
}
```

在上述代码中主要的处理流程如下：

（1）线程暂停，暂停时间为成员变量 pollInterval 减去成员变量 quietPeriod；

（2）创建两个变量用来存储历史目录快照（previous）和当前目录快照（current）；

（3）通过 getCurrentSnapshots 方法获取当前目录快照，在这个处理阶段是循环处理，结束条件历史目录快照和当前目录快照没有差异；

（4）在第（3）步处理完成后，对比历史目录快照和当前目录快照是否存在差异，如果存在则更新目录快照。

在上述处理流程中需要使用 isDifferent、getCurrentSnapshots 和 updateSnapshots 方法，下面对 isDifferent 方法进行分析，详细处理代码如下：

```java
private boolean isDifferent(Map<File, DirectorySnapshot> previous, Map<File,
    DirectorySnapshot> current) {
    // 历史目录快照的 key 和当前目录快照的 key 不相同，返回 true
```

```
            if (!previous.keySet().equals(current.keySet())) {
                return true;
            }
            // 循环历史目录快照
            for (Map.Entry<File, DirectorySnapshot> entry : previous.entrySet()) {
                // 通过历史目录快照的 key 获取历史目录快照对象
                DirectorySnapshot previousDirectory = entry.getValue();
                // 通过历史目录快照的 key 获取当前目录快照对象
                DirectorySnapshot currentDirectory = current.get(entry.getKey());
                // 快照对比，如果不相同则返回 true
                if (!previousDirectory.equals(currentDirectory, this.triggerFilter)) {
                    return true;
                }
            }
            return false;
        }
```

在 isDifferent 方法中核心目标是判断历史目录快照和当前目录快照是否存在差异，具体处理流程如下：

（1）历史目录快照的 key 和当前目录快照的 key 不相同返回 true。

（2）循环历史目录快照，单个处理流程如下：

①通过历史目录快照的 key 获取历史目录快照对象；

②通过历史目录快照的 key 获取当前目录快照对象；

③通过历史目录快照对象的 equals 方法判断是否相同，如果不相同则返回 true。

接下来将对 DirectorySnapshot 中的 equals 方法进行分析，具体处理代码如下：

```
        boolean equals(DirectorySnapshot other, FileFilter filter) {
            // 对比当前目录快照对象和传入快照对象中的目录对象是否相同，如果不相同则返回 false
            if (this.directory.equals(other.directory)) {
                // 当前文件快照对象
                Set<FileSnapshot> ourFiles = filter(this.files, filter);
                // 传入的文件快照对象
                Set<FileSnapshot> otherFiles = filter(other.files, filter);
                // 文件快照对比
                return ourFiles.equals(otherFiles);
            }
            return false;
        }
```

上述代码处理流程：对比当前目录对象和传入快照对象中的目录对象是否相同，如果不相同则返回 false，如果相同则继续处理。获取当前文件快照对象以及传入的文件快照对象，通过 FileSnapshot 提供的 equals 方法返回结果。

在上述处理过程中关于获取文件快照对象需要依赖 filter 方法，该方法的处理代码如下：

```
        private Set<FileSnapshot> filter(Set<FileSnapshot> source, FileFilter filter) {
            // 文件过滤器为空的情况下直接返回
            if (filter == null){
                return source;
            }
            // 创建结果集合
            Set<FileSnapshot> filtered = new LinkedHashSet<>();
            // 循环文件快照对象，通过文件过滤器判断是否是需要的文件，如果是则将其放入
            //结果集合中
            for (FileSnapshot file : source){
                if (filter.accept(file.getFile())){
                    filtered.add(file);
```

```
        }
    }
    return filtered;
}
```

在上述代码中核心的处理流程如下:

(1) 判断文件过滤器是否为空,如果为空则直接将文件快照集合返回。

(2) 在文件过滤器不为空的情况下,将循环文件快照集合,通过文件过滤器过滤不需要的文件快照对象后返回。

在对比文件快照集合的差异时还需要使用 FileSnapshot 的 equals 方法,该方法的处理方式是比较所有字段,详细处理代码如下:

```
public boolean equals(Object obj) {
    if (this == obj) {
        return true;
    }
    if (obj == null) {
        return false;
    }
    if (obj instanceof FileSnapshot) {
        FileSnapshot other = (FileSnapshot) obj;
        boolean equals = this.file.equals(other.file);
        equals = equals && this.exists == other.exists;
        equals = equals && this.length == other.length;
        equals = equals && this.lastModified == other.lastModified;
        return equals;
    }
    return super.equals(obj);
}
```

至此对于 isDifferent 方法的细节分析就完成了,接下来将对 getCurrentSnapshots 方法进行分析,该方法用于获取当前目录快照,详细处理代码如下:

```
private Map<File, DirectorySnapshot> getCurrentSnapshots() {
    // 快照集合对象
    Map<File, DirectorySnapshot> snapshots = new LinkedHashMap<>();
    // 循环成员变量 directories
    for (File directory : this.directories.keySet()) {
        // 向快照集合对象中设置数据
        snapshots.put(directory, new DirectorySnapshot(directory));
    }
    return snapshots;
}
```

在 getCurrentSnapshots 方法中详细处理流程如下:

(1) 创建目录快照集合对象;

(2) 循环成员变量 directories,将其中的目录对象创建为快照对象放入目录快照集合对象中;

(3) 返回目录快照集合对象。

最后将对 updateSnapshots 方法进行分析,该方法用于更新快照对象,详细处理代码如下:

```
private void updateSnapshots(Collection<DirectorySnapshot> snapshots) {
    // 创建更新用的目录快照对象
    Map<File, DirectorySnapshot> updated = new LinkedHashMap<>();
    // 变化的文件集合
    Set<ChangedFiles> changeSet = new LinkedHashSet<>();
```

```
        // 遍历目录快照对象
        for (DirectorySnapshot snapshot : snapshots) {
            // 获取历史目录快照对象
            DirectorySnapshot previous = this.directories.get(snapshot.getDirectory());
            // 设置到更新目录快照对象中
            updated.put(snapshot.getDirectory(), snapshot);
            // 获取变化的文件集合
            ChangedFiles changedFiles = previous.getChangedFiles(snapshot, this.triggerFilter);
            // 变化的文件集合中文件对象不为空则将其加入变化的文件集合对象中
            if (!changedFiles.getFiles().isEmpty()) {
                changeSet.add(changedFiles);
            }
        }
        // 设置成员变量
        this.directories = updated;
        // 快照保存
        this.snapshotStateRepository.save(updated);
        // 变化的文件集合对象不为空，唤醒文件变更监听器
        if (!changeSet.isEmpty()) {
            fireListeners(Collections.unmodifiableSet(changeSet));
        }
    }
```

在上述代码中主要的处理流程如下：

（1）创建更新用的目录快照对象和变化的文件集合。

（2）遍历目录快照对象，单个处理流程如下：

①从成员变量 directories 中获取历史目录快照对象；

②将变量置入用于更新的目录快照对象中；

③获取变化的文件集合；

④变化的文件集合中文件对象不为空则将其加入变化的文件集合对象中。

（3）将用于更新的目录快照对象设置给成员变量 directories。

（4）通过成员变量 snapshotStateRepository 进行保存操作。

（5）变化的文件集合对象不为空，唤醒文件变更监听器进行处理。

在上述处理中需要关注获取变化的文件集合的处理方法 DirectorySnapshot#getChangedFiles，下面是完整的处理代码：

```
    ChangedFiles getChangedFiles(DirectorySnapshot snapshot, FileFilter triggerFilter) {
        Assert.notNull(snapshot, "Snapshot must not be null");
        // 获取目录对象
        File directory = this.directory;
        Assert.isTrue(snapshot.directory.equals(directory),
                    () -> "Snapshot source directory must be '" + directory + "'");
        // 创建变更文件集合
        Set<ChangedFile> changes = new LinkedHashSet<>();
        // 获取历史文件快照集合
        Map<File, FileSnapshot> previousFiles = getFilesMap();
        // 循环处理传入的文件集合
        for (FileSnapshot currentFile : snapshot.files) {
            // 经过过滤器处理确定是否需要处理
            if (acceptChangedFile(triggerFilter, currentFile)) {
                // 从历史文件快照中移除当前处理的文件快照对象，并获取该移除的对象
                FileSnapshot previousFile = previousFiles.remove(currentFile.
```

```
                getFile());
            // 历史移除对象为空的情况下加入文件变更集合中
            if (previousFile == null) {
                changes.add(new ChangedFile(directory, currentFile.getFile(),
Type.ADD));
            }
            // 历史文件快照对象和当前文件快照对象不相同加入到文件变更集合中
            else if (!previousFile.equals(currentFile)) {
                changes.add(new ChangedFile(directory, currentFile.getFile(),
Type.MODIFY));
            }
        }
    }
    // 将历史文件快照集中的元素放入变更文件集合
    for (FileSnapshot previousFile : previousFiles.values()) {
        if (acceptChangedFile(triggerFilter, previousFile)) {
            changes.add(new ChangedFile(directory, previousFile.getFile(),
Type.DELETE));
        }
    }
    return new ChangedFiles(directory, changes);
}
```

在上述代码中核心的处理流程如下：

（1）获取目录对象，数据是成员变量 directory。

（2）创建变更文件集合。

（3）获取历史文件快照集合，数据从成员变量 files 转换而来。

（4）循环处理方法参数 snapshot 中携带的文件快照对象，关于单个的处理流程如下：

①经过过滤器处理确定是否需要处理，如果不需要处理则跳过当前文件快照的处理；

②从历史文件快照集合中根据当前处理的文件快照对象获取历史文件快照对象；

③如果历史文件快照对象为空则将目录对象、当前文件快照对象中的文件对象和类型标记（新增）创建变更文件对象放入变更文件集合中；

④如果历史文件快照对象和当前处理的文件快照对象不相同则加入变更文件集合中，加入对象需要参数有目录对象、当前文件快照对象中的文件对象和类型标记（修改）。

（5）将历史文件快照集中的元素放入变更文件集合。

（6）返回最终的处理结果。

18.2　FileChangeListener 分析

本节将对 FileChangeListener 进行分析，该接口的意义是在发生文件变更时做特定处理，关于该接口的基础定义代码如下：

```
@FunctionalInterface
public interface FileChangeListener {
    void onChange(Set<ChangedFiles> changeSet);
}
```

在 Spring Boot Devtools 项目中 FileChangeListener 拥有两个实现类，分别是 FileWatching-FailureHandler.Listener 和 ClassPathFileChangeListener，下面对 FileWatchingFailureHandler.Listener 实现类进行说明，完整代码如下：

```java
private static class Listener implements FileChangeListener {

        private final CountDownLatch latch;

        Listener(CountDownLatch latch){
            this.latch = latch;
        }

            public void onChange(Set<ChangedFiles> changeSet){
            this.latch.countDown();
        }

}
```

在上述代码中关于事件的处理是调用 CountDownLatch 的 countDown 方法。接下来对 ClassPathFileChangeListener 进行分析，有关 ClassPathFileChangeListener 成员变量的详细信息见表 18-5。

表 18-5　ClassPathFileChangeListener 成员变量

变 量 名 称	变 量 类 型	变 量 说 明
eventPublisher	ApplicationEventPublisher	事件推送器
restartStrategy	ClassPathRestartStrategy	重启策略
fileSystemWatcherToStop	FileSystemWatcher	文件系统监控

在 ClassPathFileChangeListener 中关于事件的处理代码如下：

```java
public void onChange(Set<ChangedFiles> changeSet) {
    boolean restart = isRestartRequired(changeSet);
    publishEvent(new ClassPathChangedEvent(this, changeSet, restart));
}
```

在上述代码中核心处理流程如下：

（1）判断是否重启；

（2）推送事件。

在上述流程中关于判断是否重启的处理方法是 isRestartRequired，详细处理代码如下：

```java
private boolean isRestartRequired(Set<ChangedFiles> changeSet) {
    // 确定是否有任何代理重新加载器处于活动状态
    if (AgentReloader.isActive()) {
        return false;
    }
    // 循环处理方法参数 changeSet
    for (ChangedFiles changedFiles : changeSet) {
        for (ChangedFile changedFile : changedFiles) {
            // 确认是否需要重启
            if (this.restartStrategy.isRestartRequired(changedFile)) {
                return true;
            }
        }
    }
    return false;
}
```

在 isRestartRequired 方法中处理流程如下：

（1）确定是否有任何代理重新加载器处于活动状态；

（2）循环处理方法参数 changeSet，将参数中的对象通过成员变量 restartStrategy 判断是否需要重启。

下面对成员变量 restartStrategy 进行分析，该成员变量的实际类型是 ClassPathRestartStrategy，在 Spring Boot 中该接口的实现类是 PatternClassPathRestartStrategy，在 PatternClassPathRestartStrategy 中存在两个成员变量：

（1）成员变量 matcher 用于进行路径匹配；

（2）成员变量 excludePatterns 用于存储排除的路径。

在 PatternClassPathRestartStrategy 中关于是否需要重启的方法是 isRestartRequired，详细代码如下：

```
public boolean isRestartRequired(ChangedFile file) {
    for (String pattern : this.excludePatterns) {
        if (this.matcher.match(pattern, file.getRelativeName())) {
            return false;
        }
    }
    return true;
}
```

在上述代码中处理流程为：遍历成员变量 excludePatterns 中的元素，将元素和传入的参数通过成员变量 matcher 进行判断是否匹配，如果匹配则返回 false。

下面回到 ClassPathFileChangeListener 的 onChange 方法中查看推送事件的相关代码：

```
private void publishEvent(ClassPathChangedEvent event) {
    this.eventPublisher.publishEvent(event);
    if (event.isRestartRequired() && this.fileSystemWatcherToStop != null) {
        this.fileSystemWatcherToStop.stop();
    }
}
```

在这段代码中处理流程如下：

（1）通过事件推送器将 ClassPathChangedEvent 事件推送；

（2）若事件对象中需要重启且成员变量 fileSystemWatcherToStop 不为空，通过成员变量 fileSystemWatcherToStop 调度暂停方法。

在上述处理流程中重点关注第（1）个处理流程，第（2）个处理流程需要依赖 FileSystemWatcher，该对象在前文已有介绍。在第（1）个处理流程中出现了 ClassPathChangedEvent 事件对象，下面需要找到该对象对应的事件处理器，在 Spring Boot 中该事件对应的事件处理器是 ClassPathChangeUploader，关于事件的处理代码如下：

```
public void onApplicationEvent(ClassPathChangedEvent event) {
    try {
        // 获取类加载文件集合
        ClassLoaderFiles classLoaderFiles = getClassLoaderFiles(event);
        // 序列化
        byte[] bytes = serialize(classLoaderFiles);
        // 上传
        performUpload(classLoaderFiles, bytes);
    }
    catch (IOException ex) {
        throw new IllegalStateException(ex);
    }
}
```

在上述代码中有以下三个操作流程：

（1）获取类加载文件集合；

（2）序列化；

（3）上传。

下面对上述三个处理流程展开说明，首先是第一个处理流程，它需要使用的方法是 getClassLoaderFiles，详细处理代码如下：

```
private ClassLoaderFiles getClassLoaderFiles(ClassPathChangedEvent event) throws
IOException {
    // 创建 ClassLoaderFiles
    ClassLoaderFiles files = new ClassLoaderFiles();
    // 从事件对象中提取变化的文件集合，遍历变化的文件集合
    for (ChangedFiles changedFiles : event.getChangeSet()) {
        // 获取目录对象的绝对路径
        String sourceDirectory = changedFiles.getSourceDirectory().
getAbsolutePath();
        // 遍历文件集合对象
        for (ChangedFile changedFile : changedFiles) {
            // 向 ClassLoaderFiles 加入数据
            files.addFile(sourceDirectory, changedFile.getRelativeName(),
asClassLoaderFile(changedFile));
        }
    }
    return files;
}
```

在上述代码处理中需要对 ClassLoaderFiles 进行说明，在 ClassLoaderFiles 中存在一个成员变量 sourceDirectories，详细定义代码如下：

```
private final Map<String, SourceDirectory> sourceDirectories;
```

在这个成员变量中还需要使用 SourceDirectory，该对象是 ClassLoaderFiles 的内部类，关于 SourceDirectory 成员变量内容见表 18-6。

表 18-6　SourceDirectory 成员变量

变量名称	变量类型	变量说明
name	files	源目录名称
files	Map<String, ClassLoaderFile>	集合对象，key 表示名称，value 表示类加载器文件

在 SourceDirectory 中还需要使用 ClassLoaderFile，有关 ClassLoaderFile 成员变量的详细内容见表 18-7。

表 18-7　ClassLoaderFile 成员变量

变量名称	变量类型	变量说明
kind	Kind	类加载文件的种类
contents	byte[]	文件内容
lastModified	long	最后修改时间

在 ClassLoaderFile 成员变量中提到了类加载文件的种类，描述种类的对象是 Kind，它是一个枚举对象，在该枚举对象中定义了三种类型：

（1）ADDED 表示自创建原始 jar 创建依赖，该文件已经被添加。
（2）MODIFIED 表示自创建原始 jar 创建依赖，该文件已经被修改。
（3）DELETED 表示自创建原始 jar 创建依赖，该文件已经被删除。

通过对 ClassLoaderFiles、SourceDirectory 和 ClassLoaderFile 中的成员变量的介绍，我们现在对于 ClassLoaderFiles 已有相对完整的认识，下面回到 ClassPathChangeUploader#getClassLoaderFiles 方法，在该方法中处理流程如下。

（1）创建 ClassLoaderFiles。
（2）从事件对象中提取变化的文件集合，遍历变化的文件集合，单个变化文件集合处理流程如下：

①获取目录对象的绝对路径；
②遍历当前变化文件集合，将变化的文件加入 ClassLoaderFiles。

在上述处理流程中最关键的方法是 ClassLoaderFiles#addFile，详细处理代码如下：

```java
public void addFile(String sourceDirectory, String name, ClassLoaderFile file) {
    removeAll(name);
    getOrCreateSourceDirectory(sourceDirectory).add(name, file);
}
```

在这段代码中接下来会移除数据，其次会创建 SourceDirectory 并添加数据。至此关于获取类加载文件集合已介绍完了，下面对序列化方法进行分析，处理方法是 serialize，详细代码如下：

```java
private byte[] serialize(ClassLoaderFiles classLoaderFiles) throws IOException {
    ByteArrayOutputStream outputStream = new ByteArrayOutputStream();
    ObjectOutputStream objectOutputStream = new ObjectOutputStream(outputStream);
    objectOutputStream.writeObject(classLoaderFiles);
    objectOutputStream.close();
    return outputStream.toByteArray();
}
```

在这段序列化代码中处理流程十分简单：使用 Java 提供的序列化方法进行了序列化，最终得到 ClassLoaderFiles 的序列化结果。最后对上传方法进行分析，处理方法是 performUpload，详细处理代码如下：

```java
private void performUpload(ClassLoaderFiles classLoaderFiles, byte[] bytes) throws IOException {
    try {
        while (true) {
            try {
                // 创建 http 请求
                ClientHttpRequest request = this.requestFactory.createRequest(this.uri, HttpMethod.POST);
                // 获取请求头
                HttpHeaders headers = request.getHeaders();
                // 设置 content-type
                headers.setContentType(MediaType.APPLICATION_OCTET_STREAM);
                // 设置 content-length
                headers.setContentLength(bytes.length);
                // 复制值
                FileCopyUtils.copy(bytes, request.getBody());
                // http 请求执行获取响应结果
                ClientHttpResponse response = request.execute();
                // 获取响应状态
```

```java
                    HttpStatus statusCode = response.getStatusCode();
                    // 若响应状态非 ok 则抛出异常
                    Assert.state(statusCode == HttpStatus.OK,
                            () -> "Unexpected " + statusCode + " response uploading class files");
                    // 写出日志
                    logUpload(classLoaderFiles);
                    return;
                }
                catch (SocketException ex) {
                    logger.warn(LogMessage.format(
                            "A failure occurred when uploading to %s. Upload will be retried in 2 seconds", this.uri));
                    logger.debug("Upload failure", ex);
                    Thread.sleep(2000);
                }
            }
        }
        catch (InterruptedException ex) {
            // 终止当前线程
            Thread.currentThread().interrupt();
            throw new IllegalStateException(ex);
        }
    }

    private void logUpload(ClassLoaderFiles classLoaderFiles) {
        int size = classLoaderFiles.size();
        logger.info(LogMessage.format("Uploaded %s class %s", size, (size != 1) ? "resources" : "resource"));
    }
```

在 performUpload 方法中处理流程如下：

（1）创建 http 请求；

（2）获取请求头；

（3）设置 content-type 和 content-length；

（4）将参数 bytes 的数据复制到请求对象的 body 中；

（5）执行请求；

（6）获取请求响应状态，若该响应状态非 ok 会抛出异常；

（7）写出日志。

18.3　FailureHandler 相关分析

本节将对 FailureHandler 相关内容进行分析，该接口主要用于确认启动失败的策略，关于该接口的定义代码如下：

```java
@FunctionalInterface
public interface FailureHandler {
    FailureHandler NONE = (failure) -> Outcome.ABORT;
    Outcome handle(Throwable failure);
    enum Outcome{

        /**
         * 中止重新启动
         */
```

```
        ABORT,

        /**
         * 再次尝试重新启动应用程序
         */
        RETRY
    }
}
```

在 FailureHandler 中通过枚举对象 Outcome 表示策略类型，在该对象中有两个策略：

（1）ABORT 表示中止重新启动；

（2）RETRY 表示再次尝试重新启动应用程序。

了解了策略枚举对象后下面对 FailureHandler 的实现类 FileWatchingFailureHandler 进行分析，在该对象中有一个成员变量 fileSystemWatcherFactory，该成员变量用于获取 FileSystem-Watcher，关于 FailureHandler 的实现方法如下：

```
public Outcome handle(Throwable failure) {
    // 创建 CountDownLatch
    CountDownLatch latch = new CountDownLatch(1);
    // 获取 FileSystemWatcher
        FileSystemWatcher watcher = this.fileSystemWatcherFactory.
getFileSystemWatcher();
    // 设置源目录
        watcher.addSourceDirectories(new ClassPathDirectories(Restarter.
getInstance().getInitialUrls()));
    // 添加监听器
    watcher.addListener(new Listener(latch));
    // 启动
    watcher.start();
    try {
        latch.await();
    }
    catch (InterruptedException ex) {
        Thread.currentThread().interrupt();
    }
    // 返回重试标记
    return Outcome.RETRY;
}
```

在这段代码中主要处理流程如下：

（1）创建 CountDownLatch；

（2）通过成员变量 fileSystemWatcherFactory 获取 FileSystemWatcher；

（3）为 FileSystemWatcher 设置源目录和监听器；

（4）启动 FileSystemWatcher；

（5）返回重试标记（Outcome.RETRY）。

18.4 ClassPathFileSystemWatcher 分析

本节将对 ClassPathFileSystemWatcher 进行分析，该对象封装了 FileSystemWatcher 用于监控本地文件的变化，关于 ClassPathFileSystemWatcher 的基础定义代码如下：

```
public class ClassPathFileSystemWatcher implements InitializingBean,
```

DisposableBean, ApplicationContextAware {}

在基础定义中可以发现它实现了三个接口：

（1）InitializingBean 表示在实例化之后做什么；

（2）DisposableBean 表示在摧毁时做什么；

（3）ApplicationContextAware 用于设置应用上下文；

在 ClassPathFileSystemWatcher 中还需要关注 4 个成员变量：

（1）成员变量 fileSystemWatcher 表示文件系统观察者对象；

（2）成员变量 restartStrategy 用于确定是否需要重启；

（3）成员变量 applicationContext 表示应用上下文；

（4）成员变量 stopWatcherOnRestart 表示重启时是否停止 FileSystemWatcher。

了解接口作用和成员变量后下面对 InitializingBean 的实现方法进行分析，详细处理代码如下：

```
public void afterPropertiesSet() throws Exception {
    // 成员变量 restartStrategy 不为空的情况下处理
    if (this.restartStrategy != null) {
        FileSystemWatcher watcherToStop = null;
        if (this.stopWatcherOnRestart) {
            watcherToStop = this.fileSystemWatcher;
        }
        // 添加监听器
        this.fileSystemWatcher.addListener(
                new ClassPathFileChangeListener(this.applicationContext, this.restartStrategy, watcherToStop));
    }
    // 启动监控
    this.fileSystemWatcher.start();
}
```

在上述代码中处理流程如下：

（1）在成员变量 restartStrategy 不为空的情况下为成员变量 fileSystemWatcher 添加 ClassPathFileChangeListener 监听器；

（2）启动监控，即调用 FileSystemWatcher#start 方法。

最后对 DisposableBean 接口的实现方法进行分析，详细处理代码如下：

```
public void destroy() throws Exception {
    // 关闭监控
    this.fileSystemWatcher.stop();
}
```

在上述代码中核心目标是关闭监控。

18.5　RestartLauncher 和 RestartClassLoader 分析

本节将对 RestartLauncher 和 RestartClassLoader 进行分析，前者用于执行 main 方法，后者用于覆盖类加载器，上述两个对象都会在 Restarter 中产生作用。下面对 RestartLauncher 进行分析，有关 RestartLauncher 成员变量的详细说明见表 18-8。

表 18-8　RestartLauncher 成员变量

变量名称	变量类型	变量说明
mainClassName	String	main 函数所在的类名称
args	String[]	参数集合
error	Throwable	异常对象

了解了成员变量后下面对构造函数进行分析，详细处理代码如下：

```
RestartLauncher(ClassLoader classLoader, String mainClassName, String[] args,
        UncaughtExceptionHandler exceptionHandler) {
    this.mainClassName = mainClassName;
    this.args = args;
    setName("restartedMain");
    setUncaughtExceptionHandler(exceptionHandler);
    setDaemon(false);
    setContextClassLoader(classLoader);
}
```

在构造函数中除了成员变量的设置外还会进行线程名称、UncaughtExceptionHandler 变量、是否守护线程标记和类加载器的数据库设置。RestartLauncher 继承 Thread，其中最关键的方法是 run，详细处理代码如下：

```
public void run() {
    try {
        Class<?> mainClass = Class.forName(this.mainClassName, false,
getContextClassLoader());
        Method mainMethod = mainClass.getDeclaredMethod("main", String[].class);
        mainMethod.invoke(null, new Object[] { this.args });
    }
    catch (Throwable ex) {
        this.error = ex;
        getUncaughtExceptionHandler().uncaughtException(this, ex);
    }
}
```

在上述代码中主要的处理流程如下：

（1）通过成员变量 mainClassName 获取 main 函数所在的类对象；

（2）在第（1）步中得到的类对象中获取 main 函数；

（3）反射调用 main 函数。

在上述处理流程中可能出现异常，如果出现异常会将成员变量进行赋值，同时会通过 UncaughtExceptionHandler 处理异常。了解了 RestartLauncher 的处理后下面对使用到该对象的地方进行分析，在 Restarter#relaunch 方法中可以看到如下使用代码：

```
protected Throwable relaunch(ClassLoader classLoader) throws Exception {
    RestartLauncher launcher = new RestartLauncher(classLoader, this.
mainClassName, this.args,
            this.exceptionHandler);
    launcher.start();
    launcher.join();
    return launcher.getError();
}
```

在上述代码中处理流程如下：

（1）创建 RestartLauncher；

（2）启动 RestartLauncher 线程；

（3）线程 join；

（4）获取 RestartLauncher 中的异常返回。

接下来对 RestartClassLoader 进行分析，该对象是类加载器，在该对象中有一个成员变量 updatedFiles，该成员变量会根据名称获取 ClassLoaderFile。下面开始对 RestartClassLoader 中出现的方法进行说明，接下来对 getResources 方法进行分析，详细处理代码如下：

```java
public Enumeration<URL> getResources(String name) throws IOException {
    // 调用父类进行资源集合获取
    Enumeration<URL> resources = getParent().getResources(name);
    // 通过成员变量 updatedFiles 根据名称获取 ClassLoaderFile
    ClassLoaderFile file = this.updatedFiles.getFile(name);
    // ClassLoaderFile 不为空的情况下
    if (file != null) {
        if (resources.hasMoreElements()) {
            resources.nextElement();
        }
        // 获取类加载文件的种类，如果不是删除则进行对象组装
        if (file.getKind() != Kind.DELETED) {
            return new CompoundEnumeration<>(createFileUrl(name, file), resources);
        }
    }
    return resources;
}
```

在上述代码中主要的处理流程如下：

（1）通过父类获取资源集合；

（2）通过成员变量 updatedFiles，根据名称获取 ClassLoaderFile；

（3）若第（2）步中获取的 ClassLoaderFile 不为空并且 ClassLoaderFile 的 kind 属性不是删除标志，则进行对象的组装返回；

（4）返回父类获取的资源对象集合。

接下来对 loadClass 方法进行分析，该方法是一个重点方法，详细处理代码如下：

```java
public Class<?> loadClass(String name, boolean resolve) throws ClassNotFoundException {
    //   将方法参数 name 做路径替换得到路径表示
    String path = name.replace('.', '/').concat(".class");
    // 通过成员变量 updatedFiles 配合 path 获取 ClassLoaderFile
    ClassLoaderFile file = this.updatedFiles.getFile(path);
    // 如果 ClassLoaderFile 不为空并且 ClassLoaderFile 的 kind 属性为删除则抛出异常
    if (file != null && file.getKind() == Kind.DELETED) {
        throw new ClassNotFoundException(name);
    }
    synchronized (getClassLoadingLock(name)) {
        // 获取 name 对应的类对象
        Class<?> loadedClass = findLoadedClass(name);
        // 如果为空
        if (loadedClass == null) {
            try {
                // 进一步寻找类
                loadedClass = findClass(name);
            } catch (ClassNotFoundException ex) {
                // 当前类 (RestartClassLoader) 找不到类的情况下通过 Class 获取
                loadedClass = Class.forName(name, false, getParent());
            }
        }
```

```
        // 是否需要解析，如果需要则进行解析
        if (resolve) {
            resolveClass(loadedClass);
        }
        return loadedClass;
    }
}
```

在上述代码中主要的处理流程如下：

（1）将方法参数 name 做路径替换得到路径表示；

（2）通过成员变量 updatedFiles 配合 path 获取 ClassLoaderFile；

（3）如果 ClassLoaderFile 不为空并且 ClassLoaderFile 的 kind 属性为删除则抛出异常；

（4）根据方法参数 name 获取类对象；

（5）如果类对象为空通过当前类（RestartClassLoader）获取类对象，如果获取失败则调用父类进行获取；

（6）判断是否需要进行解析，如果需要则进行解析。

在上述处理流程中需要使用到当前类来进行类搜索，处理方法是 findClass，详细代码如下：

```
protected Class<?> findClass(String name) throws ClassNotFoundException {
    // 将方法参数 name 做路径替换得到路径表示
    String path = name.replace('.', '/').concat(".class");
    // 通过成员变量 updatedFiles 获取 ClassLoaderFile
    final ClassLoaderFile file = this.updatedFiles.getFile(path);
    // 若 ClassLoaderFile 为空则调用父类进行搜索类对象
    if (file == null) {
        return super.findClass(name);
    }
    // 如果 ClassLoaderFile 的 kind 属性为删除则抛出异常
    if (file.getKind() == Kind.DELETED) {
        throw new ClassNotFoundException(name);
    }
    // 返回类对象
    return AccessController.doPrivileged((PrivilegedAction<Class<?>>) () -> {
        byte[] bytes = file.getContents();
        return defineClass(name, bytes, 0, bytes.length);
    });
}
```

在上述代码中处理流程如下：

（1）将方法参数 name 做路径替换得到路径表示；

（2）通过成员变量 updatedFiles 获取 ClassLoaderFile；

（3）若 ClassLoaderFile 为空则调用父类进行搜索类对象；

（4）如果 ClassLoaderFile 的 kind 属性为删除则抛出异常；

（5）返回类对象。

接下来需要寻找 RestartClassLoader 的使用地方，具体使用是在 Restarter#doStart 方法中，详细代码如下：

```
private Throwable doStart() throws Exception {
    Assert.notNull(this.mainClassName, "Unable to find the main class to restart");
    URL[] urls = this.urls.toArray(new URL[0]);
    ClassLoaderFiles updatedFiles = new ClassLoaderFiles(this.classLoaderFiles);
```

```
            ClassLoader classLoader = new RestartClassLoader(this.applicationClassLoader,
urls, updatedFiles, this.logger);
            if (this.logger.isDebugEnabled()) {
                this.logger.debug("Starting application " + this.mainClassName + " with
URLs " + Arrays.asList(urls));
            }
            return relaunch(classLoader);
        }
```

本章小结

本章对 Spring Boot Devtools 中文件与类监控相关内容进行了分析，主要分析分为两个入口，第一个入口是 FileSystemWatcherFactory，第二个入口是 ClassPathFileSystemWatcher。在分析 FileSystemWatcherFactory 时展开对接口实现类的分析和 FileSystemWatcher 的分析。在分析时引出了 FileChangeListener 和 FailureHandler，本章也对其进行了分析。本章后半部分对 ClassPathFileSystemWatcher 进行分析，对于该对象的分析主要围绕 Spring 的接口，在本章最后对 Restarter 所涉及的两个类进行了分析。

第 19 章

Spring Test 相关分析

从本章开始将进入 Spring Boot Test 相关内容的分析，在进入 Spring Boot Test 的分析之前需要对 Spring Test 中的内容有所了解，本章将对 Spring Test 中的核心接口以及对象进行分析说明，本章分析的内容主要是 org.springframework.test 包下的内容。

19.1 TestContext 相关分析

本节将对 TestContext 进行分析，下面是完整代码：

```
@SuppressWarnings("serial")
public interface TestContext extends AttributeAccessor, Serializable {

    /**
     * 确认是否存在应用上下文
     */
    default boolean hasApplicationContext(){
        return false;
    }

    /**
     * 获取应用上下文
     */
    ApplicationContext getApplicationContext();

    /**
     * 推送事件
     */
    default void publishEvent(Function<TestContext, ? extends ApplicationEvent> eventFactory) {
        if (hasApplicationContext()){
            getApplicationContext().publishEvent(eventFactory.apply(this));
        }
    }

    /**
```

```java
 * 获取此测试上下文的测试类
 */
Class<?> getTestClass();

/**
 * 获取此测试上下文的当前测试实例
 */
Object getTestInstance();

/**
 * 获取测试方法
 */
Method getTestMethod();

/**
 * 获取在执行测试方法期间抛出的异常
 */
@Nullable
Throwable getTestException();

void markApplicationContextDirty(@Nullable HierarchyMode hierarchyMode);

void updateState(@Nullable Object testInstance, @Nullable Method testMethod,
        @Nullable Throwable testException);

}
```

在 TestContext 中定义了 9 个方法：

（1）方法 hasApplicationContext 用于确认是否存在应用上下文；

（2）方法 getApplicationContext 用于获取应用上下文；

（3）方法 publishEvent 用于推送事件；

（4）方法 getTestClass 用于获取此测试上下文的测试类；

（5）方法 getTestInstance 用于获取此测试上下文的当前测试实例；

（6）方法 getTestMethod 用于获取测试方法；

（7）方法 getTestException 用于获取在执行测试方法期间抛出的异常；

（8）方法 markApplicationContextDirty 用于标记应用上下文为脏状态；

（9）方法 updateState 用于更新状态。

在 Spring Test 项目中 TestContext 只有一个实现类 DefaultTestContext，下面对该对象进行分析，有关 DefaultTestContext 成员变量的详细内容见表 19-1。

表 19-1　DefaultTestContext 成员变量

变 量 名 称	变 量 类 型	变 量 说 明
attributes	Map<String, Object>	属性表
cacheAwareContextLoaderDelegate	CacheAwareContextLoaderDelegate	上下文感知接口，负责加载和关闭应用程序上下文
mergedContextConfiguration	MergedContextConfiguration	合并的上下文配置类
testClass	Class<?>	测试类
testInstance	Object	测试类实例对象
testMethod	Method	测试方法
testException	Throwable	测试方法中抛出的异常

了解了成员变量后，下面对需要实现的方法进行分析，接下来是 hasApplicationContext 方法，详细处理代码如下：

```
public boolean hasApplicationContext(w) {
    return this.cacheAwareContextLoaderDelegate.isContextLoaded(this.mergedContextConfiguration);
}
```

在这段代码中会通过成员变量 cacheAwareContextLoaderDelegate 来判断是否已经加载上下文作为返回值。继续向下分析 getApplicationContext 方法，具体处理代码如下：

```
public ApplicationContext getApplicationContext() {
    ApplicationContext context =
this.cacheAwareContextLoaderDelegate.loadContext(this.mergedContextConfiguration);
    if (context instanceof ConfigurableApplicationContext) {
        @SuppressWarnings("resource")
        ConfigurableApplicationContext cac = (ConfigurableApplicationContext) context;
        Assert.state(cac.isActive(), () ->
            "The ApplicationContext loaded for [" + this.mergedContextConfiguration +
            "] is not active. This may be due to one of the following reasons: " +
            "1) the context was closed programmatically by user code; " +
            "2) the context was closed during parallel test execution either " +
                "according to @DirtiesContext semantics or due to automatic eviction "
            + "from the ContextCache due to a maximum cache size policy.");
    }
    return context;
}
```

在上述代码中处理流程如下：

（1）通过成员变量 cacheAwareContextLoaderDelegate 加载应用上下文；

（2）若应用上下文类型是 ConfigurableApplicationContext，并且状态是非活跃的将抛出异常；

（3）返回应用上下文。

继续向下分析 markApplicationContextDirty 方法，详细处理代码如下：

```
public void markApplicationContextDirty(@Nullable HierarchyMode hierarchyMode) {
    this.cacheAwareContextLoaderDelegate.closeContext(this.mergedContextConfiguration, hierarchyMode);
}
```

在 markApplicationContextDirty 代码中会通过成员变量 cacheAwareContextLoaderDelegate 来关闭应用上下文。getTestClass、getTestInstance、getTestMethod 和 getTestException 这 4 个方法有一个统一特性都是将成员变量进行返回，具体处理代码如下：

```
public final Class<?> getTestClass() {
    return this.testClass;
}

public final Object getTestInstance() {
    Object testInstance = this.testInstance;
    Assert.state(testInstance != null, "No test instance");
    return testInstance;
}

public final Method getTestMethod() {
    Method testMethod = this.testMethod;
```

```
        Assert.state(testMethod != null, "No test method");
        return testMethod;
    }

    @Nullable
    public final Throwable getTestException() {
        return this.testException;
    }
```

与上述 4 个获取方法对应的还有一个更新方法 updateState，它会修改成员变量的数据，具体处理代码如下：

```
    public void updateState(@Nullable Object testInstance, @Nullable Method testMethod, @Nullable Throwable testException) {
        this.testInstance = testInstance;
        this.testMethod = testMethod;
        this.testException = testException;
    }
```

19.1.1　CacheAwareContextLoaderDelegate 分析

通过对 DefaultTestContext 的分析可以发现其中的成员变量 cacheAwareContextLoaderDelegate 尤为重要，下面将对该变量进行分析。成员变量 cacheAwareContextLoaderDelegate 的实际类型是 CacheAwareContextLoaderDelegate，接口的完整定义代码如下：

```
public interface CacheAwareContextLoaderDelegate {

    default boolean isContextLoaded(MergedContextConfiguration mergedContextConfiguration) {
        return false;
    }

    ApplicationContext loadContext(MergedContextConfiguration mergedContextConfiguration);

    void closeContext(MergedContextConfiguration mergedContextConfiguration,
@Nullable HierarchyMode hierarchyMode);

}
```

在 CacheAwareContextLoaderDelegate 中定义了以下三个方法：

（1）方法 isContextLoaded 用于确认提供的合并上下文配置是否已经加载；

（2）方法 loadContext 用于根据传入的合并上下文配置获取应用上下文；

（3）方法 closeContext 用于根据传入的合并上下文配置关闭上下文。

接口 CacheAwareContextLoaderDelegate 在 Spring Test 项目中只有一个实现类：DefaultCacheAwareContextLoaderDelegate，在该实现类中有一个成员变量 contextCache，该成员变量用于上下文缓存。接下来对 loadContext 方法进行分析，该方法用于加载（获取）应用上下文，具体处理代码如下：

```
public ApplicationContext loadContext(MergedContextConfiguration mergedContextConfiguration) {
    synchronized (this.contextCache) {
        // 从缓存上下文中根据合并的上下文配置获取应用上下文对象
        ApplicationContext context = this.contextCache.get(mergedContextConfiguration);
```

```
        // 若应用上下文对象为空则进行加载和设置应用上下文缓存
        if (context == null) {
            try {
                // 加载上下文
                context = loadContextInternal(mergedContextConfiguration);
                if (logger.isDebugEnabled()) {
                    logger.debug(String.format("Storing ApplicationContext [%s] in cache under key [%s]", System.identityHashCode(context),
                            mergedContextConfiguration));
                }
                // 设置应用上下文缓存
                this.contextCache.put(mergedContextConfiguration, context);
            }
            catch (Exception ex) {
                throw new IllegalStateException("Failed to load ApplicationContext", ex);
            }
        }
        else {
            if (logger.isDebugEnabled()) {
                logger.debug(String.format("Retrieved ApplicationContext [%s] from cache with key [%s]", System.identityHashCode(context),
                        mergedContextConfiguration));
            }
        }

        // 缓存日志统计
        this.contextCache.logStatistics();

        // 返回上下文对象
        return context;
    }
}
```

在 loadContext 方法中主要的处理流程如下：

（1）从缓存上下文中根据合并的上下文配置获取应用上下文对象；

（2）若应用上下文对象为空则进行加载和设置应用上下文缓存；

（3）缓存日志统计；

（4）返回应用上下文。

在第（2）步中如果第（1）步获取的应用上下文对象为空会通过 loadContextInternal 方法进行上下文加载操作，详细处理代码如下：

```
protected ApplicationContext loadContextInternal(MergedContextConfiguration mergedContextConfiguration)
        throws Exception {

    // 从合并的应用上下文配置对象中获取上下文加载器
    ContextLoader contextLoader = mergedContextConfiguration.getContextLoader();
    Assert.notNull(contextLoader, "Cannot load an ApplicationContext with a NULL 'contextLoader'. " +
            "Consider annotating your test class with @ContextConfiguration or @ContextHierarchy.");

    ApplicationContext applicationContext;

    // 如果上下文加载器类型是 SmartContextLoader，通过 SmartContextLoader 进行加载
    if (contextLoader instanceof SmartContextLoader) {
        SmartContextLoader smartContextLoader = (SmartContextLoader)
```

```
contextLoader;
            applicationContext = smartContextLoader.loadContext(mergedContextConfigur
ation);
        }
        // 其他情况的处理
        else {
            // 提取 locations 属性值
            String[] locations = mergedContextConfiguration.getLocations();
            Assert.notNull(locations, "Cannot load an ApplicationContext with a NULL
 'locations' array. " + "Consider annotating your test class with @ContextConfiguration
 or @ContextHierarchy.");
            // 上下文加载器加载
            applicationContext = contextLoader.loadContext(locations);
        }

        return applicationContext;
    }
```

在上述代码中处理流程如下：

（1）从合并的应用上下文配置对象中获取上下文加载器，如果上下文加载器为空，则抛出异常；

（2）如果上下文加载器类型是 SmartContextLoader，通过 SmartContextLoader 进行加载；

（3）如果上下文加载器类型不是 SmartContextLoader，则会从合并的应用上下文配置对象中获取 locations 数据值，再调用上下文加载器加载上下文对象；

（4）返回应用上下文对象。

接下来对 isContextLoaded 方法进行分析，该方法用于确认提供的合并上下文配置是否已经加载，详细处理代码如下：

```
public boolean isContextLoaded(MergedContextConfiguration
 mergedContextConfiguration) {
    synchronized (this.contextCache) {
        return this.contextCache.contains(mergedContextConfiguration);
    }
}
```

在这段代码中会通过成员变量 contextCache 来判断是否存在，如果存在则表示合并的上下文配置已经被加载过，反之则没有。最后对 closeContext 方法进行分析，详细处理代码如下：

```
public void closeContext(MergedContextConfiguration mergedContextConfiguration, @
Nullable HierarchyMode hierarchyMode) {
    synchronized (this.contextCache) {
        this.contextCache.remove(mergedContextConfiguration, hierarchyMode);
    }
}
```

在这段代码中会通过成员变量 contextCache 移除合并的上下文配置对象数据。

19.1.2 ContextCache 分析

本节将对 ContextCache 进行相关分析，关于 ContextCache 的详细定义代码如下：

```
public interface ContextCache {

    /**
     * 用于报告 ContextCache 统计信息的日志记录类别的名称
```

```java
     */
    String CONTEXT_CACHE_LOGGING_CATEGORY =
"org.springframework.test.context.cache";

    /**
     * 上下文缓存的默认最大大小
     */
    int DEFAULT_MAX_CONTEXT_CACHE_SIZE = 32;

    /**
     * 上下文缓存的最大大小键
     */
    String MAX_CONTEXT_CACHE_SIZE_PROPERTY_NAME =
"spring.test.context.cache.maxSize";


    /**
     * 判断是否存在上下文
     */
    boolean contains(MergedContextConfiguration key);

    /**
     * 获取上下文
     */
    @Nullable
    ApplicationContext get(MergedContextConfiguration key);

    /**
     * 添加上下文
     */
    void put(MergedContextConfiguration key, ApplicationContext context);

    /**
     * 移除上下文
     */
    void remove(MergedContextConfiguration key, @Nullable HierarchyMode hierarchyMode);

    /**
     * 获取上下文数量
     */
    int size();

    /**
     * 确定当前在缓存中的父上下文的数量
     */
    int getParentContextCount();

    /**
     * 获取此缓存的总命中数
     */
    int getHitCount();

    /**
     * 获取此缓存的总未命中数
     */
    int getMissCount();

    /**
     * 重置此缓存维护的所有状态，包括统计信息
     */
```

```java
    void reset();

    /**
     * 从缓存中清除所有上下文，同时清除上下文层次结构信息
     */
    void clear();

    /**
     * 清除缓存的命中和未命中计数统计信息
     */
    void clearStatistics();

    /**
     * 日志统计
     */
    void logStatistics();

}
```

在 ContextCache 中定义了 12 个方法，详细说明如下：

（1）方法 contains 用于判断传入的合并应用上下文配置是否存在对应的上下文对象；
（2）方法 get 用于根据合并应用上下文配置获取对应的应用上下文对象；
（3）方法 put 用于添加合并应用上下文对象和应用上下文对象的关系；
（4）方法 remove 用于移除合并应用上下文对象的数据；
（5）方法 size 用于获取应用上下文数量；
（6）方法 getParentContextCount 用于确定当前在缓存中存在的父上下文数量；
（7）方法 getHitCount 用于获取此缓存的总命中数；
（8）方法 getMissCount 用于获取此缓存的总未命中数；
（9）方法 reset 用于重置此缓存维护的所有状态；
（10）方法 clear 用于从缓存中清除所有上下文，同时清除上下文层次结构信息；
（11）方法 clearStatistics 用于清除缓存的命中和未命中计数统计信息；
（12）方法 logStatistics 用于日志统计。

在 Spring Test 中 ContextCache 存在一个实现类，它是 DefaultContextCache，有关 DefaultContextCache 成员变量的详细内容见表 19-2。

表 19-2　DefaultContextCache 成员变量

变 量 名 称	变 量 类 型	变 量 说 明
contextMap	Map<MergedContextConfiguration, ApplicationContext>	上下文容器，key 表示合并上下文配置对象，value 表示上下文对象
hierarchyMap	Map<MergedContextConfiguration, Set<MergedContextConfiguration>>	上下文层次结构
maxSize	int	最大容量
hitCount	AtomicInteger	命中数量
missCount	AtomicInteger	未命中数量

了解了成员变量和接口定义后接下来对 get 方法进行分析，详细处理代码如下：

```java
@Nullable
public ApplicationContext get(MergedContextConfiguration key) {
    Assert.notNull(key, "Key must not be null");
    ApplicationContext context = this.contextMap.get(key);
    if (context == null) {
        this.missCount.incrementAndGet();
    }
    else {
        this.hitCount.incrementAndGet();
    }
    return context;
}
```

在这段代码中会在成员变量 contextMap 中获取数据，如果获取的对象存在则会对命中数量加 1，反之则会对未命中数量加 1。接下来对 put 方法进行分析，详细处理代码如下：

```java
public void put(MergedContextConfiguration key, ApplicationContext context) {
    Assert.notNull(key, "Key must not be null");
    Assert.notNull(context, "ApplicationContext must not be null");

    // 设置到上下文容器中
    this.contextMap.put(key, context);
    // 获取子对象
    MergedContextConfiguration child = key;
    // 获取父对象
    MergedContextConfiguration parent = child.getParent();
    // 递归回去父对象为成员变量 hierarchyMap 进行数据设置
    while (parent != null) {
        Set<MergedContextConfiguration> list =
this.hierarchyMap.computeIfAbsent(parent, k -> new HashSet<>());
        list.add(child);
        child = parent;
        parent = child.getParent();
    }
}
```

在 put 方法中详细的处理流程如下：

（1）对插入的数据进行非空判断，只要有一个为空就会抛出异常；

（2）通过验证后将数据设置到上下文容器；

（3）将参数 key 作为子对象，从子对象中获取父对象，将这两个对象作为前期准备对象，通过循环将父对象中的父对象进行数据设置（设置到成员变量 hierarchyMap 中）。

在整个 put 方法中数据处理有两个，分别是 contextMap 和 hierarchyMap，前者只是记录上下文配置和上下文之间的关系，后者记录了上下文配置之间的层级结构。这两者在移除方法操作的时候也会被使用到，下面对 remove 方法进行分析，详细处理代码如下：

```java
public void remove(MergedContextConfiguration key, @Nullable HierarchyMode hierarchyMode) {
    Assert.notNull(key, "Key must not be null");
    // 确认开始清除的 key
    MergedContextConfiguration startKey = key;
    // 如果清除模式是 EXHAUSTIVE, 会搜索到最顶层的合并上下文配置
    if (hierarchyMode == HierarchyMode.EXHAUSTIVE) {
        MergedContextConfiguration parent = startKey.getParent();
        while (parent != null) {
            startKey = parent;
            parent = startKey.getParent();
        }
```

```
        }

        // 需要移除的上下文配置集合
        List<MergedContextConfiguration> removedContexts = new ArrayList<>();
        // 移除
        remove(removedContexts, startKey);

        // 删除 hierarchyMap 变量中的引用
        for (MergedContextConfiguration currentKey : removedContexts) {
            for (Set<MergedContextConfiguration> children : this.hierarchyMap.values()) {
                children.remove(currentKey);
            }
        }

        // 删除空数据
         for (Map.Entry<MergedContextConfiguration, Set<MergedContextConfiguration>> entry : this.hierarchyMap.entrySet()) {
            if (entry.getValue().isEmpty()) {
                this.hierarchyMap.remove(entry.getKey());
            }
        }
    }
```

在 remove 方法中详细的处理流程如下:

(1) 确认开始清除的 key, 确认过程需要配合 HierarchyMode 枚举, 若枚举值是 EXHAUSTIVE 会找到最顶层的合并上下文配置对象;

(2) 创建需要移除的上下文配置对象;

(3) 调用 remove 将需要移除的对象放入第 (2) 步中创建的集合中;

(4) 移除 hierarchyMap 变量中的引用, 移除 hierarchyMap 中的空数据。

在上述处理流程中第 (3) 步中所调用的 remove 方法的详细代码如下:

```
private void remove(List<MergedContextConfiguration> removedContexts,
MergedContextConfiguration key) {
    Assert.notNull(key, "Key must not be null");
    // 从 hierarchyMap 成员变量中获取子集
    Set<MergedContextConfiguration> children = this.hierarchyMap.get(key);
    // 子集不为空的情况下处理
    if (children != null){
        for (MergedContextConfiguration child : children){
            remove(removedContexts, child);
        }
        this.hierarchyMap.remove(key);
    }
    // 从上下文容器中获取上下文对象
    ApplicationContext context = this.contextMap.remove(key);
    // 上下文类型是 ConfigurableApplicationContext 的情况下关闭上下文
    if (context instanceof ConfigurableApplicationContext){
        ((ConfigurableApplicationContext) context).close();
    }
    // 加入移除集合中
    removedContexts.add(key);
}
```

在上述代码中主要的处理流程如下。

(1) 从 hierarchyMap 成员变量中获取子集。

(2) 子集不为空的情况下处理: 循环子集递归调用当前方法移除数据, 循环结束后从 hierarchyMap 中移除当前处理的 key。

（3）从上下文容器中获取上下文对象，若上下文类型是 ConfigurableApplicationContext 将调用关闭方法。

（4）将 key 放入到移除集合中。

19.2　ContextLoader 分析

本节将对 ContextLoader 相关内容进行分析，该接口主要用于加载上下文，该接口的完整定义代码如下：

```
public interface ContextLoader {

    String[] processLocations(Class<?> clazz, String... locations);

    ApplicationContext loadContext(String... locations) throws Exception;

}
```

在 ContextLoader 中定义了两个方法，详细说明如下：

（1）方法 processLocations 用于解析指定类的应用程序上下文资源位置；

（2）方法 loadContext 根据传入的上下文资源位置加载上下文。

在 Spring Test 中 ContextLoader 存在一个子接口 SmartContextLoader，关于 SmartContextLoader 的完整定义代码如下：

```
public interface SmartContextLoader extends ContextLoader {

    void processContextConfiguration(ContextConfigurationAttributes
configAttributes);

    ApplicationContext loadContext(MergedContextConfiguration mergedConfig) throws
Exception;

}
```

在 SmartContextLoader 中定义了两个方法，详细说明如下：

（1）方法 processContextConfiguration 会根据参数 ContextConfigurationAttributes 选择具体的上下文资源位置；

（2）方法 loadContext 用于加载上下文。

在 Spring Test 中 ContextLoader 存在多个实现类，ContextLoader 类图如图 19-1 所示。

图 19-1　ContextLoader 类图

19.2.1 AbstractContextLoader 分析

本节将对 AbstractContextLoader 进行分析,下面对 processContextConfiguration 方法进行分析,详细处理代码如下:

```
public void processContextConfiguration(ContextConfigurationAttributes configAttributes) {
    // 解析资源路径
    String[] processedLocations =
            processLocations(configAttributes.getDeclaringClass(), configAttributes.getLocations());
    // 设置资源路径
    configAttributes.setLocations(processedLocations);
}
```

在上述代码中处理流程分为以下两步:

(1) 通过方法 processLocations 解析资源路径;

(2) 将第 (1) 步中得到的资源路径放入上下文属性表中。

下面对第 (1) 步中所使用的 processLocations 方法进行分析,详细处理代码如下:

```
public final String[] processLocations(Class<?> clazz, String... locations) {
    return (ObjectUtils.isEmpty(locations) && isGenerateDefaultLocations()) ?
            generateDefaultLocations(clazz) : modifyLocations(clazz, locations);
}
```

在 processLocations 方法中还需要继续调用 generateDefaultLocations 方法或者 modifyLocations 方法来得到最终的资源路径集合,接下来对 generateDefaultLocations 方法进行分析,详细处理代码如下:

```
protected String[] generateDefaultLocations(Class<?> clazz) {
    // 获取后缀集合
    String[] suffixes = getResourceSuffixes();
    // 循环后缀集合
    for (String suffix : suffixes) {
        // 将类名转换为资源地址
        String resourcePath =
                ClassUtils.convertClassNameToResourcePath(clazz.getName()) + suffix;
        // 将资源地址字符串转换为 ClassPathResource
        ClassPathResource classPathResource = new ClassPathResource(resourcePath);
        // 对象 ClassPathResource 存在
        if (classPathResource.exists()) {
            // 前缀 + 资源地址组合
            String prefixedResourcePath = ResourceUtils.CLASSPATH_URL_PREFIX + resourcePath;
            // 返回对象
            return new String[]{prefixedResourcePath};
        }
    }
    // 返回空集合
    return EMPTY_STRING_ARRAY;
}
```

在上述代码中主要处理流程如下。

(1) 获取后缀集合。

(2) 循环后缀集合,单个处理流程如下:

① 将方法参数类对象转换成资源地址;

②将资源地址字符串转换为 ClassPathResource；

③若对象 ClassPathResource 存在，将配合前缀和资源地址组合作为返回结果。

（3）返回空数组对象。

接下来对 modifyLocations 方法进行分析，该方法是一个多层调用，实际调用方法是 convertToClasspathResourcePaths，详细处理代码如下：

```java
public static String[] convertToClasspathResourcePaths(Class<?> clazz, boolean
preservePlaceholders, String... paths) {
    // 创建需要转换的地址集合
    String[] convertedPaths = new String[paths.length];
    for (int i = 0; i < paths.length; i++) {
        // 提取地址元素
        String path = paths[i];

        // 是否以 "/" 开头
        if (path.startsWith(SLASH)) {
            // 前缀 + 地址作为元素数据
            convertedPaths[i] = ResourceUtils.CLASSPATH_URL_PREFIX + path;
        }
        // 非 url 的情况下将前缀 +"/"+ 包路径 +"/"+ 地址作为元素数据
        else if (!ResourcePatternUtils.isUrl(path)) {
            convertedPaths[i] = ResourceUtils.CLASSPATH_URL_PREFIX + SLASH +
                ClassUtils.classPackageAsResourcePath(clazz) + SLASH + path;
        }
        // url 的情况下直接将 path 作为元素数据
        else {
            convertedPaths[i] = path;
        }
        // 同时不满足保留占位符和匹配
        if (!(preservePlaceholders &&
PLACEHOLDER_PATTERN.matcher(convertedPaths[i]).matches())) {
            // 解析一次字符串
            convertedPaths[i] = StringUtils.cleanPath(convertedPaths[i]);
        }
    }
    return convertedPaths;
}
```

在上述代码中主要的处理流程如下：

（1）创建需要转换的地址集合，以下简称结果集合；

（2）循环参数地址集合；

（3）返回结果集合。

在第（2）步中对于单个地址集合的处理流程如下：

（1）获取地址数据；

（2）若地址数据是以 "/" 开头则将前缀和地址数据的组合作为结果集合的元素；

（3）若地址数据不是 url 的情况下将进行前缀 +"/"+ 包路径（转换后的包路径，点转斜杠）+"/"+ 地址数据作为结果集合的元素；

（4）其他情况将直接用地址数据作为结果集合的元素；

（5）如果满足不需要保留占位符并且不通过正则（`.*\\$\\{[^\\}]+\\}.*`）的判断将进行一次字符串解析。

通过前文的分析对于 processContextConfiguration 方法的处理流程分析完成，接下来回到

AbstractContextLoader，对方法 prepareContext 进行分析，该方法用于准备上下文，详细处理代码如下：

```
protected void prepareContext(ConfigurableApplicationContext context,
MergedContextConfiguration mergedConfig) {
    // 设置 profiles
    context.getEnvironment().setActiveProfiles(mergedConfig.getActiveProfiles());
    TestPropertySourceUtils.addPropertiesFilesToEnvironment(context, mergedConfig.getPropertySourceLocations());
        TestPropertySourceUtils.addInlinedPropertiesToEnvironment(context,
mergedConfig.getPropertySourceProperties());
    // 实例化上下文
    invokeApplicationContextInitializers(context, mergedConfig);
}
```

在这段代码中核心处理流程是最后一行代码，在这段代码中会完成上下文的实例化，详细处理代码如下：

```
@SuppressWarnings("unchecked")
private void invokeApplicationContextInitializers(ConfigurableApplicationContext context, MergedContextConfiguration mergedConfig) {

    // 从合并的上下文属性集合中获取 ApplicationContextInitializer 实现类集合
    Set<Class<? extends ApplicationContextInitializer<?>>> initializerClasses =
        mergedConfig.getContextInitializerClasses();
    // 如果 ApplicationContextInitializer 实现类集合为空将停止处理
    if (initializerClasses.isEmpty()) {
      return;
    }

    // 创建 ApplicationContextInitializer 容器
     List<ApplicationContextInitializer<ConfigurableApplicationContext>> initializerInstances = new ArrayList<>();
    // 获取上下文类型
    Class<?> contextClass = context.getClass();

    // 循环 ApplicationContextInitializer 实现类集合
    for (Class<? extends ApplicationContextInitializer<?>> initializerClass : initializerClasses) {
        // 解析得到实际类
        Class<?> initializerContextClass =
            GenericTypeResolver.resolveTypeArgument(initializerClass, ApplicationContextInitializer.class);
        // 若实际类不为空并且实际类不是上下文的实现将抛出异常，反之则加入到
        // ApplicationContextInitializer 容器
        if (initializerContextClass != null && !initializerContextClass.isInstance(context)) {
            throw new ApplicationContextException(String.format(
                    "Could not apply context initializer [%s] since its generic parameter [%s] " +
                    "is not assignable from the type of application context used by this " + "context loader: [%s]", initializerClass.getName(),
            initializerContextClass.getName(),
                    contextClass.getName()));
        }
         initializerInstances.add((ApplicationContextInitializer<ConfigurableApplicationContext>) BeanUtils.instantiateClass(initializerClass));
    }

    // 排序 ApplicationContextInitializer 容器
```

```
        AnnotationAwareOrderComparator.sort(initializerInstances);
        // 循环调用 ApplicationContextInitializer 提供的实例化方法
        for (ApplicationContextInitializer<ConfigurableApplicationContext> initializer :
initializerInstances) {
            initializer.initialize(context);
        }
    }
```

在 invokeApplicationContextInitializers 方法中主要的处理流程如下。

（1）从合并的上下文属性集合中获取 ApplicationContextInitializer 实现类集合。

（2）如果 ApplicationContextInitializer 实现类集合为空将停止处理。

（3）创建 ApplicationContextInitializer 容器。

（4）循环 ApplicationContextInitializer 实现类集合，对其中的每个元素都做如下操作：

①解析得到实际类；

②若实际类不为空并且实际类不是上下文的实现将抛出异常，反之则加入到 Application-ContextInitializer 容器，加入时会将其转换为实例对象。

（5）排序 ApplicationContextInitializer 容器。

（6）循环 ApplicationContextInitializer 容器中的数据调用实例化方法完成上下文实例化。

至此对于 AbstractContextLoader 中出现的重点方法都完成了分析，接下来将进入 AbstractContextLoader 的子类分析。

19.2.2 AbstractGenericContextLoader 分析

本节将对 AbstractGenericContextLoader 进行分析，在该对象中最为重要的方法是 loadContext，在 AbstractGenericContextLoader 中有两个 loadContext 方法，下面是两个方法的完整代码：

```
public final ConfigurableApplicationContext loadContext(MergedContextConfiguration
mergedConfig) throws Exception {
        if (logger.isDebugEnabled()) {
            logger.debug(String.format("Loading ApplicationContext for merged context
configuration [%s].", mergedConfig));
        }

        // 验证合并上下文配置
        validateMergedContextConfiguration(mergedConfig);
        // 创建上下文对象
        GenericApplicationContext context = new GenericApplicationContext();
        // 获取父上下文对象
        ApplicationContext parent = mergedConfig.getParentApplicationContext();
        if (parent != null) {
            context.setParent(parent);
        }
        // 准备上下文
        prepareContext(context);
        prepareContext(context, mergedConfig);
        // 自定义 Bean 工厂
        customizeBeanFactory(context.getDefaultListableBeanFactory());
        // 加载 Bean 定义
        loadBeanDefinitions(context, mergedConfig);
        // 注册注解配置处理器
```

```java
        AnnotationConfigUtils.registerAnnotationConfigProcessors(context);
        // 自定义上下文
        customizeContext(context);
        customizeContext(context, mergedConfig);
        // 刷新
        context.refresh();
        // 注册关闭 hook
        context.registerShutdownHook();
        // 返回上下文
        return context;
}
public final ConfigurableApplicationContext loadContext(String... locations)
        throws Exception {
    if (logger.isDebugEnabled()) {
            logger.debug(String.format("Loading ApplicationContext for locations
[%s].", StringUtils.arrayToCommaDelimitedString(locations)));
    }
    // 创建上下文
    GenericApplicationContext context = new GenericApplicationContext();
    // 准备上下文
    prepareContext(context);
    // 自定义 Bean 工厂
    customizeBeanFactory(context.getDefaultListableBeanFactory());
    // 加载 Bean 定义
    createBeanDefinitionReader(context).loadBeanDefinitions(locations);
    // 注册注解配置处理器
    AnnotationConfigUtils.registerAnnotationConfigProcessors(context);
    // 自定义上下文
    customizeContext(context);
    // 刷新
    context.refresh();
    // 注册关闭 hook
    context.registerShutdownHook();
    // 返回上下文
    return context;
}
```

在上述代码中可以发现加载上下文都遵循如下 8 个处理步骤：

（1）创建上下文对象；

（2）准备上下文；

（3）自定义 Bean 工厂；

（4）加载 Bean 定义；

（5）自定义上下文；

（6）刷新上下文；

（7）注册关闭 hook；

（8）返回上下文。

如果传入的参数是 MergedContextConfiguration，将会进行额外 4 个处理：

（1）MergedContextConfiguration 的验证；

（2）配合 MergedContextConfiguration 的准备上下文操作；

（3）配合 MergedContextConfiguration 的加载 Bean 定义；

（4）配合 MergedContextConfiguration 的自定义上下文。

下面对验证方法 validateMergedContextConfiguration 进行说明，接下来是 Annotation-

ConfigContextLoader 中关于验证的处理,详细处理代码如下:

```
protected void validateMergedContextConfiguration(MergedContextConfiguration
mergedConfig) {
    if (mergedConfig.hasLocations()) {
        String msg = String.format("Test class [%s] has been configured with @
ContextConfiguration's 'locations' " +
                        "(or 'value') attribute %s, but %s does not
support resource locations.", mergedConfig.getTestClass().getName(), ObjectUtils.
nullSafeToString(mergedConfig.getLocations()), getClass().getSimpleName());
        logger.error(msg);
        throw new IllegalStateException(msg);
    }
}
```

在上述代码中会判断合并上下文配置中是否存在资源地址,如果存在则抛出异常。其次是 GenericXmlContextLoader 中关于验证的处理,详细处理代码如下:

```
protected void validateMergedContextConfiguration(MergedContextConfiguration
mergedConfig) {
    if (mergedConfig.hasClasses()) {
        String msg = String.format(
                "Test class [%s] has been configured with @ContextConfiguration's
'classes' attribute %s, "
                        + "but %s does not support annotated classes.", mergedConfig.
getTestClass().getName(),
                ObjectUtils.nullSafeToString(mergedConfig.getClasses()), getClass().
getSimpleName());
        logger.error(msg);
        throw new IllegalStateException(msg);
    }
}
```

在上述代码中会判断合并上下文配置中是否存在类对象,如果存在则抛出异常。该处理流程和 GenericPropertiesContextLoader 中的处理流程相同,具体代码如下:

```
protected void validateMergedContextConfiguration(MergedContextConfiguration
mergedConfig) {
    if (mergedConfig.hasClasses()) {
        String msg = String.format(
                "Test class [%s] has been configured with @ContextConfiguration's
'classes' attribute %s, "
                        + "but %s does not support annotated classes.", mergedConfig.
getTestClass().getName(),
                ObjectUtils.nullSafeToString(mergedConfig.getClasses()), getClass().
getSimpleName());
        logger.error(msg);
        throw new IllegalStateException(msg);
    }
}
```

除了 validateMergedContextConfiguration 方法会进行子类重写以外还有 loadBeanDefinitions 方法会进行重写,在 AnnotationConfigContextLoader 中处理代码如下:

```
protected void loadBeanDefinitions(GenericApplicationContext context,
MergedContextConfiguration mergedConfig) {
    Class<?>[] componentClasses = mergedConfig.getClasses();
    if (logger.isDebugEnabled()) {
        logger.debug("Registering component classes: " +
ObjectUtils.nullSafeToString(componentClasses));
```

```
        }
        new AnnotatedBeanDefinitionReader(context).register(componentClasses);
}
```

在上述代码中处理流程如下：

（1）从合并上下文中获取类对象集合；

（2）通过创建 AnnotatedBeanDefinitionReader 将第（1）步中得到的类集合进行注册。

除了 AnnotationConfigContextLoader 对 loadBeanDefinitions 方法重写外还对 GenericGroovy-XmlContextLoader 进行了重写，详细处理代码如下：

```
protected void loadBeanDefinitions(GenericApplicationContext context,
MergedContextConfiguration mergedConfig) {
        new GroovyBeanDefinitionReader(context).loadBeanDefinitions(mergedConfig.getLocations());
}
```

在上述代码中创建 GroovyBeanDefinitionReader 来进行 Bean 的加载。

19.2.3　AbstractGenericWebContextLoader 分析

本节将对 AbstractGenericWebContextLoader 进行分析，有关 AbstractGenericWebContext-Loader 类图如图 19-2 所示。

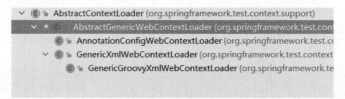

图 19-2　AbstractGenericWebContextLoader 类图

在该对象中最为重要的方法是 loadContext，详细处理代码如下：

```
public final ConfigurableApplicationContext loadContext(MergedContextConfiguration mergedConfig) throws Exception {
        // 类型不是 WebMergedContextConfiguration 抛出异常
        Assert.isTrue(mergedConfig instanceof WebMergedContextConfiguration,
                    () -> String.format("Cannot load WebApplicationContext from non-web merged context configuration %s. " +"Consider annotating your test class with @WebAppConfiguration.", mergedConfig));

        // 类型转换
        WebMergedContextConfiguration webMergedConfig =
(WebMergedContextConfiguration) mergedConfig;

        if (logger.isDebugEnabled()) {
                logger.debug(String.format("Loading WebApplicationContext for merged context configuration %s.", webMergedConfig));
        }

        // 验证合并的上下文配置
        validateMergedContextConfiguration(webMergedConfig);

        // 创建上下文对象
        GenericWebApplicationContext context = new GenericWebApplicationContext();
```

```
        // 获取父上下文
        ApplicationContext parent = mergedConfig.getParentApplicationContext();
        // 为上下文对象设置父上下文
        if (parent != null) {
            context.setParent(parent);
        }
        // 配置 Web 资源
        configureWebResources(context, webMergedConfig);
        // 准备上下文
        prepareContext(context, webMergedConfig);
        // 自定义 Bean 工厂
        customizeBeanFactory(context.getDefaultListableBeanFactory(),
webMergedConfig);
        // 加载 Bean 定义
        loadBeanDefinitions(context, webMergedConfig);
        // 注册注解配置处理器
        AnnotationConfigUtils.registerAnnotationConfigProcessors(context);
        // 自定义上下文
        customizeContext(context, webMergedConfig);
        // 刷新
        context.refresh();
        // 注册关闭 hook
        context.registerShutdownHook();
        // 返回上下文
        return context;
    }
```

在上述代码中主要的处理流程如下：

（1）判断类型是否是 WebMergedContextConfiguration，如果不是将抛出异常；

（2）将方法参数 mergedConfig 做类型转换，转换为 WebMergedContextConfiguration；

（3）验证合并的上下文配置；

（4）创建上下文对象；

（5）从合并上下文配置对象中获取父上下文，若父上下文不为空将为上下文对象设置父上下文；

（6）配置 Web 资源；

（7）准备上下文；

（8）自定义 Bean 工厂；

（9）加载 Bean 定义；

（10）注册注解配置处理器；

（11）自定义上下文；

（12）刷新；

（13）注册关闭 hook；

（14）返回上下文。

在上述处理流程中主要对步骤（3）和步骤（6）进行分析，对步骤（3）中涉及的 validateMergedContextConfiguration 方法进行分析，该方法在 AbstractGenericWebContextLoader 中属于空方法，实现都在子类中进行，下面对 AnnotationConfigWebContextLoader 中的实现进行分析，具体处理代码如下：

```
protected void validateMergedContextConfiguration(WebMergedContextConfiguration
webMergedConfig) {
```

```java
        if (webMergedConfig.hasLocations()) {
            String msg = String.format("Test class [%s] has been configured with @
ContextConfiguration's 'locations' " +
                    "(or 'value') attribute %s, but %s does not support resource
locations.", webMergedConfig.getTestClass().getName(),
                    ObjectUtils.nullSafeToString(webMergedConfig.getLocations()),
getClass().getSimpleName());
            logger.error(msg);
            throw new IllegalStateException(msg);
        }
    }
```

在上述代码中会判断合并上下文配置中是否存在资源地址，如果是则抛出异常。最后对 GenericXmlWebContextLoader 中的实现进行分析，详细处理代码如下：

```java
protected void validateMergedContextConfiguration(WebMergedContextConfiguration
webMergedConfig) {
        if (webMergedConfig.hasClasses()) {
            String msg = String.format(
                    "Test class [%s] has been configured with @ContextConfiguration's
'classes' attribute %s, " + "but %s does not support annotated classes.",
                    webMergedConfig.getTestClass().getName(),
                    ObjectUtils.nullSafeToString(webMergedConfig.getClasses()), getClass().
getSimpleName());
            logger.error(msg);
            throw new IllegalStateException(msg);
        }
    }
```

在上述代码中会判断合并上下文配置中是否存在类对象，如果存在则抛出异常。

接下来对步骤（6）中涉及的 configureWebResources 方法进行分析，详细处理代码如下：

```java
protected void configureWebResources(GenericWebApplicationContext context,
        WebMergedContextConfiguration webMergedConfig) {

    // 获取父上下文
    ApplicationContext parent = context.getParent();

    // 父上下文为空或者父上下文类型不是 WebApplicationContext
    if (parent == null ||(!(parent instanceof WebApplicationContext))) {
        // 提取资源基本路径
        String resourceBasePath = webMergedConfig.getResourceBasePath();
        // 创建资源加载器
        ResourceLoader resourceLoader =
(resourceBasePath.startsWith(ResourceLoader.CLASSPATH_URL_PREFIX) ?
                new DefaultResourceLoader() : new FileSystemResourceLoader());
        // 创建 Servlet 上下文
        ServletContext servletContext = new MockServletContext(resourceBasePath,
resourceLoader);
        // 设置属性
        servletContext.setAttribute(WebApplicationContext.ROOT_WEB_APPLICATION_
CONTEXT_ATTRIBUTE, context);
        // 设置 Servlet 上下文
        context.setServletContext(servletContext);
    }
    else{
        // 确认 Servlet 上下文对象
        ServletContext servletContext = null;
        while (parent != null){
            if(parent instanceof WebApplicationContext && !(parent.getParent()
```

```
instanceof WebApplicationContext)) {
                    servletContext = ((WebApplicationContext) parent).
getServletContext();
                break;
            }
            parent = parent.getParent();
        }
            Assert.state(servletContext != null, "Failed to find root 
WebApplicationContext in the context hierarchy");
        // 设置 Servlet 上下文
        context.setServletContext(servletContext);
    }
}
```

在上述代码中主要的处理流程如下。

（1）从上下文对象中获取父上下文对象。

（2）若父上下文对象为空或者上下文类型不是 WebApplicationContext 将进行如下操作：

①提取资源基本路径；

②创建资源加载器，注意此时的资源加载器可能是 DefaultResourceLoader 或者 FileSystem-ResourceLoader；

③创建 Servlet 上下文，注意此时的 Servlet 上下文实际对象是 MockServletContext；

④为 MockServletContext 设置属性；

⑤将 MockServletContext 设置到上下文中。

（3）对不满足第（2）个条件的情况下进行如下处理：

①确认 Servlet 上下文对象，确认过程需要通过父应用上下文来寻找，找到的结果是最顶层的 Servlet 上下文；

②为应用上下文设置 Servlet 上下文对象。

19.3　TestExecutionListener 分析

本节将对 TestExecutionListener 相关内容进行分析，该接口主要配合 TestContextManager 在不同阶段执行不同的方法。下面查看 TestExecutionListener 的定义代码：

```
public interface TestExecutionListener {

    default void beforeTestClass(TestContext testContext) throws Exception{
    }

    default void prepareTestInstance(TestContext testContext) throws Exception{
    }

    default void beforeTestMethod(TestContext testContext) throws Exception{
    }

    default void beforeTestExecution(TestContext testContext) throws Exception{
    }

    default void afterTestExecution(TestContext testContext) throws Exception{
    }

    default void afterTestMethod(TestContext testContext) throws Exception{
    }
```

```
    default void afterTestClass(TestContext testContext) throws Exception{
    }
}
```

在 TestExecutionListener 中定义了 7 个方法：

（1）方法 beforeTestClass 用于在执行类中的所有测试之前对测试类进行预处理；

（2）方法 prepareTestInstance 用于准备测试上下文和测试实例对象；

（3）方法 beforeTestMethod 用于在执行底层测试框架 before 生命周期回调；

（4）方法 beforeTestExecution 在执行测试函数前执行；

（5）方法 afterTestExecution 在执行测试函数后执行；

（6）方法 afterTestMethod 用于执行底层测试框架 after 生命周期回调；

（7）方法 afterTestClass 用于在类中的所有测试执行后对测试类进行后处理。

在 Spring Test 中关于 TestExecutionListener 存在多个实现类，TestExecutionListener 类图如图 19-3 所示。

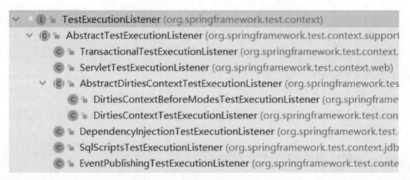

图 19-3　TestExecutionListener 类图

接下来对三个实现类进行说明，详细内容如下：

（1）AbstractTestExecutionListener 实现类中关于接口 TestExecutionListener 的实现都是以空方法的形式存在并未做特殊处理；

（2）TransactionalTestExecutionListener 实现类中会进行 Spring 事务相关内容的处理，主要围绕 PlatformTransactionManager 接口展开；

（3）ServletTestExecutionListener 实现类中会进行 Spring Web 相关内容的处理，主要围绕 WebApplicationContext 接口展开。

19.4　TestContextManager 分析

本节将对 TestContextManager 进行分析，该对象主要用于管理测试上下文，有关 TestContextManager 成员变量的详细信息见表 19-3。

表 19-3 TestContextManager 成员变量

变量名称	变量类型	变量说明
testContext	TestContext	测试上下文
testContextHolder	ThreadLocal<TestContext>	测试上下文持有器，线程变量
testExecutionListeners	List<TestExecutionListener>	TestExecutionListener 集合

了解了成员变量后，下面对其中的一些方法进行分析，首先对 beforeTestClass 方法进行分析，详细处理代码如下：

```
public void beforeTestClass() throws Exception {
    // 从测试上下文对象中获取测试类对象
    Class<?> testClass = getTestContext().getTestClass();
    if (logger.isTraceEnabled()) {
        logger.trace("beforeTestClass(): class [" + testClass.getName() + "]");
    }
    // 更新状态
    getTestContext().updateState(null, null, null);

    // 循环调度 TestExecutionListener 中的 beforeTestClass 方法
    for (TestExecutionListener testExecutionListener : getTestExecutionListeners()) {
        try {
            testExecutionListener.beforeTestClass(getTestContext());
        }
        catch (Throwable ex) {
            logException(ex, "beforeTestClass", testExecutionListener, testClass);
            ReflectionUtils.rethrowException(ex);
        }
    }
}
```

在这段代码中主要处理流程如下：

（1）从测试上下文对象中获取测试类对象；

（2）更新测试上下文中的状态；

（3）循环调度 TestExecutionListener 中的 beforeTestClass 方法。

在 TestContextManager 中 prepareTestInstance 方法、beforeTestMethod 方法、beforeTestExecution 方法、afterTestExecution 方法、afterTestMethod 方法和 afterTestClass 方法的处理流程类似，本节不对所有方法做一一列举。

19.5 SpringJUnit4ClassRunner 分析

本节将对 SpringJUnit4ClassRunner 进行分析，该对象是 Spring Test 中与 Junit 交互的核心，它实现了 Junit 中的相关内容，SpringJUnit4ClassRunner 类图如图 19-4 所示。

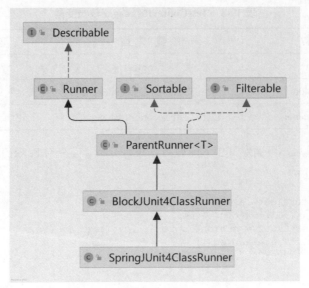

图 19-4　SpringJUnit4ClassRunner 类图

在 SpringJUnit4ClassRunner 中主要关注的方法是返回值类型为 Statement 的方法，在 Spring Test 中 Statement 类型如图 19-5 所示。

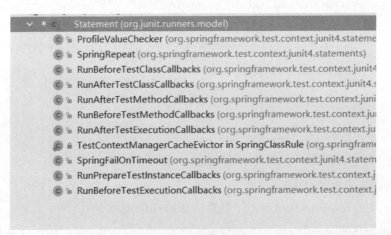

图 19-5　Statement 类型

在 Statement 接口中需要子类实现 evaluate 方法，下面将对图 19-5 中出现的个别对象进行说明。接下来需要整体认识这些对象，在这些对象中都有一个叫作 next 的成员变量，该成员变量的类型是 Statement，并且在 evaluate 方法中会对 next 变量进行 evaluate 调度，这是责任链模式的一种处理。接下来对 RunBeforeTestClassCallbacks 进行分析，关于 evaluate 的处理代码如下：

```
public void evaluate() throws Throwable {
    this.testContextManager.beforeTestClass();
    this.next.evaluate();
}
```

在这段代码中核心目标是进行 TestContextManager#beforeTestClass 方法的调度。接下来对

RunAfterTestClassCallbacks 进行分析，关于 evaluate 的处理代码如下：

```
public void evaluate() throws Throwable {
    List<Throwable> errors = new ArrayList<>();
    try {
        this.next.evaluate();
    }
    catch (Throwable ex) {
        errors.add(ex);
    }

    try {
        this.testContextManager.afterTestClass();
    }
    catch (Throwable ex) {
        errors.add(ex);
    }

    MultipleFailureException.assertEmpty(errors);
}
```

在上述代码中会先执行 next 的 evaluate 方法，再进行 TestContextManager#afterTestClass 方法调度。从 RunBeforeTestClassCallbacks 和 RunAfterTestClassCallbacks 的分析可以简单推论涉及 befor 或者 after 的处理都会使用 TestContextManager 中的方法，在整个 Statement 的处理过程中都可以理解为 Junit 相关生命周期的处理。总之，在 SpringJUnit4ClassRunner 中不同的状态（Junit 生命周期）会创建不同的 Statement 对象。

19.6　TestContextBootstrapper 分析

本节将对 TestContextBootstrapper 相关内容进行分析，在开始分析对象之前需要找到该对象的使用入口，具体使用入口在 TestContextManager 的构造函数中可以看到，详细代码如下：

```
public TestContextManager(Class<?> testClass) {
  this(BootstrapUtils.resolveTestContextBootstrapper(BootstrapUtils.createBootstrapContext(testClass)));
}
```

在这段代码中可以发现需要继续调用 BootstrapUtils.resolveTestContextBootstrapper 方法，在该方法中会将 TestContextBootstrapper 初始化，详细处理代码如下：

```
static TestContextBootstrapper  resolveTestContextBootstrapper(BootstrapContext bootstrapContext) {
    // 提取测试类对象
    Class<?> testClass = bootstrapContext.getTestClass();

    Class<?> clazz = null;
    try {
        // 解析测试类对象
        clazz = resolveExplicitTestContextBootstrapper(testClass);
        if (clazz == null) {
            clazz = resolveDefaultTestContextBootstrapper(testClass);
        }
        if (logger.isDebugEnabled()) {
            logger.debug(String.format("Instantiating TestContextBootstrapper for test class [%s] from class [%s]", testClass.getName(), clazz.getName()));
```

```
        }
        // 实例化
        TestContextBootstrapper testContextBootstrapper =
            BeanUtils.instantiateClass(clazz, TestContextBootstrapper.class);
        testContextBootstrapper.setBootstrapContext(bootstrapContext);
        return testContextBootstrapper;
    } catch (IllegalStateException ex) {
        throw ex;
    } catch (Throwable ex) {
        throw new IllegalStateException("Could not load TestContextBootstrapper
[" + clazz + "]. Specify @BootstrapWith's 'value' attribute or make the default
bootstrapper class available.", ex);
    }
}
```

在这段代码中主要的处理流程如下：

（1）从引导上下文中获取测试类对象，默认是 DefaultBootstrapContext；

（2）解析测试类对象；

（3）实例化 TestContextBootstrapper，默认实例化对象的实际类型是 DefaultTestContextBootstrapper；

（4）返回 TestContextBootstrapper 实现类。

通过前文分析，我们在对 TestContextBootstrapper 的创建过程已有了解，接下来将正式进入 TestContextBootstrapper 的分析，下面是完整代码：

```
public interface TestContextBootstrapper {

    /**
     * 设置引导上下文
     */
    void setBootstrapContext(BootstrapContext bootstrapContext);

    /**
     * 获取引导上下文
     */
    BootstrapContext getBootstrapContext();

    /**
     * 构建测试上下文
     */
    TestContext buildTestContext();

    /**
     * 构建合并上下文配置
     */
    MergedContextConfiguration buildMergedContextConfiguration();

    /**
     * 获取 TestExecutionListener 集合
     */
    List<TestExecutionListener> getTestExecutionListeners();

}
```

在 TestContextBootstrapper 中定义了 5 个方法：

（1）方法 setBootstrapContext 用于设置引导上下文；

（2）方法 getBootstrapContext 用于获取引导上下文；

（3）方法 buildTestContext 用于构建测试上下文；
（4）方法 buildMergedContextConfiguration 用于构建合并上下文配置；
（5）方法 getTestExecutionListeners 用于获取 TestExecutionListener 集合。

在 Spring Test 中，TestContextBootstrapper 存在多个实现类，TestContextBootstrapper 类图如图 19-6 所示。

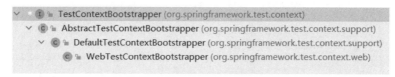

图 19-6　TestContextBootstrapper 类图

接下来将对 AbstractTestContextBootstrapper 进行分析，在该对象中存在一个成员变量 bootstrapContext，该成员变量用于存储引导上下文。与该成员变量直接相关的方法有 setBootstrapContext 方法和 getBootstrapContext 方法，这两个方法一个是设置成员变量，一个是获取成员变量，详细处理代码如下：

```
public void setBootstrapContext(BootstrapContext bootstrapContext) {
    this.bootstrapContext = bootstrapContext;
}

public BootstrapContext getBootstrapContext() {
    Assert.state(this.bootstrapContext != null, "No BootstrapContext set");
    return this.bootstrapContext;
}
```

继续向下分析 buildTestContext 方法，在该方法中会创建 TestContext 的实现类，实现类是 DefaultTestContext，具体创建代码如下：

```
public TestContext buildTestContext() {
    return new DefaultTestContext(getBootstrapContext().getTestClass(),
buildMergedContextConfiguration(),getCacheAwareContextLoaderDelegate());
}
```

接下来对 getTestExecutionListeners 方法进行分析，该方法用于获取 TestExecutionListener 实例集合，在该方法中会搜索 TestExecutionListener 的类对象并将其实例化，详细处理代码如下：

```
public final List<TestExecutionListener> getTestExecutionListeners() {
    // 获取引导上下文的类对象
    Class<?> clazz = getBootstrapContext().getTestClass();
    // 创建 TestExecutionListeners 类对象
    Class<TestExecutionListeners> annotationType = TestExecutionListeners.class;
    // 创建 TestExecutionListener 集合
    List<Class<? extends TestExecutionListener>> classesList = new ArrayList<>();
    // 是否使用默认值
    boolean usingDefaults = false;

    // 寻找 TestExecutionListener 注解
    AnnotationDescriptor<TestExecutionListeners> descriptor =
            MetaAnnotationUtils.findAnnotationDescriptor(clazz, annotationType);

    // 确认是否使用默认值，若注解 TestExecutionListeners 的描述信息为空则采用默认值
    if (descriptor == null){
```

```java
                usingDefaults = true;
                // 获取默认的 TestExecutionListener 集合
                classesList.addAll(getDefaultTestExecutionListenerClasses());
        } else {
            while (descriptor != null){
                // 获取实际类
                Class<?> declaringClass = descriptor.getDeclaringClass();
                // 获取 TestExecutionListeners
                TestExecutionListeners testExecutionListeners =
    descriptor.synthesizeAnnotation();
                if (logger.isTraceEnabled()){
                        logger.trace(String.format("Retrieved @TestExecutionListeners
[%s] for declaring class [%s].", testExecutionListeners, declaringClass.getName())); 
                }
                    // 确认是否继承监听器
                boolean inheritListeners = testExecutionListeners.inheritListeners();
                // 获取 TestExecutionListeners 属性
                AnnotationDescriptor<TestExecutionListeners> superDescriptor =
                        MetaAnnotationUtils.findAnnotationDescriptor(
                                descriptor.getRootDeclaringClass().getSuperclass(),
annotationType);

                    // 没有继承监听器并且需要进行合并
                if((!inheritListeners || superDescriptor == null) &&
                        testExecutionListeners.mergeMode() ==
    MergeMode.MERGE_WITH_DEFAULTS) {
                    if (logger.isDebugEnabled()){
                            logger.debug(String.format("Merging default listeners with
listeners configured via " + "@TestExecutionListeners for class [%s].",
    descriptor.getRootDeclaringClass().getName()));
                    }
                    // 标记使用默认值
                    usingDefaults = true;
                    // 获取默认的 TestExecutionListener 集合
                    classesList.addAll(getDefaultTestExecutionListenerClasses());
                }
                // 将 testExecutionListeners 中的 TestExecutionListener 数据加入结果集中
                    classesList.addAll(0, Arrays.asList(testExecutionListeners.
listeners()));
                // 描述对象的修正
                descriptor = (inheritListeners ? superDescriptor : null);
            }
        }

        // 做一次类型转换
          Collection<Class<? extends TestExecutionListener>> classesToUse =
classesList;
        if (usingDefaults){
            classesToUse = new LinkedHashSet<>(classesList);
        }

        // 实例化 TestExecutionListener
        List<TestExecutionListener> listeners = instantiateListeners(classesToUse);
        // 使用默认的情况下需要排序
        if (usingDefaults){
            AnnotationAwareOrderComparator.sort(listeners);
        }

        return listeners;
    }
```

在 getTestExecutionListeners 代码中主要的处理流程如下。

（1）从引导上下文中获取实际类对象。
（2）创建 TestExecutionListeners 类对象。
（3）创建 TestExecutionListener 集合对象。
（4）创建是否使用默认值标记对象。
（5）寻找 TestExecutionListener 注解的描述信息。
（6）将是否使用默认值设置为使用，并且将默认的 TestExecutionListener 集合放入第（3）步的集合对象中。
（7）若 TestExecutionListener 注解的描述信息不为空则会进行如下操作，该操作是循环进行的，处理流程如下：
①获取描述对象中的实际类；
②获取描述对象中的 TestExecutionListeners；
③确认 TestExecutionListeners 是否继承监听器，默认为 true；
④获取 TestExecutionListeners 属性；
⑤没有继承监听器并且需要进行合并会将是否使用默认值标记设置为 true 并将默认的 TestExecutionListener 集合放入第（3）步的集合对象中；
⑥将 TestExecutionListeners 中的 TestExecutionListener 数据放入第（3）步的集合对象中；
⑦修正描述对象。
（8）实例化 TestExecutionListener。
（9）在使用默认值的情况下将实例化后的 TestExecutionListener 集合进行排序。
（10）返回实例化 TestExecutionListener 集合。

在上述处理中关于实例化的实际操作是通过反射方式进行创建的，主要依赖 BeanUtils.instantiateClass 方法。获取 TestExecutionListener 集合的方式是通过 SpringFactoriesLoader.loadFactoryNames 方法在 spring.factories 文件中寻找相关内容，spring.factories 文件详细信息如下：

```
org.springframework.test.context.TestExecutionListener = \
    org.springframework.test.context.web.ServletTestExecutionListener,\
    org.springframework.test.context.support.
DirtiesContextBeforeModesTestExecutionListener,\
    org.springframework.test.context.support.
DependencyInjectionTestExecutionListener,\
    org.springframework.test.context.support.
DirtiesContextTestExecutionListener,\
    org.springframework.test.context.transaction.
TransactionalTestExecutionListener,\
    org.springframework.test.context.jdbc.SqlScriptsTestExecutionListener,\
    org.springframework.test.context.event.EventPublishingTestExecutionListener
```

接下来对 buildMergedContextConfiguration 方法进行分析，详细处理代码如下：

```
@SuppressWarnings("unchecked")
public final MergedContextConfiguration buildMergedContextConfiguration() {
    // 获取引导上下文的类对象
    Class<?> testClass = getBootstrapContext().getTestClass();
    // 获取 CacheAwareContextLoaderDelegate
    CacheAwareContextLoaderDelegate cacheAwareContextLoaderDelegate =
```

```java
        getCacheAwareContextLoaderDelegate();

    // 若测试类对象上没有ContextConfiguration注解和ContextHierarchy注解将通过
    // buildDefaultMergedContextConfiguration方法构建MergedContextConfiguration
    if (MetaAnnotationUtils.findAnnotationDescriptorForTypes(
        testClass, ContextConfiguration.class, ContextHierarchy.class) == null) {
        return buildDefaultMergedContextConfiguration(testClass,
cacheAwareContextLoaderDelegate);
    }

    // 若测试类对象上存在ContextHierarchy注解
      if (AnnotationUtils.findAnnotation(testClass, ContextHierarchy.class) !=
null) {
        // 构建数据集合
        Map<String, List<ContextConfigurationAttributes>> hierarchyMap =
            ContextLoaderUtils.buildContextHierarchyMap(testClass);
        MergedContextConfiguration parentConfig = null;
        MergedContextConfiguration mergedConfig = null;

        // 循环处理ContextConfigurationAttributes集合
        for (List<ContextConfigurationAttributes> list : hierarchyMap.values()) {
            List<ContextConfigurationAttributes> reversedList = new
ArrayList<>(list);
            Collections.reverse(reversedList);

            Assert.notEmpty(reversedList, "ContextConfigurationAttributes list
must not be empty");
            Class<?> declaringClass = reversedList.get(0).getDeclaringClass();

            mergedConfig = buildMergedContextConfiguration(
                declaringClass, reversedList, parentConfig,
cacheAwareContextLoaderDelegate, true);
            parentConfig = mergedConfig;
        }
        Assert.state(mergedConfig != null, "No merged context configuration");
        return mergedConfig;
    }
    // 其他情况
    else {
        return buildMergedContextConfiguration(testClass,
                                ContextLoaderUtils.resolveContext
ConfigurationAttributes(testClass), null,
cacheAwareContextLoaderDelegate, true);
    }
}
```

在上述代码中核心的处理流程如下。

（1）获取引导上下文的类对象。

（2）获取CacheAwareContextLoaderDelegate。

（3）若测试类对象上没有ContextConfiguration注解和ContextHierarchy注解，将通过buildDefaultMergedContextConfiguration方法构建MergedContextConfiguration。

（4）若测试类对象上存在ContextHierarchy注解则进行如下操作：

①构建数据集合（集合类型是Map）；

②循环处理数据集合中的值数据，处理会通过buildMergedContextConfiguration方法创建处理结果，得到处理结果后会给方法中的局部变量父配置赋值，赋值目的是完成结构搜索。

（5）其他情况会通过buildMergedContextConfiguration方法创建返回值。

在上述 5 个处理步骤中会直接或间接使用 buildMergedContextConfiguration 方法来得到 MergedContextConfiguration，该方法的核心处理流程如下：

（1）获取上下文加载器；

（2）创建 locations 存储集合、类存储集合和实例化类集合；

（3）循环处理方法参数 configAttributesList，将单个元素中的 locations 数据、classes 数据和 initializers 数据分别放入第（2）步中的集合中；

（4）构建返回结果对象返回。

在上述代码处理过程中会涉及 ContextConfiguration 注解和 ContextConfigurationAttributes 对象，这两个对象之间的关系可以理解为前者是数据源，后者是存储数据的容器，例如在处理过程中所使用的 locations、classes 和 initializers 都可以在 ContextConfiguration 注解和 ContextConfigurationAttributes 对象中找到。

在 Spring Test 中 TestContextBootstrapper 最常用的实现类是 DefaultTestContextBootstrapper，在该对象中处理复杂度不高，仅重写了 getDefaultContextLoaderClass 方法，处理代码如下：

```
protected Class<? extends ContextLoader> getDefaultContextLoaderClass(Class<?> testClass) {
    return DelegatingSmartContextLoader.class;
}
```

本章小结

本章对 Spring Test 中出现的核心接口做了相关分析，包含如下内容：

（1）接口 TestContext 用于表示测试上下文；

（2）接口 ContextLoader 用于进行上下文加载；

（3）接口 TestExecutionListener 主要用于在不同的测试生命周期中调度不同的生命周期方法；

（4）对象 TestContextManager 用于进行测试上下文管理；

（5）对象 SpringJUnit4ClassRunner 是继承自 Junit 框架的对象，主要与 Junit 的处理相关（主要是生命周期）；

（6）接口 TestContextBootstrapper 用于进行测试上下文的引导处理，主要作用是完成测试上下文的加载和配置处理。

第 20 章

Spring Boot Test 分析

本章将正式进入 Spring Boot Test 项目中的分析,将对 Spring Boot Test 中的核心接口以及对象进行分析说明,本章主要分析的内容是 org.springframework.boot.test 包下的内容。

20.1 Spring Boot Test 中的 factories

本节将对 Spring Boot Test 中关于 spring.factories 文件中的相关内容进行介绍,在 Spring Boot Test 中的详细内容如下:

```
org.springframework.test.context.ContextCustomizerFactory=\
org.springframework.boot.test.context.ImportsContextCustomizerFactory,\
org.springframework.boot.test.context.filter.ExcludeFilterContextCustomizerFactory,\
org.springframework.boot.test.json.DuplicateJsonObjectContextCustomizerFactory,\
org.springframework.boot.test.mock.mockito.MockitoContextCustomizerFactory,\
org.springframework.boot.test.web.client.TestRestTemplateContextCustomizerFactory,\
org.springframework.boot.test.web.reactive.server.WebTestClientContextCustomizerFactory

org.springframework.test.context.TestExecutionListener=\
org.springframework.boot.test.mock.mockito.MockitoTestExecutionListener,\
org.springframework.boot.test.mock.mockito.ResetMocksTestExecutionListener

org.springframework.boot.env.EnvironmentPostProcessor=\
org.springframework.boot.test.web.SpringBootTestRandomPortEnvironmentPostProcessor
```

20.1.1 Spring Boot Test 中的 ContextCustomizerFactory

本节将对 Spring Boot Test 中关于 ContextCustomizerFactory 的实现内容进行分析，首先是 ImportsContextCustomizerFactory 的分析，详细处理代码如下：

```
public ContextCustomizer createContextCustomizer(Class<?> testClass,
                                    List<ContextConfigurationAttributes>
configAttributes) {
        // 提取 Import 描述
        AnnotationDescriptor<Import> descriptor =
TestContextAnnotationUtils.findAnnotationDescriptor(testClass, Import.class);
        // 描述对象不为空
        if (descriptor != null) {
            // 确认是否包含 @Bean 注解，如果包含则抛出异常
            assertHasNoBeanMethods(descriptor.getRootDeclaringClass());
            // 返回 ImportsContextCustomizer
            return new ImportsContextCustomizer(descriptor.getRootDeclaringClass());
        }
        return null;
}
```

在上述代码中主要的处理流程如下。

（1）从 testClass 上获取 Import 的描述信息。

（2）如果描述信息对象不为空则进行如下处理：

①确认是否包含 @Bean 注解，如果包含则抛出异常；

②返回 ImportsContextCustomizer。

（3）如果描述信息对象为空返回 null。

在上述处理流程中会创建 ImportsContextCustomizer，在该对象中需要关注 customizeContext 方法，详细处理代码如下：

```
public void customizeContext(ConfigurableApplicationContext context,
                    MergedContextConfiguration mergedContextConfiguration) {
        // 获取 Bean 定义注册器
        BeanDefinitionRegistry registry = getBeanDefinitionRegistry(context);
        // 创建注解 Bean 定义读取器
        AnnotatedBeanDefinitionReader reader = new AnnotatedBeanDefinitionReader(registry);
        // 注册清理用的后置处理器 (ImportsCleanupPostProcessor)
        registerCleanupPostProcessor(registry, reader);
        // 注册 ImportsConfiguration
        registerImportsConfiguration(registry, reader);
}
```

在上述代码中主要处理流程如下：

（1）获取 Bean 定义注册器；

（2）创建注解 Bean 定义读取器；

（3）注册 ImportsCleanupPostProcessor 类型的 Bean 和 ImportsConfiguration 类型的 Bean。

回到 ContextCustomizerFactory 的实现类，下面对 ExcludeFilterContextCustomizerFactory 进行分析，详细处理代码如下：

```
class ExcludeFilterContextCustomizerFactory implements ContextCustomizerFactory {
        public ContextCustomizer createContextCustomizer(Class<?> testClass,
            List<ContextConfigurationAttributes> configAttributes) {
```

```
            return new ExcludeFilterContextCustomizer();
        }
    }
```

在上述代码中会创建 ExcludeFilterContextCustomizer，在该对象中关于 customizeContext 方法的实现是进行类型是 TestTypeExcludeFilter 的 Bean 注册，具体处理代码如下：

```
public void customizeContext(ConfigurableApplicationContext context,
                    MergedContextConfiguration mergedContextConfiguration)
{
    // 注册 TestTypeExcludeFilter 对象
        context.getBeanFactory().registerSingleton(TestTypeExcludeFilter.class.getName(), new TestTypeExcludeFilter());
    }
```

接下来将对 DuplicateJsonObjectContextCustomizerFactory 进行分析，该对象的目的是创建用于检查是否存在一个以上 JSONObject（org.json.JSONObject）的对象（DuplicateJsonObjectContextCustomizer），具体创建代码如下：

```
public ContextCustomizer createContextCustomizer(Class<?> testClass,List<ContextConfigurationAttributes> configAttributes) {
    return new DuplicateJsonObjectContextCustomizer();
}
```

在 DuplicateJsonObjectContextCustomizer 中实现的 customizeContext 方法会在出现一个以上的 JSONObject 时做出日志警告，具体处理代码如下：

```
public void customizeContext(ConfigurableApplicationContext context,
MergedContextConfiguration mergedConfig) {
    List<URL> jsonObjects = findJsonObjects();
    if (jsonObjects.size() > 1) {
        logDuplicateJsonObjectsWarning(jsonObjects);
    }
}
private List<URL> findJsonObjects() {
    try {
        Enumeration<URL> resources = getClass().getClassLoader().getResources("org/json/JSONObject.class");
        return Collections.list(resources);
    }
    catch (Exception ex) {
    }
    return Collections.emptyList();
}
```

接下来对 MockitoContextCustomizerFactory 进行分析，具体代码如下：

```
public ContextCustomizer createContextCustomizer(Class<?> testClass,
        List<ContextConfigurationAttributes> configAttributes) {

    DefinitionsParser parser = new DefinitionsParser();
    parseDefinitions(testClass, parser);
    return new MockitoContextCustomizer(parser.getDefinitions());
}
```

在上述代码中会创建 MockitoContextCustomizer，在该对象中关于 ContextCustomizer 接口的实现逻辑是将成员变量 definitions 进行注册，具体处理代码如下：

```
public void customizeContext(ConfigurableApplicationContext context,
                    MergedContextConfiguration mergedContextConfiguration) {
```

```
        if (context instanceof BeanDefinitionRegistry) {
            MockitoPostProcessor.register((BeanDefinitionRegistry) context, this.
definitions);
        }
    }
```

在上述代码中会使用 MockitoPostProcessor 所提供的方法，调用时封装过的，实际调用代码如下：

```
    public static void register(BeanDefinitionRegistry registry, Set<Definition>
definitions) {
        register(registry, MockitoPostProcessor.class, definitions);
    }

    @SuppressWarnings("unchecked")
    public static void register(BeanDefinitionRegistry registry, Class<? extends
MockitoPostProcessor> postProcessor, Set<Definition> definitions) {
        SpyPostProcessor.register(registry);
        BeanDefinition definition = getOrAddBeanDefinition(registry, postProcessor);
        ValueHolder constructorArg =
definition.getConstructorArgumentValues().getIndexedArgumentValue(0, Set.class);
        Set<Definition> existing = (Set<Definition>) constructorArg.getValue();
        if (definitions != null) {
            existing.addAll(definitions);
        }
    }
```

在上述代码中可以发现该方法中的注册并非 Bean 定义的注册，而是向值持有器中插入数据，该值持有器的目的是在 MockitoPostProcessor 初始化 Bean 定义的时候使用。

接下来对 TestRestTemplateContextCustomizerFactory 进行分析，在该对象中关于 ContextCustomizerFactory 的处理可能会创建 TestRestTemplateContextCustomizer，具体处理代码如下：

```
    public ContextCustomizer createContextCustomizer(Class<?> testClass,
     List<ContextConfigurationAttributes> configAttributes) {
        SpringBootTest springBootTest =
TestContextAnnotationUtils.findMergedAnnotation(testClass, SpringBootTest.class);
         return (springBootTest != null) ? new TestRestTemplateContextCustomizer() :
null;
    }
```

在上述代码中会寻找是否存在 SpringBootTest 注解，如果存在则会创建 TestRestTemplateContextCustomizer，如果不存在则返回 null。在 TestRestTemplateContextCustomizer 中关于 ContextCustomizer 接口的处理则是进行 TestRestTemplateRegistrar 的 Bean 注册，具体处理代码如下：

```
    public void customizeContext(ConfigurableApplicationContext context,
                        MergedContextConfiguration mergedContextConfiguration)
{
        SpringBootTest springBootTest = TestContextAnnotationUtils
                .findMergedAnnotation(mergedContextConfiguration.getTestClass(),
SpringBootTest.class);
        if (springBootTest.webEnvironment().isEmbedded()) {
            registerTestRestTemplate(context);
        }
    }

    private void registerTestRestTemplate(ConfigurableApplicationContext context) {
        ConfigurableListableBeanFactory beanFactory = context.getBeanFactory();
        if (beanFactory instanceof BeanDefinitionRegistry) {
```

```
                registerTestRestTemplate((BeanDefinitionRegistry) beanFactory);
        }
    }

    private void registerTestRestTemplate(BeanDefinitionRegistry registry) {
        RootBeanDefinition definition = new
RootBeanDefinition(TestRestTemplateRegistrar.class);
        definition.setRole(BeanDefinition.ROLE_INFRASTRUCTURE);
        registry.registerBeanDefinition(TestRestTemplateRegistrar.class.getName(),
definition);
    }
```

在上述代码中主要的处理流程如下。

（1）获取 SpringBootTest 注解对象。

（2）判断是否启用 Web，如果不启用则结束处理。如果启用则进行如下操作：

①判断 Bean 工厂是否是 BeanDefinitionRegistry 类型，如果不是则结束处理。如果是则进一步进行注册方法调度。

②创建 RootBeanDefinition 用于描述 TestRestTemplateRegistrar。

③设置 role。

④注册 Bean 定义（第②步中创建的 RootBeanDefinition）。

在上述处理流程中会向 Spring 容器中注入 TestRestTemplateRegistrar，下面对 TestRestTemplateRegistrar 进行分析，TestRestTemplateRegistrar 类图如图 20-1 所示。

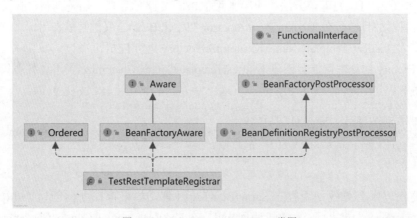

图 20-1　TestRestTemplateRegistrar 类图

在图 20-1 中可以发现它实现了 BeanDefinitionRegistryPostProcessor，对于该接口的实现重点关注 postProcessBeanDefinitionRegistry 方法，在该方法中还会进行 Bean 定义的注册，注册的 Bean 定义对象是 TestRestTemplateFactory，Bean 的名称是 "org.springframework.boot.test.web.client.TestRestTemplate"，具体处理代码如下：

```
    public void postProcessBeanDefinitionRegistry(BeanDefinitionRegistry registry)
throws BeansException {
        if (BeanFactoryUtils.beanNamesForTypeIncludingAncestors((ListableBeanFactory)
this.beanFactory, TestRestTemplate.class, false, false).length == 0) {
            registry.registerBeanDefinition(TestRestTemplate.class.getName(),
                            new RootBeanDefinition(TestRestTemplateFactory.
class));
        }
```

}

在上述代码中会创建 TestRestTemplateFactory，TestRestTemplateFactory 类图如图 20-2 所示。

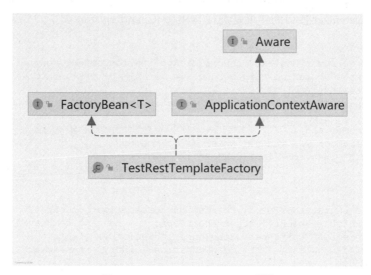

图 20-2　TestRestTemplateFactory 类图

在图 20-2 中可以发现它实现了 FactoryBean 接口，该接口的目标之一就是获取 Bean 实例，同时还实现了 ApplicationContextAware 接口，下面对 TestRestTemplateFactory 进行分析，下面对 ApplicationContextAware 接口的实现方法 setApplicationContext 进行说明，具体处理代码如下：

```
public void setApplicationContext(ApplicationContext applicationContext) throws BeansException {
    RestTemplateBuilder builder = getRestTemplateBuilder(applicationContext);
    boolean sslEnabled = isSslEnabled(applicationContext);
    TestRestTemplate template = new TestRestTemplate(builder, null, null,
                                    sslEnabled ? SSL_OPTIONS : DEFAULT_OPTIONS);
    LocalHostUriTemplateHandler handler = new LocalHostUriTemplateHandler(applicationContext.getEnvironment(),sslEnabled ? "https" : "http");
    template.setUriTemplateHandler(handler);
    this.template = template;
}
```

在上述代码中会初始化成员变量 template，成员变量 template 的类型是 TestRestTemplate，通过该方法将成员变量初始化后会等待 getObject 方法调用来获取 TestRestTemplate 对象。

接下来对最后一个 ContextCustomizerFactory 的实现类进行说明，它是 WebTestClientContextCustomizerFactory，该对象在接口实现中会创建 WebTestClientContextCustomizer，具体处理代码如下：

```
public ContextCustomizer createContextCustomizer(Class<?> testClass,
        List<ContextConfigurationAttributes> configAttributes) {
    SpringBootTest springBootTest =
TestContextAnnotationUtils.findMergedAnnotation(testClass,
        SpringBootTest.class);
```

```java
        return (springBootTest != null && isWebClientPresent()) ? new
WebTestClientContextCustomizer() : null;
    }
```

在上述代码中创建了 WebTestClientContextCustomizer，在 WebTestClientContextCustomizer 中关于 ContextCustomizer 接口的实现是进行 WebTestClientRegistrar 类型的 Bean 注册。具体处理代码如下：

```java
    public void customizeContext(ConfigurableApplicationContext context,
MergedContextConfiguration mergedConfig) {
        SpringBootTest springBootTest =
TestContextAnnotationUtils.findMergedAnnotation(mergedConfig.getTestClass(),
SpringBootTest.class);
        if (springBootTest.webEnvironment().isEmbedded()) {
            registerWebTestClient(context);
        }
    }

    private void registerWebTestClient(ConfigurableApplicationContext context) {
        ConfigurableListableBeanFactory beanFactory = context.getBeanFactory();
        if (beanFactory instanceof BeanDefinitionRegistry) {
            registerWebTestClient((BeanDefinitionRegistry) beanFactory);
        }
    }

    private void registerWebTestClient(BeanDefinitionRegistry registry) {
        RootBeanDefinition definition = new RootBeanDefinition(WebTestClientRegistrar.
class);
        definition.setRole(BeanDefinition.ROLE_INFRASTRUCTURE);
        registry.registerBeanDefinition(WebTestClientRegistrar.class.getName(),
definition);
    }
```

在上述代码中核心目标是完成 WebTestClientRegistrar 的 Bean 注册，下面对 WebTest-ClientRegistrar 进行说明，该对象实现了 BeanDefinitionRegistryPostProcessor，在该接口中会进行 WebTestClientFactory 的注册，具体处理代码如下：

```java
    public void postProcessBeanDefinitionRegistry(BeanDefinitionRegistry registry)
throws
    BeansException {
        if (BeanFactoryUtils.beanNamesForTypeIncludingAncestors((ListableBeanFactory)
this.beanFactory, WebTestClient.class, false, false).length == 0) {
            registry.registerBeanDefinition(WebTestClient.class.getName(),
                              new RootBeanDefinition(WebTestClientFactory.
class));
        }

    }
```

在上述代码中会进行 WebTestClientFactory 类型的 Bean 注册，具体处理模式和 TestRest-TemplateFactory 类似，下面对其进行说明，WebTestClientFactory 类图如图 20-3 所示。

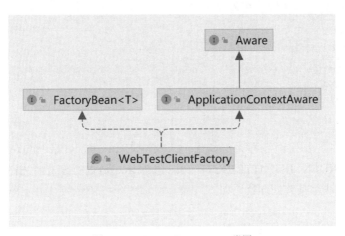

图 20-3　WebTestClientFactory 类图

从图 20-3 中可以发现它实现了 FactoryBean 接口和 ApplicationContextAware 接口，在这两个接口中主要关注 FactoryBean 接口的 getObject 方法，具体处理代码如下：

```
public WebTestClient getObject() throws Exception {
    if (this.object == null) {
        this.object = createWebTestClient();
    }
    return this.object;
}
```

在上述代码中会完成 WebTestClient 相关实现类的创建，具体处理方法是 createWebTestClient，本节不做过多描述。

至此在 Spring Boot Test 中关于 ContextCustomizerFactory 实现类的内容都已经分析完成，接下来将对 TestExecutionListener 相关内容进行分析。

20.1.2　Spring Boot Test 中的 TestExecutionListener

本节将对 Spring Boot Test 中关于 TestExecutionListener 的实现内容进行分析，在 Spring Boot Test 中存在两个实现类，分别是 MockitoTestExecutionListener 和 ResetMocksTestExecutionListener。

接下来对 MockitoTestExecutionListener 实现类进行分析，首先对 prepareTestInstance 方法进行分析，具体处理代码如下：

```
public void prepareTestInstance(TestContext testContext) throws Exception {
    initMocks(testContext);
    injectFields(testContext);
}
```

在上述代码中会进行以下两个操作：

（1）向上下文注入 mocks 对象；

（2）注入字段。

继续查看 beforeTestMethod 方法，具体处理代码如下：

```
public void beforeTestMethod(TestContext testContext) throws Exception {
```

```
        // 如果上下文中,DependencyInjectionTestExecutionListener.REINJECT_DEPENDENCIES_
//ATTRIBUTE 属性值为 true 则进行初始化
        if (Boolean.TRUE.equals(
                testContext.getAttribute(DependencyInjectionTestExecutionListener.
REINJECT_DEPENDENCIES_ATTRIBUTE))) {
            initMocks(testContext);
            reinjectFields(testContext);
        }
    }
```

在上述代码中主要处理流程为：如果上下文中 DependencyInjectionTestExecutionListener.REINJECT_DEPENDENCIES_ATTRIBUTE 属性值为 true 则进行初始化相关操作。继续查看 afterTestMethod 方法，具体处理代码如下：

```
public void afterTestMethod(TestContext testContext) throws Exception {
    // 从上下文中获取 MOCKS_ATTRIBUTE_NAME 对应的对象
    Object mocks = testContext.getAttribute(MOCKS_ATTRIBUTE_NAME);
    // 如果 mocks 类型是 AutoCloseable, 执行关闭操作
    if (mocks instanceof AutoCloseable) {
        ((AutoCloseable) mocks).close();
    }
}
```

在上述代码中会获取 MOCKS_ATTRIBUTE_NAME 对应的对象，若类型是 AutoCloseable 则会进行关闭操作。通过上述分析现在对 MockitoTestExecutionListener 有了部分认识，接下来将对其中涉及的方法进行分析，首先是 initMocks 方法，该方法的核心目标是在上下文中设置 mocks 对象，具体处理代码如下：

```
private void initMocks(TestContext testContext) {
    if (hasMockitoAnnotations(testContext)) {
        testContext.setAttribute(MOCKS_ATTRIBUTE_NAME, MockitoAnnotations.
openMocks(testContext.getTestInstance()));
    }
}
```

在上述代码中会检查是否存在 org.mockito 包路径下的注解，如果存在则会向上下文中设置 mocks 对象。接下来对 injectFields 方法和 reinjectFields 方法进行分析，具体处理代码如下：

```
private void injectFields(TestContext testContext) {
    postProcessFields(testContext, (mockitoField, postProcessor) ->
postProcessor.inject(mockitoField.field,
        mockitoField.target, mockitoField.definition));
}

private void reinjectFields(final TestContext testContext) {
    postProcessFields(testContext, (mockitoField, postProcessor) -> {
        ReflectionUtils.makeAccessible(mockitoField.field);
        ReflectionUtils.setField(mockitoField.field, testContext.getTestInstance(), null);
        postProcessor.inject(mockitoField.field, mockitoField.target, mockitoField.
definition);
    });
}

private void postProcessFields(TestContext testContext, BiConsumer<MockitoField,
MockitoPostProcessor> consumer) {
    DefinitionsParser parser = new DefinitionsParser();
    parser.parse(testContext.getTestClass());
    if (!parser.getDefinitions().isEmpty()) {
```

```java
        MockitoPostProcessor postProcessor = testContext.getApplicationContext()
            .getBean(MockitoPostProcessor.class);
        for (Definition definition : parser.getDefinitions()) {
            Field field = parser.getField(definition);
            if (field != null) {
                consumer.accept(new MockitoField(field, testContext.getTestInstance(),
    definition), postProcessor);
            }
        }
    }
}
```

在上述代码中核心目标是完整字段的设置，实际操作对象是 MockitoPostProcessor。对于 MockitoTestExecutionListener 的分析告一段落，接下来将对 ResetMocksTestExecutionListener 进行分析，在该对象中主要关注 beforeTestMethod 方法和 afterTestMethod 方法，具体处理代码如下：

```java
public void beforeTestMethod(TestContext testContext) throws Exception {
    if (MOCKITO_IS_PRESENT) {
        resetMocks(testContext.getApplicationContext(), MockReset.BEFORE);
    }
}

public void afterTestMethod(TestContext testContext) throws Exception {
    if (MOCKITO_IS_PRESENT) {
        resetMocks(testContext.getApplicationContext(), MockReset.AFTER);
    }
}
```

在上述代码中会判断是否存在 "org.mockito.MockSettings" 类，如果存在会进行 resetMocks 方法的调度，反之则不做处理，具体处理代码如下：

```java
private void resetMocks(ApplicationContext applicationContext, MockReset reset) {
    if (applicationContext instanceof ConfigurableApplicationContext) {
        resetMocks((ConfigurableApplicationContext) applicationContext, reset);
    }
}

private void resetMocks(ConfigurableApplicationContext applicationContext,
    MockReset reset) {
        // 获取 Bean 工厂
        ConfigurableListableBeanFactory beanFactory = applicationContext.
getBeanFactory();
        // 获取 Bean 工厂中 Bean 定义的名称集合
        String[] names = beanFactory.getBeanDefinitionNames();
        // 获取单例 Bean 定义的名称集合
        Set<String> instantiatedSingletons = new
    HashSet<>(Arrays.asList(beanFactory.getSingletonNames()));
        // 循环处理 Bean 名称集合
        for (String name : names) {
            // 获取 Bean 定义
            BeanDefinition definition = beanFactory.getBeanDefinition(name);
            // Bean 定义中表示单例并且在单例 Bean 名称集合中存在
            if (definition.isSingleton() && instantiatedSingletons.contains(name)) {
                // 获取 Bean 实例
                Object bean = beanFactory.getSingleton(name);
                // 如果相同则重新设置
                if (reset.equals(MockReset.get(bean))) {
                    Mockito.reset(bean);
                }
            }
```

```
            }
            try {
                // 从 Bean 工厂中获取 MockitoBeans 对象
                MockitoBeans mockedBeans = beanFactory.getBean(MockitoBeans.class);
                // 循环 MockitoBeans 对象
                for (Object mockedBean : mockedBeans) {
                    // 如果相同则进行重新设置
                    if (reset.equals(MockReset.get(mockedBean))) {
                        Mockito.reset(mockedBean);
                    }
                }
            } catch (NoSuchBeanDefinitionException ex) {
                // 继续
            }
            // 父上下文不为空
            if (applicationContext.getParent() != null) {
                // 调用外部方法来进行当前方法的调用
                resetMocks(applicationContext.getParent(), reset);
            }
        }
    }
```

在上述代码中会判断应用上下文是否是 ConfigurableApplicationContext 类型，如果不是则不做处理，如果是则会进行如下处理。

（1）获取 Bean 工厂中所有的 Bean 定义名称集合。

（2）获取 Bean 工厂中所有的单例 Bean 名称集合。

（3）循环处理第（1）步中得到的对象，单个处理流程为：根据 Bean 名称在 Bean 工厂中获取 Bean 定义，如果 Bean 定义满足下面三个条件将进行重新设置：

① Bean 定义中的描述是单例；

② 单例 Bean 名称集合中存在当前处理的 Bean 名称；

③ 当前处理的 Bean 名称所对应的 Bean 对象和方法参数 MockReset 相同。

（4）从 Bean 工厂中获取 MockitoBeans 对象，循环处理该对象，如果当前元素和方法参数 MockReset 相同，则进行重新设置操作。

（5）如果当前应用上下文存在父上下文则重复上述处理流程。

20.1.3 Spring Boot Test 中的 EnvironmentPostProcessor

本节将对 Spring Boot Test 中关于 EnvironmentPostProcessor 的实现内容进行分析，在 Spring Boot Test 中存在一个实现类：SpringBootTestRandomPortEnvironmentPostProcessor，下面对该实现类进行分析，该类实现了 EnvironmentPostProcessor，主要分析目标就是该接口的 postProcessEnvironment 方法，具体处理代码如下：

```
public void postProcessEnvironment(ConfigurableEnvironment environment,
    SpringApplication application) {
    // 从环境配置中获取 TestPropertySourceUtils.INLINED_PROPERTIES_PROPERTY_SOURCE_
    // NAME 对应的属性源
        MapPropertySource source = (MapPropertySource) environment.
getPropertySources().get(TestPropertySourceUtils.INLINED_PROPERTIES_PROPERTY_SOURCE_
NAME);
        // 如果属性源为空或者服务端口不为 0 或者 management.server.port 数据不为空则跳过处理
        if (source == null || isTestServerPortFixed(source, environment) ||
    isTestManagementPortConfigured(source)) {
```

```
            return;
        }
        // 获取 management.server.port 数据
        Integer managementPort = getPropertyAsInteger(environment,
    MANAGEMENT_PORT_PROPERTY, null);
        // 如果 management.server.port 数据不存在或者数值为 -1 或者数值为 0 则跳过处理
        if (managementPort == null || managementPort.equals(-1) || managementPort.
equals(0)) {
            return;
        }
        // 获取 server.port 数据，默认值为 8080
        Integer serverPort = getPropertyAsInteger(environment, SERVER_PORT_PROPERTY,
8080);
        // 如果 management.server.port 数据和 server.port 数据不相等则向数据源设置
        // management.server.port 数据为 0, 相等则设置空字符串
        if (!managementPort.equals(serverPort)) {
            source.getSource().put(MANAGEMENT_PORT_PROPERTY, "0");
        } else {
            source.getSource().put(MANAGEMENT_PORT_PROPERTY, "");
        }
    }
```

在上述代码中主要的处理流程如下：

（1）从环境配置中获取 TestPropertySourceUtils.INLINED_PROPERTIES_PROPERTY_SOURCE_NAME 对应的属性源；

（2）如果属性源为空或者服务端口不为 0 或者 management.server.port 数据不为空，则跳过处理；

（3）获取 management.server.port 数据，如果 management.server.port 数据不存在或者数值为负 1 或者数值为 0，则跳过处理；

（4）获取 server.port 数据，默认值 8080，如果 management.server.port 数据和 server.port 数据不相等则向数据源设置 management.server.port 数据为 0，相等则设置空字符串。

20.2 Spring Boot Test 中上下文相关分析

本节将对 Spring Boot Test 中关于上下文相关内容进行分析，主要围绕 SpringBootTestContextBootstrapper 和 SpringBootContextLoader 进行分析。

20.2.1 SpringBootContextLoader 分析

本节将对 SpringBootContextLoader 进行分析，该对象的核心目标是加载上下文，关于 SpringBootContextLoader 类图如图 20-4 所示。

在该对象中核心方法是 loadContext，该方法的作用就是加载上下文，下面是该方法的完整代码：

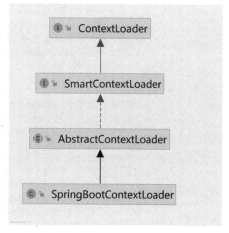

图 20-4　SpringBootContextLoader 类图

```java
public ApplicationContext loadContext(MergedContextConfiguration config) throws
Exception {
    // 获取配置类集合
    Class<?>[] configClasses = config.getClasses();
    // 获取资源集合
    String[] configLocations = config.getLocations();
    // 数据检查
    Assert.state(!ObjectUtils.isEmpty(configClasses) || !ObjectUtils.
isEmpty(configLocations), () -> "No configuration classes or locations found in
    @SpringApplicationConfiguration. "
                    + "For default configuration detection to work you need Spring
4.0.3 or better (found " + SpringVersion.getVersion() + ").");
    // 获取 SpringApplication
    SpringApplication application = getSpringApplication();
    // 设置主类
    application.setMainApplicationClass(config.getTestClass());
    // 设置属性
    application.addPrimarySources(Arrays.asList(configClasses));
    application.getSources().addAll(Arrays.asList(configLocations));
    // 获取环境配置
    ConfigurableEnvironment environment = getEnvironment();
    // 如果配置中存在 profiles 将设置到环境配置中
    if (!ObjectUtils.isEmpty(config.getActiveProfiles())) {
        setActiveProfiles(environment, config.getActiveProfiles());
    }
    // 获取资源加载器
    ResourceLoader resourceLoader = (application.getResourceLoader() != null) ?
application.getResourceLoader()
            : new DefaultResourceLoader(null);
    // 添加资源到环境配置中
    TestPropertySourceUtils.addPropertiesFilesToEnvironment(environment,
resourceLoader, config.getPropertySourceLocations());
    TestPropertySourceUtils.addInlinedPropertiesToEnvironment(environment,
getInlinedProperties(config));
    // 为应用上下文设置环境配置
    application.setEnvironment(environment);
    // 获取 ApplicationContextInitializer 实现类集合
    List<ApplicationContextInitializer<?>> initializers = getInitializers(config,
application);
    // 如果配置是 WebMergedContextConfiguration 型
    if (config instanceof WebMergedContextConfiguration) {
        // 设置 Web 应用类型为 servlet
        application.setWebApplicationType(WebApplicationType.SERVLET);
        // 确认是否开启 Web 环境, 如果没有则创建 WebConfigurer 对象并进行配置
        if (!isEmbeddedWebEnvironment(config)) {
            new WebConfigurer().configure(config, application, initializers);
        }
    }
    // 如果配置是 ReactiveWebMergedContextConfiguration 型
    else if (config instanceof ReactiveWebMergedContextConfiguration) {
        // 设置 Web 应用类型为 reactive
        application.setWebApplicationType(WebApplicationType.REACTIVE);
        // 确认是否开启 Web 环境, 如果没有则设置 GenericReactiveWebApplicationContext
        // 到上下文工厂中
        if (!isEmbeddedWebEnvironment(config)) {
            application.setApplicationContextFactory(
                ApplicationContextFactory.of(GenericReactiveWebApplicationContext::
new));
        }
    }
```

```
                // 其他情况将设置 Web 应用类型为 none
                else {
                    application.setWebApplicationType(WebApplicationType.NONE);
                }
                // 为应用上下文设置 ApplicationContextInitializer 实现类集合
                application.setInitializers(initializers);
                // 获取启动参数
                String[] args = SpringBootTestArgs.get(config.getContextCustomizers());
                // 执行 run 方法获取应用上下文
                return application.run(args);
        }
```

在上述代码中处理流程如下。

（1）获取配置类集合和资源地址集合。

（2）对第（1）步中的数据进行检查，如果两个数据中有一个不为空则抛出异常。

（3）获取 SpringApplication，其本质是通过 new 关键字创建 SpringApplication。

（4）为 SpringApplication 设置主类，设置属性。

（5）获取环境配置对象，其本质是创建 StandardEnvironment 对象。

（6）判断配置中是否存在 profiles 数据，如果存在则会加入环境配置对象中，即第（5）步中的对象。

（7）获取资源加载器，获取方式有两种，第一种是从应用上下文中获取，第二种是通过 new 关键字创建 DefaultResourceLoader 作为资源加载器。

（8）为环境配置对象设置 PropertiesFiles 数据和 InlinedProperties 数据。

（9）将准备好的环境配置对象设置到应用上下文中。

（10）获取 ApplicationContextInitializer 的实现类对象集合，实际数据包含如下几种情况：

①配置对象中的 ContextCustomizer 集合，经过 ContextCustomizerAdapter 包装后的数据；

② SpringApplication 中存在的 ApplicationContextInitializer 集合；

③配置对象中成员变量 contextInitializerClasses 经过实例化后的集合；

④配置对象中父对象存在的情况下，将其包装成 ParentContextApplicationContextInitializer 的数据。

（11）根据配置对象的三种情况做出不同的处理：

①当配置对象类型是 WebMergedContextConfiguration 时将 SpringApplication 的 Web 应用类型设置为 servlet，如果没有开启 Web 环境则创建 WebConfigurer 对象并进行配置；

②当配置对象类型是 ReactiveWebMergedContextConfiguration 时将 SpringApplication 的 Web 应用类型设置为 reactive，如果没有开启 Web 环境则设置 GenericReactiveWebApplicationContext 到上下文工厂中；

③当配置对象类型不满足前两种情况时将 SpringApplication 的 Web 应用类型设置为 none。

（12）为应用上下文设置 ApplicationContextInitializer 实现类集合。

（13）获取启动参数。

（14）将启动参数作为参数，调用 SpringApplication 提供的 run 方法获取应用上下文。

上述 14 个操作流程就是 SpringBootContextLoader 中获取应用上下文的核心操作，接下来将对 SpringBootTestContextBootstrapper 进行分析。

20.2.2 SpringBootTestContextBootstrapper 分析

本节将对 SpringBootTestContextBootstrapper 进行分析，下面对 buildTestContext 方法进行分析，具体处理代码如下：

```
public TestContext buildTestContext() {
    // 构建测试上下文
    TestContext context = super.buildTestContext();
    // 检查配置
    verifyConfiguration(context.getTestClass());
    // 获取 Web 环境
    WebEnvironment webEnvironment = getWebEnvironment(context.getTestClass());
    // 如果 Web 环境对象是 mock 并且应用类型是 servlet, 设置 ACTIVATE_SERVLET_LISTENER
    // 属性为 true
     if (webEnvironment == WebEnvironment.MOCK && deduceWebApplicationType() ==
WebApplicationType.SERVLET) {
        context.setAttribute(ACTIVATE_SERVLET_LISTENER, true);
    }
    // 如果 Web 环境存在并且 embedded 值为 true, 设置 ACTIVATE_SERVLET_LISTENER
    // 属性为 false
    else if (webEnvironment != null && webEnvironment.isEmbedded()) {
        context.setAttribute(ACTIVATE_SERVLET_LISTENER, false);
    }
    return context;
}
```

在上述代码中处理流程如下。

（1）构件测试上下文。

（2）检测配置信息，对上下文中的 test 类进行检查，同时满足下面三个条件会抛出异常：

① SpringBootTest 注解不为空；

② SpringBootTest 中的 WebEnvironment 数据为 DEFINED_PORT 或者 RANDOM_PORT；

③存在 WebAppConfiguration 注解。

（3）获取上下文中的 WebEnvironment，针对 WebEnvironment 的不同情况做出不同处理：

①如果 Web 环境对象是 mock 并且应用类型是 servlet，设置 ACTIVATE_SERVLET_LISTENER 属性为 true；

②如果 Web 环境存在并且 embedded 值为 true，设置 ACTIVATE_SERVLET_LISTENER 属性为 false。

（4）返回上下文。

接下来对 getDefaultTestExecutionListenerClasses 方法进行分析，该方法用于从 spring.factories 文件中获取 DefaultTestExecutionListenersPostProcessor 集合，具体处理代码如下：

```
protected Set<Class<? extends TestExecutionListener>>
getDefaultTestExecutionListenerClasses() {
    Set<Class<? extends TestExecutionListener>> listeners =
super.getDefaultTestExecutionListenerClasses();
    List<DefaultTestExecutionListenersPostProcessor> postProcessors =
SpringFactoriesLoader
            .loadFactories(DefaultTestExecutionListenersPostProcessor.class,
getClass().getClassLoader());
    for (DefaultTestExecutionListenersPostProcessor postProcessor : postProcessors) {
        listeners = postProcessor.postProcessDefaultTestExecutionListeners
(listeners);
```

```
        }
        return listeners;
}
```

接下来对 processMergedContextConfiguration 方法进行分析，该方法主要用于合并上下文配置，具体处理代码如下：

```
protected MergedContextConfiguration
processMergedContextConfiguration(MergedContextConfiguration mergedConfig) {
    // 获取类集合，数据源包含成员变量 classes 和寻找到的 SpringBootConfiguration
    // 注解修饰的类
    Class<?>[] classes = getOrFindConfigurationClasses(mergedConfig);
    // 获取属性源属性集合
    List<String> propertySourceProperties =
getAndProcessPropertySourceProperties(mergedConfig);
    // 修改配置
    mergedConfig = createModifiedConfig(mergedConfig, classes,
StringUtils.toStringArray(propertySourceProperties));
    // 获取 WebEnvironment
    WebEnvironment webEnvironment =
getWebEnvironment(mergedConfig.getTestClass());
    // 如果 WebEnvironment 不为空并且支持 Web 环境
    if (webEnvironment != null && isWebEnvironmentSupported(mergedConfig)) {
        // 获取 Web 应用类型
        WebApplicationType webApplicationType =
getWebApplicationType(mergedConfig);
        // 如果是 servlet
        if (webApplicationType == WebApplicationType.SERVLET
            && (webEnvironment.isEmbedded() || webEnvironment ==
WebEnvironment.MOCK)) {
            mergedConfig = new WebMergedContextConfiguration(mergedConfig,
determineResourceBasePath(mergedConfig));
        }
        // 如果是 reactive
        else if (webApplicationType == WebApplicationType.REACTIVE
            && (webEnvironment.isEmbedded() || webEnvironment ==
WebEnvironment.MOCK)) {
            return new ReactiveWebMergedContextConfiguration(mergedConfig);
        }
    }
    return mergedConfig;
}
```

在上述代码中主要的处理流程如下。

（1）获取类集合，数据源包含成员变量 classes 和寻找到的 SpringBootConfiguration 注解修饰的类，注意如果成员变量 classes 存在数据将直接返回。

（2）获取属性源属性集合。

（3）修改配置对象。

（4）获取 WebEnvironment，如果对象为空并且不支持 Web 环境将直接返回，如果支持则进行如下操作：

①获取 Web 类型如果是 servlet 并且启动 Web 环境将通过 WebMergedContextConfiguration 确定最后的配置对象；

②获取 Web 类型如果是 reactive 并且启动 Web 环境将通过 ReactiveWebMergedContextConfiguration 确定最后的配置对象；

（5）返回配置对象。

本章小结

　　本章对 Spring Boot Test 相关内容进行了分析，主要分为两部分，第一部分对关于 spring.factories 文件中出现的接口实现类进行分析，主要包含 ContextCustomizerFactory、TestExecutionListener 和 EnvironmentPostProcessor 三个接口实现类相关的分析。第二部分围绕 Spring Boot Test 中上下文相关的内容进行分析，主要分为两点，第一点是关于上下文加载器 SpringBootContextLoader 的分析，第二点是关于引导程序 SpringBootTestContextBootstrapper 的分析。